U0309477

航天科技图书出版基金资助出版

基于光学成像测量的深空探测自主控制原理与技术

王大轶　黄翔宇　魏春岭　著

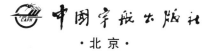

中国宇航出版社
·北京·

图书在版编目（CIP）数据

基于光学成像测量的深空探测自主控制原理与技术/王大轶，黄翔宇，魏春岭著．--北京：中国宇航出版社，2012.12

ISBN 978 - 7 - 5159 - 0321 - 7

Ⅰ．①基… Ⅱ．①王… ②黄… ③魏… Ⅲ．①空间探测器—自动控制理论—研究 Ⅳ．①V476

中国版本图书馆 CIP 数据核字（2012）第 262439 号

责任编辑	曹晓勇　彭晨光		
责任校对	祝延萍	封面设计	文道思

出版发行　**中国宇航出版社**

社　址　北京市阜成路 8 号　　　　　邮　编　100830
　　　　（010）68768548
网　址　www.caphbook.com
经　销　新华书店
发行部　（010）68371900　　　　　（010）88530478(传真)
　　　　（010）68768541　　　　　（010）68767294(传真)
零售店　读者服务部　　　　　　　　北京宇航文苑
　　　　（010）68371105　　　　　（010）62529336
承　印　北京画中画印刷有限公司
版　次　2012 年 12 月第 1 版　　　　2012 年 12 月第 1 次印刷
规　格　880×1230　　　　　　　　开　本　1/32
印　张　14　　　　　　　　　　　　字　数　377 千字
书　号　ISBN 978 - 7 - 5159 - 0321 - 7
定　价　118.00 元

航天科技图书出版基金简介

航天科技图书出版基金是由中国航天科技集团公司于2007年设立的，旨在鼓励航天科技人员著书立说，不断积累和传承航天科技知识，为航天事业提供知识储备和技术支持，繁荣航天科技图书出版工作，促进航天事业又好又快地发展。基金资助项目由航天科技图书出版基金评审委员会审定，由中国宇航出版社出版。

申请出版基金资助的项目包括航天基础理论著作，航天工程技术著作，航天科技工具书，航天型号管理经验与管理思想集萃，世界航天各学科前沿技术发展译著以及有代表性的科研生产、经营管理译著，向社会公众普及航天知识、宣传航天文化的优秀读物等。出版基金每年评审1～2次，资助10～20项。

欢迎广大作者积极申请航天科技图书出版基金。可以登录中国宇航出版社网站，点击"出版基金"专栏查询详情并下载基金申请表；也可以通过电话、信函索取申报指南和基金申请表。

网址：http://www.caphbook.com

电话：(010) 68767205，68768904

序

　　经过四十多年的发展，我国航天事业取得了一系列辉煌成就，继近地卫星、载人航天之后，在深空探测领域也取得了历史性的突破。2007年发射的嫦娥1号月球探测器实现了"嫦娥奔月"的千年梦想。2010年发射的嫦娥2号探测器，在成功实现更为完整详细的绕月探测后，先后进入日地拉格朗日L2点和飞往小行星图塔蒂斯（编号4179）的转移轨道，为月球以远的深空探测进行相关技术试验。

　　目前我国"探月二期"的月球软着陆、月面巡视探测任务研制进展顺利，正在进行"探月三期"取样返回的技术攻关工作，后续还将逐步开展以太阳、火星、金星和小行星等天体为目标的深空探测活动。由于深空探测器飞行距离远、运行时间长，对自主控制技术的需求非常迫切。在接近、着陆等特殊轨道段，自主控制已成为深空探测的必备技术，直接决定了探测器的任务成败和生存能力。

　　本书凝聚了王大轶研究员及其研究团队近十年来在深空探测自主导航与自主控制领域的研究成果。该书系统深入地阐述了基于光学成像测量的深空探测自主控制原理和方法，内容涉及自主导航原理、导航信息获取和参数估计方法、系统设计和试验验证技术以及典型轨道任务段自主导航方案的应用实例等，反映了本领域的研究前沿和发展趋势，是一本不可多得的学术专著。相信本书的出版必将进一步推动深空探测自主控制技术的研究和发展，为圆满完成月球以远深空探测任务作出重要贡献。

吴宏鑫

2012年10月

前　言

与地球轨道航天器相比，深空探测器的飞行距离更远、运行时间更长、任务环境更复杂，因此，仅依赖地面测控网进行导航，在精度、实时性、可靠性等诸多方面受到限制，难以满足深空探测特殊任务阶段对高精度实时导航和轨道控制的要求。自主导航与控制技术是解决这些问题的有效途径，已实现的深空探测任务一般都具有一定的自主控制能力。目前发展的深空探测自主控制主要是以光学成像测量为基础的自主导航和自主轨道控制技术。

本书深入系统地介绍了基于光学成像测量的深空探测自主控制原理、方法、技术和应用问题。全书内容分为 4 部分，共 12 章。第一部分是基本概念和基本原理，其中第 1 章为绪论，介绍了自主控制的基本概念，综述了自主控制在深空探测中的发展历程和技术特点；第 2 章介绍了基于光学成像测量的自主控制基本原理。第二部分主要介绍光学成像自主导航的基本技术和方法，具体涉及导航信息的获取和导航参数的估计问题，包括第 3～6 章，对于导航信息的获取问题，研究了导航天体选取与规划方法、导航天体光学图像处理方法；对于导航参数的估计问题，研究了自主导航系统可观性分析方法、自主导航滤波与信息融合方法。第三部分包括第 7～11 章，将前两部分的研究成果应用到深空探测日心转移轨道段、接近轨道段、环绕轨道段和撞击轨道段中，主要研究了各个任务阶段的自主导航方案以及相应的自主导航、制导与控制技术，此外，还介绍了基于光学成像测量的自主导航数学仿真和半物理仿真试验技术。第四部分即第 12 章，是对全书的总结和对技术发展趋势的展望。

　　本书是作者近十年来在从事深空探测自主导航与控制技术研究的基础上，结合该领域的最新进展，总结相关课题的研究成果而成，内容集基本原理与方法、系统设计和试验技术于一体，反映了本领域的研究前沿和技术发展趋势。本书既可作为航天科研人员和工程技术人员的参考书，也可作为相关专业的研究生教材。

　　本书成稿过程中，得到了空间智能控制技术重点实验室深空探测制导、导航与控制技术研究团队的大力支持，其中李骥、熊凯、毛晓艳、张晓文等参与了本书部分内容的编写和图文整理工作，张晓文、毛晓艳、郝云彩、褚永辉、朱志斌和张斌等承担了部分仿真试验和数据整理工作。

　　衷心感谢吴宏鑫院士、李铁寿研究员对本书给予的指导，以及李果研究员、刘良栋研究员和何英姿研究员对本书提出的宝贵意见。中国宇航出版社张铁钧副社长为本书的出版做了大量工作，在此一并致谢。

　　本书涉及的研究工作得到了国家 863 计划、国家 973 计划、基础科研、民用航天、国家自然科学基金、北京控制工程研究所和空间智能控制技术重点实验室的大力支持，本书的出版得到了"航天科技图书出版基金"的资助，作者在此表示衷心感谢。

　　深空探测技术发展迅速，加上作者水平所限，难以全面、完整地就深空探测自主控制技术的研究前沿——深入探讨。书中错误及不当之处，恳请读者批评指正。

作者

2012 年 7 月于北京

目　录

第1章　绪论

随着时代的进步和科学技术的发展，人类了解自己生存环境和探索未知空间的需求与愿望日益迫切。航天活动正是人类了解太阳系和宇宙起源以及开发和利用太空的重要途径，而这些活动必须通过航天器来实现。航天器（Spacecraft）是指在地球大气层以外的宇宙空间（太空）飞行，执行探索、开发或利用太空及天体等特定任务的探测器[1]。

火箭和人造地球卫星的出现，使人类能够把各种仪器送入空间，从而更好地对地球稠密大气层以外的空间物理现象和过程进行研究。同时人类逐渐将目光投向更遥远的太空，投入了极大的热情和资源进行深空探测活动，其目的是了解太阳系的起源、演变和现状，通过对太阳系内各行星的比较研究，进一步认识地球环境的形成和演变，探索生命的起源。深空探测是人类继发展应用卫星、载人航天后的第三大航天技术。

我国 2000 年发布的《中国的航天》白皮书指出，深空探测是指对太阳系内除地球外的行星及卫星、小行星、彗星的探测，以及太阳系以外的银河系乃至整个宇宙的探索。因此，按照我国通常的定义，深空探测航天器（以下简称深空探测器）是指对月球和月球以外的天体与空间进行探测的航天器，包括月球探测器、行星和行星际探测器等。而国际上，按照世界无线电大会的标准，通常将距离地球 $2×10^6$ km 以上的宇宙空间才称为深空，并在世界航天组织中交流时使用这一标准。

20 世纪 50 年代末开始，美国和苏联就进行了包括月球探测、行星探测、行星际探测和小行星与彗星探测的一系列深空探测研究和深空探测器的研制与发射工作。目前世界各国已发射前往月球及月球以外天体的深空探测器共有 200 多个。

　　与地球轨道航天器相比，深空探测器的飞行距离远、运行时间长，传统的基于地面测控网的导航与控制方法在实时性、可观测弧段和运行成本等方面存在较大限制，已经越来越难以满足日益增多和距离更远的深空探测任务的需要。因此，深空探测器自主导航与控制技术受到了国内外航天界的广泛关注，成为深空探测领域的关键技术之一，特别是基于光学成像的自主导航与控制技术，已成为其中研究的热点问题。本书重点研究基于光学成像的深空探测器自主导航技术，也涉及一些制导与控制相关的研究内容。

1.1　制导、导航与控制

　　航天器进入太空后，为了完成所承担的任务，通常按照预定计划、采取一定方位、沿一定的轨道或轨迹飞行，也就是说必须要对航天器的轨道、姿态进行测量和控制。制导、导航与控制（GNC）是保证航天器能够准确地按预定的轨道和姿态运行，完成复杂飞行任务的关键技术，也是一项涉及多学科、多领域的综合技术，其水平直接制约着航天器的功能和性能。

1.1.1　基本概念

　　要实现轨道控制，首先要解决导航问题，即回答航天器当前运行轨道是什么，处在什么位置，运动状态如何的问题；然后根据目标所在，导引并控制航天器沿某种轨道到达预定位置。

1.1.1.1　导航技术

　　通常所说的导航（Navigation），是指将航天器从一个位置（当时位置）引导到另一个位置（目的地）的过程，也可以理解为引导航天器沿着预定的轨道，以要求的精度在指定的时间内到达目的地的技术。对于本书讨论的深空探测器而言，导航就是指确定或估计深空探测器运动状态参数的过程，相应的运动状态参数包括描述质心运动状态的位置、速度和描述绕质心转动的姿态角、角速度等。

从技术角度讲，导航就是确定航天器的轨道和姿态，姿态确定已有较成熟的方法，本书涉及的导航技术仅指深空探测器的轨道确定。为了实现深空探测器导航，需要由其内部或外部的测量装置提供测量信息，连同轨道控制信息一起，利用深空探测器轨道动力学模型和估计算法，获得深空探测器当前（或某一时刻）质心运动参数的估计值。

导航的概念可以追溯到远古时期，当时人们由于打猎的需要，利用恒星信息进行简单的定位，这就是最早的目视天文导航方法。导航装置也可以追溯到指南针，后来出现的磁罗盘和航向姿态系统都是重要导航装置。

为进一步满足航空、航天、航海和先进武器装备对导航的广泛需求，出现了精度更高、用途更广和适应性更强的现代导航技术。按照采用的导航体制和测量手段分类，目前已形成多类导航系统，如无线电导航、天文导航、惯性导航以及多信息融合的组合导航等。组合导航系统可以综合利用两种或多种导航信息，能够达到比单一导航系统更高的精度和更多的信息冗余。

1.1.1.2　制导技术

制导（Guidance）是根据导航所得到的飞行轨道和姿态，确定或生成航天器在控制力作用下飞行规律的过程。制导技术是指设计与实现制导方式、制导律、制导控制系统所采用的一系列综合技术。制导技术是空间技术和高技术制导武器发展的必然结果。目前制导技术已经形成较完善的体系，包括自主式制导、遥控制导、寻的制导、复合制导和数据链制导等。

制导律是制导技术的重要组成部分，包括机动策略和参考轨迹，它是根据系统得到的飞行状态和预定的飞行目标，以及受控运动的限制条件计算出来的。

1.1.1.3　控制技术

控制（Control）是指确定执行机构指令并操纵其动作的过程。

所谓自动控制，就是在无人直接参与下，利用控制器和控制装置使被控对象在某个工作状态或参数（即被控量）下自动地按照预定的规律运行，以完成特定的任务。

对于深空探测器来讲，在不同轨道阶段，必须按任务要求采取不同姿态，或使有关部件指向所要求的方向。为了达到和保持这样的轨道和姿态指向，就需要进行轨道控制和姿态控制。

轨道控制是指对航天器施以外力，以改变其质心运动轨迹的技术。轨道控制律给出推进系统开关机和推力方向指令，航天器执行指令以改变其飞行速度的大小和方向，使其沿着制导律要求的轨迹飞行[2-3]。对于行星际飞行的深空探测器，其运行轨道大致分为地心逃逸轨道段、日心转移轨道段、接近轨道段、环绕与绕飞轨道段、着陆或撞击轨道段等。相应的轨道控制技术包括逃逸轨道控制、日心转移轨道修正、轨道交会与接近控制、环绕与绕飞轨道维持、进入与着陆控制等。

姿态控制是获取并保持航天器在空间定向（即相对于某个坐标系的姿态）的技术，主要包括姿态机动和姿态稳定[4-5]。姿态机动是指航天器从一种姿态转变到另一种姿态的控制任务，例如变轨时，为了能够通过轨控发动机在给定方向产生速度增量，需要将航天器从变轨前的姿态变更到满足变轨要求的点火姿态。姿态稳定是指克服内外干扰力矩，使航天器在本体坐标系中保持对某基准坐标系定向的控制任务。

1.1.2　自主控制技术

所谓自主控制，就是要求航天器具有不依赖地面，仅靠自身携带的测量设备和计算机实现姿态测量、姿态控制、轨道测量和轨道控制的能力。其中轨道测量也称自主导航，是实现自主控制的前提和基础，也是深空探测的关键技术之一。本书所提及的自主控制重点研究了自主导航原理与技术以及一些制导和轨道控制问题。

深空探测自主控制是解决突发事件和故障、保证深空探测器安全的重要手段。深空探测器飞行时间长，环境未知因素多且复杂，这就使得深空探测器 GNC 系统及部件遭遇突发事件和出现故障的概率增大。深空探测器与地面测控站的通信延迟大，信号还可能被太阳及其他天体遮挡，不利于突发事件的及时处理。因此，为增强深空探测器的自主生存能力，需要重点发展自主控制技术，实现在地面通信完全中断的情况下仍然能够完成轨道确定和轨道控制、姿态定向及目标跟踪等任务。

深空探测自主控制是对已有地面测控的重要补充和备份。到目前为止，深空探测器的导航仍然是以地面测控为主。随着在轨深空探测器数量的增多，地面测控的负担越来越重。深空探测器的运行时间一般都比较长，从几年到十几年，有的甚至达到了几十年。在这么漫长的时间里完全依靠地面测控进行导航和控制，对地面站有限的资源占用非常大。在这种情况下，自主控制技术是降低地面测控负担、节约深空探测任务成本的一种重要技术手段。此外，受到地球、太阳以及其他天体运行轨道的限制，深空探测器在某些时候相对地面不可观测，在这种情况下也需要依靠深空探测器自身进行自主控制。

深空探测自主控制是某些特殊任务段的需要。对于深空探测器的接近、飞越、伴飞、着陆和上升交会等任务，需要精确地获得深空探测器相对目标天体的位置、速度和姿态等信息，并进行制导和控制。由于深空探测的目标天体距离地球很远，特别是对于小天体目标来说，其形状大小、轨道参数等存在较大不确知性，因此，仅靠地面测控无论是导航精度还是实时性都难以满足这些任务的实际需要。所以，发展用于这些特殊深空探测任务的自主导航与控制技术变得尤为重要。

深空探测自主控制也是航天科学技术发展的趋势之一。由于深空探测器相比地球卫星来说，飞行距离遥远，深空环境未知，地面支持难度大，因此，早在 20 世纪 60 年代，国外研究人员就开始对深空探测自主导航与控制技术进行理论研究。随着导航成像敏感器和星载计算机技术的发展，自主导航与控制技术已经逐步应用于一些深空探测任务、进行过飞行试验，并取得了初步的成功[6]。

1.2　深空探测自主控制的典型任务

随着深空探测任务的逐步实施，深空探测器控制技术的发展经历了地面遥控、半自主控制和自主控制三个阶段。相比地面遥控方法，自主控制能够在很大程度上减轻地面测控的负担，比较适合深空探测这种长时间、长距离的空间任务。

早在 20 世纪 60 年代，巴廷（Battin）等人就提出了星际探测器自主导航理论，即通过测量已知天体（如太阳、地球、月球等）与遥远恒星视线之间的夹角，并结合这些天体的星历解算出星际探测器的位置[7]。

1968 年发射的阿波罗 8 号飞船使用六分仪进行了自主导航试验，虽然仅作为地面测控的补充，但是验证了天文导航的可行性。随着星载计算机、敏感器及执行部件性能、精度和可靠性的不断提高，自主导航与控制技术越来越受到重视和关注，成为深空探测技术研究的热点，并逐步从理论和方法的研究走向飞行试验和实际应用，成为深空探测一些特殊任务段的主要导航与控制方式。深空探测任务中的自主导航与控制的应用情况如表 1-1 所示。

表 1-1　深空探测任务中的自主导航与控制

发射年月	任务/探测器	国家或组织	自主控制功能描述	导航敏感器
1968 - 12	阿波罗 8 号	美国	地月转移轨道段自主天文导航，着陆和上升轨道段自主导航与控制	空间六分仪、测距测速敏感器
1985 - 7	乔托号	欧洲空间局	自主姿态机动	
1986 - 1	斯帕坦号	美国	自主保持高精度任意指向	
1994 - 1	克莱门汀号	美国	自主姿态确定，导航、制导与控制系统自主调度、传感器操作与轨道递推	紫外/可见光成像敏感器

续表

发射年月	任务/探测器	国家或组织	自主控制功能描述	导航敏感器
1996 - 2	近地小行星交会	美国	自主计算太阳、地球、小行星和深空探测器的位置，自主调姿	
1997 - 10	卡西尼号	美国	自主控制深空探测器指向	
1998 - 7	希望号	日本	自主确定姿态和控制姿态指向，自主捕获当前地球的方向	
1998 - 10	深空 1 号	美国	自主拍照序列规划、图像处理和分析、轨道确定、星历修正、轨道修正和姿态机动	微型成像敏感器
1999 - 2	星尘号	美国	利用导航图像和深空探测器的姿态信息确定深空探测器的轨道	光学成像敏感器
2003 - 5	隼鸟号	日本	交会和附着过程自主导航和控制	光学成像敏感器、测距仪、导航信标
2003 - 9	智慧 1 号	欧洲空间局	在转移轨道段和接近轨道段进行自主导航试验	微型光学成像敏感器
2004 - 3	罗塞塔号	欧洲空间局	自主制导、导航和控制	光学成像敏感器、雷达
2005 - 1	深度撞击	美国	撞击彗星的全自主导航与控制	光学成像敏感器
2005 - 8	火星勘测号	美国	利用火星卫星信息的自主导航	光学成像敏感器

　　除上述已经发射的深空探测器外，其他许多深空探测计划也将要应用自主导航与控制技术。如欧洲空间局撞击小行星计划（Don Quijote）拟在接近和撞击小行星轨道段利用高精度相机获取小行星图像，实现实时自主导航，进而实现接近和撞击轨道段的自主控制；美国国家航空航天局的火星取样返回计划（Mars Sample Return, MSR）和火星电信轨道器（Mars Telecom Orbiter, MTO）计划拟

执行接近和交会对接轨道段的自主导航与控制的演示实验任务。

下面介绍几类典型深空探测任务在自主导航和自主控制方面的技术方案与应用状况。

1.2.1　月球探测自主控制技术

月球是地球唯一的天然卫星，自然成为深空探测活动的第一个科学目标。20 世纪 50 年代末期至 70 年代中期，苏联和美国在月球探测方面展开了激烈的竞争，在 1959 年至 1976 年的 18 年中，先后发射了 108 颗月球探测器。美国 6 次阿波罗载人飞船和苏联 3 次月球号无人探测器的成功登月和返回，共采集了 382 kg 月球岩石和土壤样本[8]。在经历了一段沉寂期后，美国于 1994 年和 1998 年先后发射了克莱门汀号和月球勘探者号月球探测器，这也是美国国家航空航天局在"更快、更好、更节约"主题下新一轮月球探测计划的一部分。此后，欧洲空间局、日本、中国、印度也相继发射了月球探测器，掀起了月球探测的一个新高潮。

下面简要介绍一下具有自主导航与控制能力的几个代表性的月球探测器。

1.2.1.1　阿波罗飞船

1968 年 12 月 21 日发射的阿波罗 8 号飞船第一次验证了深空探测自主导航的可行性。阿波罗 8 号飞船使用六分仪作为测量天体视线的自主天文导航敏感器，受当时技术的限制，单纯依靠角测量获得的位置解算精度并不太高，因此自主导航仅作为地面测控的补充，用于确认轨道安全，并在地面不能向阿波罗 8 号飞船提供导航信息的情况下为飞船返回地球提供支持。

阿波罗 8 号飞船装载有采集导航测量数据的探测装置和进行信息处理以及轨道预报的微处理器，航天员使用这些设备，可以解决飞向月球和离开月球的地月转移轨道导航、指令舱在近月轨道上的导航以及指令舱和登月舱在月球轨道交会阶段的自主导航[9]。

导航敏感器包括六分仪、扫描望远镜和惯性测量单元，它们安装在指令舱内的刚性基座上。六分仪是一个双视线 28 倍率窄视场角度测量装置，视线 1 瞄准某一近天体（如地球）的边缘或陆标，视线 2 指向远天体（如恒星），测量远天体视线与地平视线之间的角距。根据这个测量数据，可以建立阿波罗飞船所处的一个位置面，即以该近天体为顶点的圆锥体表面，该圆锥体的轴为近天体至远天体的视线方向，半锥体角为测量角距的补角，如图 1-1 所示。

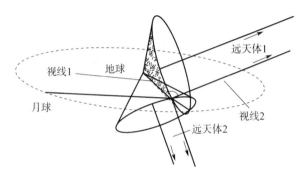

图 1-1 阿波罗飞船六分仪导航定位的几何关系

测量近天体和另一个远天体间的角距，可建立具有不同主轴和半锥角的第 2 个圆锥面。阿波罗飞船就处在以上两个圆锥面的交线上，利用近似位置和轨道动力学约束或通过测量第 2 个近天体（如月球）方向，确定阿波罗飞船轨道。

1.2.1.2 克莱门汀号探测器

1994 年 1 月，美国发射的克莱门汀（Clementine）号探测器，其主要目的是试验一系列轻小型敏感器技术（如小型成像遥感器），用于未来低成本任务中。克莱门汀号探测器主要依靠深空网来测轨和定轨。除了地球停泊轨道段外，在其他阶段都进行了相关的自主导航试验。

克莱门汀号探测器是率先采用微型 GNC 技术的深空探测器，其携带的敏感器主要包含紫外/可见光敏感器、星跟踪器和惯性测量单元。

紫外/可见光敏感器质量为 0.4 kg，CCD 像素数为 384×288，

像元尺寸为 23 μm×23 μm，视场为 4.2°×5.6°。紫外敏感器可获取地球或月球的边缘图像，通过对边缘点坐标进行圆拟合确定地球或月球中心和视半径。如图 1-2 和图 1-3 所示。

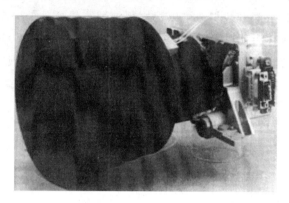

图 1-2　克莱门汀号探测器的紫外/可见光敏感器

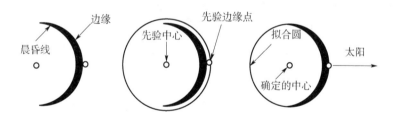

图 1-3　地球或月球边缘还原图

星跟踪器（Star Tracker Camera，STC）可提供三轴惯性姿态，质量为 0.29 kg，视场为 29°×43°，CCD 像素数为 384×576，像元尺寸为 23 μm×23 μm，数据更新率为 10 Hz，安装精度优于 0.01°。

惯性测量单元（IMU）包括光学陀螺仪和加速度计组件，其中干涉型光纤陀螺仪（IFOG）和硅加速度计由利顿公司研制，环形激光陀螺仪（RLG）和 Sundstrand RBA-500 加速度计由霍尼韦尔公司研制。陀螺仪漂移速率为 1 (°) /h，惯性测量单元组件的安装精度优于 0.01°。

克莱门汀号探测器通过使用紫外/可见光敏感器拍摄被太阳照亮

的月球或地球边缘来得到它们的视半径和中心，从而确定出地球、月球中心在星体坐标系下的方向以及克莱门汀号探测器到地球或月球的距离。星跟踪器可确定出本体坐标系相对于惯性坐标系的姿态，由本体坐标系中的月心方向可确定月心方向矢量在惯性坐标系中的坐标，最后通过卡尔曼滤波，可以实时确定克莱门汀号探测器的轨道。

在地月转移轨道段，克莱门汀号探测器利用紫外/可见光敏感器和星跟踪器获得的地球/月球的方向矢量作为导航滤波的观测量，每隔 1 h 紫外敏感器在地球和月球间切换一次，观测频率为每 2 min 一次。当太阳进入敏感器视场时，无测量数据可用，进行星上轨道外推。如图 1 - 4 所示，自主导航的精度为 5~1 000 km（2σ）。

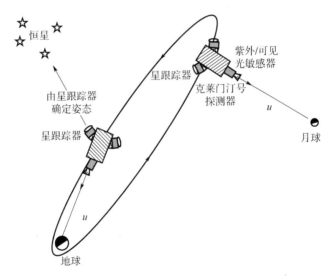

图 1 - 4　地月转移轨道段自主导航观测示意图

在环月飞行轨道段，利用紫外/可见光敏感器和星跟踪器可获得克莱门汀号探测器到月球中心的单位方向矢量，通过月球在紫外敏感器里成像的大小可得到克莱门汀号探测器到月表高度的信息，以这两个量作为系统的观测量进行滤波可得到克莱门汀号探测器的位置速度信息，实现自主导航。由于月球受太阳光照条件的限制，紫外敏感器仅在一小段轨道内（近月点角在 100°～140°范围内）可以提供可用数据，如图1-5所示。自主导航精度为 5～20 km（2σ）[10-12]。

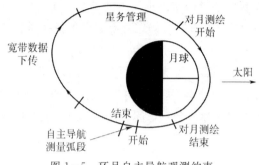

图 1-5　环月自主导航观测约束

1.2.1.3　智慧1号探测器

2003 年 9 月，欧洲空间局发射了智慧 1 号（SMART-1）探测器，2004 年 11 月其进入约 300 km/3 000 km 的极月轨道。智慧 1 号探测器将光学敏感器在轨获取的导航天体图像信息和姿态信息下传到地面，由地面处理，完成自主导航试验。

智慧 1 号探测器搭载的光学成像敏感器名为小行星-月球成像实验装置（Asteroid Moon Imaging Experiment，AMIE），是一个微型光学导航相机，具有 450 nm，750 nm，847 nm，950 nm 等 4 个不同的光谱段，视场为 5.3°×5.3°，质量为 2.2 kg，CCD 像素数为 1 024×1 024，敏感器孔径为 16.5 mm，焦距为 154 mm。如图 1-6 所示。

图 1-6　智慧 1 号探测器搭载的 AMIE 光学成像敏感器

　　智慧 1 号探测器的自主导航试验通过 AMIE 光学成像敏感器拍摄导航天体（地球、月亮和恒星等）图像，经计算得到智慧 1 号探测器到导航天体中心的视线信息，两个视线信息即可确定智慧 1 号探测器的位置，然后通过动力学滤波得到智慧 1 号探测器的速度信息，再加上星敏感器提供的姿态信息，即可实现精确的自主导航。智慧 1 号探测器采用的自主导航原理如图 1-7 所示。

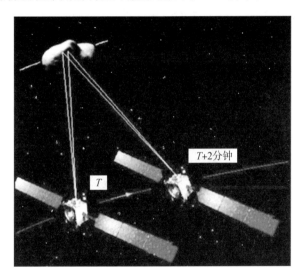

图 1-7　智慧 1 号探测器自主导航原理

　　智慧 1 号探测器采用姿态三轴稳定工作模式，中心计算机处理器采用 ERC-32@20 MHz，负责星务管理和姿态控制。敏感器和执行机构通过 CAN 总线与中心计算机进行通信，科学仪器载荷通过专用总线与中心计算机进行通信。配置的敏感器包括星敏感器、陀螺仪和数字太阳敏感器，执行机构包括反作用轮、肼推进系统、帆板驱动机构、电推进系统及伺服机构[13-15]。

1.2.1.4　嫦娥系列月球探测器

　　2007 年 10 月 24 日，中国成功发射了嫦娥 1 号月球探测器，作为中国第一个月球探测器，嫦娥 1 号成功实现了环绕月球探测的目标。嫦娥1号月球探测器突破了一大批关键技术，如自主三体指向控制、高可靠、高精度自主变轨控制技术等。

2010年10月1日，中国成功发射了嫦娥2号月球探测器。为了进一步提高探测器自主控制能力，嫦娥2号探测器在地月转移轨道段进行了基于紫外敏感器的自主导航试验[16]，为实现自主控制迈出了探索性的一步。

月球探测器上搭载了紫外敏感器[17-18]，既可用于姿态确定，也可用于自主导航试验。该敏感器包括两个光学视场：中心视场为30°，环形视场为110°～150°，焦距为9.5 mm，CCD像素数为1 024×1 024，精度为0.1°，功耗为15 W，如图1-8所示。

图1-8　月球探测器搭载的紫外敏感器

在地月转移轨道段，根据计划安排，嫦娥2号月球探测器进行了地面自主导航试验，选取月球为导航目标天体，距离月球30 000～50 000 km。通过调整嫦娥2号月球探测器姿态，利用紫外敏感器中心视场对月球成像，经过图像处理获取了月球视线方向和视半径信息，该信息和星敏感器的测量信息经遥测下传到地面，由地面利用自主导航算法估计嫦娥2号月球探测器的位置和速度，并利用地面测控确定的轨道评估了自主导航的性能，验证了地月转移轨道段应用自主导航技术的有效性。嫦娥2号月球探测器紫外敏感器获取的一幅导航图像如图1-9所示。

图 1 - 9　紫外敏感器获取的一幅导航图像

　　探月工程的下一步将进行月球软着陆和月面巡视探测，在掌握月球探测器的发射、转移、近月制动、环月以及着陆等关键技术后，还将研究月球上升、交会对接、高速返回等阶段的制导、导航与控制技术，自主导航和控制能力将取得进一步突破。

1.2.2　行星探测自主控制技术

　　火星是地球绕太阳运行轨道外侧最近的行星，其自然环境与地球最为相似，也是人类认识最深入的行星。从 1960 年人类发射第一颗火星探测器开始，至今共发射了 39 颗担负火星探测任务的探测器，其中 19 颗取得了成功或部分成功，包括探测火星及其卫星的轨道器、着陆器、火星表面巡视器，以及采用飞越方式进行火星探测和执行多任务、多目标探测任务的深空探测器。随着技术的进步，最近十余年火星探测的进程明显加快，任务成功率也明显提高。美国和欧洲成功发射了多颗火星轨道器、着陆器和巡视器，并正在实施火星自动取样返回的探测计划。

　　从 1960 年至今的 50 多年时间里，人类先后对金星、木星、土星、天王星和海王星等其他行星也进行了多次探测活动，取得了大量科学数据和研究成果。在自主控制方面，比较典型的行星探测任务包括以下几项。

1.2.2.1 火星勘测号轨道器

火星勘测号轨道器（Mars Reconnaissance Orbiter）是美国国家航空航天局新一代多任务、多功能的火星轨道器，是第一颗完全为试验气动减速而设计的探测器。火星勘测号轨道器于 2005 年 8 月 12 日成功发射，经过约 7 个月的飞行，于 2006 年 3 月进入环绕火星轨道，又经过 6 个月的气动减速过程，进入探测任务轨道。火星勘测号轨道器如图 1－10 所示。

图 1－10　火星勘测号轨道器

为了验证未来火星探测任务可能需要的高精度自主导航技术，火星勘测号轨道器配置了一台高精度光学导航敏感器。从进入火星轨道前 30 天到前 2 天的这段时间，火星勘测号轨道器利用光学导航敏感器获取了一系列火卫一和火卫二的光学图像，通过比较观测，预测了火星卫星相对背景恒星的位置，精确地确定了火星勘测号轨道器相对火星的轨道。2006 年 3 月 6 日，火星勘测号轨道器到达距火卫二 108 万千米处，利用光学导航敏感器获取了一幅导航图像，如图 1－11 所示。该图像给出了火卫二相对背景恒星的位置信息，可以用于火星接近轨道段自主导航技术的地面验证。尽管火星勘测号轨道器本身并不需要使用这些自主导航结果，但是利用这些试验数据验证的自主导航技术可用在未来的行星际探测任务上，用于保证未来的深空探测器精确到达目标行星。尤其对于那些行星着陆器

和巡视器，高精度导航是保证这些深空探测器能够到达安全着陆区
的重要条件[19]。

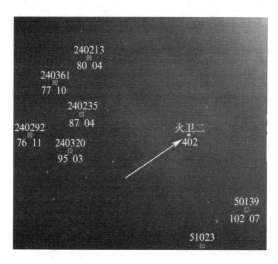

图 1-11　利用火星勘测号轨道器光学导航敏感器获取的一幅导航图像

1.2.2.2　水手系列火星探测器

美国于 1969 年 2 月 24 日和 3 月 27 日发射的水手 6 号和水手 7
号火星探测器，分别于 7 月 31 日和 8 月 4 日在距火星约 3 400 km 处
掠过，对火星的大气成分和结构进行了探测。

为了验证后续行星际探测任务需要的导航技术，水手 6 号和水手
7 号火星探测器进行了接近轨道段的光学导航地面验证试验。试验的
目的是发展和验证自主光学导航所需的硬件和软件，验证光学测量
系统以及相关的处理算法，分析接近轨道段光学导航的性能等。

从水手 7 号火星探测器到达火星最近处的两天前开始，其利用
自身的扫描平台使敏感器光轴指向火星，跟踪并对其成像。图 1-12
为水手 7 号火星探测器的光学成像敏感器，图 1-13 为水手 7 号火星
探测器光学成像敏感器获取的一幅导航图像。把地面确定的水手 7
号火星探测器轨道作为光学导航的初值，对图像和相关的导航数据
进行处理，估计得到水手 7 号火星探测器的轨道参数[20-21]。

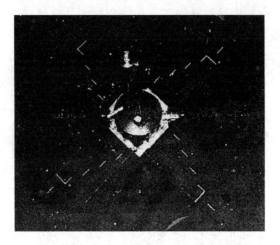

图 1 - 12　水手 7 号火星探测器的光学成像敏感器

图 1 - 13　水手 7 号火星探测器光学成像敏感器获取的一幅导航图像

1.2.2.3　火星科学实验室

火星科学实验室是由美国、俄罗斯、德国、西班牙和加拿大共同研制的一套巨型火星漫游车实验装备，于 2011 年 11 月 26 日发射升空。相比以前的火星着陆探测计划，如火星探路者号等，该计划最大的特点是能够实现精确着陆（落点误差小于10 km）。

火星科学实验室在最后的降落轨道段能够通过反作用推力器实

现自主避障和精确着陆。自主导航和控制系统在这个过程中，通过测量着陆器的位置、速度和姿态，扫描可能的着陆区域，生成地形图，分析潜在的危险，辨识安全的着陆目标，选择最佳的着陆地点，控制执行机动到所选择的地点实现高精度安全降落。着陆所用到的传感器和执行机构包括激光雷达、相控阵雷达、惯性测量单元和推力器等。针对火星科学实验室这类高精度火星着陆任务设计的自主避障着陆过程如图 1 - 14 所示[22]。

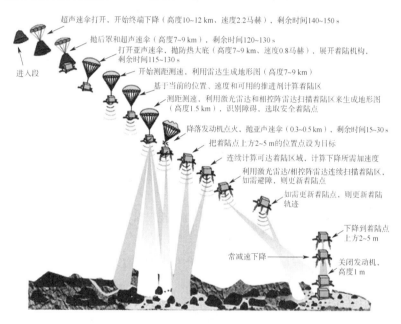

超声速伞打开，开始终端下降（高度10~12 km、速度2.2马赫），剩余时间140~150 s

抛后罩和超声速伞（高度7~9 km），剩余时间120~130 s

打开亚声速伞，抛防热大底（高度7~9 km、速度0.8马赫），展开着陆机构，剩余时间115~130 s

开始测距测速，利用雷达生成地形图（高度7~9 km）

基于当前的位置、速度和可用的推进剂计算着陆区

测距测速，利用激光雷达和相控阵雷达扫描着陆区来生成地形图（高度1.5 km），识别障碍，选取安全着陆点

降落发动机点火，抛亚声速伞（0.3~0.5 km），剩余时间15~30 s

把着陆点上方2~5 m的位置点设为目标

连续计算可着陆区域，计算下降所需加速度

利用激光雷达/相控阵雷达连续扫描着陆区，如需避障，则更新着陆点

如需更新着陆点，则更新着陆轨迹

进入段

下降到着陆点上方2~5 m

常减速下降

关闭发动机，高度1 m

图 1 - 14　高精度火星着陆任务自主避障着陆过程

1.2.2.4　火星取样返回探测器和火星电信轨道器

美国国家航空航天局的火星取样返回探测器和火星电信轨道器任务都提过关于自主接近和对接技术的演示验证方案[23]。火星取样返回计划最初由美国国家航空航天局和法国国家空间研究中心（CNES）合作进行，目标是从火星表面采集岩石和土壤标本并返回地球。由于受到 1998 年美国火星气候和极地着陆器任务失败的影

响，该计划被美国国家航空航天局取消了，目前转为欧洲空间局负责。由于预算方面的原因，计划进度一再拖延。

依照目前的技术水平，火星探测器采样完成后从火星表面起飞直接返回地球是不现实的。与阿波罗计划类似，该计划设计了一个轨道器（Orbiting Sample Capsule，OSC）和火星上升飞行器（Mars Ascent Vehicle，MAV）。轨道器运行在火星同步轨道上，火星上升飞行器从火星表面发射，首先进入到低火星轨道，然后通过远火点变轨进入同步轨道，实现与轨道器的交会对接，如图 1-15 所示。

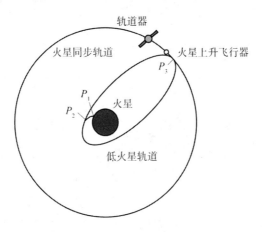

图 1-15　火星探测器上升返回的交会对接轨道

目前，欧洲空间局对美国国家航空航天局最初采用成像式激光雷达的交会测量方案进行了一些修改，拟采用一种基于扫描式激光雷达的自主交会对接方法。该设备由加拿大航天局和 MDRobotics 公司联合研制，也称交会激光视觉系统（REndezvous LAser VISion，RELAVIS），其最大作用距离是 5 km。

此外，欧洲空间局曙光计划中的载人火星探测任务，也提出了在深空转移和目标接近轨道段进行自主导航的设想，其中转移轨道段采用基于小行星和背景恒星图像的自主导航方法。为此，还专门支持了行星际任务自主导航技术研究项目，并利用智慧 1 号探测器获得的数据在地面进行了自主导航试验。

1.2.3　小行星及彗星探测自主控制技术

小行星和彗星等小天体保留着太阳系形成早期的许多信息，也是研究太阳系起源与演化的重要物证。小天体的引力场较弱，轨道特性较复杂，在小天体探测过程中，往往采用多目标、多任务的联合探测方式，同时对一些关键技术进行试验验证。其中在自主控制技术试验方面取得了非常丰富的成果，典型任务包括深空 1 号（Deep Space - 1）、近地小行星交会（Near Earth Asteriod Rendezvous，NEAR）、深度撞击（Deep Impact）、隼鸟号（Hayabusa）和星尘号（Stardust）探测器等。

1.2.3.1　深空 1 号探测器

1998 年 10 月 24 日，美国发射了深空 1 号探测器，其飞行轨迹如图 1 - 16 所示。深空 1 号探测器探测了小行星和彗星，并验证了太阳能电推进、自主光学导航、自主远程智能体和微型集成相机与成像分光计等技术。深空 1 号探测器利用对小行星和背景恒星的光

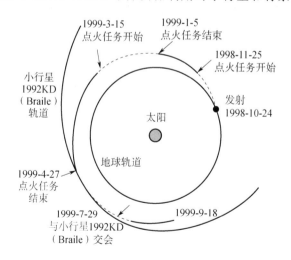

图 1 - 16　深空 1 号探测器的飞行轨迹

学测量数据自主确定了探测器的轨道和姿态，能够自主地进行拍照

序列规划、图像处理分析、轨道确定、星历修正、轨道修正和姿态机动，第一次成功地验证了真正意义上的深空探测自主制导、导航与控制技术。

深空 1 号探测器在巡航轨道段验证了基于光学导航敏感器获取的小行星和背景恒星图像的自主导航方法。在接近和飞越小行星或彗星轨道段验证了基于目标天体图像的自主导航技术，深空 1 号探测器自主光学导航与传统地面导航方式对比如图 1 - 17 所示。对于获取的长曝光模糊图像，深空 1 号探测器采用了多互相关（Multiple Cross Correlation）和中心点提取图像处理技术，获得的天体中心确定精度可达 0.1 个像素。

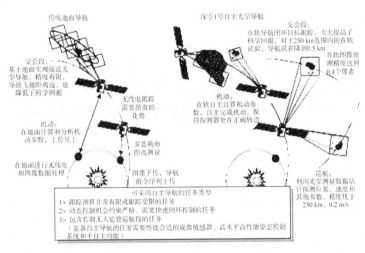

图 1 - 17　深空 1 号探测器自主光学导航与传统地面导航方式的对比

导航敏感器采用微型图像相机和分光仪，如图 1 - 18 所示，其基本结构为 677 mm 望远镜连接一个标准的 CCD 探测仪和一个 APS 面阵探测仪。CCD 像素数为 1 024×1 024，视场为 0.8°，每个像素的角分辨率为 13 μrad。自主导航系统主要使用 CCD 探测仪，但在与小行星交会前的最后 30 min 里，由于 CCD 图像过饱和，自主导航系统切换使用 APS 探测仪。

图 1-18　深空 1 号探测器的导航敏感器

　　导航小行星的选择是导航测量的第一步，这个过程一般在地面完成，在深空 1 号探测器发射前就把小行星按照时间区间存储在深空 1 号探测器上。导航小行星的选择受诸多观测条件约束，包括导航目标亮度、深空 1 号探测器相对导航小行星的距离、速度、太阳角、相机指向和背景恒星数等。

　　由于深空 1 号探测器巡航轨道段得到的小行星和背景恒星图像是长曝光的模糊图像，所以需要利用多互相关图像处理方法来处理得到的小行星和恒星图像，获得小行星中心点和恒星对应的像素，如图 1-19 所示。

　　由于得到的多颗小行星像元、像素是不同时刻的，所以需要利用状态转移矩阵把各个观测历元的观测矩阵变换到同一观测历元。为了最小化舍入误差以及保证算法的数值稳定性，采用了基于 UD 协方差分解的递推加权最小二乘算法来确定深空 1 号探测器的轨道参数，实现巡航轨道段的自主导航[24]。

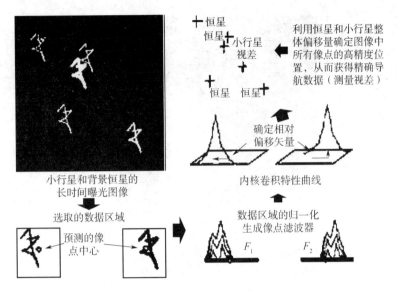

图 1-19　小行星和恒星图像的多互相关图像处理方法

1.2.3.2　近地小行星交会探测器

　　1996 年 2 月，美国发射了近地小行星交会探测器，验证了深空探测行星借力飞行、小行星绕飞和软着陆等技术，如图 1-20 所示。为了对故障情况做出反应，保护探测器的安全，近地小行星交汇探测器能够自主地计算出太阳、地球、小行星和探测器的位置，保证探测器能够自动地根据科学任务和下传数据的操作要求来调整探测器的姿态。

　　近地小行星交会探测器的敏感器组件包括导航相机、星敏感器、太阳敏感器和惯性测量单元。探测器的导航、制导和控制系统通过这些测量装置并使用卡尔曼滤波算法进行姿态确定，能够提供每秒 2 次的姿态四元数和角速率估计值，姿态估计精度为 1″。

　　近地小行星交会探测器转移轨道的确定是在美国国家航空航天局深空网的测控下完成的，对环绕和降落轨道的测量则依靠深空网和光学测量系统共同完成，还使用了最大作用距离为 50 km 的激光雷达作为补充。在 50~35 km 的环绕轨道上，地面人员使用激光雷

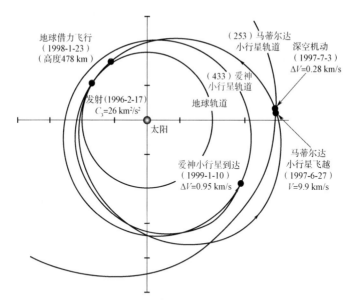

图 1 - 20　近地小行星交会探测器的飞行轨迹

达建立了目标小行星的形状模型，并以此来修正近地小行星交会探测器轨道，轨道确定精度可达 40～50 m。

1.2.3.3　隼鸟号探测器

　　2003 年 5 月 9 日，日本发射的隼鸟号探测器是世界上首颗执行小行星着陆、取样返回地球的小行星探测器。隼鸟号探测器于 2005 年 9 月到达小行星，进行了小行星科学观测，执行了人类首次从小行星采样的任务，并于 2010 年 6 月成功返回地球。其外形如图 1 - 21 所示。

　　隼鸟号探测器验证了电推进（离子发动机）、样本返回、导航路标、行星借力飞行等关键技术，并在交会和附着小行星轨道段验证了自主光学成像导航技术，通过处理导航敏感器、激光测距仪和导航路标等测量信息来确定隼鸟号探测器的轨道。

　　除姿态敏感器外，隼鸟号探测器使用的着陆导航敏感器包括光学导航相机、激光测距设备（LIDAR 和 LRF）、加速度计、障碍物检测敏感器等。光学导航相机由一个宽视场相机和一个窄视场相机组成，

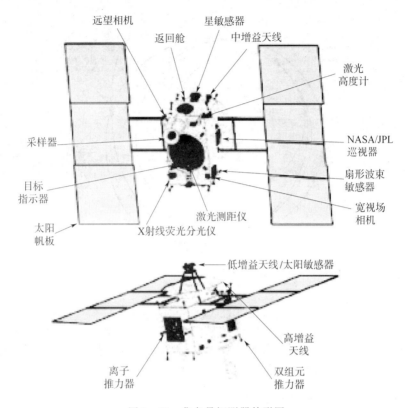

图 1-21 隼鸟号探测器外形图

窄视场相机视场为 $5.7° \times 5.7°$，焦距为 120 mm，像素数为 $1\,000 \times 1\,024$，像素分辨率为 $20''$，质量为 1.7 kg，用来得到小天体表面和可视导航目标的图像；宽视场相机视场为 $60° \times 60°$，焦距为 10.4 mm，像素数为 $1\,000 \times 1\,024$，像素分辨率为 $200''$，质量为 0.9 kg，用来绘图和各种科学观测。制导、导航与控制系统结构如图 1-22 所示。

　　小行星附着探测任务自主导航实现的关键是光学导航相机和相应的图像处理算法。由于小行星的质量、大小、形状和表面情况都不是很清楚，光学导航的实施具有很大的难度，它需要从小行星表面选择特征点或者发射人造标志物作为参考点，并结合雷达或激光测距信息来完成导航计算[26-27]。

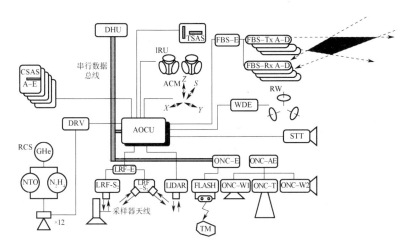

图 1 - 22　隼鸟号探测器制导、导航与控制系统结构图

1.2.3.4　深度撞击探测器

2005 年 1 月 12 日，美国成功发射了深度撞击探测器，完成了与坦普尔 - 1 彗星交会和撞击的任务，验证了接近和撞击彗星的自主导航、制导与控制技术。深度撞击探测器接近坦普尔 - 1 彗星的过程如图 1 - 23 所示。

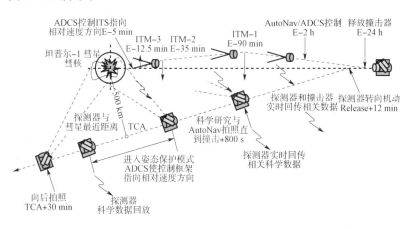

图 1 - 23　深度撞击探测器接近坦普尔-1 彗星过程

深度撞击探测器系统包括一个飞越器和一个撞击器。在星际航行过程中，两者作为一个整体，飞越器充当母体探测器，负责整个飞行系统的姿态调整、轨道机动等各项工作。在撞击前一天飞越器与撞击器分离，分离后撞击器进行自主导航并执行撞击任务，而飞越器此后的任务为跟踪目标天体、捕捉撞击过程并对撞击坑及撞击喷射物进行在轨跟踪观测，获取高精度的图像信息，以利于日后对目标天体做进一步的科学研究和对工程最终的结果进行评估。

在撞击和飞越轨道段，撞击器利用自主导航技术成功完成了撞击坦普尔-1彗星的任务。撞击器继承和发展了深空1号探测器的光学自主导航系统，通过导航相机对目标彗星进行拍照，利用得到的彗星图像和姿态信息，实现了撞击彗星前 2 h 内的全自主导航。

深度撞击探测器所采用的光学自主导航系统被认为是经典的完全自主的导航系统，其自主导航阶段开始于撞击前 120 min，主要任务包括：

1）导航相机每 15 s 拍照一次，并通过相关软件对导航图像进行处理，据此每分钟执行一次轨道确定；

2）计算撞击器需要实施的目标机动量，并通过姿态确定和控制系统来实施机动；

3）通过对导航图像进行场景分析来确定撞击点；

4）计算撞击时间，同时提供时间信息来优化科学拍照序列等。

自主导航系统主要由撞击目标敏感器相机、CT-633 型星敏感器、惯性测量单元、中等分辨率图像相机、高分辨率图像相机、导航计算机及软件等部分组成。利用深度撞击探测器姿态和相机指向来实时确定相机视轴方位，姿态估计偏差小于 150 μrad（3σ），偏差稳定性小于 50 μrad/h（3σ），估计姿态噪声小于 60 μrad（3σ）。目标敏感器相机焦距为 1.2 m，视场为 10 mrad，像素数为 1 024×1 024，主要用于提供导航图像和撞击前高分辨率（<3 m）的科学图像。中等分辨率和高分辨率图像相机均用于科学观测和光学导航，视场分别为 10 mrad 和 2 mrad，像素数皆为 1 024×1 024。深度撞

击探测器上部分自主导航敏感器配置安装情况如图 1-24 所示。

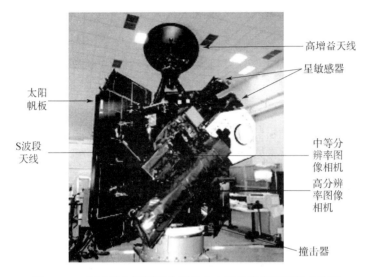

高增益天线

星敏感器

太阳
帆板

S 波段
天线

中等分
辨率图
像相机

高分辨
率图像
相机

撞击器

图 1-24　深度撞击探测器上部分自主导航敏感器配置安装图

对导航图像进行处理后，观测量等重要信息被存储在导航文件中，这些信息包括：图像的拍摄时间、相机的惯性方位、目标天体被照亮部分几何中心（Center of Brightness）的像素位置、观测数据的权重等。当自主导航系统接收到执行轨道确定的指令后，由轨道确定软件估计深度撞击探测器的位置和速度，通过加速度计对拍摄时间积分，来计算预测彗核亮心的像素/像线，估计算法采用批处理最小二乘法。

在深度撞击任务中，根据导航图像得到的彗核亮心的像素/像线，来确定深度撞击探测器与彗核的相对位置，并进行场景分析，从而确定撞击点。把参考亮心的位置与选择的撞击点作差可以转化成惯性修正矢量，用于撞击器自主导航系统的轨道机动计算和深度撞击探测器的相机指向控制。若没找到合适的撞击点，也就没有相应的修正矢量，此时可把参考亮心作为默认的撞击点。

轨道机动由自主导航系统发出指令，并根据自主导航结果通过轨道机动软件计算出相对参考坐标系的机动脉冲大小和方向，然后由控制系统实施轨道控制[28]。

1.2.3.5　星尘号探测器

1999 年，美国国家航空航天局发射的星尘号探测器对维尔特-2 彗星及它的彗发成份进行了取样返回探测，这是美国第一个采集彗星样品并带回地球的探测器，也是继阿波罗计划以后美国第二个取回外星球物质样本的项目。其飞行过程如图 1-25 所示，外形如图 1-26 所示。

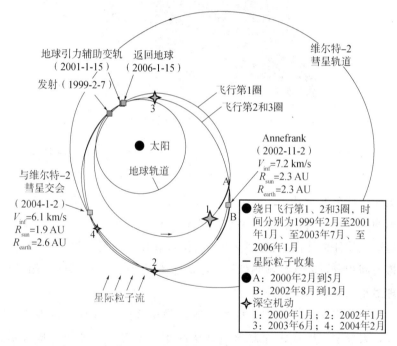

图 1-25　星尘号探测器飞行过程

星尘号探测器在接近彗星轨道段采用了自主光学导航，利用中心点提取技术处理导航相机拍到的图像，得到目标天体的形心，组合小天体中心图像信息和星尘号探测器的姿态信息，利用卡尔曼滤波算法确定星尘号探测器的轨道。此外，还能通过与姿态控制系统

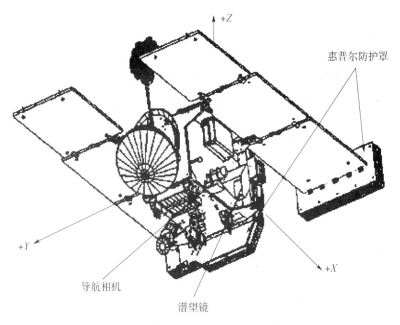

图 1-26 星尘号探测器外形

的接口，自主执行姿态机动，以保持导航相机锁定彗核。星尘号探测器在与维尔特-2彗星尘埃交会前，利用无线电测距信息进一步修正导航结果[29-30]。

星尘号探测器的导航相机同时兼作科学载荷。相机焦距为200 mm，CCD 像素数为 1 024×1 024，视场为 3.5°。为了控制 CCD 曝光量，相机配有一个快门，其最小快门速度为 5 ms，可足够快到不会过度曝光。

从众多深空探测任务采用的制导、导航与控制方法和系统配置情况来看，绝大多数具有自主能力要求的任务均配置了光学成像敏感器，并与激光雷达、微波雷达、惯性测量单元等其他测量设备共同组成自主导航系统。如克莱门汀号探测器，利用紫外/可见光敏感器进行了地月转移轨道段和环月轨道段自主导航试验；智慧 1 号探测器利用成像敏感器对地球、月球和恒星成像实现自主导航；火星科学实验室利用成像敏感器实现着陆过程的自主导航与制导控制；火星取样返回探测器采用激光视觉测量实现火星轨道交会对接过程的自主导航；深空 1 号探测器对基于小行星及背景恒星图像和基于目标天体图像的自主导航技术进行了飞行验证；近地小行星交会探测器实现了环绕和降落轨道段基于光学成像跟踪测量的自主导航；隼鸟号探测器利用光学导航相机和激光测距仪实现了交会、附着轨道段的自主导航；深度撞击探测器利用成像敏感器实现了接近和撞击轨道段的自主导航与控制；星尘号探测器将光学成像导航与无线电导航相结合，实现了交会、接近和着陆轨道段的自主控制。

基于光学成像的自主导航与控制过程如下：首先对行星、小行星、行星卫星及恒星背景进行成像，着陆轨道段还包括对目标天体表面成像；然后通过图像处理技术提取所关注的特定目标点的视线方向，或利用连续图像变换提取相对视线或位置的变化量；最后利用所得到的成像测量，融合其他信息确定深空探测器相对某一坐标系的位置、姿态和速度。在获得导航信息之后，控制计算机根据任务要求实现对深空探测器姿态和轨道的自主控制。

1.3　本书的主要内容

本书重点论述以光学成像敏感器为主要测量手段的深空探测自主导航与控制技术，即讨论利用行星、小行星、恒星等天体在敏感器上的成像信息确定深空探测器轨道，并以此实施轨道控制的原理、方法和相应的技术方案。光学成像敏感器是在现有制导、导航与控制系统上为实现自主导航而增添的设备，并不排斥星敏感器、惯性测量单元、测距测速敏感器等其他测量设备，主要目的是将多源信息进行有效融合，实现高精度自主导航。本书所讨论的问题不局限于任何特定工程项目，重点是论述基于光学成像测量的自主制导、导航与控制的一般原理和方法，所举一些实例也仅是为了说明这些基本原理。本书主要内容如下：

　　第 2 章介绍光学成像自主导航与控制的基本原理。首先给出了参考坐标系的定义及变换、时间系统的描述和导航天体星历的计算方法，介绍了轨道摄动模型、轨道动力学方程表达形式和深空探测器轨道动力学模型；然后，给出了光学成像自主导航的基本原理；最后，针对深空探测任务轨道控制的特点，重点研究了基于 B 平面参数的自主中途修正方法和接近目标天体的自主轨道规划方法。

　　第 3 章研究导航天体选取与规划方法。导航天体作为深空转移轨道段自主光学导航的观测量来源，其选取好坏直接影响导航效果和精度。本章分析了影响选取的因素，得到了视星等、太阳相角、视运动、三星概率和深空探测器与天体距离等单颗天体选取标准；然后，基于误差协方差分析，定义了基于天体成像测量的自主光学导航系统可观度，以量化评价导航天体组合，从而为选取最优组合提供一种有效方法。以机动时间最短为性能指标研究了导航天体规划问题，相比全局搜索算法，遗传法和蚁群优化算法能有效提高导航天体规划效率。

　　第 4 章研究导航天体光学图像处理方法。主要介绍不同飞行轨道段导航天体图像的处理方法，描述了转移轨道段的星点（迹）图像处理、接近与环绕轨道段的面目标图像处理和撞击轨道段的近目标图像处理三种方法。星点（迹）图像处理首先介绍最常用的星点中心提取方法，然后针对深空低星等探测进行分析，对特殊的星迹图像处理算法进行了介绍；面目标图像处理以规则的球形天体为成像目标，研究了边缘提取和高精度的中心拟合方法；近目标图像处理以不规则的天体为成像目标，研究了撞击点的指向提取方法。以上方法都给出了仿真图像和仿真结果。

　　第 5 章研究自主导航系统可观性和可观度问题。首先对几种常用的可观度分析方法进行了介绍（包括李导数法、奇异值分解法等），给出了每种方法的适用条件，并对每种方法的优缺点进行了分析。随后，综合各类方法的优势，提出一种基于误差椭球的可观度分析方法，该方法的适用范围较广，而且具备误差分析功能，具有良好的应用前景。

第 6 章研究自主导航滤波与信息融合方法。主要叙述适用于深空探测器自主导航的滤波算法和测量信息融合技术，介绍卡尔曼滤波及相关改进算法的最新研究进展，分析滤波算法在深空探测器自主导航中所能解决的问题。本章将自主导航数据处理算法分为两类，一类是用于确知模型的方法，以常用的最小二乘法、卡尔曼滤波算法和扩展卡尔曼滤波算法为例进行说明；另外一类是用于不确知模型的方法，以鲁棒滤波算法和多模型滤波算法为例展开论述。并以基于 X 射线脉冲星和光学敏感器的深空探测器自主导航为例，研究了进行测量信息融合的深空探测器自主导航方法。

第 7 章研究日心转移轨道段的自主导航与制导技术。首先根据转移轨道段任务特点，给出了日心转移轨道段的自主导航与制导方案，包括系统组成和功能框图，然后介绍了日心转移轨道段的自主导航方案，具体包括导航系统的观测方程、状态方程、基于最小二乘法的导航滤波算法和仿真实例。接着研究了日心转移轨道段的制导控制方法，包括采用速度脉冲控制的中途轨道修正方法和采用小推力连续控制的中途轨道修正方法，给出了具体仿真实例。最后详细介绍了深空 1 号任务中日心转移轨道段自主导航与制导方法的实际应用情况。

第 8 章研究接近轨道段的自主导航与轨道控制技术。首先根据接近轨道段的任务特点，具体分析了导航和制导方案、敏感器选择以及执行机构的配置要求；然后详细介绍了接近轨道段光学图像信息的提取技术、导航滤波方程的构建技术、制导方法的选择和制导参数的选取技术等问题；最后，以火星勘测轨道器和隼鸟号探测器为例，介绍自主导航和控制技术在接近轨道段的应用情况。

第 9 章研究环绕轨道段的自主导航与轨道控制技术。首先根据环绕轨道段的任务特点，具体分析了导航和制导方案、敏感器选择以及执行机构的配置要求；然后研究介绍了环绕轨道段光学图像信息的提取方法、导航滤波方法和自主轨道控制方法等问题；最后，以环绕小行星和火星探测任务为例，具体说明环绕轨道段自主导航和控制技术的应用。

第 10 章研究撞击轨道段的自主导航与制导技术。根据撞击轨道段的任务特点，首先分析导航和制导方案、敏感器选择以及执行机构的配置要求；然后详细介绍撞击轨道段光学图像信息的提取方法、导航滤波方程的构建、制导方法的选择和制导参数的选取等问题。由于撞击任务的主要目标是获得目标天体的物理构成和化学成分，一般还要设计另一颗伴随探测器对撞击过程进行观测，因此，本章还将对伴随探测器的自主控制问题进行描述。最后，以深度撞击探测器为例，介绍自主导航和控制技术在撞击轨道段的应用情况。

第 11 章介绍基于光学成像测量的自主导航地面仿真验证技术。首先介绍深空探测自主导航数学仿真技术，包括仿真软件框架构建、目标天体特性分析、图像生成和数据处理等技术；然后介绍了利用光学成像敏感器和天体模拟器进行地面半物理仿真的试验方案、系统组成和部分仿真试验结果。

第 12 章对深空探测自主控制技术的发展进行了展望，对一些需要进一步研究的关键技术内容进行了简要说明。

参 考 文 献

[1] 李双庆. 国防科技名词大典：航天卷. 北京：航空工业出版社，2002.

[2] 杨嘉墀，等. 航天器轨道动力学与控制. 北京：宇航出版社，1995.

[3] DAVID A V. Fundamentals of Astrodynamics and Applications（3rd Ed.）. Hawthorne，CA，Microcosm Press，New York，Springer，2007.

[4] 屠善澄，等. 卫星姿态动力学与控制. 北京：宇航出版社，1999.

[5] HUGHS P C. Spacecraft Attitude Control. John Wiley and Sons，Toronto. 1986.

[6] 王大轶，黄翔宇. 深空探测自主导航与控制技术综述. 空间控制技术与应用，2009，35（3）：6-12.

[7] RICHARD H B. An Introduction to the Mathematics and Methods of Astrodynamics. AIAA，Inc. New York，1987.

[8] 吴伟仁，王大轶，宁晓琳. 深空探测器自主导航原理与技术. 北京：中国宇航出版社，2011.

[9] Lunar Landing Mission GSOP. Apollo Guidance，Navigation and Control. MIT，1967.

[10] ROBERT R D. Dspse Autonomous Position Estimation Experiment. AAS 93-264.

[11] JOSEPH F K，ISABELLA TL，et al. UV/Visible Camera for the Clementine Mission. SPIE Vol. 2478：175-186.

[12] SORENSEN T C，et al. Spacecraft Autonomous Operations Experiment Performed During the Clementine Lunar Mission. Journal of Spacecraft and Rockets，1995，32（6）：1049-1053.

[13] BODIN P，STAGNARO L. SMART-1 Experience：the First European Interplanetary Mission with Electric Propulsion System. Proceedings of the 29th Annual AAS Rocky Mountain Guidance and Control Conference，Breckenridge，Colorado. Feb. 4-8，2006，AAS 06-085.

[14] RACCA G D, MARINI A E. SMART – 1: Preparing Next – generation Mission to Mercury. 51st International Astronautical Congress, Rio de Janeiro, Brazil, Oct 2 – 6, 2000, IAA – 00 – IAA. 11. 2. 06.

[15] RACCA G D, BRINKMANN J, et al. Europe to the Moon: SMART – 1 Final Preparation for Launch. 54th International Astronautical Congress of the International Astronautical Federation, the International Academy of Astronautics, and the International Institute of Space Law, Bremen, Germany, Sep. 29 – Oct. 3. IAC – 03 – IAA. 11. 3. 03.

[16] 庞征. 嫦娥-2 顺利升空并已成功进入绕月轨道. 国际太空, 2010, 10: 1 – 5.

[17] 黄欣, 王立, 卢欣. 嫦娥一号卫星紫外月球敏感器. 空间控制技术与应用, 2008, 34 (1): 51 – 55.

[18] 郝云彩, 王立. 紫外月球敏感器的几个关键问题. 航天控制, 2005, 23 (1): 87 – 91.

[19] JOHNSTON M D, JAMES E G, et al. The Mars Reconnaissance Orbiter Mission. IEEE 2005, IEEEAC Paper1143.

[20] THOMAS C D, WILLIAM G B. Mariner Mars 1969 Optical Approach Navigation. AIAA 8th Aerospace Sciences Meeting, New York, Jan 19 – 21, 1970. AIAA 70 – 70.

[21] NAVIN J, HIROSHI O. Mariner IX Optical Navigation Using Mars Lit Limb. Journal of spacecraft and rockets. 1974, 11 (7): 505 – 511.

[22] EDWARD C W, GURKIRPAL S, JAMES P M. Guidance and Control Design for Hazard Avoidance and Safe Landing on Mars. Journal of spacecraft and rockets. 2006, 43 (2): 378 – 384.

[23] Lin C F, TERRY L H, ERIC T B. Autonomous Precision Tracking and Docking of an Orbiter & Mars Sample Return Vehicle. AIAA Guidance, Navigation, and Control Conference and Exhibit, Denver, CO, Aug 14 – 17, 2000. AIAA – 2000 – 4263.

[24] RIEDEL J E, BHASKARAN S, Desai S, et al. Autonomous Optical Navigation (Auto Nav) DS1 Technology Validation Report. JPL.

[25] ANDREW F C, ROBERT W F, ANDREW G S. NEAR Overview. Johns Hopkins Apl Technicaldigest, 1998, 19 (2): 95 – 106.

[26]　JUN' ICHIRO K, KUNINORI U, AKIRA F. The MUSES – C Mission for the Sample and Return-its Technology Development Status and Readiness. Acta Astronuatica, 2003, 52: 117 – 123.

[27]　TAKASHI K, TATSUAKI H, SHUJIRO S, et al. An Autonomous Navigation and Guidance System for MUSES – C Asteroid Landing. Acta Astronautica, 2003, 52: 125 – 131.

[28]　KUBITSCHEK D G, et al. Deep Impact Autonomous Navigation: the Trial of Targeting the Unknown. Proceedings of the 29th Annual AAS Rocky Mountain Guidance and Control Conference, Breckenridge, Colorado, Feb. 4 – 8, 2006, AAS 06 – 081.

[29]　BHAT R S, WILLIAMS K E, HELFRICH C E, et al. Wild 2 Approach Maneuver Strategy Used for Stardust Spacecraft. AIAA/AAS Astrodynamics Specilalist Conference and Exihibit, Providance, Rhode Island, Aug 16 – 19 2004, AIAA 2004 – 5395.

[30]　BHASKARAN S, RIEDEL J E, SYNNOTT S P. Autonomous Nucleus Tracking for Comet/Asteroid Encounters: The STARDUST Example. 1998 IEEE Aerospace Conference, Aspen, CO, Mar. 21 – 28, 1998. Proceedings, Piscataway, NJ, Institute of Electrical and Electronics Engineers, 1998, 2: 353 – 365.

第 2 章　光学成像自主导航与控制基本原理

深空探测导航与控制的任务是确定深空探测器相对于所选定参考坐标系的位置、速度和飞行姿态，并根据任务需要控制深空探测器达到目标的轨道和姿态。描述深空探测器运动既需要一个确定时刻（即瞬间），又需要一个均匀的时间间隔（即尺度），在轨道计算、导航与控制中都要用到时间系统。深空探测器轨道动力学模型的建立和导航测量数据的生成都涉及到天体星历的计算。不论是建立导航滤波器的状态方程和轨道预报模型，还是建立验证自主导航与控制方法的数学仿真模型，都需要建立精确的轨道动力学模型。由此可见，参考坐标系、时间系统、导航天体星历和轨道动力学模型是光学成像自主导航与控制方法研究中的关键环节，也是必须掌握的理论基础。本章首先给出了参考坐标系的定义及坐标变换过程、时间系统的描述和导航天体星历的计算方法；然后，介绍了轨道摄动模型、轨道动力学方程表达形式和深空探测器轨道动力学模型，描述了光学成像自主导航的基本原理；最后，针对深空探测任务轨道控制的特点，重点研究了基于 B 平面参数的自主中途修正方法和接近目标天体的自主轨道规划方法。

2.1　参考坐标系及坐标变换

深空探测自主导航与控制方法研究需要明确各种参考坐标系，姿态和轨道动力学模型的描述也必须依据合适的参考坐标系。本节给出了深空探测研究过程中常用参考坐标系的定义以及坐标变换过程。

2.1.1　参考坐标系的定义

为了描述参考坐标系，需要给出坐标原点的位置、基准平面（即 X-Y 平面）的方位以及主方向（即 X 轴的方向）和 Z 轴的方向。由于 Z 轴必须垂直于基准平面，故只需说明其正方向。一般选择 Y 轴方向使坐标系成为右手系。

2.1.1.1　日心黄道坐标系（$O_s X_{si} Y_{si} Z_{si}$）

日心黄道坐标系的原点定义在日心，基准平面与黄道面（黄道面是地球绕太阳运行的轨道平面）一致，如图 2-1 所示。黄道面与地球赤道面的交线确定了 X 轴的方向，此方向称为春分点方向，Z 轴垂直于黄道面，方向与地球公转角速度矢量一致。由于地球自旋轴的方向有缓慢的漂移，导致了黄赤交线的缓慢漂移，因此，日心黄道坐标系实际上并不是一个惯性参考坐标系。为了建立惯性参考坐标系，需要注明所用的坐标系是根据哪一特定时刻（历元）的春分点方向建立的。本文采用 J2000.0 日心黄道坐标系，其基准平面和主方向分别为 J2000.0 的平黄道和平春分点。

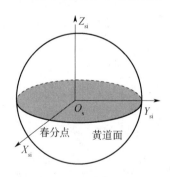

图 2-1　日心黄道坐标系

2.1.1.2　地心坐标系

（1）地心赤道坐标系（$O_e X_{ei} Y_{ei} Z_{ei}$）

地心赤道坐标系的原点定义在地心，基准平面是地球赤道平面，

X 轴方向指向春分点，Z 轴方向指向北极，如图 2-2 所示。需要说明的是，地心赤道坐标系并不是固定在地球上同地球一起转动的。本书采用 J2000.0 地心赤道坐标系，其主方向为 J2000.0 的平春分点，基准平面为平赤道面。

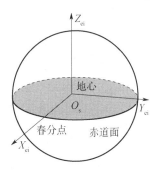

图 2-2　地心赤道坐标系

（2）地心黄道坐标系（$O_e X_{si} Y_{si} Z_{si}$）

地心黄道坐标系的原点定义在地心，基准平面是黄道平面，X 轴方向指向春分点，Z 轴方向指向北极。即日心黄道坐标系原点平移到地心形成的坐标系。

2.1.1.3　目标天体坐标系

（1）目标天体惯性坐标系（$O_t X_{ei} Y_{ei} Z_{ei}$）

目标天体惯性坐标系的原点定义在目标天体中心，X 轴、Y 轴、Z 轴分别与 J2000.0 地心赤道坐标系的 X 轴、Y 轴、Z 轴方向一致。

（2）目标天体固连坐标系（$O_t X_{tf} Y_{tf} Z_{tf}$）

目标天体固连坐标系的原点定义在目标天体中心，Z 轴取目标天体的自转轴，X 轴在目标天体赤道面指向某一定义点，选择 Y 轴构成右手坐标系。

2.1.1.4　轨道坐标系（$O_c X_o Y_o Z_o$）

轨道坐标系以深空探测器标称质心或某特殊点为原点（主要考虑到飞行过程中深空探测器实际质心可能是变化的），Z 轴沿深空探测器指向中心天体的中心方向；X 轴在瞬时轨道平面内垂直于 Z 轴，并指向深空探测器速度方向；Y 轴与瞬时轨道平面的法线平行，构成右手坐标系。

2.1.1.5　近焦点坐标系（$O_{gc}X_\omega Y_\omega Z_\omega$）

近焦点坐标系的原点定义在主引力场中心，基准平面是深空探测器的轨道平面，X 轴指向近拱点，在轨道面内按运动方向从 X 轴转过 90° 是 Y 轴，Z 轴为轨道面法线且构成右手坐标系。

2.1.1.6　深空探测器本体坐标系（$O_c X_b Y_b Z_b$）

深空探测器本体坐标系以深空探测器标称质心或某特殊点为原点，坐标轴的指向一般会考虑深空探测器的结构，一般可分如下几种。

（1）特征轴坐标系

X 轴沿深空探测器某一特征轴方向，Y 轴和 Z 轴也沿着深空探测器另外两个特征轴方向，且 X 轴、Y 轴与 Z 轴构成右手坐标系。

（2）惯性主轴坐标系

X 轴沿深空探测器某一惯性主轴方向，Y 轴和 Z 轴也沿着深空探测器另外两个惯性主轴方向，且 X 轴、Y 轴与 Z 轴构成右手坐标系。

（3）速度坐标系

X 轴沿深空探测器速度方向，Y 轴在深空探测器纵向对称平面内，垂直于 X 轴指向上方，Z 轴与 X 轴、Y 轴构成右手坐标系。

2.1.1.7　深空探测器上的光学成像敏感器坐标系（$O_{fc}X_{bs}Y_{bs}Z_{bs}$）

深空探测器上的光学成像敏感器坐标系的原点定义在光学成像敏感器的焦平面中心，Z 轴为光学成像敏感器的光轴方向，X 轴为焦平面内设定的参考基准，Y 轴构成右手坐标系。

2.1.2　坐标系之间的变换

坐标变换必然涉及到坐标旋转，为此，首先定义坐标旋转对应旋转变换矩阵的表示方法。若原坐标系中的某一矢量用 r 表示，在旋转后的新坐标系中用 r' 表示，那么，YZ 平面、ZX 平面和 XY 平面分别绕 X 轴、Y 轴和 Z 轴转动 θ 角（逆时针为正），则有

$$r' = \mathbf{R}_X(\theta) r$$
$$r' = \mathbf{R}_Y(\theta) r \qquad (2-1)$$
$$r' = \mathbf{R}_Z(\theta) r$$

式中　　$\mathbf{R}_X(\theta) = \begin{bmatrix} 1 & 0 & 0 \\ 0 & \cos\theta & \sin\theta \\ 0 & -\sin\theta & \cos\theta \end{bmatrix}$;

$$\mathbf{R}_Y(\theta) = \begin{bmatrix} \cos\theta & 0 & -\sin\theta \\ 0 & 1 & 0 \\ \sin\theta & 0 & \cos\theta \end{bmatrix} ;$$

$$\mathbf{R}_Z(\theta) = \begin{bmatrix} \cos\theta & \sin\theta & 0 \\ -\sin\theta & \cos\theta & 0 \\ 0 & 0 & 1 \end{bmatrix}$$

且旋转矩阵 $\mathbf{R}(\theta)$ 有如下性质

$$\mathbf{R}^{-1}(\theta) = \mathbf{R}^{\mathrm{T}}(\theta) = \mathbf{R}(-\theta) \qquad (2-2)$$

式中　　$\mathbf{R}^{-1}$，$\mathbf{R}^{\mathrm{T}}$——分别表示矩阵 $\mathbf{R}$ 的逆和转置。

2.1.2.1　日心黄道坐标系→地心黄道坐标系→地心赤道坐标系

历元日心黄道坐标系和历元地心赤道坐标系之间的转换过程为平移和旋转，其中平移对应一个过渡性的历元地心黄道坐标系。记历元地心赤道坐标系、历元地心黄道坐标系和历元日心黄道坐标系的位置矢量分别为 r_{ei}，$r_{\mathrm{e,si}}$ 和 r_{si}，则有

$$r_{\mathrm{e,si}} = r_{\mathrm{si}} + r_{\mathrm{se,si}}$$
$$r_{\mathrm{ei}} = \mathbf{R}_X(-\varepsilon) r_{\mathrm{e,si}} \qquad (2-3)$$

式中　　$r_{\mathrm{se,si}}$——太阳（日心）在地心黄道坐标系中的位置矢量；

$\bar{\varepsilon}$——平黄赤交角；

$\bar{\varepsilon}=\varepsilon-\Delta\varepsilon$；

$\Delta\varepsilon$——交角章动；

$\varepsilon=23°26'21''.448-46''.815\ 0t-0''.000\ 59t^2+0''.001\ 813t^3$；

$t=\dfrac{\mathrm{JD}(t)-\mathrm{JD}(\mathrm{J}2000.0)}{365\ 25.0}$；

$\mathrm{JD}(t)$——计算时刻 t 对应的儒略日（Julian Date，JD），
　　　　　　JD（J2000.0）是历元 J2000.0 对应的儒略日。

2.1.2.2　目标天体惯性坐标系→目标天体固连坐标系

如图 2-3 所示，可以利用三个角 φ，Ψ，θ 来描述目标天体固连坐标系相对目标天体惯性坐标系的指向，记目标天体惯性坐标系和目标天体固连坐标系的位置矢量分别为 r_{ti} 和 r_{tf}，则有

$$r_{\mathrm{tf}}=\boldsymbol{R}_Z(\Psi)\boldsymbol{R}_X(\theta)\boldsymbol{R}_Z(\varphi)r_{\mathrm{ti}} \tag{2-4}$$

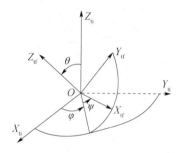

图 2-3　目标天体惯性坐标系与目标天体固连坐标系变换关系

2.1.2.3　日心黄道坐标系→日心轨道坐标系

$$r_{\mathrm{o}}=\boldsymbol{R}_Z(\omega)\boldsymbol{R}_Z(i)\boldsymbol{R}_Z(\Omega)r_{\mathrm{si}} \tag{2-5}$$

式中　Ω——升交点经度；

i——轨道倾角；

ω——近日点幅角；

r_{o}——深空探测器在日心轨道坐标系中的位置；

r_{si}——深空探测器在日心黄道坐标系中的位置。

2.2　时间系统

时间系统是由时间计算起点和单位时间间隔长度来定义的。由于深空探测器必须测量其相对地球、月球、太阳、行星、小行星以及恒星等天体的指向和位置，需要用到天文时间系统。行星际的星历信息同样会涉及到时间系统。在本节中将给出本书后续章节所涉及到的时间系统。

2.2.1　时间系统的定义

现行的时间系统[1-3]基本上分为 5 种：恒星时 ST，世界时 UT，历书时 ET，原子时 TAI 和动力学时。恒星时和世界时都是根据地球自转测定的，历书时则根据地球、月球和行星的运动来测定，而原子时是以原子的电磁振荡作为标准的。

1) 恒星时 ST 以春分点作为参考点，由它的周日视运动所确定的时间称为恒星时，春分点连续两次上中天的时间间隔称为一个恒星日。每一个恒星日等分成 24 个恒星时，每一个恒星时再等分为 60 个恒星分，每一个恒星分又等分为 60 个恒星秒，所有这些单位称为计量时间的恒星时单位。

2) 太阳时和世界时 UT 以真太阳视圆面中心作为参考点，由它的周日视运动所确定的时间称为真太阳时，其视圆面中心连续两次上中天的时间间隔称为一个真太阳日。由于真太阳日的长度不是一个固定量，所以不宜作为计量时间的单位。为此，引入了假想的参考点——赤道平太阳，它是一个作匀速运动的点，与它对应的是平太阳日和平太阳时。事实上，太阳时和恒星时并不是互相独立的时间计量单位，通常是由天文观测得到恒星时，然后再换算成平太阳时，它们都是以地球自转作为基准的。而世界时 UT 就是在平太阳时基础上建立的，有 UT0，UT1 和 UT2 之分。格林尼治的平太阳时即称为世界时 UT0，它是直接由天文观测测定的，对应瞬时极的子午圈；UT0 加上极移修正后的世界时称为 UT1；UT1 加上地球自转速度季节性变化的修正称为 UT2。

3）历书时 ET 是由于恒星时、太阳时不能作为均匀的时间测量基准，而从 1960 年起引入的一种以太阳系内天体公转为基准的时间系统，是太阳系质心框架下的一种均匀时间系统。由于实际测定历书时的精度不高，且提供结果比较迟缓，从 1984 年开始，它完全被原子时所代替。

4）原子时 TAI 的定义是位于海平面上[133]Cs 原子基态的两个超精细能级在零磁场中跃迁辐射振荡 9 192 631 770 周所经历的时间。由这种时间单位确定的时间系统称为国际原子时，取 1958 年 1 月 1 日世界时零时为其起算点。为了兼顾对世界时时刻和原子时秒长的需要，国际上规定以协调世界时 UTC 作为标准时间和频率发布的基础。协调世界时的秒长与原子时秒长一致，在时刻上要求尽量与世界时接近。

5）动力学时。因原子时是在地心参考坐标系中定义的具有国际单位制秒长的坐标时间基准，它就可以作为动力学中所要求的均匀时间尺度。由此引入一种地球动力学时 TDT，它与原子时 TAI 的关系为

$$TDT = TAI + 32.184 \text{ s} \qquad (2-6)$$

此外，还引入了太阳系质心动力学时 TDB（简称质心动力学时），地球动力学时 TDT 是地心时空坐标架的坐标时，而太阳系质心动力学时 TDB 是太阳系质心时空坐标架的坐标时，两种动力学时的差别 TDT−TDB 是由相对论效应引起的，两者之间只存在微小的周期性变化。

在轨道计算时，时间是独立变量，但是，在计算不同的物理量时却要使用不同的时间系统。例如，在计算深空探测器星下点轨迹时使用世界时 UT；在计算日、月和行星及小行星的坐标时使用历书时 ET；各种观测量的采样时间是协调世界时 UTC 等。

2.2.2　儒略日的定义及转换

在航天活动中，除了用上述时间尺度外，还常用儒略日表示时间。

儒略年定义为 365 个平太阳日，每四年有一闰年（366 日），因此儒略年的平均长度为 365.25 平太阳日，相应的儒略世纪（100 年）的长度为 36 525 平太阳日。计算相隔若干年的两个日期之间的天数用的是儒略日，这是天文上采用的一种长期记日法。它以倒退到公元前 4713 年 1 月 1 日格林尼治平午（即世界时 12^k）为起算日期，例如 1992 年 2 月 1 日 0^kUT 的儒略日为 2 448 653.5。

从 1984 年起采用的新标准历元（在天文学研究中常常需要标出数据所对应的时刻，称为历元）J2000.0 是 2000 年 1 月 1.5 日 TDB，对应的儒略日为 2 451 545.0。而每年的儒略年首与标准历元的间隔为儒略年 365.25 的倍数，例如 1992 年儒略年首在 1 月 1.5 日，记作 J1992.0，而 1993 年儒略年首在 1 月 0.25 日，记作 J1993.0。

在航天活动中，使用儒略日表示时间是非常方便的，因为儒略日不需要任何复杂的逻辑，就像年和日一样。但是，为了得到高精度的时间就需要较多的数字，精确到天需要 7 位数，精确到毫秒需要另加 9 位数。由于儒略日的数字较大，一般应用中前两位都不变，而且以正午为起算点，与日常的习惯不符，所以常用约化儒略日（Modified Julian Date，MJD）代替儒略日。

常用约化儒略日定义为

$$\text{MJD} = \text{JD} - 2\,400\,000.5 \tag{2-7}$$

这样儒略历元就是指真正的年初，例如 J2000.0，即 2000 年 1 月 1 日 0 时。

轨道计算中经常用到公历日期与儒略日的转换，具体方法如下。

（1）公历日期转换成儒略日

设给出公历日期的年、月、日（含天的小数部分）分别为 Y，M，D，则对应的儒略日为

$$\mathrm{JD} = D - 32\,075 + \left[1\,461 \times \left(Y + 4\,800 + \left[\frac{M-14}{12}\right]\right) \div 4\right] +$$

$$\left[367 \times \left(M - 2 - \left[\frac{M-14}{12}\right] \times 12\right) \div 12\right] -$$

$$\left[3 \times \left[\left(Y + 4\,900 + \left[\frac{M-14}{12}\right]\right) \div 100\right] \div 4\right] - 0.5 \quad (2-8)$$

式中　　$[X]$——取 X 的整数部分，小数点后的位数省略。

（2）儒略日转换成公历日期

设某时刻的儒略日为 JD（含天的小数部分），对应的公历日期的年、月、日分别为 Y，M，D（含天的小数部分）。则有

$$\begin{cases}
J = [\mathrm{JD} + 0.5] \\[2mm]
N = \left[\dfrac{4(J + 68\,569)}{146\,097}\right] \\[3mm]
L_1 = J + 68\,569 - \left[\dfrac{N \times 146\,097 + 3}{4}\right] \\[3mm]
Y_1 = \left[\dfrac{4\,000(L_1 + 1)}{1\,461\,001}\right] \\[3mm]
L_2 = L_1 - \left[\dfrac{1\,461 \times Y_1}{4}\right] + 31 \\[3mm]
M_1 = \left[\dfrac{80 \times L_2}{2\,447}\right] \\[3mm]
L_3 = \left[\dfrac{M_1}{11}\right] \\[3mm]
Y = [100(N - 49) + Y_1 + L_3] \\[2mm]
M = M_1 + 2 - 12L_3 \\[2mm]
D = L_2 - \left[\dfrac{2\,447 \times M_1}{80}\right]
\end{cases} \quad (2-9)$$

2.3　导航天体星历

深空探测自主导航需要用到天体星历，深空探测器轨道动力学模型的建立及导航测量数据的生成都涉及天体星历的计算。在本节

中给出了深空探测常用的天体星历计算方法。

2.3.1　高精度天体星历计算

喷气推进实验室最新发布的行星和月球星历 DE421 是目前精度最高的星历表，代表了天文学领域的先进水平。其中，月球轨道精度达到分米量级，金星、地球和火星轨道精度达到百米量级，水星轨道精度达到千米量级，木星和土星轨道精度为 10 km 量级。DE421 星 历 文 件 可 以 从 喷 气 推 进 实 验 室 网 站 （ftp：// ssd. jpl. nasa. gov/pub/eph/planets/ascii/de421）下载。与以前版本的星历相比，DE421 有重大的改进和提高。与 DE418 相比，DE421 星历充分利用了最近火星探测器的距离测量数据和甚长基线干涉（VLBI）测量数据，以及金星快车号探测器的距离测量数据和当前最优的行星质量估计结果，还利用了最新与月球相关的测量数据，保证了月球轨道计算完全收敛并且更加鲁棒，非常适合月球探测任务，使用范围从 1900 年到 2050 年。而 DE418 是应用较为广泛的 DE405 星历的重要升级版本，与 DE405 星历相比，DE418 改进了月球、火星和土星等星历的计算。

喷气推进实验室发布的行星和月球星历主要包括 DE200，DE405，DE406，DE413，DE414，DE418 和 DE421 等，星历的计算可以根据深空探测任务的需要选用合适精度的星历表。

小天体星历表可以采用与 DE405 星历对应的、James Baer[4]发布的 BC - 405 积分小天体星历，BC - 405 星历可见其网站（http：// home. earthlink. net/~jimbaer1）。

行星卫星的星历一般是通过理论解或数值积分得到的。参考文献［5］描述了火星、木星、土星、天王星、海王星和冥王星的卫星星历来源，尽管每一个卫星星历来源都不同，但每一个卫星星历采用的格式都相同，且与行星历表一致。

喷气推进实验室星历数据[6]按时间区间提供天体位置和章动的切比雪夫多项式系数和多项式的阶数。时间区间为 32 天，称大区间。对于变化较快的天体，为了保证拟合精度，在大区间之内又分为若干小的子时间区间。

星历表中，每个量都有一个相应的代码，各个量的代码如表 2-1 所示。

表 2-1 喷气推进实验室星历代码表

代码	定义	代码	定义
1	水星	9	冥王星
2	金星	10	月球
3	地球	11	太阳
4	火星	12	太阳系质心
5	木星	13	地—月质心
6	土星	14	黄经章动和黄赤交角章动
7	天王星	15	月球的物理天平动及其变率
8	海王星		

对于每个分量（天体的 X，Y，Z 分量或者章动角的黄经章动和黄赤交角章动），星历数据记录的每个间隔共有 NC 个切比雪夫系数。所需星历分量由下式计算得到

$$f(t_c) = \sum_{k=0}^{NC-1} C_k P_k(t_c) \tag{2-10}$$

式中 C_k——用于位置计算的切比雪夫系数，从星历文件数据记录中读出；

P_k——切比雪夫多项式，即

$$P_k = \cos(k\arccos t_c) \tag{2-11}$$

由式（2-11）可知

$$\begin{cases} P_0(t_c) = 1 \\ P_1(t_c) = t_c \end{cases} \tag{2-12}$$

利用三角恒等式

$$\cos(n+1)\theta = 2\cos\theta\cos n\theta - \cos(n-1)\theta，n \geqslant 1 \tag{2-13}$$

令 $t_c = \cos\theta$，即可得到迭代关系

$$P_{k+1}(t_c) = 2t_c P_k(t_c) - 2P_{k-1}(t_c)，k \geqslant 2 \tag{2-14}$$

式中　t_c——切比雪夫时间，是由时间 t 按系数覆盖的时间间隔归一化为 $-1 \sim 1$ 之间。

章动和天体位置可通过式（2-10）插值得到，天体的速度可通过对式（2-10）求微分计算得到

$$\frac{\mathrm{d}f(t_c)}{\mathrm{d}t} = \sum_{k=1}^{NC-1} C_k V_k(t_c) \qquad (2-15)$$

其中

$$V_k(t_c) = \frac{\mathrm{d}P_k(t_c)}{\mathrm{d}t} \qquad (2-16)$$

V_k 可通过对式（2-14）求微分得到

$$\begin{cases} V_1(t_c) = 1 \\ V_2(t_c) = 4t_c \\ V_{k+1}(t_c) = 2t_c V_k(t_c) + 2P_k(t_c) - V_{k-1}(t_c) \end{cases} \qquad (2-17)$$

通过插值，就可以得到行星、地月质心和太阳相对于太阳系质心的位置和速度，也可以得到月球相对于地球质心的位置和速度。所有这些位置和速度矢量都是在 J2000.0 地心赤道坐标系下给出的。如果计算行星和太阳相对目标行星或深空探测器的位置矢量，需要进行相应的转换。

常见恒星星表有 Hipparcos 星表、Tycho-2 星表和 SAO 星表等，目前公认精度最高的 Hipparcos 星表的历元是 J1991.25，Tycho-2 星表的历元是 J2000.0，SAO 星表提供了 B1950.0 平春分点历元位置和自行值以及 J2000.0 位置和自行值。可根据导航精度的需要确定是否进行精密历元转换。

2.3.2　简单天体星历计算

对于一些对星历精度要求不高的问题（如建立天体引力摄动模型需要的天体星历等），可以采用简单星历计算方法。由于精度要求不高，可以采用探测任务时间区间附近的平均轨道六根数计算天体星历。

表 2-2 给出了太阳系八大行星和冥王星的平均轨道六根数，利用表 2-2 即可计算出某历元 J2000.0 日心黄道坐标系中行星的位置

和速度矢量。

表 2 - 2　太阳系八大行星和冥王星的平均轨道六根数（J2000.0 日心黄道坐标系）

轨道根数 行星	a/AU	e	i/(°)	Ω/(°)	ω/(°)	f/(°)
水星	0.387 098 93	0.205 630 69	7.004 87	48.331 67	77.456 45	252.250 84
金星	0.723 331 99	0.006 773 23	3.394 71	76.680 69	131.532 98	181.979 73
地球	1.000 000 11	0.016 710 22	0.000 05	−11.260 64	102.947 19	100.464 35
火星	1.523 662 31	0.093 412 33	1.850 61	49.578 54	336.040 84	355.453 32
木星	5.203 363 01	0.048 392 66	1.305 30	100.556 15	14.753 85	34.404 38
土星	9.537 070 32	0.054 150 60	2.484 46	113.715 04	92.431 94	49.944 32
天王星	19.191 263 93	0.047 167 71	0.769 86	74.229 88	170.964 24	313.232 18
海王星	30.068 963 48	0.008 585 87	1.769 17	131.721 69	44.971 35	304.880 03
冥王星	39.481 686 77	0.248 807 66	17.141 75	110.303 47	224.066 76	238.928 81

月球轨道的问题比较复杂[1]。由于月球在绕地球运动过程中，太阳摄动很大，量级可达 10^{-2}，所以月球轨道变化较快。因此，只有在精度要求不高时，才能将月球轨道处理成不变椭圆（或圆）。通常在计算月球对深空探测器运动的影响时，都要考虑月球轨道的变化。可以采用平均根数法给出月球轨道变化的近似解，其精度可达 $10^{-3} \sim 10^{-4}$，可用于相应精度要求的月球星历计算。在 J2000.0 地心黄道坐标系中，这一解可表示为

$$\begin{cases} \bar{a} = 384\ 747\ 981\ m \\ \bar{e} = 0.054\ 879\ 905 \\ \bar{i} = 5.129\ 835\ 017^{\circ} \\ \bar{\Omega} = 125.044\ 555\ 556^{\circ} - 1\ 934.136\ 185\ 0^{\circ}\,T + 0.002\ 076\ 7^{\circ}\,T^2 \\ \bar{\omega} = 138.308\ 686\ 110^{\circ} + 6\ 003.149\ 896\ 1^{\circ}\,T - 0.012\ 400\ 3^{\circ}\,T^2 \\ \bar{M} = 134.963\ 413\ 889^{\circ} + 13.064\ 993\ 155\ 3^{\circ}\,d + 0.008\ 993\ 9^{\circ}\,d^2 \end{cases}$$

$$(2 - 18)$$

对于小行星简单星历的计算，可以采用网站（ftp：// ftp. lowell. edu/pub/elgb/astorb. dat）提供的小行星星历文件。其

中，小行星星历文件的数据格式为：number（编号），name（名称），epoch（约化儒略日），SemiAxis（半长轴），Eccentricity（偏心率），Inclination（轨道倾角），W（近日点角距），Omega（升交点赤经），Mean（平近点角）。利用这些数据就可以计算出某历元在 J2000.0 日心黄道坐标系中小行星的位置和速度。

2.4　航天器轨道动力学模型

建立航天器精确的轨道动力学模型是开展自主导航与控制方法研究的基础。

2.4.1　轨道摄动模型

航天器除了受到中心天体引力和轨道控制力外，在飞行过程中还会受到空间环境中各种摄动力的作用，这些摄动力主要包括：中心天体形状非球形和质量不均匀产生的附加引力、其他天体引力、太阳光压和可能的大气阻力以及姿态控制可能产生的干扰力等。

2.4.1.1　中心天体引力及形状摄动势函数

在分析中心天体对航天器的引力作用时，常使用引力势函数，即引力场在空间任意一点的势函数 U，处在该点上单位质量航天器受到的引力为

$$F = \mathrm{grad}\, U \tag{2-19}$$

式中　grad——函数的梯度。

此势函数与坐标系的选择无关，应用较方便。如假设中心天体的质量 M 集中于一点时，它的势函数是

$$U_0 = \frac{GM}{r} = \frac{\mu}{r} \tag{2-20}$$

式中　G——万有引力常数；

$\mu = GM$——天体引力常数；

r——中心天体质心到空间某点的距离。

均匀质量的圆球天体对外部各点的势函数与整个球体质量集中于中心时的势函数相同，它的梯度方向总是指向球体中心，这就是二体问题的基础。

航天器二体轨道动力学方程为

$$\ddot{\boldsymbol{r}} = -\frac{\mu}{r^3}\boldsymbol{r} \qquad (2-21)$$

式中　$\boldsymbol{r}$——航天器相对天体中心的位置。

考虑天体形状摄动时，势函数包括两部分

$$U = U_0 + R \qquad (2-22)$$

式中　R——摄动力的势函数，称为摄动函数。

考虑天体形状摄动时，对于大行星、月球等形状接近球体的天体，一般可用球谐项展开表示其引力势函数；而对于小行星、彗星等一些椭球形天体，一般可用椭球谐项展开表示其引力势函数；对于一些形状极其特殊的天体，可以采用多面体组合方法计算其引力势函数。

采用球谐项展开的引力势函数为

$$U = \frac{GM}{r} \sum_{n=0}^{\infty} \sum_{m=0}^{n} \left(\frac{r_0}{r}\right)^n \boldsymbol{P}_{nm}(\sin\phi) \times \left[\bar{\boldsymbol{C}}_{nm}\cos(m\lambda) + \bar{\boldsymbol{S}}_{nm}\sin(m\lambda)\right]$$

$$(2-23)$$

式中　$\boldsymbol{P}_{nm}$——勒让德多项式函数，n 和 m 分别是多项式的次数和阶数；

　　　r_0——天体的参考半径；

　　　r——航天器到天体中心的距离；

　　　ϕ，λ——分别为天体的纬度和经度；

　　　$\bar{\boldsymbol{C}}_{nm}$，$\bar{\boldsymbol{S}}_{nm}$——归一化的系数。

归一化的系数与无归一化系数之间的关系如下式

$$(\bar{\boldsymbol{C}}_{nm};\ \bar{\boldsymbol{S}}_{nm}) = \left[\frac{(n+m)!}{(2-\delta_{0m})(2n+1)(n-m)!}\right]^{\frac{1}{2}}(\boldsymbol{C}_{nm};\ \boldsymbol{S}_{nm})$$

$$(2-24)$$

式中　δ_{0m}——克罗内克符号函数。

勒让德多项式函数

$$\mathbf{P}_{nm}(x) = (1 - x^2)^{m/2} \frac{\mathrm{d}^m}{\mathrm{d}x^m} \mathbf{P}_n(x) \tag{2-25}$$

勒让德多项式

$$\mathbf{P}_n(x) = \frac{1}{2^n n!} \frac{\mathrm{d}^n}{\mathrm{d}x^n} (x^2 - 1)^n \tag{2-26}$$

采用椭球谐项展开的引力势函数[7]为

$$U = GM \sum_{n=0}^{N_{\max}} \sum_{p=0}^{2n=1} \boldsymbol{\alpha}_n^p \frac{F_n^p(\lambda_1)}{F_n^p(a)} \boldsymbol{E}_n^p(\lambda_2) \boldsymbol{E}_n^p(\lambda_3) \tag{2-27}$$

式中　$\boldsymbol{\alpha}_n^p$——规范化的椭球谐项系数，考虑天体形状和密度变化，

其满足

$$\boldsymbol{\alpha}_n^p = \int_0^h \int_h^k \frac{U(\lambda_1 = a, \lambda_2, \lambda_3)}{GM} \boldsymbol{E}_n^p(\lambda_2) \boldsymbol{E}_n^p(\lambda_3) \mathrm{d}s \tag{2-28}$$

这个面积分利用了天体对应的布里渊椭球体产生的势函数，图 2-4
给出了布里渊球体与布里渊椭球体的示意图；其中，$\boldsymbol{E}_n^p(\lambda_2) \boldsymbol{E}_n^p(\lambda_3)$
满足如下关系

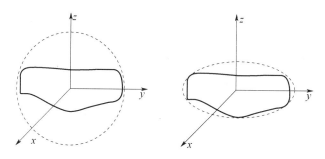

图 2-4　布里渊球体与布里渊椭球体

$$\boldsymbol{E}_n^p(\lambda_2) \boldsymbol{E}_n^p(\lambda_3) = \frac{E_n^p(\lambda_2) E_n^p(\lambda_3)}{\sqrt{\gamma_n^p}} \tag{2-29}$$

式中　E_n^p——表示第一类 Lamé 函数（可为 K_n^p，L_n^p，M_n^p，N_n^p）；

　　　　n——函数的维数；

p——特征值。

$\boldsymbol{F}_n^p$ 和 $\boldsymbol{E}_n^p$ 满足如下关系式

$$\boldsymbol{F}_n^p(\lambda_1) = (2n+1)\boldsymbol{E}_n^p(\lambda_1) \int_{\lambda_1}^{\infty} \frac{\mathrm{d}s}{(E_n^p)^2(s)\sqrt{(s^2-h^2)(s^2-k^2)}}$$

$$(2-30)$$

式中　s, h, k——椭球方程的参数，椭球方程如下

$$\frac{x^2}{s^2} + \frac{y^2}{s^2-h^2} + \frac{z^2}{s^2-k^2} = 1 \qquad (2-31)$$

对于给定的 x, y 和 z，方程（2-31）关于 s^2 有三个实数根 $(\lambda_i)_{i=1,2,3}$，其满足如下约束

$$\lambda_1^2 \in [k^2, +\infty), \lambda_2^2 \in [h^2, k^2], \lambda_3^2 \in [0, h^2] \quad (2-32)$$

引力势函数中的椭球谐项参数计算方法见参考文献 [7-8]。

采用多面体组合方法计算的引力势[9-10]为

$$U = \sum_{i \in \text{cubes}} \left(\frac{G\rho_i}{2} \sum_{e \in \text{edges}} \boldsymbol{r}_e^{\mathrm{T}} \boldsymbol{E}_e \boldsymbol{r}_e \cdot \boldsymbol{L}_e - \frac{G\rho_i}{2} \sum_{f \in \text{faces}} \boldsymbol{r}_f^{\mathrm{T}} \boldsymbol{F}_f \boldsymbol{r}_f \cdot \boldsymbol{\omega}_f \right) \quad (2-33)$$

式中　$\boldsymbol{r}_e$——由引力计算点指向每个边缘任意点的矢量；

$\boldsymbol{E}_e$——由与每个边缘相关的面与边缘法线矢量组成的并矢量；

$\boldsymbol{L}_e$——表达一维直线势的对数项；

$\boldsymbol{r}_f$——由引力计算点指向每个面上任意点的矢量；

F_f——面法线矢量的外积；

$\boldsymbol{\omega}_f$——从引力计算点出发的每个面所对的立体角。

多面体组合引力势的具体计算方法见参考文献 [9-10]。

2.4.1.2　其他天体引力摄动加速度

第 i 个摄动天体对航天器产生的摄动加速度为

$$\boldsymbol{a}_i = \mu_i \left[\frac{\boldsymbol{r}_{ri}}{r_{ri}^3} - \frac{\boldsymbol{r}_{pi}}{r_{pi}^3} \right] \qquad (2-34)$$

式中　μ_i——第 i 个摄动天体的引力常数；

$\boldsymbol{r}_{pi}$——第 i 个摄动天体相对天体中心的位置矢量，且 $r_{pi} = \|\boldsymbol{r}_{pi}\|$；

$\boldsymbol{r}_{ri}$——第 i 个摄动天体相对航天器的位置矢量，即

$$r_{ri} = r_{pi} - r;$$

式中　r——航天器相对天体中心的位置矢量，且 $r_{ri} = \| r_{ri} \|$。

2.4.1.3　太阳光压摄动加速度

航天器受到太阳光照射时，太阳辐射能量的一部分被吸收，另一部分被反射，这种能量转换会使航天器受到力的作用，称为太阳辐射压力，简称光压。航天器表面对太阳光的反射比较复杂，有镜面反射和漫反射。在研究太阳光压对航天器轨道的影响时，可以认为光压的方向和太阳光的入射方向一致，作用在航天器单位质量上的光压可以表示为

$$a_s = -\frac{AG}{m r_{rs}^3} r_{rs} \qquad (2-35)$$

其中　　　　　　　　　　$G = k' p_0 \Delta_0^2$

式中　A——垂直于太阳光方向的航天器截面积；

　　　m——航天器质量；

　　　r_{rs}——太阳相对航天器的位置矢量，即 $r_{rs} = r_{ps} - r$，r 为航天器相对天体中心的位置，且 $r_{rs} = \| r_{rs} \|$；

　　　G——太阳通量常数；

　　　k'——综合吸收系数；

　　　Δ_0——太阳到地球表面的距离；

　　　p_0——地球表面的太阳光压强度。

2.4.1.4　大气阻力摄动加速度

大气对航天器所产生的阻力加速度 a_d 为

$$a_d = -\frac{1}{2} c_d \rho \frac{A}{m} v_a v_a \qquad (2-36)$$

式中　c_d——阻力系数；

　　　ρ——大气密度；

　　　A——迎风面积，即航天器沿速度方向的投影面积；

　　　m——航天器的质量；

　　　v_a——航天器相对旋转大气的速度，$v_a = \| v_a \|$。

2.4.2　轨道动力学方程

针对所研究的问题，航天器轨道动力学方程可以选择不同的表达形式[11-12]，比如轨道参数可以用球坐标、直角坐标或开普勒要素表示，摄动项可以直接用摄动力表示，也可以用摄动函数表示。

2.4.2.1　用球坐标表达的轨道动力学方程

用球坐标表示天体形状和质量的不均匀性比较方便、直观。研究天体引力的摄动函数及其对航天器运动的影响，常用球坐标表示航天器的轨道动力学方程

$$\begin{cases} \ddot{r} - r\dot{\alpha}^2\cos^2\varphi - r\dot{\varphi}^2 = a_r \\ r\ddot{\alpha}\cos\varphi + 2(\dot{r}\cos\varphi - r\dot{\varphi}\sin\varphi)\dot{\alpha} = a_\alpha \\ r\ddot{\varphi} + 2\dot{r}\dot{\varphi} + r\dot{\alpha}^2\sin\varphi\cos\varphi = a_\varphi \end{cases} \quad (2-37)$$

式中　(r, α, φ)——航天器的球坐标；

r——航天器相对天体中心的距离；

(α, φ)——航天器位置对应的经度、纬度；

a_r, a_α, a_φ——分别为沿球面坐标轴方向作用在航天器上的加速度。如只考虑天体引力加速度，则它们等于引力势函数 $U(r, \alpha, \varphi)$ 沿着三个方向的导数。

2.4.2.2　用开普勒要素表达的轨道动力学方程

利用开普勒要素表达轨道，便于分析摄动力对航天器轨道要素的影响。

（1）拉格朗日行星摄动方程

拉格朗日行星摄动方程是天体力学中常用的方程，其表达式为

$$\begin{cases} \dfrac{\mathrm{d}a}{\mathrm{d}t} = \dfrac{2}{na}\dfrac{\partial R}{\partial M} \\ \dfrac{\mathrm{d}e}{\mathrm{d}t} = \dfrac{1-e^2}{na^2 e}\dfrac{\partial R}{\partial M} - \dfrac{\sqrt{1-e^2}}{na^2 e}\dfrac{\partial R}{\partial \omega} \\ \dfrac{\mathrm{d}i}{\mathrm{d}t} = \dfrac{\cot i}{na^2\sqrt{1-e^2}}\dfrac{\partial R}{\partial \omega} - \dfrac{\csc i}{na^2\sqrt{1-e^2}}\dfrac{\partial R}{\partial \Omega} \end{cases}$$

$$\begin{cases} \dfrac{\mathrm{d}\Omega}{\mathrm{d}t} = \dfrac{1}{na^2\sqrt{1-e^2}\sin i}\dfrac{\partial R}{\partial i} \\[3mm] \dfrac{\mathrm{d}\omega}{\mathrm{d}t} = \dfrac{\sqrt{1-e^2}}{na^2 e}\dfrac{\partial R}{\partial e} - \dfrac{\cot i}{na^2\sqrt{1-e^2}}\dfrac{\partial R}{\partial i} \\[3mm] \dfrac{\mathrm{d}M}{\mathrm{d}t} = n - \dfrac{2}{na}\dfrac{\partial R}{\partial a} - \dfrac{1-e^2}{na^2 e}\dfrac{\partial R}{\partial e} \end{cases} \tag{2-38}$$

　　如果确定了摄动势函数的具体表达式，就可以利用方程求解任意时刻的密切轨道要素，并根据二体问题的关系求出航天器的位置和速度。摄动方程的上述形式只适合用于摄动力可以用摄动势函数来表示的场合。更一般形式的轨道动力学方程是高斯型摄动方程。

　　（2）高斯型摄动方程

　　用轨道要素表示的轨道动力学方程为

$$\begin{cases} \dfrac{\mathrm{d}a}{\mathrm{d}t} = \dfrac{2}{n\sqrt{1-e^2}}\big[F_r e\sin f + F_t(1+e\cos f)\big] \\[3mm] \dfrac{\mathrm{d}e}{\mathrm{d}t} = \dfrac{\sqrt{1-e^2}}{na}\big[F_r\sin f + F_t(\cos E + \cos f)\big] \\[3mm] \dfrac{\mathrm{d}i}{\mathrm{d}t} = \dfrac{r\cos(\omega+f)}{na^2\sqrt{1-e^2}\sin i}F_n \\[3mm] \dfrac{\mathrm{d}\Omega}{\mathrm{d}t} = \dfrac{r\sin(\omega+f)}{na^2\sqrt{1-e^2}\sin i}F_n \\[3mm] \dfrac{\mathrm{d}\omega}{\mathrm{d}t} = \dfrac{\sqrt{1-e^2}}{nae}\Big[-F_r\cos f + F_t\dfrac{2+e\cos f}{1+e\cos f}\sin f\Big] - \cos i\dfrac{\mathrm{d}\Omega}{\mathrm{d}t} \\[3mm] \dfrac{\mathrm{d}M}{\mathrm{d}t} = n - \dfrac{1-e^2}{nae}\Big[F_r\Big(\dfrac{2er}{p}-\cos f\Big) + F_t\Big(1+\dfrac{r}{p}\Big)\sin f\Big] \end{cases}$$

$$\tag{2-39}$$

式中　a——半长轴；

　　　　e——偏心率；

　　　　i——轨道倾角；

　　　　Ω——升交点赤经；

ω——近天体角距；

M——平近点角；

E——偏近点角；

f——真近点角；

t——时间；

p——半通径，$p = a\ (1 - e^2)$；

n——平均轨道角速度大小；

F_r，F_t，F_n——分别为摄动加速度在径向、横向和轨道面法
    向上的分量。

对于二体运动 $F_r = F_t = F_n = 0$，$\dfrac{\mathrm{d}M}{\mathrm{d}t} = n$，其余五个轨道要素都
为常值。

（3）用直角坐标表达的轨道动力学方程

用直角坐标表达的轨道动力学方程为

$$\begin{cases} \dot{\boldsymbol{r}} = \boldsymbol{v} \\ \dot{\boldsymbol{v}} = -\dfrac{Gm}{r^3}\boldsymbol{r} + \mathrm{grad}\boldsymbol{R} + \boldsymbol{a} \end{cases} \qquad (2-40)$$

式中　$\boldsymbol{r}$，$\boldsymbol{v}$——分别为航天器的位置和速度；

　　　$\boldsymbol{a}$——其他无法用摄动势函数表达的摄动力。

2.4.3　深空探测器轨道动力学模型

2.4.3.1　日心转移轨道段轨道动力学模型

对于日心转移轨道段，中心引力为太阳引力，在无轨道控制力
作用时对深空探测器的运动起主要作用。其他摄动力主要包括大行
星引力和太阳光压。在 J2000.0 日心黄道惯性坐标系上，建立深空
探测器轨道动力学方程为

$$\begin{cases} \dot{\boldsymbol{r}} = \boldsymbol{v} \\ \dot{\boldsymbol{v}} = -\dfrac{\mu_s}{r^3}\boldsymbol{r} + \sum_{i=1}^{n_p}\mu_i\left[\dfrac{\boldsymbol{r}_{ri}}{r_{ri}^3} - \dfrac{\boldsymbol{r}_{pi}}{r_{pi}^3}\right] - \dfrac{AG}{mr^3}\boldsymbol{r} + \dfrac{\boldsymbol{T}}{m} + \boldsymbol{a} \end{cases} \qquad (2-41)$$

式中　$\boldsymbol{r}$，$\boldsymbol{v}$——分别为深空探测器在日心黄道坐标系中的位置和速

度矢量，且 $r=\|\boldsymbol{r}\|$；

$\boldsymbol{r}_{pi}$——第 i 个摄动行星在日心黄道惯性坐标系中的位置矢量，
　　　　且 $r_{pi}=\|\boldsymbol{r}_{pi}\|$；

$\boldsymbol{r}_{ri}$——第 i 个摄动行星相对深空探测器的位置矢量，即 $\boldsymbol{r}_{ri}=$
　　　　$\boldsymbol{r}_{pi}-\boldsymbol{r}$，且 $r_{ri}=\|\boldsymbol{r}_{ri}\|$；

μ_s——太阳引力常数；

μ_i——第 i 个摄动行星的引力常数；

n_p——摄动行星的个数；

$\boldsymbol{T}$——推力矢量；

$\boldsymbol{a}$——其他摄动加速度矢量。

2.4.3.2　近目标天体轨道段轨道动力学模型

这里的近目标天体轨道段是指深空探测器已进入目标天体的引力场范围，对深空探测器的作用力以目标天体引力为主的轨道段，主要包括接近、撞击和环绕目标天体等轨道段。

由于深空探测器距离目标天体近，目标天体引力将对深空探测器的运动起主要作用。考虑到目标天体形状不规则摄动和太阳引力及光压摄动的影响，在目标天体惯性坐标系建立深空探测器轨道动力学方程如下

$$\begin{cases} \dot{\boldsymbol{r}}_i = \boldsymbol{v}_i \\ \dot{\boldsymbol{v}}_i = \dfrac{\partial V(\boldsymbol{r}_i)}{\partial \boldsymbol{r}_i} + \boldsymbol{a}_i \end{cases} \tag{2-42}$$

式中　$\boldsymbol{r}_i$，$\boldsymbol{v}_i$——分别为深空探测器的位置和速度矢量；

$\boldsymbol{a}_i$——其他需要考虑的加速度；

V——势函数，具体表达式如下

$$V(\boldsymbol{r}_i) = U(\boldsymbol{r}_{tf}) + \frac{\beta \boldsymbol{d} \cdot \boldsymbol{r}_i}{|\boldsymbol{d}|^3} - \frac{\mu_s}{2d^3}\left[\boldsymbol{r}_i \cdot \boldsymbol{r}_i - 3\left(\frac{\boldsymbol{d} \cdot \boldsymbol{r}_i}{|\boldsymbol{d}|}\right)^2\right] \tag{2-43}$$

式中　第一项 $U(\boldsymbol{r}_{tf})$——天体引力势函数，其中 $\boldsymbol{r}_{tf}$ 为在固连坐标系中表达的深空探测器相对天体中心的位置矢量；

第二项 $\dfrac{\beta d \cdot r_i}{|d|^3}$——太阳光压摄动势函数，其中 β 为太阳光压参

数；

第三项——太阳引力摄动势函数，其中 d 为天体相对太阳的

位置矢量，可以由天体的星历计算得到。

2.5　光学成像自主导航

2.5.1　基本原理

2.5.1.1　天文导航原理

天文导航是通过观测天体来测定航天器运动状态（位置和姿态等）的技术。天体是宇宙空间中各种自然星体的总称，包括恒星、行星、卫星与彗星等。根据天体与航天器的距离，天体可以分为近天体和远天体，对于太阳系内的航天器来说，太阳系中的天体（行星、卫星与彗星等）为近天体，太阳系外的天体（如恒星）为远天体。通常在航天器一定的运动范围内，近天体相对远天体的视线方向变化可以忽略，远天体可以认为在无穷远处。导航观测方案需要包含描述航天器与相关天体之间几何关系的测量。

1) 直接的几何关系有航天器相对观测目标天体的方向或距离；

2) 间接的几何关系有航天器相对其他相关星历已知天体（或者天体表面控制点）的方向或距离。

天文导航的一个基本问题是如何确定位置面。位置面是当被测参数为常值时，航天器可能位置形成的曲面。天文导航原理可归结为通过对天体的测量获得位置面，通过对多个位置面的组合进行导航定位。目前天文导航中用来确定位置面的主要测量方法[3,13]有以下 4 种。

（1）近天体/航天器/远天体夹角测量的位置面

利用敏感器对近天体和远天体进行天文观测，根据测量得到航

天器到近天体视线与远天体视线之间的夹角 A。

由于远天体在无限远处，远天体相对近天体的视线和相对航天器的视线互相平行，因而可获得一个圆锥位置面，圆锥的顶点在近天体中心，轴线为近天体中心到远天体的视线方向，顶角为 $(\pi-A)$，如图 2-5 所示。这个几何关系可以用矢量公式表达。设 i 为由近天体中心到远天体的视线单位矢量，可由天文年历计算得到；r 为航天器相对近天体的位置矢量，是未知量，根据几何关系可以确定如下方程

$$r \cdot i = -\parallel r \parallel \cos A \qquad (2-44)$$

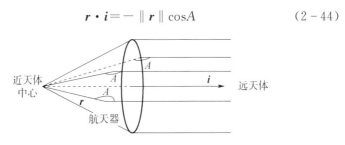

图 2-5　近天体/航天器/远天体夹角测量的位置面

（2）近天体/航天器/近天体夹角测量的位置面

利用敏感器对两个近天体进行天文观测，根据测量得到两个近天体中心相对航天器的视线夹角 A。

由几何关系可知，这时的位置面是以两个近天体中心连线为轴线，使通过这两点的一段圆弧绕之旋转而获得的超环面，如图 2-6 所示，圆弧半径 R 与两近天体之间的距离 r_p 以及夹角 A 的关系为

$$R = \frac{r_p}{2\sin A} \qquad (2-45)$$

圆弧的中心到两近天体中心连线的距离为

$$L = R\cos A \qquad (2-46)$$

（3）近天体相对航天器视张角测量的位置面

当航天器距离近天体足够近时，利用敏感器对近天体进行天文观测，可以得到近天体相对航天器的视张角 A。如果已知近天体的半径 R_r，那么航天器与近天体中心的距离为

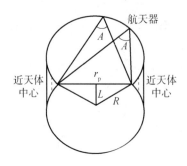

图 2-6　近天体/航天器/近天体夹角测量的位置面

$$Z = \frac{R_r}{\sin(A/2)} \qquad (2-47)$$

于是，确定的位置面是以近天体中心为球心，以 Z 为半径的球面，如图 2-7 所示。

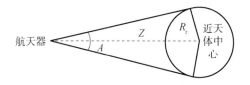

图 2-7　近天体视张角测量的位置面

（4）掩星测量的位置面

当航天器接近近天体时，利用敏感器对某一远天体进行观测，当视线正好被一近天体掩盖的时刻可建立一个位置面。如近天体为规则球形，则这个位置面为一圆柱面，圆柱面轴线与近天体中心到远天体的视线方向重合，圆柱面直径等于近天体的直径，如图 2-8 所示。

利用敏感器对天体进行多次观测，获得足够多的位置面，通过组合这些位置面，就可确定航天器的位置。

天文导航可以不依赖地面支持，仅靠航天器上的设备进行导航测量和导航计算，因此，是一种完全自主的导航方式。

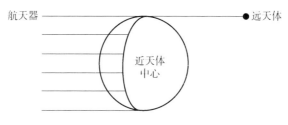

图 2-8　掩星测量的位置面

2.5.1.2　光学成像自主导航原理

　　光学成像自主导航是一种特殊的天文导航方法，其基本原理是航天器利用自身的光学成像敏感器获取导航天体（含天体表面）的图像，经过图像处理后，提取出天体导航信息，再结合天体星历信息和其他敏感器的测量信息（如需要），利用滤波算法自主确定航天器的轨道和姿态。基本原理与天文导航一样，也需要通过对天体的观测获得足够多的位置面。

　　光学成像自主导航的重要特征是要利用光学成像敏感器获取天体图像数据。根据不同探测轨道段的特点，基于光学图像数据可以得到如下几类导航信息：1）中心点信息；2）边缘点信息；3）特征点信息。

　　（1）中心点信息

　　利用图像处理方法，可从光学成像敏感器获取的近天体和远天体图像中提取出近天体中心和远天体能量中心。这是光学成像自主导航最常用的测量信息，可用于转移轨道段、接近轨道段、环绕/飞越轨道段和撞击段。例如深空 1 号[14]，利用光学成像敏感器对小行星和背景恒星进行光学测量，获得小行星和背景恒星的图像信息。

　　利用敏感器参数，可以把近天体和远天体的中心点像素测量信息转化为视线方向信息，能够避免复杂而不确切的像素计算过程，也便于利用天文导航原理的位置面概念进行导航定位分析。

　　根据天体的视线方向，可以确定近天体视线方向与远天体视线方向或近天体视线方向之间的夹角，即角距（角距是指某一时刻两矢量方向的夹角）。如测量恒星与小行星中心的角距、火星卫星和火星中心的角距。采用角距信息最大的好处是角距信息与航天器的姿态无关，角距与航天器姿态状态相对独立，在不同坐标系下保持不变，在本体坐标系中测算的角距等同于惯性坐标系中测算的角距。

（2）边缘点信息

利用图像处理方法，可从光学成像敏感器获取的近天体图像中提取出天体边缘点信息。利用球形天体的边缘点信息（即使当深空探测器距天体太近只能获得天体部分边缘图像），除了可以确定天体中心方向之外，还可以确定天体的视半径，进而可以提供航天器距离天体中心的距离。主要用于接近和环绕/飞越球形天体的光学成像自主导航任务，例如克莱门汀探测器[15]利用月球图像边缘信息确定月球的视半径。根据不规则形状小天体的三维模型，利用不规则天体的图像边缘信息和图像模型进行匹配，可以确定边缘点的参考位置信息，进而确定航天器轨道。这种处理方法主要用于环绕小天体探测任务。

（3）特征点信息

利用图像处理方法，可从光学成像敏感器获取的天体表面图像中提取出天体表面特征点（含人工目标）信息，通过与模型进行匹配使用。主要用于附着/着陆轨道段、撞击轨道段和环绕/飞越轨道段。如MUSES-C任务[16]利用光学成像敏感器获取小行星表面的可视着陆目标和表面特征点图像信息。

根据上述光学成像导航信息的分析过程可知，深空探测光学成像自主导航可用的观测量主要包括天体中心视线方向、天体边缘特征点以及视半径和角距等。单独利用这些导航信息中的一种或几种导航信息的组合，就可以形成不同的自主导航方案。

2.5.1.3　光学成像自主导航流程

根据航天器上光学成像敏感器所获得的图像，利用航天器上的计算机进行图像处理和导航计算，这就是光学成像自主导航。光学成像自主导航的一般流程如图2-9所示。其主要过程为：

　　1）利用光学成像导航敏感器对选取和规划的导航天体成像，获取导航天体图像信息，经过图像处理得到导航观测量，其中，惯性姿态信息也可以利用星敏感器和陀螺仪的测量数据确定；

　　2）根据导航天体的星历和已有导航参数（轨道和姿态），利用轨道姿态动力学模型和观测模型预测观测时刻的观测量；

　　3）根据获取的观测量和预测的观测量，利用选取的导航滤波算法对预测的导航参数进行修正。

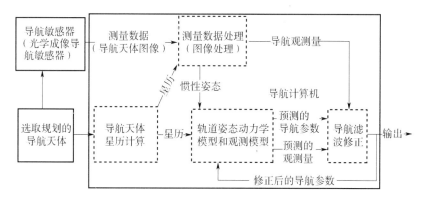

图 2-9　光学成像自主导航流程

　　光学成像自主导航研究的主要内容包括：
　　1）导航天体的选取与规划；
　　2）导航天体图像的处理方法；
　　3）观测方程与状态方程的建立；
　　4）导航滤波算法的选择。

2.5.2　导航天体的选取与规划

　　深空探测的特殊环境决定了所能观测的导航天体非常有限，导航天体的选取与规划是光学成像自主导航研究的第一步。

　　在深空探测日心转移轨道段，受飞行轨道的限制，光学成像自主导航可用的导航天体通常是距离深空探测器较远的天体，如小行星等，一般用恒星作为参考背景。

对于接近/撞击目标天体轨道段，目标天体及其卫星成为光学成像自主导航理想的导航天体；对于环绕目标天体轨道段，目标天体边缘及其表面的特征区域/点成为光学成像自主导航理想的观测目标；对于着陆/附着目标天体段，目标天体表面的控制点/特征点就是光学成像自主导航主要的观测目标。

在选取完导航天体后，还需要根据深空探测器姿态、轨道及其他约束条件，进行导航天体成像的姿态规划，才能获得可用的导航天体图像。

本书第 3 章将详细研究导航天体的选取与规划方法。

2.5.3 导航天体图像的处理方法

导航天体图像处理是光学成像自主导航的基础和关键，图像处理的目的就是提取出高质量的导航信息，以保证实现自主导航的任务目标。对于深空探测自主光学导航，图像处理的主要内容是从包含杂光、拖尾等干扰的图像中提取导航天体中心、边缘或表面特征点等信息。本书中涉及的导航天体图像主要包括星点图像、远距离暗天体长时间曝光形成的星光轨迹线图像、规则或不规则目标天体接近轨道段到绕飞轨道段的点目标图像、小面积目标图像和大面积目标图像等。针对不同的图像，需要采取不同的处理方法，获得不同的导航信息。

本书第 4 章将详细研究导航天体光学图像的处理方法。

2.5.4 观测方程和状态方程的建立

自主导航系统通过测量一般不能直接得到深空探测器的位置和速度，必须利用动力学模型来估算深空探测器的轨道，因此建立合适的观测模型和状态模型是非常重要的内容。建立模型的第一步就是选择参考坐标系，原则是保持观测模型和状态模型表达尽量简单。选择一个合适的参考坐标系可以有效提高整个计算的效率，同时，不同的参考坐标系也会影响轨道确定的性能。状态模型的选择包括状态量的选取以及状态方程规模的确定。此外，计算单位的选取直接影响积分精度，对不同任务背景的状态模型，需要选择不同的单位。如巡航轨道段，通常选择正则单位；小天体接近轨道段，一般选择国际单位。

对于深空探测器动力学模型存在的各种不确定性，如未知的引力场模型、未建模摄动力、模型参数误差和推力误差等，这些无模型加速度一般都包括两部分：与时间相关的部分和纯粹随机的部分，这正好与高斯-马尔可夫过程的特性相似，因此，可以利用高斯-马尔可夫过程近似轨道动力学中的无模型加速度。

观测模型包括观测参数的选取以及计算模型的建立。观测模型和状态模型必须相适应，避免过于简化或繁琐。状态矢量应能明显影响观测矢量，并且有一定的实际物理意义。根据同一测量可以建立不同的观测模型，也可以将几个不同敏感器的测量进行组合，构成一个观测模型。选择观测模型最基本的原则是要能精确地估计出状态矢量。测量系统的可观性，反映了系统通过有限时间内的观测量确定状态的能力。能否利用测量信息解算出深空探测器的运动状态主要依赖于自主导航系统的可观性；若系统不可观，则无法估计轨道。因此，深空探测自主导航系统的可观性分析也是一个关键技术问题。

本书第 5 章将详细研究自主导航系统的可观性分析方法。

2.5.5　导航滤波算法的选择

设计自主导航系统的另一个主要问题是估计算法的选择。只有通过测量数据的滤波处理，才能得到系统状态和参数的最优估计。根据对观测数据处理方式的不同，导航滤波器算法可分为两种：批量处理和递推处理。批量处理是基于在一段时间内获得的一批观测数据进行反复迭代运算，得出在此时间段内某一特定时刻的最优状态估计。由于观测数据组成的观测矢量的维数远大于状态量的维数，通常应用最小二乘法求解，其精度较高且迭代运算过程稳定，但估计过程是阶段性的，不能实时得出结果。递推处理是在确定初轨的基础上，由实时观测数据来更新现有估计，得出新的估计。这种估计算法是序贯递推式的，适用于轨道姿态的实时处理，常用算法有扩展卡尔曼滤波算法及其改进算法。

利用滤波算法更新轨道参数就会涉及到数值积分方法问题。考虑到深空探测器上计算机的处理速度和内存大小的限制，利用高阶和变步长的积分方法是不适宜的，通常选用低阶定步长的龙格-库塔积分方法。

由于深空探测器轨道动力学方程是非线性方程，扩展卡尔曼滤波算法已成为深空探测自主导航常用的滤波算法。但是，利用扩展卡尔曼滤波的自主导航算法，存在计算舍入误差，卡尔曼滤波算法中还会涉及到大量矩阵运算，使得计算机的计算量和数据存储量都较大，因此大大增加了深空探测器上计算机的负担。递推的 UD 协方差阵分解滤波算法，通过 UD 分解和多个观测量逐个更新，可以减少计算舍入误差，保证了协方差矩阵的非负定性和对称性，可有效防止滤波发散，提高了自主导航系统的稳定性，减小了计算量和数据存储量，非常适合自主导航的需要。

根据建立的导航状态方程，通过观测数据和导航滤波算法可以确定深空探测器的轨道参数以及需要估计的高斯-马尔可夫过程参数。

本书第 6 章将详细研究自主导航滤波与信息融合方法。

2.6　自主轨道控制方法

深空探测器从逃逸地球开始，经过日心转移、接近目标天体，直至完成撞击或环绕探测，需要实施的轨道控制主要包括日心转移轨道段的中途轨道修正、接近轨道段的捕获修正和近天体制动、环绕天体的轨道维持以及轨道机动、撞击天体轨道段的轨道修正等。这里重点研究基于 B 平面参数的自主中途轨道修正方法和接近目标天体的自主轨道规划方法，其他任务段的自主轨道控制方法见第 7~10 章。

2.6.1　基于 *B* 平面参数的自主中途修正方法

2.6.1.1　*B* 平面参数定义

　　B 平面一般定义为过目标天体中心并垂直于进入轨道双曲线渐近线方向的平面。渐近线方向又可以视为距离目标天体无穷远时的速度方向，可以近似为深空探测器进入目标天体影响球时的速度方向。进入轨道双曲线渐近线方向矢量记为 **S**。若目标天体引力影响可以忽略，渐近线方向矢量可以取为深空探测器到达影响球时相对目标天体的速度方向。

　　B 平面坐标系的定义如下：以目标天体中心为原点，某参考方向矢量记为 **N**，**S** 与 **N** 的叉乘作为 **T** 轴，**R** 轴由 **S** 轴和 **T** 轴按右手螺旋法则确定。参考方向 **N** 理论上可以取任何方向，具体应用时根据深空探测任务特点确定，通常原则是要便于建立目标轨道参数与 *B* 平面参数之间的关系，例如可取目标天体赤道面法向、目标天体轨道面法向、黄道面法向或地球赤道面法向等。

　　B 矢量定义为由 *B* 平面坐标系原点指向轨道与 *B* 平面交点的矢量，记为 **B**。对双曲线轨道有如下计算公式

$$r_p = a - c \tag{2-48}$$

$$c^2 = a^2 + b^2 \tag{2-49}$$

$$a = -\frac{\mu}{v_\infty^2} \tag{2-50}$$

　　则 **B** 矢量大小为

$$b = \sqrt{r_p^2 - 2ar_p} = \sqrt{r_p^2 + \frac{2r_p\mu}{v_\infty^2}} \tag{2-51}$$

式中　a, b, c——分别是双曲线轨道的半实轴、半虚轴和半焦距，
　　　　　　　　注意，式中 a 和 c 取负值；

　　　　r_p——近心距；

　　　　μ——目标天体引力常数；

　　　　v_∞——深空探测器相对目标天体无穷远速度。

B 平面参数定义为 $\boldsymbol{B}$ 在 $\boldsymbol{T}$ 轴的分量 BT 和在 $\boldsymbol{R}$ 轴的分量 BR，则 BT 和 BR 为

$$BT = \boldsymbol{B} \cdot \boldsymbol{T} \tag{2-52}$$

$$BR = \boldsymbol{B} \cdot \boldsymbol{R} \tag{2-53}$$

上述定义如图 2-10 所示。

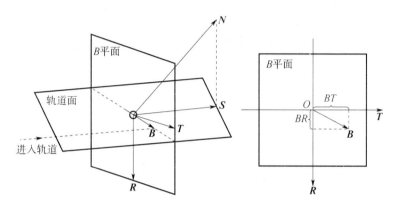

图 2-10　B 平面定义示意图

以 B 平面参数作为终端参数，二维情况下的终端参数 $\boldsymbol{Q}$ 可表示为

$$\boldsymbol{Q} = \begin{bmatrix} BR & BT \end{bmatrix}^{\mathrm{T}} \tag{2-54}$$

若限定到达时间 TOF，则终端参数 Q 可表示为

$$\boldsymbol{Q} = \begin{bmatrix} BR & BT & TOF \end{bmatrix}^{\mathrm{T}} \tag{2-55}$$

2.6.1.2　B 平面参数与经典轨道参数的关系

若深空探测器目标轨道是环绕天体轨道，则参考方向 $\boldsymbol{N}$ 取为天体赤道的法向。设 $\boldsymbol{N}_s$ 为深空探测器轨道平面的法向，则 $\boldsymbol{B}$ 的方向为

$$\frac{\boldsymbol{B}}{\|\boldsymbol{B}\|} = \boldsymbol{S} \times \boldsymbol{N}_s \tag{2-56}$$

根据双曲线的几何特性，$\boldsymbol{B}$ 的大小 $\|\boldsymbol{B}\|$ 等于双曲线的半虚轴 b，且

$$b = \sqrt{r_{\mathrm{p}}^2 - 2ar_{\mathrm{p}}} \tag{2-57}$$

式中　a——密切双曲线半长轴，$a = -\dfrac{\mu}{v_\infty^2}$。

以 B 平面参数作为目标参数，首先需建立目标轨道参数与 B 平面参数的关系，计算出要求的目标轨道参数所对应的 B 平面参数。在天体中心近焦点坐标系中，B 平面参数满足如下关系

$$\boldsymbol{B} = b \begin{bmatrix} \sin\theta \\ -\cos\theta \\ 0 \end{bmatrix} \tag{2-58}$$

$$\boldsymbol{S} = \begin{bmatrix} \cos\theta \\ \sin\theta \\ 0 \end{bmatrix} \tag{2-59}$$

$$\boldsymbol{N} = \begin{bmatrix} \sin\omega\sin i \\ \cos\omega\sin i \\ \cos i \end{bmatrix} \tag{2-60}$$

$$\boldsymbol{T} = \frac{\boldsymbol{S} \times \boldsymbol{N}}{\parallel \boldsymbol{S} \times \boldsymbol{N} \parallel} = \frac{1}{\sqrt{\cos^2 i + \sin^2 i\cos^2(\omega+\theta)}} \begin{bmatrix} \sin\theta\cos i \\ -\cos\theta\cos i \\ \sin i\cos(\omega+\theta) \end{bmatrix} \tag{2-61}$$

$$\boldsymbol{R} = \frac{\boldsymbol{S} \times \boldsymbol{T}}{\parallel \boldsymbol{S} \times \boldsymbol{T} \parallel} = \frac{1}{\sqrt{\cos^2 i + \sin^2 i\cos^2(\omega+\theta)}} \begin{bmatrix} \sin\theta\sin i\cos(\omega+\theta) \\ -\cos\theta\sin i\cos(\omega+\theta) \\ -\cos i \end{bmatrix} \tag{2-62}$$

$$BT = \frac{b\cos i}{\sqrt{\cos^2 i + \sin^2 i\cos^2(\omega+\theta)}} \tag{2-63}$$

$$BR = \frac{b\sin i\cos(\omega+\theta)}{\sqrt{\cos^2 i + \sin^2 i\cos^2(\omega+\theta)}} \tag{2-64}$$

式中　i，ω——分别为深空探测器轨道相对于天体赤道的轨道倾角和近天体点幅角；

θ——双曲线轨道渐近线与天体中心近焦点坐标系 X_ω 轴之间的夹角，如图 2-11 所示。

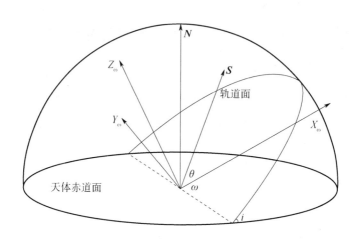

图 2-11　天体中心近焦点坐标系示意图

对于约束条件为近心距和轨道倾角的极轨探测器，由于轨道倾角为 90°，T 轴即为环绕天体轨道平面的法向。$\boldsymbol{B}$ 在 $\boldsymbol{T}$ 轴的分量 BT 为 0，在 $\boldsymbol{R}$ 轴的分量 BR 为 $\pm b$。于是，近心距为 r_p 的极轨转换到 B 平面参数为

$$BT = 0 \qquad\qquad (2-65)$$

$$BR = \pm b \qquad\qquad (2-66)$$

2.6.1.3　B 平面统计量定义

B 平面靶点不确定性的定义利用 B 平面中的导航误差椭圆给出，误差椭圆的有关概念在参考文献 [17] 中详细介绍。假设 B 平面参数的统计量服从二维正态分布，给出如下概率密度函数

$$f_{\mathrm{RT}} = \frac{1}{2\pi\sigma_{\mathrm{R}}\sigma_{\mathrm{T}}\sqrt{1-\rho_{\mathrm{RT}}^2}}\exp\left\{-\frac{\left[\left(\dfrac{BR}{\sigma_{\mathrm{R}}}\right)^2 - 2\rho_{\mathrm{RT}}\left(\dfrac{BR}{\sigma_{\mathrm{R}}}\right)\left(\dfrac{BT}{\sigma_{\mathrm{T}}}\right) + \left(\dfrac{BT}{\sigma_{\mathrm{T}}}\right)^2\right]}{2\left(1-\rho_{\mathrm{RT}}^2\right)}\right\}$$

$$(2-67)$$

式中　σ_{R}，σ_{T}——分别是 BR 和 BT 的标准差；

ρ_{RT}——BR 和 BT 的相关系数。

对于二维正态分布，当概率密度 f_{RT} 为定值时，在 B 平面坐标系中的图形是椭圆，据此引入误差椭圆。误差椭圆的大小和方向由 σ_R，σ_T 和 ρ_{RT} 定义。标准差通常是指 1σ 值，但是在打靶问题中一般将其乘以 3 变为 3σ 形式再绘制误差椭圆。

相关系数 ρ_{RT} 的数值一般不必计算，因为通过坐标系的旋转变换可以将相关系数转化为 0。坐标系的变换通过对协方差阵的对角化来实现。对于任意对称正定方阵 $\boldsymbol{A}$，可利用一组特征矢量基进行如下变换

$$\boldsymbol{D} = \boldsymbol{X}^{-1}\boldsymbol{A}\boldsymbol{X} \tag{2-68}$$

式中　$\boldsymbol{D}$——以 $\boldsymbol{A}$ 的特征值 λ_1 和 λ_2 为主对角线元素的对角阵；

　　　$\boldsymbol{X}$——由对应特征矢量的标准正交基构成的矩阵。

应用在自主导航问题中，$\boldsymbol{A}$ 是映射在靶点的初始协方差阵，为对称正定矩阵。$\boldsymbol{D}$ 是经过坐标系旋转，相关系数为 0 的矩阵。

概率误差椭圆方程如下

$$\begin{bmatrix} x' & y' \end{bmatrix} \boldsymbol{D}^{-1} \begin{bmatrix} x' \\ y' \end{bmatrix} = N^2 \tag{2-69}$$

式中　(x', y')——旋转后的新坐标系。

当 N 分别取 1，2 和 3 时，得到椭圆分别称之为 1σ，2σ 和 3σ 误差椭圆。误差椭圆方程又可写为如下形式

$$\begin{bmatrix} x' & y' \end{bmatrix} \begin{bmatrix} \dfrac{1}{\lambda_1} & \\ & \dfrac{1}{\lambda_2} \end{bmatrix} \begin{bmatrix} x' \\ y' \end{bmatrix} = N^2 \tag{2-70}$$

或

$$\frac{x'^2}{\lambda_1} + \frac{y'^2}{\lambda_2} = N^2 \tag{2-71}$$

设 $\lambda_1 > \lambda_2$，则概率误差椭圆的半长轴和半短轴计算公式如下

$$SMAA = N\sqrt{\lambda_1} \tag{2-72}$$

$$SMIA = N\sqrt{\lambda_2} \tag{2-73}$$

新坐标系到原坐标系的转换矩阵可写为如下形式

$$\boldsymbol{X} = \begin{bmatrix} \cos\phi & -\sin\phi \\ \sin\phi & \cos\phi \end{bmatrix} \tag{2-74}$$

式中　ϕ——原坐标系顺时针旋转至新坐标系的角度，如图 2-12

所示。

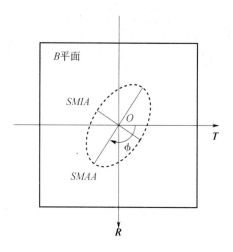

图 2-12　B 平面中误差椭圆示意图

在 $N\sigma$ 误差椭圆中，标准差 σ_R 和 σ_T 用半长轴 $SMAA$ 和半短轴 $SMIA$ 给出的表达式为

$$\sigma_R = \sqrt{\left(\frac{SMAA}{N}\sin\phi\right)^2 + \left(\frac{SMIA}{N}\cos\phi\right)^2} \tag{2-75}$$

$$\sigma_T = \sqrt{\left(\frac{SMAA}{N}\cos\phi\right)^2 + \left(\frac{SMIA}{N}\sin\phi\right)^2} \tag{2-76}$$

对于二维正态分布，$N\sigma$（$N=1$，2，3，…）误差椭圆之内的概率由下式给出

$$p(N\sigma) = 1 - \mathrm{e}^{-\frac{N^2}{2}} \tag{2-77}$$

表 2-3 给出了上述概率公式的部分结果，需要注意其与一维正态分布不同。

表 2 - 3　二维正态分布的 **Nσ** 概率

N	概率
1	39.35%
2	86.47%
3	98.89%
4	99.97%

2.6.1.4　以 B 平面参数为终端参数的制导方法

B 平面参数的误差定义如下

$$\Delta BR = BR - BR_{\text{nom}} \tag{2-78}$$

$$\Delta BT = BT - BT_{\text{nom}} \tag{2-79}$$

$$\Delta TOF = TOF - TOF_{\text{nom}} \tag{2-80}$$

式中　BR_{nom}，BT_{nom}，TOF_{nom}——为标称轨道的终端参数。

以 B 平面参数作为终端参数，只考虑 BR 和 BT 的误差 ΔBR 和 ΔBT 时，残余误差矢量为

$$\Delta \boldsymbol{Q} = [\Delta BR \quad \Delta BT] \tag{2-81}$$

若限定到达时间 TOF，则残余误差矢量为

$$\Delta \boldsymbol{Q} = [\Delta BR \quad \Delta BT \quad \Delta TOF] \tag{2-82}$$

由于修正时刻选定后位置不可以改变，可改变的是速度 v，因此控制变量 $\Delta \boldsymbol{P} = \Delta \boldsymbol{v}$。设状态变量为 $\boldsymbol{X} = [\boldsymbol{r} \quad \boldsymbol{v}]^{\text{T}}$，则有

$$\Delta \boldsymbol{Q} = \frac{\partial \boldsymbol{Q}}{\partial \boldsymbol{P}^{\text{T}}} \Delta \boldsymbol{P} = \frac{\partial \boldsymbol{Q}}{\partial \boldsymbol{X}_i^{\text{T}}} \frac{\partial \boldsymbol{X}_i}{\partial \boldsymbol{P}^{\text{T}}} \Delta \boldsymbol{P} = \frac{\partial \boldsymbol{Q}}{\partial \boldsymbol{X}_f^{\text{T}}} \frac{\partial \boldsymbol{X}_f}{\partial \boldsymbol{X}_i^{\text{T}}} \frac{\partial \boldsymbol{X}_i}{\partial \boldsymbol{P}^{\text{T}}} \Delta \boldsymbol{P} = \frac{\partial \boldsymbol{Q}}{\partial \boldsymbol{X}_f^{\text{T}}} \boldsymbol{\Phi}_{\text{f}} \frac{\partial \boldsymbol{X}_i}{\partial \boldsymbol{P}^{\text{T}}} \Delta \boldsymbol{P}$$

$$\tag{2-83}$$

即

$$\Delta \boldsymbol{Q} = K \Delta \boldsymbol{P} \tag{2-84}$$

式中　$K = \dfrac{\partial \boldsymbol{Q}}{\partial \boldsymbol{X}_f^{\text{T}}} \boldsymbol{\Phi}_{\text{f}} \dfrac{\partial \boldsymbol{X}_i}{\partial \boldsymbol{P}^{\text{T}}}$；

$\boldsymbol{\Phi}_{\text{f}}$——终端轨道状态相对初始轨道状态的状态转移矩阵。

式中的两个偏导矩阵具有确定的表达式；$\boldsymbol{\Phi}_{\text{f}}$ 需要对轨道运动矩

阵微分方程进行数值积分来计算。

制导目标包括三个终端参数时，制导所需最小速度脉冲计算公式为

$$\Delta v = -\boldsymbol{K}^{-1}\Delta\boldsymbol{Q} \qquad (2-85)$$

制导目标包括两个终端参数时，制导所需最小速度脉冲计算公式为

$$\Delta v = -\boldsymbol{K}^{\mathrm{T}}(\boldsymbol{K}\boldsymbol{K}^{\mathrm{T}})^{-1}\Delta\boldsymbol{Q} \qquad (2-86)$$

用这个修正量来修正初始状态，然后再重新递推残余误差矢量和计算速度脉冲。这样反复迭代到末端状态满足一定的精度要求为止。用迭代后状态减去迭代前状态就是实际要执行的速度脉冲。

摄动制导方法的关键在于计算敏感矩阵，一般有状态转移矩阵法和数值微分法两种方法。

（1）利用状态转移矩阵计算敏感矩阵

B 平面中 $\boldsymbol{B}$ 与转移轨道终端状态有如下关系

$$\boldsymbol{B} = \boldsymbol{r}_{\mathrm{f}} - \boldsymbol{r}_{\mathrm{ref}} \qquad (2-87)$$

式中　$\boldsymbol{r}_{\mathrm{f}}$——靶点的位置矢量；

　　　$\boldsymbol{r}_{\mathrm{ref}}$——目标天体的位置矢量。

首先分析不限定到达时间 TOF 的情况。B 平面参数 $\boldsymbol{Q} = [BR \quad BT]^{\mathrm{T}}$ 与转移轨道终端状态 $\boldsymbol{X}_{\mathrm{f}}$ 的解析表达式如下

$$\boldsymbol{Q} = \begin{bmatrix} BR \\ BT \end{bmatrix} = \begin{bmatrix} \boldsymbol{B} \cdot \boldsymbol{R} \\ \boldsymbol{B} \cdot \boldsymbol{T} \end{bmatrix} = \begin{bmatrix} (\boldsymbol{r}_{\mathrm{f}} - \boldsymbol{r}_{\mathrm{ref}}) \cdot \boldsymbol{R} \\ (\boldsymbol{r}_{\mathrm{f}} - \boldsymbol{r}_{\mathrm{ref}}) \cdot \boldsymbol{T} \end{bmatrix} = \begin{bmatrix} \boldsymbol{r}_{\mathrm{f}}^{\mathrm{T}}\boldsymbol{R} - \boldsymbol{r}_{\mathrm{ref}}^{\mathrm{T}}\boldsymbol{R} \\ \boldsymbol{r}_{\mathrm{f}}^{\mathrm{T}}\boldsymbol{T} - \boldsymbol{r}_{\mathrm{ref}}^{\mathrm{T}}\boldsymbol{T} \end{bmatrix}$$

$$(2-88)$$

则

$$\frac{\partial \boldsymbol{Q}}{\partial \boldsymbol{X}_{\mathrm{f}}^{\mathrm{T}}} = \begin{bmatrix} \dfrac{\partial BR}{\partial \boldsymbol{r}_{\mathrm{f}}^{\mathrm{T}}} & \dfrac{\partial BR}{\partial \boldsymbol{v}_{\mathrm{f}}^{\mathrm{T}}} \\ \dfrac{\partial BT}{\partial \boldsymbol{r}_{\mathrm{f}}^{\mathrm{T}}} & \dfrac{\partial BT}{\partial \boldsymbol{v}_{\mathrm{f}}^{\mathrm{T}}} \end{bmatrix} = \begin{bmatrix} \dfrac{\partial BR}{\partial \boldsymbol{r}_{\mathrm{f}}^{\mathrm{T}}} & \boldsymbol{O}_{1\times 3} \\ \dfrac{\partial BT}{\partial \boldsymbol{r}_{\mathrm{f}}^{\mathrm{T}}} & \boldsymbol{O}_{1\times 3} \end{bmatrix} = \begin{bmatrix} \boldsymbol{R}^{\mathrm{T}} & \boldsymbol{O}_{1\times 3} \\ \boldsymbol{T}^{\mathrm{T}} & \boldsymbol{O}_{1\times 3} \end{bmatrix}$$

$$(2-89)$$

修正时刻状态对控制变量的导数为

$$\frac{\partial \boldsymbol{X}_i}{\partial \boldsymbol{P}^{\mathrm{T}}} = \frac{\partial \boldsymbol{X}_i}{\partial \boldsymbol{v}^{\mathrm{T}}} = \begin{bmatrix} \dfrac{\partial \boldsymbol{r}}{\partial \boldsymbol{v}^{\mathrm{T}}} \\[2mm] \dfrac{\partial \boldsymbol{v}}{\partial \boldsymbol{v}^{\mathrm{T}}} \end{bmatrix} = \begin{bmatrix} \boldsymbol{O}_3 \\[1mm] \boldsymbol{I}_3 \end{bmatrix} \tag{2-90}$$

其次分析限定到达时间 TOF 的情况

$$TOF = TOF_{\mathrm{nom}} + \Delta TOF \tag{2-91}$$

到达时间误差 ΔTOF 是在标准值附近的小偏差量，因此可以利用二体问题的公式近似表示。已知 t 时刻深空探测器在直角坐标系中位置 $\boldsymbol{r}$ 和速度 $\boldsymbol{v}$，则半长轴 a 为

$$a = \frac{\mu r}{2\mu - r v^2} \tag{2-92}$$

式中　$r = \| \boldsymbol{r} \|$；

　　　$v = \| \boldsymbol{v} \|$。

偏心率 e 和 t 时刻的偏近点角 E 计算公式如下

$$e\sin E = \frac{\boldsymbol{r}^{\mathrm{T}} \boldsymbol{v}}{\sqrt{\mu a}} \tag{2-93}$$

$$e\cos E = 1 - \frac{r}{a} \tag{2-94}$$

由开普勒方程可得

$$t = \tau + \sqrt{\frac{a^3}{\mu}}\ (E - e\sin E) \tag{2-95}$$

式中　τ——过近拱点时刻。

已知轨道上两点的状态（$\boldsymbol{r}_0$，$\boldsymbol{v}_0$）和（$\boldsymbol{r}_1$，$\boldsymbol{v}_1$），就可由上述公式求出转移时间

$$\Delta TOF = t_1 - t_0 \tag{2-96}$$

最终可以建立终端状态和到达时间的解析关系，继而求出到达时间对终端状态的导数，得

$$\boldsymbol{M} = \frac{\partial TOF}{\partial \boldsymbol{X}_{\mathrm{f}}^{\mathrm{T}}} \tag{2-97}$$

最后，B 平面参数 $\boldsymbol{Q} = \begin{bmatrix} BR & BT & TOF \end{bmatrix}^{\mathrm{T}}$ 与转移轨道终端状态 $\boldsymbol{X}_{\mathrm{f}}$ 的关系解析表达式为

$$\frac{\partial \boldsymbol{Q}}{\partial \boldsymbol{X}_{\mathrm{f}}^{\mathrm{T}}} = \begin{bmatrix} \dfrac{\partial BR}{\partial \boldsymbol{X}_{\mathrm{f}}^{\mathrm{T}}} \\[2mm] \dfrac{\partial BT}{\partial \boldsymbol{X}_{\mathrm{f}}^{\mathrm{T}}} \\[2mm] \dfrac{\partial TOF}{\partial \boldsymbol{X}_{\mathrm{f}}^{\mathrm{T}}} \end{bmatrix} = \begin{bmatrix} \boldsymbol{R}^{\mathrm{T}} & \boldsymbol{O}_{1\times3} \\ \boldsymbol{T}^{\mathrm{T}} & \boldsymbol{O}_{1\times3} \\ & \boldsymbol{M} \end{bmatrix} \qquad (2-98)$$

（2）利用数值微分计算敏感矩阵

由于动力学模型的强非线性，为避免计算状态转移矩阵产生的大量误差和计算量，敏感矩阵还可以利用数值微分方法求取

$$\boldsymbol{K} = \begin{bmatrix} \dfrac{\partial BR}{\partial \boldsymbol{v}_i^{\mathrm{T}}} \\[2mm] \dfrac{\partial BT}{\partial \boldsymbol{v}_i^{\mathrm{T}}} \\[2mm] \dfrac{\partial TOF}{\partial \boldsymbol{v}_i^{\mathrm{T}}} \end{bmatrix} = \begin{bmatrix} \dfrac{\partial BR}{\partial v_1} & \dfrac{\partial BR}{\partial v_2} & \dfrac{\partial BR}{\partial v_3} \\[2mm] \dfrac{\partial BT}{\partial v_1} & \dfrac{\partial BT}{\partial v_2} & \dfrac{\partial BT}{\partial v_3} \\[2mm] \dfrac{\partial TOF}{\partial v_1} & \dfrac{\partial TOF}{\partial v_2} & \dfrac{\partial TOF}{\partial v_3} \end{bmatrix} \qquad (2-99)$$

以式（2-99）中矩阵中第一个元素为例，给出偏导的数值计算公式如下

$$\frac{\partial BR}{\partial v_1} = \frac{BR(v_1, v_2, v_3)\big|_{v_1+\varepsilon} - BR(v_1, v_2, v_3)\big|_{v_1}}{\varepsilon} \qquad (2-100)$$

式中　ε——小幅值摄动量，即速度增量 Δv，也是差分运算的步长。
或者也可采用如下中心差分公式

$$\frac{\partial BT}{\partial v_1} = \frac{BT(v_1, v_2, v_3)\big|_{v_1+\varepsilon} - BT(v_1, v_2, v_3)\big|_{v_1-\varepsilon}}{2\varepsilon}$$

$$(2-101)$$

2.6.2　接近目标天体的自主轨道规划方法

接近目标天体的自主轨道规划主要解决深空探测器由接近轨道段转入环绕、伴飞或撞击等目标轨道的轨道控制问题，需要根据深空探测器自主导航结果，自主确定满足推进剂、时间以及推进系统能力约束条件下的轨道控制方案和策略。

2.6.2.1　自主轨道规划

传统的轨道规划方法分为间接法和直接法[18]。前者利用经典的庞特里亚金（Pontryagin）最小值原理，通过推导出最优解的必要条件，进而来寻求最优解；后者利用非线性规划等数值寻优方法直接在解空间进行搜索来获得最优解。对于第一种方法，只有在某些特殊条件和假设下才能获得最优解的解析形式。因此，深空探测自主轨道规划只能采用第二种方法，但相比已有的规划算法，还需要提高运算速度，以适应星载计算机在轨计算的能力。

对于深空探测器轨道规划问题，可以采用多脉冲大范围轨道机动的方法和以双脉冲为基础的多脉冲轨道调整方法。前者需要以遗传算法等全空间搜索算法为基础，对脉冲数量、大小、时间等进行全局优化；后者在进行搜索时，限制脉冲个数为 2 个，通过寻优方法确定变轨脉冲的大小和时间，然后根据轨道调整的情况进行多次双脉冲变轨。由于第一种方法的搜索空间大，寻优算法计算量也大，因此一般选择以双脉冲为基础的多脉冲调整方法。

该方法的基本思路是：对于固定时间的轨道交会问题，可以用兰伯特（Lambert）方法求解出两次变轨脉冲的时间、大小和方向；深空探测器轨道转移变轨时间是自由的，因此可以调整两次变轨的时间，对每一对固定的脉冲时间用兰伯特方法计算出对应的变轨速度增量大小。

对两次变轨的时间进行寻优，通过比较各种不同组合下的速度增量大小来获得两次变轨的最佳时间。在进行完成一次双脉冲变轨之后，再根据变轨的效果自主判断是否还需要进行下一次轨道调整。以双脉冲轨道规划为基础进行多次轨道修正的方法比起直接进行多脉冲轨道规划在搜索范围上要小得多。

在处理双脉冲轨道规划问题时，本书采用了双层搜索结构，相比常用的遗传算法，能够将二维搜索分解为两个一维搜索，降低了自变量的个数，有利于简化问题。对于每一维的搜索，采用了变尺度的方法，相比常用的 Fibonacci 法、0.618 法等一维搜索法，具有对多峰函数更强的适应性，不容易陷入局部最优值。

本书研究的自主轨道规划方法包含两个基本的算法，一是固定时间轨道交会的兰伯特方法，一是变尺度搜索算法。

（1）兰伯特轨道交会方法

兰伯特轨道交会问题[19-21]的定义如下：给定位置矢量 r_1 和 r_2，以及从 r_1 到 r_2 的飞行时间 t 和运动方向，求端点速度矢量 v_1 和 v_2。所谓"运动方向"是指深空探测器以"短程"（即通过小于 π 弧度的角度改变量 $\Delta\theta$ 实现的）还是以"长程"（即通过大于 π 弧度的角度改变量 $\Delta\theta$ 实现的）从 r_1 到达 r_2 的。

显然，从 r_1 到达 r_2 存在着无数条轨道，但其中只有两条满足所要求的飞行时间，而且这两条中只有一条符合所要求的运动方向。两个位置矢量 r_1 和 r_2 唯一定义了转移轨道平面。若两个位置矢量共线，且方向相反（$\Delta\theta = \pi$），则转移轨道平面是不确定的。速度矢量 v_1 和 v_2 就不可能有唯一解。若两个位置矢量共线且方向相同，则轨道是一退化的圆锥曲线，速度矢量 v_1 和 v_2 可以有唯一解。

四个矢量 r_1，r_2，v_1 和 v_2 之间的关系包含在 f 和 g 的表达式中，具体为

$$r_2 = f r_1 + g v_1 \tag{2-102}$$

$$v_2 = \dot{f} r_1 + \dot{g} v_1 \tag{2-103}$$

式中 f，g，$\dot{f}$，$\dot{g}$ 表达式分别如下

$$f = 1 - \frac{r_2}{p}(1 - \cos\Delta\theta) = 1 - \frac{a}{r_1}(1 - \cos\Delta E) \tag{2-104}$$

$$g = \frac{r_1 r_2 \sin\Delta\theta}{\sqrt{\mu p}} = t - \sqrt{\frac{a^3}{\mu}}(\Delta E - \sin\Delta E) \tag{2-105}$$

$$\dot{f} = \sqrt{\frac{\mu}{p}}\tan\frac{\Delta\theta}{2}\left(\frac{1-\cos\Delta\theta}{p} - \frac{1}{r_1} - \frac{1}{r_2}\right) = \frac{-\sqrt{\mu a}}{r_1 r_2}\sin\Delta E \tag{2-106}$$

$$\dot{g} = 1 - \frac{r_1}{p}(1 - \cos\Delta\theta) = 1 - \frac{a}{r_2}(1 - \cos\Delta E) \tag{2-107}$$

式中　μ——中心天体引力常数；

　　　p——轨道半正焦弦；

　　　a——半长轴；

　　　$\Delta\theta$——始末位置真近点角差；

　　　ΔE——始末位置偏近点角差；

　　　$\boldsymbol{r}_1$，$\boldsymbol{r}_2$——初始和末端位置矢量。

由式（2-102）可知

$$v_1 = \frac{\boldsymbol{r}_2 - f\boldsymbol{r}_1}{g} \qquad (2-108)$$

因此，在已知位置矢量 $\boldsymbol{r}_1$ 和 $\boldsymbol{r}_2$ 的情况下，兰伯特方法可以转化为求 f，g，$\dot{f}$，g 的问题。

事实上，真近点角差 $\Delta\theta$ 可以直接求出，只要知道初始真近点角 θ_1，末端真近点角为

$$\theta_2 = \theta_1 + \Delta\theta \qquad (2-109)$$

从而始末端偏近点角为

$$\tan\frac{E_1}{2} = \sqrt{\frac{1-e}{1+e}}\tan\frac{\theta_1}{2} \qquad (2-110)$$

$$\tan\frac{E_2}{2} = \sqrt{\frac{1-e}{1+e}}\tan\frac{\theta_1+\Delta\theta}{2} \qquad (2-111)$$

式中　e——偏心率。

于是可得

$$\Delta E = E_2 - E_1 \qquad (2-112)$$

对于具体的日心转移轨道问题，真近点角差可以直接求出，日心转移轨道不可能采用逆行轨道，即倾角不会大于 $\pi/2$，可以判断矢量 $\boldsymbol{r}_1\times\boldsymbol{r}_2$ 与黄北极的夹角进而确定真近点角差 $\Delta\theta$

$$\Delta\theta = \begin{cases} \arccos\left(\dfrac{\boldsymbol{r}_1\cdot\boldsymbol{r}_2}{r_1 r_2}\right) & \text{若 } \boldsymbol{r}_1\times\boldsymbol{r}_2 \text{ 与黄北极成锐角} \\[3mm] 2\pi - \arccos\left(\dfrac{\boldsymbol{r}_1\cdot\boldsymbol{r}_2}{r_1 r_2}\right) & \text{若 } \boldsymbol{r}_1\times\boldsymbol{r}_2 \text{ 与黄北极成钝角} \end{cases}$$

$$(2-113)$$

兰伯特方法求解方程组中初始速度是未知的，但是末端位置是已知的，这就构成一个简单的两点边值问题。实际上有 3 个方程 3 个未知数，唯一的困难是这些方程属于超越方程，所以必须用逐次迭代的方法求解。求解步骤如下。

1）先假定 v_1 的初值为 v_1^0，对于日心转移轨道问题，可用地球轨道速度作为初值，再由此算出 p，a，e，θ_1。

2）计算变量 f，g，$\dot{f}$，$\dot{g}$。

3）解出 r_2，并与给定的值相比较，得到残差。

4）计算 r_2 对迭代初值 v_1 的梯度矩阵 $\dfrac{\partial \boldsymbol{r}_2}{\partial \boldsymbol{v}_1} = \begin{bmatrix} g & 0 & 0 \\ 0 & g & 0 \\ 0 & 0 & g \end{bmatrix}$。

5）计算初值 v_1 的修正值，$\mathrm{d}\boldsymbol{v}_1 = -\left(\dfrac{\partial \boldsymbol{r}_2}{\partial \boldsymbol{v}_1}\right)^{-1} \Delta \boldsymbol{r}_2$，$\boldsymbol{v}_1^1 = v_1^0 + \mathrm{d}\boldsymbol{v}_1$。

6）若末端位置精度没有达到要求，则修正迭代变量，重复上述步骤，直到精度符合要求为止。

（2）变尺度搜索算法

变尺度搜索算法基于如下前提假设。

1）深空探测器的移动是连续的，因此当开始时间 t_s 确定，结束时间 t_f 变化的情况下，在可行轨道的范围之内，所需速度增量的变化是连续的；

2）若当 $t = t_s^*$ 时，取得全局最优值，则当 t 在 t_s^* 附近变化时，对应每个 t 的速度增量最优值也应该在全局最优值的附近。

当存在以上两种连续性的条件下，可以得到针对 t_s 的变尺度搜索方法。这种方法的核心是逐渐缩小搜索步长和搜索区域：首先以较大的步长在允许的总时间长度段内搜索使得目标函数最小的 t_s；然后以这个初步搜索结果为中心，在上一步搜索步长为半径的小区域内以比上一次更小的步长再次进行搜索；反复进行直到找到最优值。具体过程如下。

迭代过程的第一步：t_s 以步长 $Step_i$ 在可行域 $[a_i, b_i]$ 中变化，

得到一系列的 J_i^k，其中 $k=1$，$\cdots$，$\left[(b_i-a_i)\ /Step_i\right]$，选取 J_i^k 中最小值所对应的 T_i 为下一轮搜索的中心点；

迭代过程的第二步：更新 t_s 的变化范围 $a_{i+1}=T_i-Step_i$，$b_{i+1}=T_i+Step_i$，缩短步长 $Step_{i+1}=\left[Step_i/m\right]$，$i=i+1$，再次进行搜索；

重复迭代过程直到 $Step_{i+1}$ 达到预设门限。搜索算法的流程如图 2-13所示。

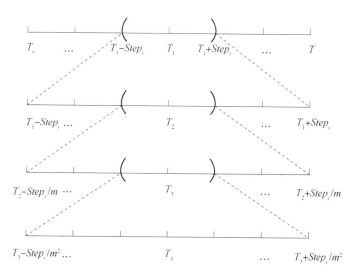

图 2-13　变尺度搜索算法示意图

2.6.2.2　自主轨道机动

（1）多脉冲轨道机动实施步骤

①注入目标轨道根数、变轨能力限制和交会时间限制

环绕或撞击目标轨道可以由六根数表示：半长轴 a_t，偏心率 e_t，轨道倾角 i_t，升交点赤经 Ω_t，近点幅角 ω_t 和近点时间 t_{pt}。变轨能力限制可以是最长点火时间 T_{max}、最大点火次数 n_{max} 等。如果需要还可以增加最晚交会完成时间 t_{max} 等限制条件。这些数据由地面根据任务安排预先设定，在发射前装订或者在转移轨道段输入深空探测器

星载计算机。

②获得当前轨道参数

通过自主导航手段获得当前轨道的六根数：半长轴 a_c，偏心率 e_c，轨道倾角 i_c，升交点赤经 Ω_c，近点幅角 ω_c 和近点时间 t_{pc}。

③评价与目标轨道的偏差

比较目标轨道根数和当前轨道根数的差异，如果该差异满足预设的判断条件，例如 $|a_c - a_t| < a_{threshold}$，$|e_c - e_t| < e_{threshold}$，$|i_c - i_t| < i_{threshold}$，$|\Omega_c - \Omega_t| < \Omega_{threshold}$，$|\omega_c - \omega_t| < \omega_{threshold}$，$|t_{pc} - t_{pt}| < t_{pthreshold}$ 同时成立，则说明轨道偏差满足要求，轨道调整结束。如果上述条件不满足，则进行轨道调整。

④双脉冲变轨参数计算

轨道调整采用双脉冲变轨，变轨参数的计算以兰伯特方法为基础，通过两层变尺度搜索方法优化两次变轨脉冲的实施时间 t_s 和 t_f，使得变轨速度增量 $\|\Delta v_1\| + \|\Delta v_2\|$ 最小。具体计算流程见图2-14，详细计算步骤将在下面描述。

⑤实施变轨

按照计算好的两次变轨脉冲实施时间 t_s 和 t_f 以及需要的速度矢量增量 Δv_1 和 Δv_2 实施变轨。速度矢量增量的方向通过姿态控制系统调整轨控发动机推力方向来保证，速度增量的大小由深空探测器上加速度计测量。

变轨实施完之后，在深空探测器自由飞行过程中利用自主导航获得轨道参数，并根据轨道误差判断是否需要进行下一次轨道调整，即重复进行双脉冲变轨。整个过程的多脉冲轨道机动策略如图2-15所示。

（2）双脉冲变轨参数计算

双脉冲变轨参数的计算流程如图2-14所示。该算法包含内外两层的变尺度搜索，以确定合适的 t_s 和 t_f。

①外层搜索

外层搜索的主要目的是获得最佳的第一次变轨脉冲的作用时刻

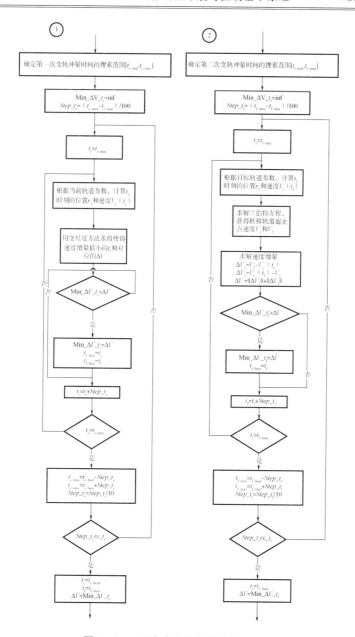

图 2-14　双脉冲变轨参数计算流程

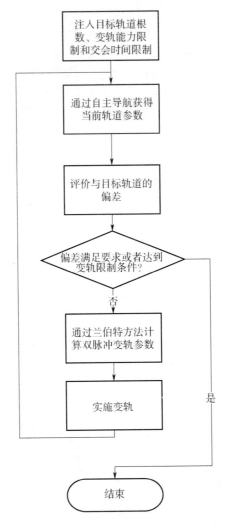

图 2-15　多脉冲轨道机动的实施策略

t_s，采用变尺度搜索方法，算法如下。

1）确定第一次变轨脉冲时间的搜索范围，即 $t_s \in [t_{s\_min},$
$t_{s\_max}]$，该范围应当满足 $t \leqslant t_{s\_min} \leqslant t_{s\_max} \leqslant t_{max}$。实际实施时还可以根据不同任务轨道的特点进一步缩小搜索范围。

2）确定搜索的初始步长。

$$Step\_t_s = \frac{t_{s\_max} - t_{s\_min}}{n} \qquad (2-114)$$

式中　n——搜索空间的等分数量，为了平衡计算量和精度，可以取 $n = 100$。

3）t_s 按照步长 $Step\_t_s$ 在空间 $[t_{s\_min}, t_{s\_max}]$ 内依次取值。对每一个 t_s 取值，根据当前轨道六根数计算 t_s 时刻深空探测器相对目标天体的惯性位置 r_1 和速度 $v_c(t_s)$。需要注意的是深空探测接近轨道段的轨道是双曲线轨道。

对每一个 t_s 通过内层变尺度搜索获得当前 t_s 下最佳的二次变轨时间 t_f（内层搜索算法在后面详细给出）。在以 $Step\_t_s$ 遍历 t_s 的搜索空间 $[t_{s\_min}, t_{s\_max}]$ 后，选择使得变轨速度增量 Δv 最小的 t_s（记为 t_{s_best}）作为下一轮搜索的基础。并记录对应的二次脉冲时间（记为 t_{f_best}）和速度增量需求（记为 $Min\_d\Delta v\_t_s$）。

4）将搜索空间缩小到 $[t_{s\_best} - Step\_t_s, t_{s\_best} + Step\_t_s]$，即

$$\begin{cases} t_{s\_min} = t_{s\_best} - Step\_t_s \\ t_{s\_max} = t_{s\_best} + Step\_t_s \end{cases} \qquad (2-115)$$

并将搜索步长压缩为原来的 $1/m$，即

$$Step\_t_s = Step\_t_s / m \qquad (2-116)$$

5）如果新的搜索步长 $Step\_t_s$ 没有达到预先设定的最小值 ε_t_s，则回到步骤 3）进行下一轮搜索，否则算法结束，并返回优化结果。

$$\begin{cases} t_s = t_{s\_best} \\ t_f = t_{f\_best} \\ \Delta v = Min\_d\Delta v\_t_s \end{cases} \qquad (2-117)$$

外层搜索的程序流程详见图 2-14 中标号①的部分。

②内层搜索

内层搜索的主要目的是获得给定 t_s 下的最佳两次变轨脉冲作用时刻 t_f，同样采用变尺度搜索方法，算法如下。

1）确定第二次变轨脉冲时间的搜索范围，即 $t_f \in [t_{f\_min},$

$t_{\text{f\_max}}$]，该范围应当满足 $t_s \leqslant t_{\text{f\_min}} \leqslant t_{\text{f\_max}} \leqslant t_{\max}$。实际实施时还可以根据不同任务轨道的特点进一步缩小搜索范围。

2）确定搜索的初始步长

$$Step\_t_{\text{f}} = \frac{t_{\text{f\_max}} - t_{\text{f\_min}}}{n} \qquad (2-118)$$

式中　n——搜索空间的等分数量，与外层搜索一样，n 可以取为 100。

3）t_{f} 按照步长 $Step\_t_{\text{f}}$ 在空间 [$t_{\text{f\_min}}$，$t_{\text{f\_max}}$] 内依次取值。对每一个 t_{f} 取值，根据目标轨道六根数计算 t_{f} 时刻深空探测器相对目标天体的惯性位置 r_2 和速度 $v_{\text{t}}(t_{\text{f}})$。具体计算方法这里不再详细列出。需要说明的是不同于接近轨道段，环绕轨道段的目标轨道是椭圆轨道。

对内层搜索的每一步，由于 t_s 和 t_{f} 固定，则深空探测器在第一次脉冲前的位置 r_1 和速度 $v_{\text{c}}(t_s)$ 以及深空探测器在第二次脉冲后的位置 r_2 和速度 $v_{\text{t}}(t_{\text{f}})$ 就可以确定出来。由此可以应用兰伯特方法根据时间方程用迭代法求解转移轨道的各个参数，并获得第一次脉冲后的速度 v_1 和第二次脉冲前的速度 v_2。由此可以算出双脉冲轨道转移所需要的速度增量

$$\Delta \boldsymbol{v}_1 = \boldsymbol{v}_1 - \boldsymbol{v}_{\text{c}}(t_s)$$
$$\Delta \boldsymbol{v}_2 = \boldsymbol{v}_{\text{t}}(t_{\text{f}}) - \boldsymbol{v}_2$$
$$\Delta \boldsymbol{v} = \parallel \Delta \boldsymbol{v} \parallel + \parallel \Delta \boldsymbol{v}_2 \parallel \qquad (2-119)$$

在以 $Step\_t_{\text{f}}$ 遍历 t_{f} 的搜索空间 [$t_{\text{f\_min}}$，$t_{\text{f\_max}}$] 后，选择使得在给定 t_s 条件下，变轨速度增量 Δv 最小的 t_{f}（记为 $t_{\text{f\_best}}$）作为下一轮搜索的基础。并记录对应的速度增量需求（记为 $Min\_d\Delta v\_t_{\text{f}}$）。

4）将搜索空间缩小到 [$t_{\text{f\_best}} - Step\_t_{\text{f}}$，$t_{\text{f\_best}} + Step\_t_{\text{f}}$]，即

$$\begin{cases} t_{\text{f\_min}} = t_{\text{f\_best}} - Step\_t_{\text{f}} \\ t_{\text{f\_max}} = t_{\text{f\_best}} + Step\_t_{\text{f}} \end{cases} \qquad (2-120)$$

并将搜索步长压缩为原来的 $1/m$，即

$$Step \_ t_\text{f} = Step \_ t_\text{f} / m \qquad (2-121)$$

5）如果新的搜索步长 $Step \_ t_\text{f}$ 没有达到预先设定的最小值 $\varepsilon \_ t_\text{f}$，则回到步骤 3）进行下一轮搜索，否则返回优化后的 t_f 和速度增量需求

$$\begin{cases} t_\text{f} = t_{\text{f\_best}} \\ \Delta v = \text{Min} \_ \text{d}\Delta v \_ t_\text{f} \end{cases} \qquad (2-122)$$

内层搜索的程序流程详见图 2-14 中标号②的部分。

2.7　小结

本章介绍了研究光学成像自主导航与控制所需要的参考坐标系、时间系统、导航天体星历和深空探测器轨道动力学模型等基础知识。并针对深空探测自主导航任务的特点，给出了光学成像自主导航的基本原理。还针对深空轨道控制任务的特点，给出了基于 B 平面参数的自主中途修正方法和接近目标天体的自主轨道规划方法以及机动策略。

参 考 文 献

[1] 刘林. 航天器轨道理论. 北京：国防工业出版社，2000.

[2] 李济生. 航天器轨道确定. 北京：国防工业出版社，2003.

[3] 胡小平. 自主导航理论与应用. 长沙：国防科技大学出版社，2002.

[4] JAMES B，STEVEN R C. Astrometric Masses of 21 Asteroids，and an Integrated Asteroid Ephemeris，Celestial Mechanics and Dynamical Astronomy，2008. 100：27 - 42，DOI 10. 1007/s10569 - 007 - 9103 - 8.

[5] JACOBSON R A. Natural Satellite Ephemerides at JPL：a Report to the IAU Commission 20 Working Group on Natural Satellites，Jet Propulsion Laboratory，July 13，2003，NASA Document ID 20060028901.

[6] 于志坚. 航天器轨道确定—模型与算法. 北京：国防工业出版社，2007.

[7] GARMIER R，BARRIOT J P. Ellipsoidal Harmonic Expansions of the Gravitational Potential：Theory and Application，Celestial Mechanics and Dynamical Astronomy，2001，79：235 - 275.

[8] STEFANO C，SUSANNA M. Methods for Computing the Potential of an Irregular， Homogeneous， Solid Body and its Gradient， AIAA 2000 - 4023.

[9] WERNER R. On the Gravity Field of Irregularly Shaped Celestial Bodies，Ph. D. Thesis，The University of Texas at Austin，Austin，TX，1996.

[10] RYAN S P，ROBERT A W，SHYAM B. Estimating Small - Body Gravity Field from Shape Model and Navigation Data，Journal of Guidance，Control，and Dynamics，2010，33（1）.

[11] 杨嘉墀. 航天器轨道动力学与控制. 北京：宇航出版社，2001.

[12] 章仁为. 卫星轨道姿态动力学与控制. 北京：北京航空航天大学出版社，1998.

[13] BATTIN R H. An Introduction to the Mathematics and Methods of Astrodynamics. American Institute of Aeronautics and Astronautics，Inc. New

York，1987.

[14] BHASKARAN S，DESAI D，DUMONT P J，et al. Orbit Determination Performance Evaluation of the Deep Space 1 Autonomous Navigation System. AAS 98 – 193：1295 – 1314.

[15] ROBERT R D. DSPSE Autonomous Position Estimation Experiment. AAS 93 – 264.

[16] MISU T，HASHIMTO T，NINOMIYA K. Optical Guidance for Autonomous Landing of Spacecraft. IEEE Transaction on Aerospace and Electronic Systems. 1999，35（2）：459 – 473.

[17] TAPLEY B D，SCHUTA B E，BORN G H. Statistical Orbit Determination. Elsevier Academic Press，Burlington，USA，2004.

[18] BETTS J. Survey of Numerical Methods for Trajectory Optimization，Journal of Guidance，Control and Dynamics，1998，21：193 – 207.

[19] MAXWELL N. Spacecraft Navigation and Guidance. Springer – Verlag London Limited，1998.

[20] BATE R R. 航天动力学基础. 吴鹤鸣，李肇杰，译. 北京：北京航空航天大学出版社，1990.

[21] DAVID A V. Fundamentals of Astrodynamics and Applications. Third Edition，Microcosm Press & Springer，2007.

第 3 章　导航天体选取与规划方法

　　在深空探测任务的不同轨道段，自主导航需选取不同类型的自然天体作为成像测量对象。在转移轨道段一般以行星和小行星作为测量对象；在接近轨道段和环绕轨道段一般以目标天体作为测量对象，有时还把它的卫星作为测量对象；在撞击段和着陆段，则一般只以目标天体作为测量对象。本章首先对上述几种类型的导航天体从轨道、体积、形状和亮度等方面介绍它们的特点，再结合这些特点说明不同轨道段的自主导航选择不同类型天体的原因。然后从导航敏感器成像条件、图像处理和导航精度等方面给出了多项判断某个自然天体是否适合作为测量对象的标准。接着针对多天体组合观测问题，介绍了精度衰减因子概念，推导了成像式光学系统定位精度衰减因子的计算公式，以量化评价导航天体组合的效果，从而为最优导航天体组合的选取提供了一种有效方法。最后，根据实际成像过程中需要对观测顺序进行优化的要求提出了基于遗传算法和蚁群优化算法的规划方法，介绍了其工作原理和操作步骤。相比全局搜索算法，这两种优化算法能有效地提高导航天体观测序列的规划效率。

3.1　导航天体类型及其特点

　　太阳系中可观测到并且星历信息已知的自然天体主要有太阳、行星及其卫星、小行星和彗星等 5 类[1]。它们在太阳系中的位置是确定的，因此原则上讲它们都可以作为给深空探测器指引方向的"航标"，为深空探测器提供导航信息。但是，太阳的亮度太高，超出了一般成像式导航敏感器的动态范围，不宜用于成像式导航。而彗星的外层被由气体和尘埃构成的彗发所包裹，呈现云雾状，通过图像处理提取出彗核中心十分困难。因此实际可用的导航天体一般包括行星及其卫星以及小行星三类，下面分别对其予以介绍。

3.1.1　行星轨道与光学特性

按照 2006 年 8 月国际天文学联合会对行星的定义，行星是具有如下性质的天体：

1）位于环绕太阳的轨道上；

2）有足够大的质量来克服固体应力以达到流体静力平衡的形状，即近似于球体；

3）已经清空了其轨道附近的区域。依此定义，太阳系共有 8 颗行星，按其距太阳由近到远依次为水星、金星、地球、火星、木星、土星、天王星、海王星。前 4 个属于类地行星，后 4 个属于类木行星。曾经的第九大行星冥王星现在被划归为矮行星。下面对 8 颗行星分别予以简要介绍，描述其轨道时所用坐标系为日心黄道坐标系。

水星是距离太阳最近的行星，与太阳的距离为 0.387 AU，轨道周期为 0.387 年，轨道偏心率为 0.206，轨道倾角为 7°。水星赤道平均半径为 2 439.7 km，是 8 颗行星中体积最小的行星。水星的大气极其稀薄，气压小于 2×10^{-9} mbar。水星的反照率为 0.138。

金星与太阳的距离为 0.723 AU，轨道周期为 0.615 年，轨道偏心率为 0.007，轨道倾角为 3.39°。金星赤道平均半径为 6 051.8 km。金星有浓密的大气层，大气主要成分是二氧化碳，占到了 90%。金星是地球上肉眼所见最亮的行星，视星等最大可达 −4.4 等，一方面是因为距离太阳近，另一方面是整个行星包裹着一层白中透黄的反光云，该云由硫酸雾形成。金星的反照率为 0.67。

地球与太阳的距离为 1 AU，轨道周期为 1 年，轨道偏心率为 0.017，轨道倾角为 0°。地球赤道平均半径为 6 378.14 km。地球大气的主要成分是氮气，占 78.08%，其次是氧气，占 20.95%。地球的反照率为 0.367。

火星与太阳距离为 1.524 AU，轨道周期为 1.881 年，轨道偏心率为 0.093，轨道倾角为 1.85°。火星赤道平均半径为 3 397.2 km。火星有稀薄的大气，气压只有 5～7.5 mbar，火星大气主要成分是二氧化碳，占到了 95%。火星的反照率为 0.15。

木星与太阳距离为 5.204 AU，轨道周期为 11.862 年，轨道偏心率 0.049，轨道倾角为 1.30°。木星赤道平均半径为 71 492 km，是 8 颗行星中体积最大的行星。木星没有固体表面，是一个流体行星，主要成分是氢和氦。木星的大气中能看到一系列与赤道平行的明暗交替的云带。木星的一个显著特征是有个东西长 26 000 km，南北宽 14 000 km 的大红斑。木星具有由碎石组成的光环，距离木星中心 128 300 km，宽约数千千米。木星的反照率为 0.52。

土星与太阳距离为 9.582 AU，轨道周期为 29.458 年，轨道偏心率 0.056，轨道倾角为 2.49°。土星赤道平均半径为 60 268 km。大气主要成分是氢和氦，大气中的云由漂浮晶体组成，平行赤道排列成彩色的亮带和暗纹。土星的一个显著特征是有个由冰块组成的美丽光环。土星的反照率为 0.47。

天王星与太阳距离为 19.20 AU，轨道周期为 84.014 年，轨道偏心率 0.046，轨道倾角为 0.77°。天王星赤道平均半径为 25 559 km。天王星有浓密的大气，主要成分是氢，其次是氦和甲烷。天王星也有环带。天王星的反照率为 0.51。

海王星与太阳距离为 30.05 AU，轨道周期为 164.79 年，轨道偏心率 0.011，轨道倾角为 1.77°。海王星赤道平均半径为 24 764 km。海王星大气成分主要有氢、甲烷和氨。海王星的反照率为 0.41。

行星反照率与天然卫星数量见表 3-1 中。

表 3-1　行星反照率和天然卫星数量

行星	反照率	天然卫星数量
水星	0.138	0
金星	0.67	0
地球	0.367	1
木星	0.52	63

续表

行星	反照率	天然卫星数量
火星	0.15	2
土星	0.47	62
天王星	0.51	27
海王星	0.41	13

行星的普遍特征是体积大、亮度高，因此在相对远的距离也能被观测到。行星的外形近似于球体，易于从图像中提取中心和视半径信息。行星的轨道较为规则和稳定，而且经过人们长期观测，星历精度很高。基于以上原因，行星可以作为深空探测器转移轨道段和接近轨道段除目标天体之外的导航天体。但是行星的数量太有限，无法满足深空探测器在全部轨道段对导航信息的需求。

3.1.2　行星卫星轨道与光学特性

太阳系的行星除水星和金星外均有天然卫星，具体数量见表 3-1。

月球是地球唯一的天然卫星，轨道半长轴为 384 401 km，轨道偏心率为 0.054 9。月球绕地球公转的轨道面称为白道面，白道面与黄道面的夹角为 5.145°。月球的平均半径为 1 738.2 km。月球的大气层极其稀薄，近似于没有。

火星拥有 2 颗形似马铃薯的天然卫星，分别是火卫一和火卫二。火卫一平均半径为 11.1 km，轨道倾角为 1.093°，轨道半长轴为 9 518.8 km，公转周期极短，只有 7 小时 39 分钟。火卫二平均半径为 6.2 km，轨道倾角为 0.93°，轨道半长轴为 23 460 km，公转周期为 30 小时 18 分钟。

木星的天然卫星数量最多，目前发现的有 63 颗。比较大的 4 颗被称为伽利略卫星，因为它们是由意大利著名科学家伽利略利用自制望远镜发现的。木卫一近似球体，直径为 3 340 km，其最大特点是有一些活火山不断喷发，反照率为 0.62。木卫二表面覆盖着厚厚的冰层，直径为 3 920 km，反照率为 0.7。木卫三是太阳系中体积最大的卫星，直径 5 100 km，亮度达到 5 等，反照率为 0.4。木卫四直径为 4 720 km，反照率为 0.2。

土星有为数众多的卫星。精确的数量尚不能确定，所有在环上的大冰块理论上都是卫星，但要区分出环上的是大颗粒还是小卫星非常困难。到 2009 年，已经确认的卫星有 62 颗，其中 52 颗已经有了正式的名称，还有 3 颗可能是环上尘埃的聚集体而未能确认。许多卫星都非常小，有 34 颗直径小于 10 km，还有 13 颗直径小于 50 km，只有 7 颗卫星有足够大的质量能够以自身的重力达到流体静力平衡。其中土卫二轨道半长轴为 238 020 km，轨道周期 1.370 218 天，赤道半径 252.1 km，反照率高达 0.9。

目前天王星有 27 颗已知天然的卫星。但这些卫星的质量是气体巨星的卫星中最小的，5 颗主要卫星的总质量还不到海卫一的一半。最大的卫星天卫三，半径只有 788.9 km，还不到月球的一半，但是比土星第二大的卫星土卫五稍大些。这些卫星的反照率相对较低，天卫一约为 0.35，天卫二约为 0.2。这些卫星一般由冰和岩石组成，大约各占一半，冰中也许包含氨和二氧化碳。

海王星有 13 颗已知天然卫星。其中最大的、也是唯一成为球体的是海卫一。海卫一轨道半长轴为 354 800 km，直径为 2 706 km。海卫二轨道半长轴为 5 513 400 km，半径 170 km，反照率为 0.12。海卫八轨道半长轴为 117 600 km，直径为 416 km，其表面很暗，反照率只有 0.06。

行星的天然卫星与行星距离太近，只有近距离拍摄才能从图像中将两者区分开来，因此行星的卫星不适合作为转移轨道段的导航天体，但是十分适合作为接近轨道段和环绕轨道段的光学测量对象。

3.1.3　小行星轨道与光学特性

小行星是太阳系内类似行星环绕太阳运动，但体积和质量比行星小得多的天体。小行星的轨道不如行星的轨道那样稳定，易受行星引力摄动干扰。至今为止在太阳系内一共发现了约 70 万颗小行星，据估计，太阳系内小行星的总数量应该在数百万。

新发现的小行星只给予暂用名，即在发现年代后加两个拉丁字母，但是字母 I 除外。第一个字母表示发现于哪个半月。第二个字母表明是该月发现的第几颗小行星，如果字母不够用则再加数字。早期发现的小行星常以神话人物命名。如今则是由发现者提名，经国际天文学联合会的小行星中心批准后予以正式命名，且常用科学家、国家和地名命名。

根据轨道特征，可以把小行星划分为一些群、族和流。轨道半长轴相近的小行星构成一个小行星群。在一个小行星群中，轨道偏心率和轨道倾角也相近的小行星划分为一个小行星族。在一个小行星族中，升交点黄经和近日点幅角也相近的成员划分一个小行星流。

小行星大多分布在火星轨道和木星轨道之间的小行星主带，并称它们为主带小行星。主带小行星沿着椭圆轨道环绕太阳运动，轨道半长轴约在 2.17～3.64 AU 之间，均值为 2.77 AU。大多数主带小行星的轨道倾角小于 20°，轨道偏心率小于 0.3。

火星轨道内的小行星总的来说可分三种，即阿莫尔型（Amor）、阿波罗型（Apollo）和阿坦型（Aten），这些小行星统称为近地小行星，见图 3－1。阿莫尔型小行星的轨道近日点大于地球轨道的远日点，目前发现的该型小行星有 2 219 颗。阿波罗型小行星的轨道近日点小于地球轨道的远日点，而其远日点大于地球轨道的远日点，在其运行过程中会穿越地球轨道，目前发现的该型小行星有 2 603 颗。阿坦型小行星的轨道半长轴小于 1 AU，其远日点小于地球的轨道近日点，目前发现的该型小行星有 456 颗。

在其他行星轨道拉格朗日点附近运行的小行星被称为特洛伊（Trojan）小行星。最早被发现的特洛伊小行星运行在木星轨道附近，它们中有些在木星前运行，有些在木星后运行，最有代表性的是小行星 588 和小行星 1 172。

土星和天王星之间有一群被称为半人马小行星群的小行星，它

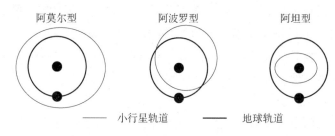

图 3-1　三种近地小行星的轨道特征

们的偏心率都相当大，最早被发现的是小行星 2060。这些小行星估计是从柯伊伯带中受到其他大行星的引力干扰而落入一个不稳定轨道中的。海王星以外的小行星属于古柏带，在这里天文学家发现了太阳系内最大的小行星。虽然一直有人猜测水星轨道内也有一个小行星群，但至今为止这个猜测未能被证实。

小行星的体积普遍较小，只有少数直径大于 100 km。1990 年前发现的最大的小行星是谷神星，但近年在古柏带内发现的一些小行星比谷神星要大，比如 2000 年发现的伐楼拿（Varuna）直径为 900 km，2002 年发现的夸欧尔（Quaoar）直径为 1 280 km，2004 年发现的厄耳枯斯（Orcus）直径甚至可达 1 800 km。2003 年发现的塞德娜（Sedna）位于古柏带以外，其直径约为 1 500 km。

大型小行星的外形大致是球形，但是大多数小行星的形状都不规则。

小行星按照光谱特性的分类见表 3-2。C 型小行星占所有小行星数量的 75%，是数量最多的小行星，多分布于小行星主带的外层。S 型小行星占所有小行星数量的 17%，是数量第二多的小行星，一般分布于小行星主带的内层。

表 3-2　小行星按照光谱特性的分类[2]

类别	反照率	光谱特征（波长 0.3～1.1 μm）	备注
C	0.05	中性，波长≤0.4 μm 微弱吸收	碳质小行星
D	0.04	波长≥0.7 μm 很红	

续表

类别	反照率	光谱特征（波长 0.3～1.1 μm）	备注
F	0.05	平坦	
P	0.04	无特征，斜向红	
G	0.09	与 C 类相似，但波长≤0.4 μm 有较深吸收	
K	0.12	与 S 类相似，但斜率小	
T	0.08	中等斜率，有弱的紫外和红外吸收带	
B	0.14	与 C 类相似，但略向长波倾斜	
M	0.14	无特征，斜向红	石铁或铁小行星
Q	0.21	波长 0.7 μm 两侧有强吸收特征	
S	0.18	波长≤0.7 μm 很红，典型有波长 0.9～1.0 μm 吸收带	石质小行星
A	0.42	波长≤0.7 μm 极红，有波长＞0.7 μm 的深吸收	
E	0.44	无特征，斜向红	顽辉石小行星
R	0.35	与 A 类相似，但有略弱的吸收带	
V	0.34	波长≤0.7 μm 很红，波长 0.98 μm 附近有深吸收	
其他	任何	上面类别之外的	

小行星数量众多并且分布广泛，成像条件次于行星但优于彗星，因此是转移轨道段理想的导航天体。

3.2　导航天体选取标准

针对某项深空探测任务设计基于光学成像测量的自主导航方案，首先需要参照一些标准选取导航观测目标天体。从导航敏感器成像约束条件得到的标准有太阳相角标准和视星等标准；从图像处理算法得到的标准有视运动标准和三星概率标准；从导航精度得到的标准有深空探测器与天体距离标准[3-7]。下面详细介绍这 5 项选取标准的制定依据。

3.2.1　太阳相角标准

与星敏感器一样，导航敏感器也需要考虑杂光抑制问题，除了设计专门的遮光罩尽最大可能抑制杂光之外，实际成像时还必须限定导航敏感器光轴与强干扰光源之间的夹角，避免强光源光线进入导航敏感器通光孔。在一般深空探测任务中，最主要的干扰光源就是太阳。定义太阳相角 α 为太阳到导航天体的连线与深空探测器到导航天体的连线的夹角，见图 3-2。

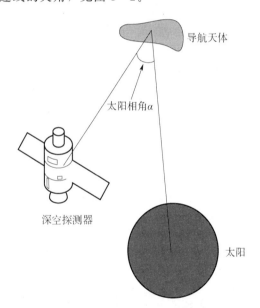

图 3-2　太阳相角定义

太阳相角 α 的计算公式为

$$\alpha = \arccos\left[\frac{(\boldsymbol{r}_a - \boldsymbol{r}) \cdot \boldsymbol{r}_a}{\|\boldsymbol{r}_a - \boldsymbol{r}\| \cdot \|\boldsymbol{r}_a\|}\right] \tag{3-1}$$

式中　$\boldsymbol{r}_a$——导航天体在日心黄道坐标系中的位置；

　　　$\boldsymbol{r}$——深空探测器在日心黄道坐标系中的位置。

显然太阳相角 α 越大，进入通光孔的杂光就越多，特别是太阳相角等于 180°时，太阳光会直射入通光孔。因此，根据遮光罩的太阳光抑制能力，导航敏感器光轴对准导航天体成像有最大太阳相角 α_{max} 约束，如果太阳相角 α 大于 α_{max}，太阳光便会干扰成像。也就是说以导航天体为顶点，以深空探测器到导航天体连线为轴线，以最大太阳相角 α_{max} 为半锥角，存在一个空间圆锥，太阳必须位于此空间圆锥之内，否则就会影响成像。此空间圆锥的半锥角一般在 40°～60°之间。

3.2.2　视星等标准

为考察星体的目视亮度，把最亮的星作为 1 等星，把肉眼能看见的最暗的星作为 6 等星，这就是视星等。视星等最早是由古希腊天文学家喜帕恰斯制定。1850 年英国天文学家普森（Pogson）发现 1 等星要比 6 等星亮 100 倍，根据这个关系，星等被量化。重新定义后的星等，每级之间亮度相差 2.512 倍，1 勒克司（亮度单位）的视星等为 -13.98。

但是 1 到 6 等的星等并不能描述当时发现所有天体的亮度，天文学家延展本来的等级定义——引入负星等概念，这样整个视星等体系一直沿用至今。如牛郎星为 0.77 等，织女星为 0.03 等，最亮的恒星天狼星为 -1.45 等，太阳为 -26.7 等，满月为 -12.8 等，金星最亮时为 -4.6 等。现在地面上最大的望远镜可看到 24 等星，而哈勃望远镜则可以看到 30 等星。

只有从已知距离观察一个恒星得到的亮度，才能确定它自身的发光强度，并用来与其他星体进行比较。我们把从距离星体 10 个秒差距的地方看到的目视亮度（也就是视星等），叫做该星体的绝对星等。按照这个度量方法，牛郎星为 2.19 等，织女星为 0.5 等，天狼星为 1.43 等，太阳为 4.8 等。

因为行星、小行星和彗星等天体只能依靠反射太阳光和星光才能看到，即使从固定的距离观察，它们的亮度也会不同，所以行星、小行星和彗星的绝对星等需要另外定义。

天体的绝对星等可通过查询星历得到，再结合具体观测条件就

能计算出天体的视星等。下面给出一个天体视星等通用计算公式

$$m = H + 2.5\lg\left[\frac{d_{BS}^2 d_{BO}^2}{p(\alpha)d_0^2}\right] \tag{3-2}$$

式中　H——绝对星等；

　　　d_{BS}——太阳到天体的距离；

　　　d_{BO}——观测点到天体的距离；

　　　α——太阳相角；

　　　$p(\alpha)$——相积分（Phase Integral）；

　　　d_0——1 AU。

相积分是对反射光的积分，值域为 $0\sim1$，其定义如下

$$P = 2\int_0^\pi \frac{I(\alpha)}{I(0)}\sin\alpha\mathrm{d}\alpha \tag{3-3}$$

式中　$I(\alpha)$——定向散射通量。

除了通用公式之外，计算天体视星等还有一些精度更高的经验公式。例如计算小行星视星等，有 1985 年被国际天文联合会采用的鲍威尔（Bowell）模型[4,8]，具体如下

$$m = H + 5\times\lg(d\cdot r) - 2.5\times\lg[(1-G)\cdot\phi_1(\alpha) + G\cdot\phi_2(\alpha)] \tag{3-4}$$

式中　H——绝对星等；

　　　G——反照率；

　　　r——太阳到小行星距离；

　　　d——观测点到小行星距离；

　　　α——太阳相角，这里指太阳到小行星和观测点到小行星的夹角。

H 和 G 均能在小行星星历中查到。r 和 d 的单位为 AU。相位函数 ϕ_1 和 ϕ_2 是经验公式，具体如下

$$\phi_1(\alpha) = \exp\left[-3.33\cdot\tan^{0.63}\left(\frac{\alpha}{2}\right)\right]$$

$$\phi_2(\alpha) = \exp\left[-1.87\cdot\tan^{1.22}\left(\frac{\alpha}{2}\right)\right] \tag{3-5}$$

依据公式就能够计算出深空探测器在轨道上观测天体时的视星

等，显然天体的视星等必须高于导航敏感器的最小敏感星等才能用于导航观测，否则无法对其成像。

3.2.3　视运动标准

视运动即天体相对深空探测器运动的角速度。一般来说恒星到太阳系的距离要远大于太阳系的半径，因此可认为在探测任务期内，恒星在天球上的位置保持不变。但是太阳系内天体相对深空探测器的角位置不能假设不变。在成像曝光期间，如果导航天体相对深空探测器的角速度很小，则其像点与背景恒星的像点形状一致，易于图像处理算法提取角距。反之，如果导航天体相对深空探测器的角速度很大，则有可能恒星的像点轨迹是点状，而导航天体的像点轨迹是线状，这种情况给图像处理带来很大困难。因此必须对导航天体的视运动，即相对角速度加以限制，这就是视运动标准。导航天体的视运动计算公式如下

$$\omega_{\mathrm{LOS}} = \frac{\| (v_{\mathrm{a}} - v) \times (r_{\mathrm{a}} - r) \|}{\| (r_{\mathrm{a}} - r) \|^2} \tag{3-6}$$

式中　v_{a}——天体在日心黄道坐标系中的速度；

　　　r_{a}——天体在日心黄道坐标系中的位置；

　　　v——深空探测器在日心黄道坐标系中的速度；

　　　r——深空探测器在日心黄道坐标系中的位置。

3.2.4　三星概率标准

在深空探测转移轨道段和接近轨道段，导航图像中一般含有背景恒星，据此根据星历可以给出成像时刻导航敏感器光轴的惯性指向信息。图像处理算法能够识别出图像所属星空区域的前提是图像背景中至少要包含 3 颗恒星。背景恒星星等的上下限受导航敏感器曝光时间和动态范围约束。曝光时间主要根据导航天体亮度确定，动态范围是指一幅图像中非饱和最亮像点和最暗像点之间亮度相差的倍数，由导航敏感器自身性能决定。恒星亮度超出星等上限，成

像会饱和。反之超出下限，就不能成像。

在确定背景恒星星等的上下限之后仍然无法准确预测导航敏感器视场内的恒星数量，因为这还和成像时刻导航敏感器姿态紧密相关，姿态的微小变化就可能引起视场边缘处恒星越出或进入视场。

肖松（Chausson）[4]等人提出利用概率方法解决此问题。首先假设观测空域的平均星密度是 $\rho_{stars}/(°)^2$，在给定的 $\Omega/(°)^2$ 视场内，认为含 k 颗恒星的概率服从泊松分布

$$P(k) = \frac{1}{k!}(\rho\Omega)^k e^{-\rho\Omega} \qquad (3-7)$$

则三星概率为

$$P_{3-stars} = 1 - \sum_{k=0}^{2} P(k) \qquad (3-8)$$

以 $1° \times 1°$ 的敏感器视场为例，三星概率与平均星密度的关系见图 3-3。

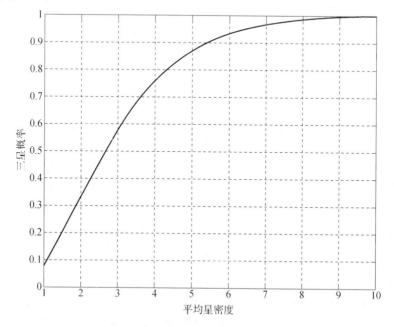

图 3-3　三星概率与平均星密度关系

分析三星概率时需要用到恒星星表。目前常用的恒星星表有 SAO 星表、Hipparcos 星表和 Tycho - 2 星表等。SAO 星表是根据史密森天文台观测资料于 1966 年编撰而成，包含 258 997 颗恒星数据。Hipparcos 星表是根据 Hipparcos 卫星从 1989 年到 1993 年的观测资料编撰而成，包含 118 218 颗恒星数据。Tycho - 2 星表由哥本哈根大学天文台编撰，包含 250 万颗恒星数据。根据 Tycho - 2 星表得出的不同星等恒星数量见表 3 - 3 和表 3 - 4。

表 3 - 3　Tycho - 2 星表中星等小于某值的恒星数量

星等范围	$m<12$	$m<11$	$m<10$	$m<9$	$m<8$
恒星数量	1 991 102	863 865	327 619	120 161	41 887

表 3 - 4　Tycho - 2 星表中星等处于某区间的恒星数量

星等范围	$11 \leqslant m<12$	$10 \leqslant m<11$	$9 \leqslant m<10$	$8 \leqslant m<9$
恒星数量	1 127 237	536 246	207 458	78 274

平均星密度 ρ 的一种计算方法是：首先统计以天体为中心，半径足够大的圆形空域内的恒星数量，然后再除以圆形空域的面积。

在星表中恒星星历一般是以赤经 α 赤纬 δ 的形式给出。换算成地心赤道坐标系中单位矢量的公式如下

$$\boldsymbol{r}_{\text{star}} = \begin{bmatrix} \cos\alpha\cos\delta \\ \sin\alpha\cos\delta \\ \sin\delta \end{bmatrix} \tag{3-9}$$

若已知深空探测器到天体的单位视线矢量在日心黄道坐标系中的投影 $\boldsymbol{r}_{\text{s}}$，按照第 2 章中介绍的坐标转换方法，可将其转化为地心赤道坐标系中的投影 $\boldsymbol{r}_{\text{e}}$，则视线矢量与恒星矢量的夹角为

$$\beta = \arccos\left(\frac{\boldsymbol{r}_{\text{e}} \cdot \boldsymbol{r}_{\text{star}}}{\| \boldsymbol{r}_{\text{e}} \| \; \| \boldsymbol{r}_{\text{star}} \|} \right) \tag{3-10}$$

夹角 β 如果小于指定半锥角，则该恒星位于天体的圆形背景空域内。

3.2.5　深空探测器与天体距离标准

从直观几何分析可知，导航天体与深空探测器的距离越远，视线方向误差引起的定位误差越大。若测量精度为 10 μrad，当距离为 1 AU 时，位置误差可达 1 500 km。因此，为减小测量噪声对导航精度的影响，选取的导航天体与深空探测器的距离越近越好。

3.3　导航天体最优组合选取方法

在转移轨道段和接近轨道段，自主导航一般需要利用多颗导航天体的测量信息[9]。选取不同的导航天体组合，其空间分布不同，几何测量条件不同，因此最终的导航精度也会不同。如何从满足观测条件的导航天体中选出最优的组合是本节要解决的主要问题。

在卫星导航中普遍使用精度衰减因子（Dilution of Precision, DOP）来评价导航卫星的几何构型，估计导航精度[10]。将精度衰减因子概念推广到光学成像导航中，是解决导航天体最优组合选取问题的一种有效手段。

3.3.1　精度衰减因子

记深空探测器自主导航系统的状态变量为

$$\boldsymbol{X} = \begin{bmatrix} x & y & z & t \end{bmatrix}^{\mathrm{T}} \tag{3-11}$$

式中　x，y，z——深空探测器位置；

$\quad\quad$ t——时间。

系统状态变量 $\boldsymbol{X}$ 的最小二乘估计为

$$\hat{\boldsymbol{X}} = (\boldsymbol{H}^{\mathrm{T}}\boldsymbol{H})^{-1}\boldsymbol{H}^{\mathrm{T}}\boldsymbol{Z} \tag{3-12}$$

式中　$\boldsymbol{H}$——观测矩阵；

$\quad\quad$ $\boldsymbol{Z}$——观测矢量。

设所有观测量相互独立，且测量误差的标准差为 σ，则最小二乘估计的误差协方差矩阵为

$$\mathrm{cov}(\hat{\boldsymbol{X}}) = \sigma^2 (\boldsymbol{H}^{\mathrm{T}}\boldsymbol{H})^{-1} \tag{3-13}$$

记协因数矩阵为

$$\boldsymbol{Q} = (\boldsymbol{H}^{\mathrm{T}}\boldsymbol{H})^{-1} = \begin{bmatrix} q_{xx} & q_{xy} & q_{xz} & q_{xt} \\ q_{yx} & q_{yy} & q_{yz} & q_{yt} \\ q_{zx} & q_{zy} & q_{zz} & q_{zt} \\ q_{tx} & q_{ty} & q_{tz} & q_{tt} \end{bmatrix} \tag{3-14}$$

根据其对角线元素可以得到几何精度因子（GDOP）、定位精度因子（PDOP）和时间精度因子（TDOP）的定义

$$\mathrm{GDOP} = \sqrt{q_{xx} + q_{yy} + q_{zz} + q_{tt}} \tag{3-15}$$

$$\mathrm{PDOP} = \sqrt{q_{xx} + q_{yy} + q_{zz}} \tag{3-16}$$

$$\mathrm{TDOP} = \sqrt{q_{tt}} \tag{3-17}$$

精度衰减因子是对 GDOP，PDOP，TDOP 等的统称。从几何角度估计深空探测器位置的确定精度 σ_{pos} 和时间的确定精度 σ_t 分别为

$$\sigma_{\mathrm{pos}} = \sigma \mathrm{PDOP} \tag{3-18}$$

$$\sigma_t = \sigma \mathrm{TDOP} \tag{3-19}$$

从式（3-18）可以看出，PDOP 的值越大，深空探测器位置的估计精度越差。

DOP 值计算对导航系统有着重要意义，既可以用于指导观测方案的设计，也可用于估算导航精度。在不同的导航系统中，需要根据观测量的不同，具体推导 DOP 值的计算公式。

3.3.2　基于 PDOP 的导航天体最优组合选取方法

在光学成像自主导航系统中，观测量为多颗导航天体中心在导航敏感器焦平面所成像点对应焦平面坐标系中的坐标 (p, l)，表达式如下

$$p = -f \frac{c_{11}^i(x_a - x) + c_{12}^i(y_a - y) + c_{13}^i(z_a - z)}{c_{31}^i(x_a - x) + c_{32}^i(y_a - y) + c_{33}^i(z_a - z)}$$

$$l = -f \frac{c_{21}^i(x_a - x) + c_{22}^i(y_a - y) + c_{23}^i(z_a - z)}{c_{31}^i(x_a - x) + c_{32}^i(y_a - y) + c_{33}^i(z_a - z)} \tag{3-20}$$

式中　f——导航敏感器的焦距；

c_{mn}^i——观测第 i 颗天体时日心黄道坐标系到深空探测器测量坐标系的方向余弦阵 $\boldsymbol{C}_{cs}^i$ 所对应的元素（$m=1$，2，3；$n=1$，2，3）；

x_a，y_a，z_a——导航天体在日心黄道坐标系中的位置；

x，y，z——深空探测器在日心黄道坐标系中的位置。

因为观测方程是非线性的，需要将观测量对历元时刻状态求导得到最小二乘滤波方程需要的观测矩阵 $\boldsymbol{H}$。这里为了简化分析，状态变量只考虑位置而没有考虑速度，因为如果深空探测器位置估计比较准确，则通过求导就可以得到速度。此外，在转移轨道段虽然是逐一地观测导航天体，即多颗导航天体的视线方向信息不是同时获得，但是星上滤波算法的本质还是将这些视线方向信息转化到同一时刻来估计深空探测器位置，因此可以认为全部测量信息是同步获得的。则观测矩阵 $\boldsymbol{H}$ 为

$$\boldsymbol{H}=\begin{bmatrix} \boldsymbol{H}_1^{\mathrm{T}} & \boldsymbol{H}_2^{\mathrm{T}} & \cdots & \boldsymbol{H}_m^{\mathrm{T}} \end{bmatrix}^{\mathrm{T}} \qquad (3-21)$$

式中　$\boldsymbol{H}_i$——对应第 i 颗天体的观测矩阵

$$\boldsymbol{H}_i=\begin{bmatrix} \dfrac{\partial p}{\partial x} & \dfrac{\partial p}{\partial y} & \dfrac{\partial p}{\partial z} \\ \dfrac{\partial l}{\partial x} & \dfrac{\partial l}{\partial y} & \dfrac{\partial l}{\partial z} \end{bmatrix} \quad (i=1,2,\cdots,m) \qquad (3-22)$$

(x,y,z)——深空探测器在日心黄道坐标系中的位置。

根据方向余弦阵性质，有

$$\frac{\partial p}{\partial x}=f\frac{-c_{23}^i(y_a^i-y)+c_{22}^i(z_a^i-z)}{[c_{31}^i(x_a^i-x)+c_{32}^i(y_a^i-y)+c_{33}^i(z_a^i-z)]^2}$$

$$\frac{\partial p}{\partial y}=f\frac{c_{23}^i(x_a^i-x)-c_{21}^i(z_a^i-z)}{[c_{31}^i(x_a^i-x)+c_{32}^i(y_a^i-y)+c_{33}^i(z_a^i-z)]^2}$$

$$\frac{\partial p}{\partial z}=f\frac{-c_{22}^i(x_a^i-x)+c_{21}^i(y_a^i-y)}{[c_{31}^i(x_a^i-x)+c_{32}^i(y_a^i-y)+c_{33}^i(z_a^i-z)]^2}$$

$$\frac{\partial l}{\partial x}=f\frac{c_{13}^i(y_a^i-y)-c_{12}^i(z_a^i-z)}{[c_{31}^i(x_a^i-x)+c_{32}^i(y_a^i-y)+c_{33}^i(z_a^i-z)]^2}$$

$$\frac{\partial l}{\partial y} = f \frac{-c_{13}^i(x_a^i - x) + c_{11}^i(z_a^i - z)}{[c_{31}^i(x_a^i - x) + c_{32}^i(y_a^i - y) + c_{33}^i(z_a^i - z)]^2}$$

$$\frac{\partial l}{\partial z} = f \frac{c_{12}^i(x_a^i - x) - c_{11}^i(y_a^i - y)}{[c_{31}^i(x_a^i - x) + c_{32}^i(y_a^i - y) + c_{33}^i(z_a^i - z)]^2} \qquad (3-23)$$

记指向第 i 颗天体的视线矢量 r_l 的模为 ρ_i，单位矢量为 $\hat{e}_i$。$\hat{e}_i$ 在日心黄道坐标系中的投影为 $e_i = [e_{i1} \quad e_{i2} \quad e_{i3}]^T$。式（3-22）右边分子分母同除以 ρ_i^2 得

$$H_i = \frac{f \begin{bmatrix} -c_{23}^i e_{iy} + c_{22}^i e_{iz} & c_{23}^i e_{ix} - c_{21}^i e_{iz} & -c_{22}^i e_{ix} + c_{21}^i e_{iy} \\ c_{13}^i e_{iy} - c_{12}^i e_{iz} & -c_{13}^i e_{ix} + c_{11}^i e_{iz} & c_{12}^i e_{ix} - c_{11}^i e_{iy} \end{bmatrix}}{\rho_i [c_{31}^i e_{ix} + c_{32}^i e_{iy} + c_{33}^i e_{iz}]^2} \qquad (3-24)$$

因为在观测时导航敏感器的光轴总是指向导航天体，而且这种导航敏感器的视场角一般很小，所以不失一般性，认为导航敏感器光轴的单位矢量 $\hat{z}_c$ 与 $\hat{e}_i$ 基本重合。而 $\hat{z}_c$ 在日心黄道坐标系中的投影为 $[c_{31}^i \quad c_{32}^i \quad c_{33}^i]^T$，所以

$$[c_{31}^i \quad c_{32}^i \quad c_{33}^i]^T \approx [e_{ix} \quad e_{iy} \quad e_{iz}]^T \qquad (3-25)$$

带入式（3-24）得

$$H_i \approx \frac{f}{\rho_i} \begin{bmatrix} -c_{23}^i c_{32}^i + c_{22}^i c_{33}^i & c_{23}^i c_{31}^i - c_{21}^i c_{33}^i & -c_{22}^i c_{31}^i + c_{21}^i c_{32}^i \\ c_{13}^i c_{32}^i - c_{12}^i c_{33}^i & -c_{13}^i c_{31}^i + c_{11}^i c_{33}^i & c_{12}^i c_{31}^i - c_{11}^i c_{32}^i \end{bmatrix}$$

$$\qquad (3-26)$$

再根据方向余弦阵性质，式（3-26）化为

$$H_i \approx \frac{f}{\rho_i} \begin{bmatrix} c_{11}^i & c_{12}^i & c_{13}^i \\ c_{21}^i & c_{22}^i & c_{23}^i \end{bmatrix} = \alpha_i \begin{bmatrix} c_{11}^i & c_{12}^i & c_{13}^i \\ c_{21}^i & c_{22}^i & c_{23}^i \end{bmatrix} \qquad (3-27)$$

其中 $\alpha_i = \dfrac{f}{\rho_i}$。记 $B_i = \begin{bmatrix} c_{11}^i & c_{12}^i & c_{13}^i \\ c_{21}^i & c_{22}^i & c_{23}^i \end{bmatrix}$，则

$$H^T H = [\alpha_1 B_1^T \quad \alpha_2 B_2^T \quad \cdots \quad \alpha_m B_m^T] \begin{bmatrix} \alpha_1 B_1 \\ \alpha_2 B_2 \\ \vdots \\ \alpha_m B_m \end{bmatrix}$$

$$= \alpha_1^2 B_1^T B_1 + \alpha_2^2 B_2^T B_2 + \cdots + \alpha_m^2 B_m^T B_m \qquad (3-28)$$

式中

$$\boldsymbol{B}_i^{\mathrm{T}}\boldsymbol{B}_i = \begin{bmatrix} (c_{11}^i)^2 + (c_{21}^i)^2 & c_{11}^i c_{12}^i + c_{21}^i c_{22}^i & c_{11}^i c_{13}^i + c_{21}^i c_{23}^i \\ c_{11}^i c_{12}^i + c_{21}^i c_{22}^i & (c_{12}^i)^2 + (c_{22}^i)^2 & c_{12}^i c_{13}^i + c_{22}^i c_{23}^i \\ c_{11}^i c_{13}^i + c_{21}^i c_{23}^i & c_{12}^i c_{13}^i + c_{22}^i c_{23}^i & (c_{13}^i)^2 + (c_{23}^i)^2 \end{bmatrix}$$

$$= \begin{bmatrix} 1 - (c_{31}^i)^2 & -c_{31}^i c_{32}^i & -c_{31}^i c_{33}^i \\ -c_{11}^i c_{32}^i & 1 - (-c_{32}^i)^2 & -c_{32}^i c_{33}^i \\ -c_{31}^i c_{33}^i & -c_{32}^i c_{33}^i & 1 - (-c_{33}^i)^2 \end{bmatrix}$$

$$\approx \begin{bmatrix} 1 - e_i x^2 & -e_i x e_x y & -e_i x e_i z \\ -e_i x e_i y & 1 - e_i y^2 & -e_i y e_i z \\ -e_i x e_i z & -e_i y e_i z & 1 - e_i z^2 \end{bmatrix}$$

$$= \boldsymbol{I} - \begin{bmatrix} e_i x \\ e_i y \\ e_i z \end{bmatrix} \begin{bmatrix} e_i x & e_i y & e_i z \end{bmatrix}$$

$$= (\boldsymbol{I} - \boldsymbol{e}_i \boldsymbol{e}_i^{\mathrm{T}}) \quad i = 1, 2, \cdots, m$$

$$(3-29)$$

则式（3-28）又可写为

$$\boldsymbol{H}^{\mathrm{T}}\boldsymbol{H} \approx \frac{f^2}{\rho_1^2}(\boldsymbol{I} - \boldsymbol{e}_1 \boldsymbol{e}_1^{\mathrm{T}}) + \frac{f^2}{\rho_2^2}(\boldsymbol{I} - \boldsymbol{e}_2 \boldsymbol{e}_2^{\mathrm{T}}) + \cdots + \frac{f^2}{\rho_m^2}(\boldsymbol{I} - \boldsymbol{e}_m \boldsymbol{e}_m^{\mathrm{T}})$$

$$= f^2 \boldsymbol{D} \qquad (3-30)$$

式中

$$\boldsymbol{D} = \frac{1}{\rho_1^2}(\boldsymbol{I} - \boldsymbol{e}_1 \boldsymbol{e}_1^{\mathrm{T}}) + \frac{1}{\rho_2^2}(\boldsymbol{I} - \boldsymbol{e}_2 \boldsymbol{e}_2^{\mathrm{T}}) + \cdots + \frac{1}{\rho_m^2}(\boldsymbol{I} - \boldsymbol{e}_m \boldsymbol{e}_m^{\mathrm{T}}) \quad (3-31)$$

将式（3-30）代入式（3-13），得到误差协方差阵为

$$\mathrm{cov}(\tilde{\boldsymbol{x}}) = \sigma^2 (f^2 \boldsymbol{D})^{-1} = \frac{\sigma^2}{f^2}\boldsymbol{D}^{-1} \qquad (3-32)$$

至此，在 σ 和 f 确定的条件下，影响误差协方差的因素只有天体到深空探测器的距离和视线夹角。

由式（3-16）和式（3-30）得到光学成像导航的 PDOP 计算公式为

$$\text{PDOP} = \frac{\sqrt{\text{trace}(\boldsymbol{D}^{-1})}}{f} \tag{3-33}$$

式中　trace（）——求矩阵的迹。

由式（3-33）可知，在导航敏感器焦距确定的情况下，光学成像导航的 PDOP 值只与导航天体组合的空间分布有关，即只与导航天体到深空探测器的距离和导航天体相对深空探测器的视线方向有关。导航天体与深空探测器距离与 PDOP 成线性减小关系，也就是说导航天体与深空探测器的距离越近越好，这与直观几何分析的结果一致。

基于 PDOP 的导航天体最优组合选取方法具体为：设一次自主导航需要观测 m 颗天体，而符合选取标准的备选星有 n 颗（$n>m$），则共有 C_n^m 种组合方式，计算所有组合的 PDOP 值，其中 PDOP 值最小的组合就是导航天体观测的最优组合。

3.4　导航天体观测序列规划方法

3.4.1　导航天体观测序列优化标准

对多颗导航天体逐一进行观测时，需要不断调整导航敏感器的光轴指向。如果导航敏感器固定安装于深空探测器本体，则必须通过调整深空探测器姿态来改变敏感器的指向。这就涉及到连续姿态机动的优化问题，即观测序列规划问题。一般认为姿态调整需要的时间与转角成正比，假设初始姿态为敏感器光轴指向太阳反向，拍摄 n 颗导航天体并回归初始姿态的过程共需旋转 $n+1$ 次，设第 i 次旋转角度为 Δ_i，则最优观测序列就是使累积转角 Δ 最小的序列，即

$$\Delta = \min\left(\sum_{i=1}^{n+1} \Delta_i\right) \tag{3-34}$$

此问题可归结为一个旅行商问题（Traveling Salesman Problem，TSP），旅行商问题的含义是求一次遍访指定城市并返回出发城市的最短旅行路线。它是图论中一个经典的完全多项式非确定性问题。

旅行商问题搜索空间随着结点数 n 的增加而成阶乘倍数增大，所有的路线组合为 $(n-1)!/2$，12 个结点就会对应 19 958 400 条路线。对于这类问题可以通过全局搜索法精确地找出最优解，但是计算量巨大，不适于在深空探测器上应用。为实现自主运算，有必要研究最优解或近似最优解的快速算法。求解旅行商问题常用方法有遗传算法（Genetic Algorithm，GA）和蚁群优化算法（Ant Colony Optimization，ACO）。

3.4.2　基于遗传算法的导航天体观测序列规划方法

遗传算法是一种借鉴生物界自然选择和基因遗传机制的优化算法。它将"适者生存"这一基本的达尔文进化原理引入串结构，并且在串之间进行有组织但又随机的信息交换。伴随着算法的运行，优良的品质被逐渐保留并加以组合，从而不断产生出更佳的个体。此过程就如同生物进化一样，好的特征被不断地继承下来，坏的特征被不断地淘汰。新一代个体中包含着上一代个体的大量信息，新一代的个体不断地在总体特性上胜过上一代，从而使整个群体向前进化发展，直至收敛到问题的最优解[11-12]。

遗传算法有 3 个基本操作步骤，即选择、交叉和变异。选择是个体按照他们的适配值进行选择复制。交叉分为两个步骤：第一步是将选择产生的匹配池中的成员随机两两匹配；第二步是进行交叉繁殖。变异是以很小的概率随机地改变一个基因的值。

对于天体观测序列规划问题，其解的形式必然是结点编号的无重复性排序，因此路径表示（Path Representation）是处理此类问题时基因编码最自然、最简单的表示方法，例如，路径 $5-1-7-4-6-2-3$ 可直接表示为个体（5174623）。但是，基本遗传算法交叉操作生成的个体一般不能满足这一约束条件，为此，可改用顺序交叉（Ordered Crossover）操作，即当两个父个体交叉时，通过选择父个体 1 的一部分，保存父个体 2 中结点码的相对顺序来生成新个体。同样，基本遗传算法中的变异算子也需要修改，本书通过随机交换某个体的两基因位来实现变异操作，适应度函数取式（3－34）的倒数。

选择运算可使用轮盘赌方式，此方式的计算过程虽然是随机的，但每个个体被选择的机会却直接与其适应度成比例，因此能提高群体的平均适应度。具体过程如下。

1）将种群中所有个体的适应度相加求总和 M。

2）随机产生一个在 $0\sim M$ 之间的数 N。

3）从种群第一个个体开始，将其适应度与后续的个体适应度相加，直到累加的和等于或大于 N，则最后一个累加的个体选作用于交叉的个体。

4）重复第 2）和 3）步，直到产生个体数目与原种群相同的新种群。

遗传算法求解操作步骤归纳如下。

1）初始化。初始化迭代次数，产生初始种群，取定交叉概率、变异概率、种群规模，限定最大遗传代数。

2）评价。计算群体中个体的适应度。

3）选择。使用选择算子，将适应度较高的个体复制后添加到新群体中，并删除劣质个体，同时采用保留适应度最大个体策略。

4）交叉。将全部个体随机配对，根据给定的交叉概率判断每对个体是否执行交叉运算，交叉产生的新个体进入新群体。

5）变异。按照变异概率随机选定变异个体，再随机交换其两位基因，然后将个体添入新群体。

6）循环。返回第 2）步，直至满足迭代条件，此时的最佳个体即为所求的解。

实例：已知起始时刻 12 颗导航小行星在导航敏感器测量坐标系中的分布，其编号、方位角和俯仰角见表 3－5，利用遗传算法规划观测序列。取种群规模 NIND＝200；最大遗传代数 gen_{max}＝400；交叉概率 P_j＝0.7；变异概率 P_b＝0.01。图 3－4 是遗传算法最小观测累积转角变化曲线；图 3－5 是遗传算法对导航天体观测序列规划的结果，在图中将导航天体按照观测序列用直线连接。

表 3 - 5 观测序列规划实例中 12 颗导航小行星的空间分布

编号	376	110	521	30	115	230	194	80	137	980	1166	192
方位角	14.9°	23.7°	25.7°	26.2°	28.3°	23.3°	8.3°	−21.6°	−29.4°	−22.6°	−40.5°	−42.9°
俯仰角	5.0°	−8.8°	−15.2°	2.3°	9.6°	16.8°	11.7°	17.8°	21.8°	10.0°	−5.3°	−7.7°

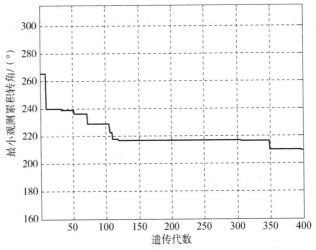

图 3 - 4 遗传算法最小观测累积转角变化曲线

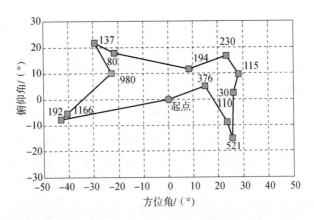

图 3 - 5 遗传算法对导航天体观测序列规划结果

由规划结果可知，随着遗传代数的增加，累积观测旋转角度不断减小，由初始的 $308.2°$，最终减小到 $209.5°$，减小了 32%，验证了观测序列规划方法的有效性。在遗传前几代中累积观测旋转角度下降速度很快，越往后下降速度趋于缓慢，这是因为随着遗传代数的增加，规划结果逐渐接近于最优解。

3.4.3 基于蚁群优化算法的导航天体观测序列规划方法

自然界中蚁群依靠自身遗留信息素痕迹来发现觅食的最短路径。一开始每只蚂蚁仅为随机运动，并在途经的路上留下信息素。后面的蚂蚁通过检测信息素发现前面蚂蚁的路径，如果倾向选择该条路径，则在该路径上留下更多的信息素。随着信息素浓度的不断增加，后面蚂蚁选择最短路径的概率也不断加大[12]。

蚁群优化算法正是模拟自然界蚁群这一觅食过程。首先，将真实路径抽象为由节点和边组成的图来抽象描述。然后，m 只人工蚂蚁随机选择节点作为出发节点，并根据连接该出发节点各边的信息素浓度来随机选择前进的边。到达下一个节点后，继续选择下一条前进的边，直到返回出发节点，从而完成一次游历。一次游历就对应问题的一个解。当全部 m 只人工蚂蚁均完成了各自的游历后，即开始执行一轮新的循环，直到大多数人工蚂蚁在每轮循环中都选择了相同的游历，此时即可以认为已经收敛到了问题的全局最优解。

蚁群优化算法具有 4 个主要特点。

1) 人工蚂蚁倾向于选择具有较高浓度信息素痕迹的边；

2) 对于较短的边，其信息素痕迹的累积速度较快；

3) 边上的信息素随时间挥发，这种挥发机制的引入可增加探索新边的能力；

4) 人工蚂蚁通过信息素进行信息的间接沟通。

1991 年多利戈（Dorigo）提出了第一个蚁群优化算法，即所谓的蚂蚁系统（Ant System，AS），并将其应用于旅行商问题的求解中。随着待求解问题规模的增大，蚂蚁系统算法的性能下降严重。

因此，后续发展了大量的其他蚁群优化算法。其中一些是蚂蚁系统算法的直接变形，只是对信息素更新公式做了较少修改，如精英蚂蚁系统（elitist AS）、按序蚂蚁系统（rank‐based AS）、最大‐最小蚂蚁系统（MAX‐MIN AS）等；而另一些则是对蚂蚁系统算法有较大幅度的扩展，如蚂蚁‐Q 算法、蚁群系统（Ant Colony System，ACS）算法等。

各种蚁群优化算法均包括两个主要步骤，即边或游历的构建与信息素痕迹的更新。边或游历的构建即首先计算边或下一个节点的选择概率，然后利用轮盘赌等方式确定前进的边或节点。按照随机比例规则给出第 k 只人工蚂蚁在节点 i 处选择节点 j 作为下一个节点的概率，为

$$P_{ij}^k = \frac{(\tau_{ij})^\alpha (\eta_{ij})^\beta}{\sum\limits_{l \in U_i^k} (\tau_{il})^\alpha (\eta_{il})^\beta} , j \in U_i^k \qquad (3-35)$$

式中　τ_{ij}——信息素痕迹的浓度；

　　　α——τ_{ij} 的影响因子；

　　　η_{ij}——启发式信息值；

　　　β——η_{ij} 的影响因子；

　　　U_i^k——第 k 只人工蚂蚁在节点 i 处可以直接到达的下一个节点的集合。

信息素痕迹的更新包括原有信息素痕迹的挥发和新信息素的释放。离线进行的全局信息素痕迹浓度的更新公式为

$$\tau_{ij}^{\mathrm{new}} = (1-\rho)\tau_{ij}^{\mathrm{old}} + \sum_{k=1}^m \Delta\tau_{ij}^k \qquad (3-36)$$

式中　ρ——信息素痕迹的挥发率；

　　　τ_{ij}^{old}——更新前的信息素痕迹浓度；

　　　m——人工蚂蚁数量；

　　　$\Delta\tau_{ij}^k$——第 k 只人工蚂蚁穿越边（i，j）时释放的信息素增量。

按照蚁周（Ant‐cycle）模型给出 $\Delta\tau_{ij}^k$ 的计算公式如下

$$\Delta\tau_{ij}^{k} = \begin{cases} \dfrac{Q}{L^{k}} & \forall\,(i,\,j)\in T^{k} \\ 0 & \text{其他} \end{cases} \tag{3-37}$$

式中　Q——常数；

　　　L^{k}——第 k 只人工蚂蚁的游历长度；

　　　T^{k}——第 k 只人工蚂蚁所完成的游历。

给出蚂蚁系统算法的基本操作步骤如下。

1）初始化。初始化迭代次数取定信息素浓度、启发式信息值和蚁群规模，限定最大游历次数，将人工蚂蚁随机放置于各个节点。

2）游历。从出发节点起，依据连接当前节点各边的信息素浓度和启发式信息值，计算选择概率，利用轮盘赌方式决定人工蚂蚁前进的边，到达下一节点，直到返回出发节点，从而完成一次游历。

3）释放信息素。计算每只人工蚂蚁的游历长度，更新求得的最短游历，按照蚁周模型计算人工蚂蚁在本次游历途经各边释放的信息素。

4）更新信息素。各边经挥发后剩余的信息素痕迹加上人工蚂蚁本次游历新释放的信息素构成下次游历检测的信息素痕迹。

5）循环。返回第 2）步，直至满足迭代条件，此时的最短游历即为所求的解。

实例：已知起始时刻 12 颗导航小行星在导航敏感器测量坐标系中的分布，其编号、方位角和俯仰角见表 3-5，利用蚁群优化算法规划观测序列。取人工蚂蚁的规模为 13 只；最大游历次数为 100 次；信息素浓度影响因子 α 为 1；启发式信息值影响因子 β 为 5。图 3-6 是蚁群优化算法迭代计算过程中最小观测累积转角的变化曲线；图 3-7 是蚁群优化算法对导航天体观测序列规划的结果，在图中将导航天体按照观测序列用直线连接。

由图 3-6 可知在迭代计算的初期，蚁群优化算法即有可能给出本次优化的相对最优解，这说明该算法具有较强的探索度。另外在迭代计算过程中最小观测累积转角并不是单调减小的，说明该算法缺乏对迄今最优游历的保护，即对历史经验的利用度较低。在图

3-7中给出的观测序列规划结果比较接近于图 3-5 中给出的规划结果，这说明两种优化算法的规划方向一致。

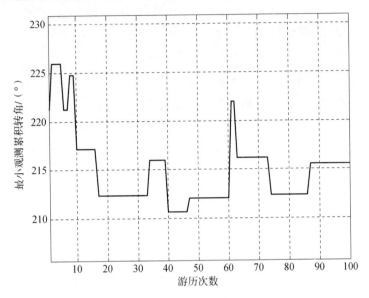

图 3-6　蚁群优化算法最小观测累积转角变化曲线

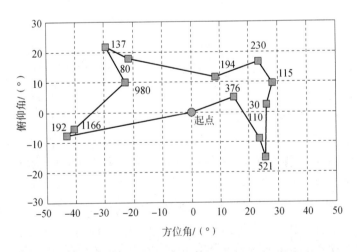

图 3-7　蚁群优化算法对导航天体观测序列规划结果

3.5 小结

导航天体的选取与规划是光学成像自主导航研究的重要内容，直接关系到导航图像能否成功获取和自主导航系统的实现精度。太阳系中存在着多种类型的天体，但是目前适合作为导航天体的主要有行星、行星卫星和小行星 3 类。综合考虑导航敏感器观测条件、图像识别和导航精度等方面约束后得到导航天体选取标准主要有太阳相角标准、视星等标准、视运动标准、三星概率标准以及距离标准。其中太阳相角标准、视星等标准和距离标准是限制最终可用导航天体数量的主要因素。在某一观测窗口，符合上述选取标准的天体数量可能大于计划观测的数量，因此需要从中选出一个最优组合，导航天体组合的空间分布直接影响导航结果的精度。基于光学成像导航测量方程推导得到的定位精度衰减因子计算公式从距离和视线夹角两方面综合评价了导航天体组合，给出了量化选取导航天体最优组合的标准。导航天体观测序列规划主要目标是使导航敏感器机动角度最小，属于典型的旅行商问题。遗传算法和蚁群优化算法是解决该类问题的常用方法，仿真结果表明这两种优化算法都可以快速而高效地寻找到导航天体观测序列的最优解或近似最优解。

参 考 文 献

[1]　MCFADDEN L A，WEISSMAN P R，JOHNSON T V. 太阳系百科全书. 北京：科学出版社，2007.

[2]　胡中为. 行星科学. 北京：科学出版社，2008.

[3]　POLLE B，FRAPARD B，SAINT－PE O，et al. Autonomous On－Board Navigation for Interplanetary Missions. Guidance and Control 2003：Advances in the Astronautical Sciences，Breckenridge，CO，United States，February，2003.

[4]　CHAUSSON L，ELAVAULT S. Optical Navigation Performance during Interplanetary Cruise. 17th ISSFD，Russia，Moscow，2003.

[5]　BHASKARAN S，DESAI D，DUMONT P J，et al. Orbit Determination Performance Evaluation of the Deep Space 1 Autonomous Navigation System. AAS/AIAA Space Flight Mechanics Meeting. Monterrey，California，USA. February 1998. 1295－1314.

[6]　张晓文，王大轶，黄翔宇. 深空自主光学导航观测小行星选取方法研究. 宇航学报，2009（3）.

[7]　张晓文，王大轶，黄翔宇. 利用小行星测量信息的深空探测器自主导航算法研究. 航天控制，2009（3）.

[8]　BINZEL R P. Asteroids II. University of Arizona press，Arizona，1989.

[9]　吴伟仁，王大轶，宁晓琳. 深空探测器自主导航原理与技术. 北京：中国宇航出版社，2011.

[10]　HOFMANN－WELLENHOF L W. Global Navigation Satellite System－GPS，GLONASS，Galileo & More. Springer，New York，2008.

[11]　王小平，曹立明. 遗传算法：理论、应用及软件实现. 西安：西安交通大学出版社，2002.

[12]　孙增圻，邓志东，张再兴. 智能控制理论与技术. 北京：清华大学出版社，2011.

第4章　导航天体光学图像处理方法

基于光学成像测量的自主导航技术是指航天器利用光学敏感器获取周围环境的光学图像（可见光、红外等），并对获取的图像进行分析、处理，通过对拍摄的景物进行识别或者与已有的先验信息进行匹配等手段来确定航天器的位置和姿态信息。导航天体图像的处理是自主导航的关键技术之一，主要是从拍摄的各种光学图像中获取有用的信息。而一般图像处理进程存在数据运算量大、分析算法相对复杂等问题，曾经严重限制了该技术的发展和应用。最近十几年随着计算机图像处理能力的提高和信号处理技术的迅速发展，图像处理已应用到深空探测任务中，由于测量信息独立、准确以及具有无迭代误差等优势，使其成为深空探测自主导航最主要的信息来源，已得到大力发展。

导航天体图像处理的输入就是敏感器拍摄的当前时刻图像，辅助某些预测信息，根据导航任务的需求，输出不同的测量信息，如目标天体指向信息、中心坐标和视半径等。

本章介绍的图像处理方法就是对敏感器拍摄的图像像素灰度进行相关处理，提取导航所需测量信息的方法。针对深空探测光学成像的不同特点，一般将导航天体的图像处理方法分为三种情况进行介绍：星点和星迹图像、规则面目标图像以及不规则面目标图像。在研究图像处理方法之前，首先介绍一下基本的光学测量原理。

4.1　光学测量原理

所有的图像都是通过光学镜头在视平面的成像，为了影射投影关系，更好地说明光学测量的基本原理，首先介绍光学成像模型和光学成像的旋转平移关系。

4.1.1　光学成像模型

根据图像几何学可以将成像过程分为中心投影方式成像和非中心投影方式成像两种，其中，中心投影方式成像包含帧传感器成像、线传感器成像和点传感器成像，非中心投影方式主要指距离图像摄影系统成像，例如雷达成像、声纳成像和微波成像等。本章主要介绍光学成像模型，属于中心投影方式的帧传感器成像。

光学成像模型是指三维空间的物体到视平面的投影关系，理想的投影成像模型是光学中的小孔成像模型，图 4-1 是小孔成像的原理示意图。图中，平面 S 为二维成像平面（即视平面 CCD 靶面），C 为小孔的位置（光学中心）。S 平面上的点 p（x，y）是三维空间点 P（X，Y，Z）在视平面上的投影（成像），C 点与 S 面的距离称为该光学系统的焦距 f。一般取 C 为空间三维坐标原点，光轴方向为 Z 方向。

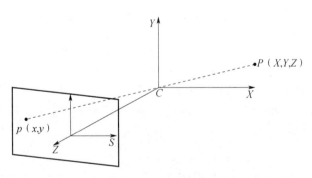

图 4-1　小孔成像的原理示意图

尽管小孔成像具有很好的物理性质，但实际的成像系统通常是透镜成像，如图 4-2 所示，设 u 为物距，v 为像距，有

$$\frac{1}{f} = \frac{1}{u} + \frac{1}{v} \tag{4-1}$$

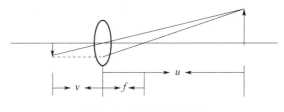

图 4 - 2　透镜成像模型

一般情况下由于 $u \gg f$，于是像距 $v \approx f$，此时可以将透镜成像模型近似地用小孔成像模型代替。为方便起见，坐标系取为成正实像的投影变换坐标系，即将视平面的位置与光心的位置对调，以此作为视觉坐标系，如图 4 - 3 所示，原点 O 为视点，视平面与视点之间的距离为 f。

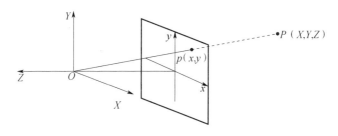

图 4 - 3　视觉坐标系

在图 4 - 3 所示的视觉坐标系中，视平面上的点 $p(x,y)$ 与空间中对应点 $P(X,Y,Z)$ 之间有如下的几何关系

$$\begin{cases} x = f \dfrac{X}{Z} \\ y = f \dfrac{Y}{Z} \end{cases} \qquad (4-2)$$

视觉坐标系在计算机视觉中也常称为摄像机坐标系，视点即是摄像机的光心（透镜的光学中心，所有光线过该点）。对于无穷远目标，可以利用敏感器坐标系下的目标点单位矢量完成成像坐标的表示与求解。以图 4 - 3 为例，设矢量 $\boldsymbol{OP}$ 与光轴夹角为 θ，$\boldsymbol{OP}$ 在 OXY 平面投影与 X 轴夹角为 τ，则

$$\boldsymbol{OP} = \begin{bmatrix} \sin\theta \cdot \cos\tau & \sin\theta \cdot \sin\tau & \cos\theta \end{bmatrix}^{\mathrm{T}} \tag{4-3}$$

成像点与 CCD 中心的距离

$$r = f \cdot \tan\theta \tag{4-4}$$

成像点在 CCD 上的坐标

$$x_{\text{ccd}} = r \cdot \cos\tau \tag{4-5}$$

$$y_{\text{ccd}} = r \cdot \sin\tau \tag{4-6}$$

由于各种误差的存在，透镜成像模型并不是一个理想的小孔模型，其中最主要的影响是镜头的畸变差。对于普通 CCD 镜头而言，它的畸变可以达到几个甚至几十个像素，如图 4-4 所示。图像需要经过畸变校正才能进行线性成像的处理，本章主要考虑镜头畸变模型包含径向畸变、偏心畸变和像平面畸变 3 种。

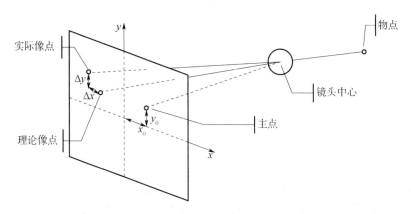

图 4-4　实际透镜成像镜头畸变差示意图

4.1.1.1　径向畸变

径向畸变主要是由镜头缺陷造成的。这类畸变一般关于镜头主光轴对称，沿对称中心向外辐射变化，类似于半径方向，称为径向畸变。径向畸变使像点沿径向产生偏差（径向畸变），正向畸变称为枕形畸变，负向畸变称为桶形畸变，如图 4-5 所示。

径向畸变可用下述奇次多项式表示

$$\Delta r = k_1 r^3 + k_2 r^5 + k_3 r^7 + \cdots$$

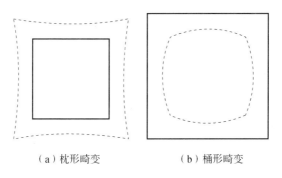

（a）枕形畸变　　　　　　（b）桶形畸变

图 4-5　枕形畸变和桶形畸变

将其分解到像平面坐标系的 x 轴和 y 轴上，则有

$$\begin{cases} \Delta x_r = k_1 \overline{x}r^2 + k_2 \overline{x}r^4 + k_3 \overline{x}r^6 + \cdots \\ \Delta y_r = k_1 \overline{y}r^2 + k_2 \overline{y}r^4 + k_3 \overline{y}r^6 + \cdots \end{cases} \tag{4-7}$$

式中　$\overline{x} = (x - x_0)$；

　　　$\overline{y} = (y - y_0)$；

　　　$r^2 = \overline{x}^2 + \overline{y}^2$；

　　　k_1, k_2, k_3——径向畸变系数。

式（4-7）也称为高斯径向畸变。

4.1.1.2　偏心畸变

偏心畸变主要是由于光学系统光心与几何中心不一致造成的，即镜头器件的光学中心不能严格共线。这类畸变既包含径向畸变，又包含关于镜头主光轴不对称的切向畸变，如图 4-6 所示。

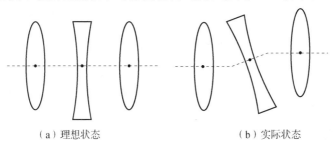

（a）理想状态　　　　　　　　（b）实际状态

图 4-6　偏心畸变示意图

偏心畸变的表达式如下

$$P(r) = \sqrt{P_1^2 + P_2^2} \cdot r^2$$

将其分解到像平面坐标系的 x 轴和 y 轴上，则有

$$\begin{cases} \Delta x_d = P_1(r^2 + 2\,\overline{x}^2) + 2P_2\,\overline{x} \cdot \overline{y} \\ \Delta y_d = P_2(r^2 + 2\,\overline{y}^2) + 2P_1\,\overline{x} \cdot \overline{y} \end{cases} \tag{4-8}$$

式中　P_1，P_2——偏心畸变系数。

偏心畸变在数量上要比径向畸变小很多。

4.1.1.3　像平面畸变

像平面内的平面畸变可表示为仿射变形和正交变形的叠加。一般认为正交变形部分是由主光轴与 CCD 阵列不正交引起的，而仿射变形部分是由 CCD 阵列不均匀造成的，两者都包含了透镜误差，其表达式为

$$\begin{cases} \Delta x_m = b_1\,\overline{x} + b_2\,\overline{y} \\ \Delta y_m = 0 \end{cases} \tag{4-9}$$

式中　b_1，b_2——像平面内畸变系数。

综上所述，任一像点的系统性误差是径向畸变、偏心畸变和像平面畸变引起的畸变总和，这些内部参数所引起的像点坐标偏差称之为像点的系统误差，可表示为

$$\begin{cases} \Delta x = \Delta x_r + \Delta x_d + \Delta x_m \\ \Delta y = \Delta y_r + \Delta y_d + \Delta y_m \end{cases} \tag{4-10}$$

4.1.2　平移及旋转变换

若敏感器发生姿态平移和旋转变化，相对被摄目标就会发生姿态和位置变化，则需要更新变换视觉坐标系。原坐标系记为 $O_1X_1Y_1Z_1$，变换后坐标系为 $O_2X_2Y_2Z_2$。

首先考虑平移变化，平移量为 $\boldsymbol{M}(\mathrm{d}x, \mathrm{d}y, \mathrm{d}z)$，那么空间点从原坐标系到新坐标系的关系为

$$[x_2, y_2, z_2]^{\mathrm{T}} = [x_1, y_1, z_1]^{\mathrm{T}} - \boldsymbol{M}^{\mathrm{T}} \tag{4-11}$$

$$x_2 = x_1 - \mathrm{d}x,\ y_2 = y_1 - \mathrm{d}y,\ z_2 = z_1 - \mathrm{d}z \tag{4-12}$$

再考虑姿态变化，记姿态变换阵为 $A(\varphi, \theta, \psi)$，转序为 $3-2-1$，那么空间点从原坐标系到新坐标系的关系为

$$[x_2, y_2, z_2]^{\mathrm{T}} = A[x_1, y_1, z_1]^{\mathrm{T}} \tag{4-13}$$

$$A(\varphi, \theta, \psi) = R_X R_Y R_Z \tag{4-14}$$

式中

$$R_Z = \begin{bmatrix} \cos\psi & \sin\psi & 0 \\ -\sin\psi & \cos\psi & 0 \\ 0 & 0 & 1 \end{bmatrix};$$

$$R_Y = \begin{bmatrix} \cos\theta & 0 & -\sin\theta \\ 0 & 1 & 0 \\ \sin\theta & 0 & \cos\theta \end{bmatrix};$$

$$R_X = \begin{bmatrix} 1 & 0 & 0 \\ 0 & \cos\varphi & \sin\varphi \\ 0 & -\sin\varphi & \cos\varphi \end{bmatrix}_\circ$$

空间点 P 原坐标为 (x_{p1}, y_{p1}, z_{p1})，则对应的成像坐标

$$x_{\mathrm{ccd}1} = f\frac{x_{p1}}{z_{p1}} \quad y_{\mathrm{ccd}1} = f\frac{y_{p1}}{z_{p1}} \tag{4-15}$$

变换后点 P 的新坐标为

$$(x_{p2}, y_{p2}, z_{p2})^{\mathrm{T}} = A[(x_{p1}, y_{p1}, z_{p1})^{\mathrm{T}} - M] \tag{4-16}$$

对应的成像坐标

$$x_{\mathrm{ccd}2} = f\frac{x_{p2}}{z_{p2}} \quad y_{\mathrm{ccd}2} = f\frac{y_{p2}}{z_{p2}} \tag{4-17}$$

导航天体图像处理方法的本质就是在图像中提取需要的像点信息，根据基本的成像原理、拍摄条件和敏感器参数换算为指定坐标系下该像点表示的空间矢量指向信息。

4.2 星点和星迹图像处理

4.2.1 星点光学成像特点

近地轨道光学成像导航敏感器的成像对象主要有恒星、行星等，

成像特点主要表现为深空黑暗背景上的亮点，以及显现为光点、有效像素量少等。典型的星点成像敏感器有恒星敏感器、APS 太阳敏感器等，输出信息为空间指向，其成像特点表现为目标像是一个"小圆斑"，像素数一般在 10×10 以下；信息处理特点表现为可以忽略目标像尺寸，通过质心运算实现理想中心点估计。星点图像处理是使用最早、应用最广泛的光学导航技术，有很多成功应用的先例。

深空探测转移轨道段导航敏感器观测对象除了恒星外，还逐渐扩展到远距离行星、小行星和彗星等。有时敏感器要同时对恒星和小行星成像，敏感器的动态范围越来越大，目标星等越来越弱，曝光时间也越来越长。长时间曝光下，深空探测器姿态扰动的影响非常明显，导航天体成像不再是单个星点，而是随着扰动不断改变在图像中的位置，形成轨迹线，成为星迹图像。例如，假设深空探测器的姿态扰动为 0.005（°）$/s$，敏感器的视场为 $1°$，$100\ ms$ 曝光时间内在像平面上的位移约为 0.5 个像素，对清晰成像一般没有影响；而 $10\ s$ 曝光时间在像平面上的位移已经达到 51 个像素，星点就会产生严重的拖尾现象。由于曝光过程中无法记录每个时刻对应的星点图像位置，只能对最终形成的复杂星迹图像进行处理。星敏感器普遍采用的光点能量中心法不再有效，需要使用新的处理技术。本节中将分别介绍星点图像和星迹图像的处理方法。

4.2.2　星点图像的处理方法

星点图像的处理方法较为成熟，主要包括星点图像的去噪、畸变校正、星点的位置确定以及星图匹配识别等步骤。

从敏感器得到的数字图像中，一般来说含有各种各样的噪声，为了从这种图像中提取图像本来的信息，就必须通过前期处理尽量去除噪声。星点图像去噪的常用方法有线性滤波、中值滤波、低通滤波和小波分析等。畸变校正主要是采用非线性模型来校正光学系统的变形，就是按照标定的参数和模型对镜头畸变造成的成像误差进行补偿，成像模型详见 4.1.1 节。星点的位置确定主要是定位提取光点位置，可以采用阈值分割和局部熵方法。星图匹配识别方法中较常用的有三角形匹配算法、角距匹配组算法、栅格算法和神经网络算法等。

4.2.2.1　图像去噪

数字图像常常被强度随机信号所污染，也称为噪声污染，一些常见的噪声有椒盐噪声、脉冲噪声和高斯噪声等。

线性平滑滤波器去除高斯噪声的效果很好，在大多数情况下，对其他类型的噪声处理也有较好的效果。线性滤波器使用连续窗函数内像素灰度值加权和来实现滤波处理，特别是同一模式的权重因子可以作用在每一个窗口内，也就意味着线性滤波器是空间不变的，可以使用卷积模板来实现滤波。

最简单的线性滤波器是局部均值运算，即每一个像素值用其局部邻域内所有值的均值置换，公式描述如下

$$h(i,j) = \frac{1}{M} \sum_{(k,l) \in N} f(k,l) \qquad (4-18)$$

式中　M——邻域 N 内的像素点总数。

邻域 N 的大小控制着滤波程度。对应大卷积模板的线性滤波会加剧平滑的程度。作为去除大噪声的代价，大尺度滤波器会导致图像细节的损失。邻域的大小对滤波效果的影响如图 4-7 所示。

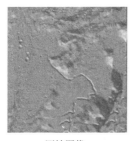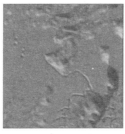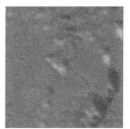

原始图像　　　　　　窗口为3的滤波效果　　　　　窗口为7的滤波效果

图 4-7　邻域的大小对滤波效果的影响

中值滤波器的基本思想是使用像素点邻域灰度值的中值来代替

该像素点的灰度值，该方法在去除脉冲噪声、椒盐噪声的同时又能保留图像的边缘细节，这是因为它不依赖于邻域内那些与典型值差别很大的值。中值滤波器在处理连续图像窗函数时与线性滤波器的工作方式类似，但滤波过程不再是加权运算，而是对窗口内的数据进行灰度大小排序，取排序像素集的中间值进行新值的代替。

低通滤波主要针对傅立叶变换后的频域特性进行滤波，假设滤波器的频率特性为 $H(\omega_1, \omega_2)$，如果表示为

$$H(\omega_1, \omega_2) = \begin{cases} 1 & \sqrt{\omega_1^2 + \omega_2^2} \leqslant R \\ 0 & \text{其他} \end{cases}$$

即可实现低通滤波。式中，R 为滤波阀值。

小波分析是通过小波变换将图像信号分解为具有位置信息的变换系数，对变换后的数据进行滤波处理，这里不再详述。

4.2.2.2　星点位置确定

星点位置确定的常规算法如下：在一幅图像中均匀提取足够多像元的灰度值，算出它们的平均值，即为噪声平均值；根据噪声的离散程度，在噪声平均值上加适当的估算离散值即为信号阈值；灰度值大于信号阈值的像元为准信号点；若干彼此相邻的准信号点组成准星像；如果该准星像的大小不小于 4 个像素，则初步定为星像，为了防止误提取，有时还要附加一些判据，如长宽比小于一定值，星像大小小于一定值等。如果有明显的干扰光进入视场，则需要在常规算法之前考虑利用差分算法进行预处理。差分算法就是依次计算一行中相邻像元灰度值的差分，当差分值超过信号阈值时即为信号点。此时后一个像元不是与信号点求差分，而是与前一个非信号点求差分，直到成为非信号点。差分算法能有效突出信号点，降低噪声影响。

下面介绍一下局部熵方法。熵是信息论中事件出现概率不确定性的量度，它能有效反映事件包含的信息，用图像熵值进行目标分割是一种有效手段。对于星图而言，星空背景的噪声如果能够确定，其熵值就能够确定。当图像中出现恒星目标时，图像的纹理特征被破坏，其熵值就会发生变化。恒星属于小目标，其对整幅图像的熵

值贡献小，可能会被噪声淹没。如果计算整幅图像熵值，计算量大、耗时长，不利于实时处理，而利用局部区域的熵值处理易于检测确定恒星位置。

设 $f(i,j)$ 为图像中 (i,j) 点处灰度，$f(i,j) > 0$，对于一幅 $M \times N$ 大小的图像，定义图像的熵为

$$H_f = - \sum_{i=1}^{M} \sum_{j=1}^{N} p_{ij} \lg p_{ij}$$

$$p_{ij} = f(i,j) \Big/ \sum_{i=1}^{M} \sum_{j=1}^{N} f(i,j) \qquad (4-19)$$

式中　H_f ——图像的熵；

　　　p_{ij} ——图像的灰度分布。

如果 $M \times N$ 是图像的局部窗口，则称 H_f 为局部熵。局部熵反映了图像灰度的离散程度，在局部熵大的地方，图像灰度相对较均匀，在局部熵小的地方，图像灰度混乱程度较大。对于星图而言，在没有恒星的地方，图像的背景噪声近似为随机噪声，其熵值近似相等；在出现恒星的地方，灰度有突变，熵值也发生突变，可根据变化的程度来确定恒星的位置，门限大小采用阈值判断，阈值的确定方法参见 4.4.2 节。

4.2.2.3　星图匹配识别

现有的星图匹配识别方法是从单星识别的基础上发展起来的，代表方法有直接匹配法和角距匹配法[1]。

直接匹配法是最早使用的单星识别方法，就是对星敏感器视场中的一颗恒星图像与位于规定容差范围内的一颗导航星图像进行直接匹配。它根据航天器的初始姿态以及星敏感器在航天器上的安装矩阵，计算出观测星的单位矢量 $\boldsymbol{O}$；如果能在导航星表中找到一颗而且只有一颗导航星，单位矢量记为 $\boldsymbol{S}$；观测星与导航星的角距为 $\theta(\boldsymbol{O}, \boldsymbol{S})$，系统设定的容差范围为 ε，如果能使 $\theta(\boldsymbol{O}, \boldsymbol{S}) < \varepsilon$ 成立，则该观测星即为找到的这颗导航星的星像。该方法对航天器初始姿态精度要求较高，但正确识别的概率很低，已经不再使用。

角距匹配法是整体星图匹配识别的基础，它在星敏感器视场中利用直接匹配法已成功匹配的一对观测星的角距 $d(\boldsymbol{O}_i, \boldsymbol{O}_j)$，与一对导航星的角距 $d(\boldsymbol{S}_i, \boldsymbol{S}_j)$ 进行匹配，当有且只有一对导航星满足下列条件

$$\left| d(\boldsymbol{O}_i, \boldsymbol{O}_j) - d(\boldsymbol{S}_i, \boldsymbol{S}_j) \right| < \mu \tag{4-20}$$

$$d(\boldsymbol{O}_i, \boldsymbol{O}_j) < \varepsilon \tag{4-21}$$

$$d(\boldsymbol{S}_i, \boldsymbol{S}_j) < \varepsilon \tag{4-22}$$

时，则为正确识别。

星图中可以提取的信息很少，主要有观测星的亮度、观测星对之间的角距、观测星组成的几何形状等，识别算法一般利用其中的一种或者多种识别特征对星图进行识别。其中星对角距是最主要的识别特征。

（1）三角形算法

三角形算法[2-4]是基于角距匹配算法的代表方法，也是当今使用最为广泛的星图识别算法。其基本过程为：首先在观测星星图和导航星星图中根据角距和星等特征匹配出 3 颗星组成主三角形，再匹配其他恒星的星等以及它们与这 3 颗星之间的角距，取最大匹配星组作为识别结果。该算法的优点是实现简单，占用容量小，能利用整幅星图特征，不易出现误匹配，可以用于全天球星图识别。

该方法利用构成三角形的导航星的天体坐标和星等来定义星三角形，试图为观测星三角形找到唯一的导航星模式。作为二维图形，三角形模式所能提供的特征包括三个星对角距和三个星等。其识别过程为：从星敏感器拍摄到的星图中选择最亮的几颗观测星，由这几颗观测星组成一些待识别的三角形，在导航星表中寻找与这些观测三角形相匹配的导航三角形。如果找到且唯一，则认为识别成功；没有找到则认为识别失败。三角形算法原理示意图如图 4-8 所示。

三角形算法的特点是以三角形作为识别的基元，三角形模式易于管理，通过建立从主星出发的星对树形结构，可以有效抑制星三角形的数量，从而减轻识别过程的计算量和导航星表的存储容量。该匹配法有多种变形，举例如下[5]。

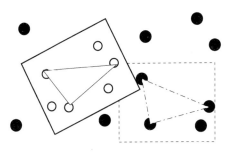

图 4 - 8　三角形算法原理示意图

○ —— 观测星；　● —— 导航星

1）基于主边的匹配法，改主三角形为主边，使该方法也适用于视场中只有两颗导航星的情况，其余功能一样；

2）基于主星的匹配法，改主三角形为主星，可减少计算量，一般称之为星组匹配法；

3）双三角形匹配法（准四边形法），改主三角形为两共边的三角形。

由于识别基元的特征维数较低，三角形识别算法的识别成功率和识别速度受测量精度的影响较大，当观测角距的误差较大时，冗余匹配导致算法的识别成功率迅速降低。

（2）匹配组算法

针对三角形算法的不足，美国斯坦福大学的赊简（Bezooijen）提出了匹配组算法[6]。它仍以星对角距和星等作为识别特征。其基本思想为：利用多颗观测星构成具有一定几何形状的星座，然后在导航星表中寻找一个与该星座匹配程度最大的星座作为星图识别的结果。匹配组算法原理示意图如图 4 - 9 所示。

与三角形算法相比，匹配组算法的基元包含更多的观测星，其特征维数越高，相应的唯一性就越高，从而可有效克服三角形算法冗余匹配率高的缺点，在位置和亮度不确定性较大的情况下，仍能保持很高的识别成功率。但是不同的星图，其匹配组的大小是不固定的，因此导航星库无法按照匹配组来存储，只能以星对角距作为

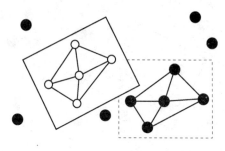

图 4-9　匹配组算法原理示意图

○——观测星；　●——导航星

存储基元。当星敏感器的星等灵敏度较高时，星对信息表中的角距数量很大，会导致计算量增加。

（3）栅格算法

对于任一颗给定的恒星，其四周恒星的分布图是一定的，对于不同的恒星这种分布图是不一样的，这就构成了各分布图的特征。栅格算法[7]就是利用这种分布图的整体特征进行星图识别，其基本过程是：在待识别的星图中选择参考星，以 r，r_p 为半径作两个圆环（$r_p > r$）；将星图组成一个 g 行、g 列的网格，并平移星图，使参考星处在网格中心，离 r 最近的星像处在网格的水平方向；被星像所占的网格涂黑为"1"，其余为"0"，由此组成网格矢量；识别过程选定最亮的几个星像，分别构造它们的网格矢量，在导航星模式中寻找最相近的匹配模式。栅格算法原理示意图如图 4-10 所示。

栅格算法利用星图中恒星分布的整体特征进行星图识别，其主要优点是计算机存储量小，识别成功率高，对位置不确定性和星等不确定性的鲁棒性较好。但该算法要求视场内有较多的观测星，为了确保视场中观测星的数量，要求星敏感器具有较大的视场或者较高的星等灵敏度，这在很大程度上限制了栅格算法的应用。

（4）神经网络法

瑞典人克莱·S·林赛等人提出了一个简单的径向基函数（Radial Basis Function，RBF）形式的神经网络星图识别方法[8]。

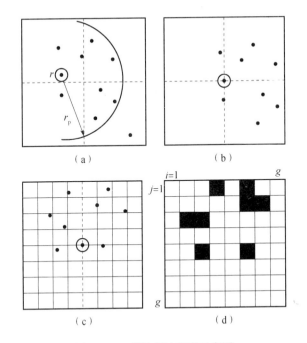

图 4 - 10　栅格算法原理示意图

其基本过程是：在视场中选定最亮的观测星作为第一导航星，离第一导航星最近的观测星作为第二导航星；把第一导航星和第二导航星的连线作为参考基线，计算其余观测星与第一导航星连线与参考基线的夹角，并计算第一导航星到其余观测星的矢量；对于包含 N 颗观测星的星图，共获得 $N-1$ 个距离和矢量，其特征矢量为

$$\boldsymbol{F} = \left[r_1^2, r_2^2, \cdots, r_{N-1}^2, \cos^2\theta_1, \cos^2\theta_2, \cdots, \cos^2\theta_{N-1} \right] \quad (4-23)$$

如图 4 - 11 所示，基于神经网络的星图识别方法，其模式特征表现为各神经元之间权值的连接强度，所以以权值矩阵代替了模式库。其识别过程只做一次匹配即可完成观测模式与众多模式的比较，无需迭代即可获得最终的识别结果，可以减小数据容量和星图识别的时间。但其训练过程需要很多的识别集合，精度受训练集合大小和训练时间长短的影响，并且算法实现对硬件的要求比较高。

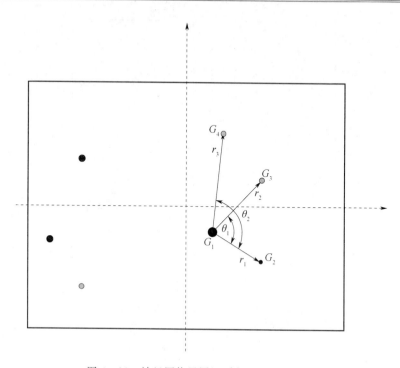

图 4-11　神经网络星图识别方法原理示意图

下面为一仿真实例，如图 4-12 所示，是一幅仿真模拟的星图。

图 4-12　仿真模拟的星点图像

对图 4-12 进行星点识别，结果如表 4-1 所示。

表 4 - 1 星点识别结果

序号	SAO 星表序号	像素横坐标	像素纵坐标
1	128336	−3.924 8	1.558 7
2	147008	−0.289 4	−3.107 3
3	147041	0.397 9	−2.644 5
4	128374	−2.972 3	3.052 0
5	146915	−2.633 0	−2.415 2
6	128401	−2.301 6	0.940 2
7	128427	−1.754 0	2.561 0
8	146973	−1.139 8	0.095 5
9	146954	−1.543 8	−2.757 9
10	128436	−1.510 3	1.826 1
11	128602	1.790 1	−2.138 8
12	128569	1.104 9	−0.439 2
13	128595	1.688 2	−2.226 9
14	128393	−2.440 6	1.935 6
15	109119	3.890 0	1.478 4

由识别出的星点的赤经和赤纬可解算出星敏感器的指向，结果表明星敏感器指向为春分点方向。

4.2.3 星迹图像的处理方法

本节主要介绍当所成图像不再是像点，而是由于姿态扰动在长时间曝光条件下形成的星迹轨迹线这一类特殊图像的处理方法。

4.2.3.1 像点和轨迹预测

像点和轨迹预测的功能主要是根据导航星的初始空间矢量、敏感器的初始指向和姿态剧烈变化瞬间的指向来估算图像中星点的瞬时位置，并通过星点的瞬时位置预估图像的节点，利用动态成像形成轨迹预测，以减少处理的信息量和提高识别率。

在敏感器测量坐标确定以后，根据导航星的初始矢量表示，结合敏感器姿态等相关参数，就可以计算出导航星在像平面下的初始坐标表示，得到预测像点坐标值。同理，根据曝光时间内导航敏感器空间姿态抖动的测量值可以得到一系列的像点位置（称为节点）。由于测量误差，预测的像点位置精度一般在 10 个像素以内。具体的计算过程描述如下。

导航敏感器相对深空探测器的安装矩阵固定可知，星表提供的是恒星在天球坐标系 $OUVW$ 下的坐标，所以只需要考虑天球坐标系 $OUVW$ 和导航敏感器坐标系 $O'XYZ$ 的转换矩阵。因恒星距离遥远，无须考虑坐标平移所带来的误差，导航敏感器坐标系的原点 O' 可认为与 O 重合。在预测过程中导航敏感器姿态是已知的，若其视轴在天体坐标系中的指向为赤经赤纬（α_z，δ_z），其 X 轴指向为赤经赤纬（α_x，δ_x），则从天球坐标系 $OUVW$ 到导航敏感器坐标系 $O'XYZ$ 的变换矩阵 $\boldsymbol{M}$ 为

$$\begin{bmatrix} u \\ v \\ w \end{bmatrix} = \boldsymbol{M} \begin{bmatrix} x \\ y \\ z \end{bmatrix} = \begin{bmatrix} a_{11} & a_{12} & a_{13} \\ a_{21} & a_{22} & a_{23} \\ a_{31} & a_{32} & a_{33} \end{bmatrix} \begin{bmatrix} x \\ y \\ z \end{bmatrix} \qquad (4-24)$$

式中　$a_{11} = \cos\alpha_x \cos\delta_x$；

$a_{12} = \sin\alpha_x \cos\delta_x$；

$a_{13} = \sin\delta_x$；

$a_{31} = \cos\alpha_z \cos\delta_z$；

$a_{32} = \sin\alpha_z \cos\delta_z$；

$a_{33} = \sin\delta_z$。

又

$$\boldsymbol{y} = \boldsymbol{z} \times \boldsymbol{x} = \begin{bmatrix} 0 & -a_{33} & a_{32} \\ a_{33} & 0 & -a_{31} \\ -a_{32} & a_{31} & 0 \end{bmatrix} \begin{bmatrix} a_{11} \\ a_{12} \\ a_{13} \end{bmatrix} = \begin{bmatrix} a_{13}a_{32} - a_{12}a_{33} \\ a_{11}a_{33} - a_{13}a_{31} \\ a_{12}a_{31} - a_{11}a_{32} \end{bmatrix}$$

$$(4-25)$$

则可得

$$a_{21} = \sin\alpha_z \cos\delta_z \sin\delta_x - \sin\delta_z \sin\alpha_x \cos\delta_x$$

$$a_{22} = \sin\delta_z \cos\alpha_x \cos\delta_x - \sin\delta_x \cos\alpha_z \cos\delta_z$$

$$a_{23} = \sin\alpha_x \cos\delta_x \cos\alpha_z \cos\delta_z - \sin\alpha_z \cos\delta_z \cos\alpha_x \cos\delta_x$$

此时，矩阵 **M** 可以确定。对视场中出现的星点 **R**，假定它的赤经赤纬为 (α_i, δ_i)，在天球坐标系中可表示为 $\boldsymbol{r}_i = (\cos\alpha_i \cos\delta_i, \sin\alpha_i \cos\delta_i, \sin\delta_i)^{\mathrm{T}}$，由变换矩阵，则可知它在星敏感器坐标系中的坐标为 $\boldsymbol{r}_s = \boldsymbol{M}\boldsymbol{r}_i$。

上面推导了星点从惯性坐标系转换为星敏感器坐标系的转换关系，下一步还要把星敏感器坐标系转换为焦平面位置坐标。理想情况下，定义星敏感器 X 轴与像面的读出方向一致，Z 轴为光轴方向，Y 轴满足右手定律。假设星点在星敏感器坐标系中的坐标为 $\boldsymbol{r}_s = (X, Y, Z)$，则恒星在焦平面上的位置坐标 (x, y) 为

$$x = f \times X/Z$$

$$y = f \times Y/Z$$

式中　f——星敏感器光学系统的焦距。

对上式进行归一化处理，得

$$x' = f/s \times X/Z$$

$$y' = f/s' \times Y/Z$$

式中　s, s'——分别为焦平面 X，Y 方向上像元的大小，如图 4-13 所示。

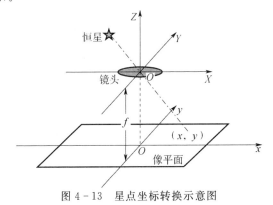

图 4-13　星点坐标转换示意图

　　根据静态成像模拟星点成像，再利用动态成像模拟星点之间的运动轨迹，即轨迹预测。

（1）静态成像

恒星可以看作无穷远处具有一定光谱特性的点光源，现在的星敏感器普遍采用离焦的方法获得一定大小的弥散星像，在传感器的感光面成像为较暗背景上的点状光斑。这种情况下星点光斑能量分布可近似地由高斯点扩散函数来表示

$$I(x,y) = \frac{I_0}{2\pi\sigma_{\mathrm{PSF}}^2}\exp\left[-\frac{(x-x_0)^2 + (y-y_0)^2}{2\sigma_{\mathrm{PSF}}^2}\right] \quad (4-26)$$

把 I_0 换算成恒星产生的光电子数目，对相应的像素坐标进行积分，则可得出该像素下光电子数目的多少。即

$$I_k(m,n) = I_{k-1}(m,n) + \int_{m-1}^{m}\int_{n-1}^{n}\int_0^{\Delta t} \frac{I_0}{2\pi\sigma_{\mathrm{PSF}}^2} \cdot$$

$$\exp\left\{\frac{[x-x_0(k)]^2 + [y-y_0(k)]^2}{2\sigma_{\mathrm{PSF}}^2}\right\}\mathrm{d}t\mathrm{d}x\mathrm{d}y$$

$$(4-27)$$

式中　m，n——像素坐标；

　　　$I(m,n)$——此像素下收集的光电子数；

　　　I_0——单位时间投射到光敏面上的光信号能量产生的光电子数；

　　　t——积分时间；

　　　$(x_0，y_0)$——星点像能量中心（即质心）；

　　　σ_{PSF}——高斯弥散半径。

理想星点成像数据情况如图 4-14 所示。

（2）动态成像

由于深空探测器相对惯性空间不是静止的，所以星点在焦平面成像也不是固定在几个像点。如果曝光积分时间内星点在焦平面上的运动距离较大，就会产生拖影现象，这是运动模糊问题。对于这类问题，常用的方法是利用其传递函数并转化为频域问题来求解，但一般较为复杂，在本节中采用直接积分法来计算拖影问题。

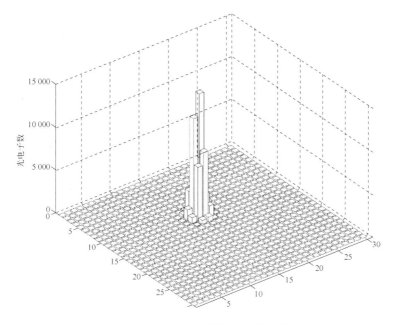

图 4 - 14 理想星点成像数据情况示意图

星敏感器曝光积分时间很短，对三轴稳定卫星来说，角速度一般都不大，在较短的时间内可认为是常数，这时角位移量很小，欧拉参数可用一阶近似为

$$\dot{\boldsymbol{\theta}} = \boldsymbol{\omega}(t)$$
$$\Delta\boldsymbol{\theta} = \boldsymbol{\omega}\Delta t \qquad\qquad (4-28)$$

式中 $\boldsymbol{\theta}$——欧拉主轴旋转角；

$\boldsymbol{\omega}$——积分时间内星敏感器的角速度；

$\Delta\boldsymbol{\theta}$——在步长时间 Δt 内转动角。

此时式中的变换矩阵 $\boldsymbol{M}$ 可改写为如下递推公式

$$\boldsymbol{M}_{k+1} = \boldsymbol{M}_k \cdot (\boldsymbol{E} - \Delta\boldsymbol{\theta}^{\times}) \qquad\qquad (4-29)$$

式中 $\Delta\boldsymbol{\theta}^{\times}$——在步长时间 Δt 内转动角 $\Delta\boldsymbol{\theta}$ 的矩阵形式

$$\Delta\boldsymbol{\theta}^{\times} = \begin{bmatrix} 0 & \mathrm{d}B & -\mathrm{d}C \\ -\mathrm{d}B & 0 & \mathrm{d}A \\ \mathrm{d}C & -\mathrm{d}A & 0 \end{bmatrix};$$

dA——步长时间内 X 方向的转动角度；

dB——步长时间内 Y 方向的转动角度；

dC——步长时间内 Z 方向的转动角度；

$\boldsymbol{M}_k$——k 时刻变换矩阵；

$\boldsymbol{M}_{k+1}$——$k+1$ 时刻变换矩阵。

对曝光积分时间选择合适的时间步长 Δt，可得 k 时刻星点的坐标为 $[x_0(k)，y_0(k)]$，则此时相关像素收集的能量光电子数计算公式为

$$I_k(m,n) = I_{k-1}(m,n) + \int_{(m-1)}^{m}\int_{(n-1)}^{n}\int_0^{\Delta t} \frac{I_0}{2\pi\sigma_{\mathrm{PSF}}^2}$$

$$\exp\left\{-\frac{[x-x_0(k)]^2 + [y-y_0(k)]^2}{2\sigma_{\mathrm{PSF}}^2}\right\}\mathrm{d}t\mathrm{d}x\mathrm{d}y \qquad (4-30)$$

在预测过程中，对导航星通过坐标变换可得出其在焦平面上的成像位置，结合星等大小，通过式（4-24）和式（4-27）得出星点成像情况。再通过式（4-30）就能实现动态轨迹的预估。

这里的像点和轨迹预测只需要模拟轨迹线在节点处的运动特征，为了减少计算量，不需要所有的节点参与计算，只需要该时刻、其上一时刻和下一时刻（或上 2~3 时刻和下 2~3 时刻，由运动频率和采集频率确定）的位置进行动态仿真，形成小面积的预测轨迹图像即可。

4.2.3.2　模板选择和预处理

由于无法得知复杂形状中某一时刻确定像点的位置，一般采用同一时刻不同星体具有相同图像轨迹特征的方法来确定在这一时刻的全部有效像点的位置。算法需要自主在图像中选取相应具有典型特征的位置作为交互相关的滤波模板，滤波模板的唯一性和准确性直接决定匹配结果的精度。相应模板相似性的评判准则也同样决定最终结果的准确性。

在轨迹图像上选取系列特征点，这些特征点也称为节点，应是轨迹图像上具有突出特性的点，比如拐点、突出的枝节等，最常见

的是运动方向改变的拐点。在节点周围选取一定大小图像区域作为初始的滤波模板。因为每个图像轨迹都具有高度的相似性，所以按照同一原则判断选取的节点在原理上讲应该是一一对应的。但是，由于实际天体目标的光度强弱不同，加上随机噪声的影响，视场内所能提取轨迹线上的节点数目并不相等，无法一一对应。在原始图像上选择模板，为了判断节点，需要对原始的轨迹图像进行二值化处理和骨架提取，图像的噪声和轨迹的不连续性直接影响提取骨架的完整性，从而影响判断。所以这里不采用原始图像，而改用轨迹预测的图像作为初始模板，进行初步匹配后再更新为真实轨迹，预测的轨迹与实际节点处的轨迹具有相似性，且灰度均匀，连续性好。利用预测轨迹进行是否为节点的判断比骨架提取方法更简便易行。节点的判断条件如下。

假设中心点坐标为 (u_0, v_0)，相邻两点分别为 (u_1, v_1) 和 (u_2, v_2)，则夹角为

$$\cos\varphi = \frac{(u_1 - u_0)(u_2 - u_0) + (v_1 - v_0)(v_2 - v_0)}{\sqrt{(u_1 - u_0)^2 + (v_1 - v_0)^2}\ \sqrt{(u_2 - u_0)^2 + (v_2 - v_0)^2}}$$

$$(4 - 31)$$

当 $\cos\varphi \geqslant \text{thred}$ 阈值时，该中心点可以认为是满足要求的轨迹节点。thred 阈值根据运动规律可以调整，取值范围为 $[-1, 1]$，该值越大，对运动速度变化的剧烈程度要求越严。

图像预处理首先是滤除图像的干扰噪声，考虑星图的能量主要集中在其低频部分，噪点所在的频段主要在高频段，因此采用像素数为 5×5 的低通滤波模板进行去噪处理。采用导航系统提供的预测信息对该位置的图像进行判断，在图像的预测位置处取窗口，对窗口内的目标星迹进行判断，如果星体的亮度偏暗，不能满足设定的阈值要求，则该点不满足相关计算的条件，进行舍弃。如果星体的轨迹出现断裂或宽度过小，则也认为不满足相关计算要求，进行舍弃。既满足亮度要求，又满足宽度要求的位置认为是可参与交互相关的点，进行保留。然后利用轨迹的预测模板，对保留的位置窗口

进行粗匹配，修正预测的位置，可以将预测的位置精度提高到 2 个像素以内。

4.2.3.3 匹配和交互相关

面对深空探测中复杂轨迹图像的新特点，针对多星点、多轨迹的复杂图像，采用多个目标星的交互相关算法计算初始结果的偏差矢量，以修正的结果作为输入值，经过多次迭代得到高精度的相对角距。

利用选取的模板进行匹配，匹配的归一化互相关系数（Normalized Cross Correlation，NCC）为

$$R_{ij} = \frac{\sum\limits_{m=1}^{N}\sum\limits_{n=1}^{N}\left[\boldsymbol{S}_{ij}(m,n) \times \boldsymbol{T}(m,n)\right]}{\sqrt{\sum\limits_{m=1}^{N}\sum\limits_{n=1}^{N}\left[\boldsymbol{S}_{ij}(m,n)\right]^{2}}\sqrt{\sum\limits_{m=1}^{N}\sum\limits_{n=1}^{N}\left[\boldsymbol{T}(m,n)\right]^{2}}} \tag{4-32}$$

式中　　$\boldsymbol{T}$——模板矩阵；

　　　　$\boldsymbol{S}_{ij}$——待匹配区域，i，j 表示待匹配图像的行和列。

R_{ij} 最大值出现的地方就是最佳匹配点。

多个目标交互相关的原理如图 4-15 所示[9]，因为每个模板的中心位置都是在单个轨迹线上进行的特征点提取，所以它们并不能准确反映轨迹线之间的相对关系，需要进行更高精度的计算来提取这些不同目标同一时刻形成节点之间的位置关系。将某一组对应的节点图像进行放大，来说明所要采取的交互相关算法。

图 4-15 中 A，B，C 分别表示三个不同轨迹上选取的对应模板区域，r^{A} 表示 A 轨迹上选取的节点，即滤波模板的中心；r^{B} 表示 B 轨迹上选取的节点；r^{C} 表示 C 轨迹上选取的节点。C_{B}^{A} 表示 B 轨迹上的滤波模板在 A 轨迹上进行相关匹配得到的匹配中心。C_{C}^{A} 表示 C 轨迹上的滤波模板在 A 轨迹上进行相关匹配得到的匹配中心，其余类推。AC,BC,CC 表示该位置实际的理想对应中心。a，b，c 表示这三个中心偏离理想中心的偏移量。由上述图示可以建立如下关系

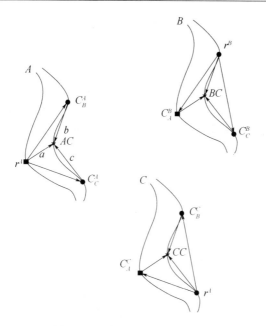

图 4 - 15　交互相关匹配原理图

$$
\begin{cases}
\boldsymbol{C}_B^A - \boldsymbol{r}^A = \boldsymbol{a} - \boldsymbol{b} \\
\boldsymbol{C}_C^A - \boldsymbol{r}^A = \boldsymbol{a} - \boldsymbol{c} \\
\boldsymbol{C}_A^B - \boldsymbol{r}^B = \boldsymbol{b} - \boldsymbol{a} \\
\boldsymbol{C}_C^B - \boldsymbol{r}^B = \boldsymbol{b} - \boldsymbol{c} \\
\boldsymbol{C}_A^C - \boldsymbol{r}^C = \boldsymbol{c} - \boldsymbol{a} \\
\boldsymbol{C}_B^C - \boldsymbol{r}^C = \boldsymbol{c} - \boldsymbol{b}
\end{cases}
\tag{4-33}
$$

上述方程组中独立的方程为 3 个，可以求解 $\boldsymbol{a}$，$\boldsymbol{b}$，$\boldsymbol{c}$ 三个偏移量。

得到偏移量后，在 $\boldsymbol{r}^A$，$\boldsymbol{r}^B$，$\boldsymbol{r}^C$ 上修正偏移量，利用新得到的位置点作为新的特征点，建立新的滤波模板，重复上述交互相关过程，得到新的修正偏移量。如此迭代循环，直到位置偏移量小于设定的残差时，将模板中心作为该条轨迹图像上节点的最终位置进行输出。

上述方程是一个超定约束的方程，所得到的系数矩阵不满秩，需要采用优化方法求解。一般采用 Nelder－mead 单纯形法[10]、Moore－Penrose 伪逆法等求解，具体方法可查阅相关文献。

为了提高精度，最后的迭代输出结果可采用二次插值获得亚像素级精度。保留最大相关的位置值，同时保留其左右次相关的位置值，利用三点进行二次曲线插值，求曲线的峰值点坐标作为最佳匹配位置，可以使图像处理的结果达到亚像素精度。其原理如图 4－16 所示。

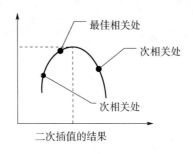

图 4－16 二次曲线插值原理图

假设最佳匹配点为 (x_1, y_1)，次佳匹配点为 (x_2, y_2)，(x_3, y_3)，其中 x_1, x_2, x_3 为整像素坐标，y_1, y_2, y_3 为相关匹配值，则二次曲线的拟合方程表示为

$$\begin{cases} y_1 = ax_1^2 + bx_1 + c \\ y_2 = ax_2^2 + bx_2 + c \\ y_3 = ax_3^2 + bx_3 + c \end{cases} \tag{4-34}$$

则有

$$\begin{bmatrix} x_1^2 & x_1 & 1 \\ x_2^2 & x_2 & 1 \\ x_3^2 & x_3 & 1 \end{bmatrix} \begin{bmatrix} a \\ b \\ c \end{bmatrix} = \begin{bmatrix} y_1 \\ y_2 \\ y_3 \end{bmatrix} \tag{4-35}$$

解得 a, b 后，最佳匹配点的坐标为 $-\dfrac{b}{2a}$。

求得像点的像素坐标后，两个像点 (u_1, v_1) 和 (u_2, v_2) 之间相对角距的计算公式如下

$$\cos\theta = \frac{u_1 \cdot u_2 + v_1 \cdot v_2 + f^2}{\sqrt{u_1{}^2 + v_1{}^2 + f^2}\,\sqrt{u_2{}^2 + v_2{}^2 + f^2}} \qquad (4-36)$$

式中　(u_1, v_1)，(u_2, v_2)——星点在图像中的坐标；

$\quad f$——导航敏感器焦距。

此公式使用的前提是导航敏感器图像经过校正，并通过标定得到焦距值。

如果焦距不能精确测定，则要采用常用的待定系数法。假设像点 (u_1, v_1) 代表的矢量为 (p_1, q_1, r_1)，像点 (u_2, v_2) 代表的矢量为 (p_2, q_2, r_2)，则

$$\begin{bmatrix} p_1 \\ q_1 \\ r_1 \end{bmatrix} = \begin{bmatrix} k_{11}u_1^2 + k_{12}u_1v_1 + k_{13}v_1^2 + k_{14}u_1 + k_{15}v_1 + k_{16} \\ k_{21}u_1^2 + k_{22}u_1v_1 + k_{23}v_1^2 + k_{24}u_1 + k_{25}v_1 + k_{26} \\ k_{31}u_1^2 + k_{32}u_1v_1 + k_{33}v_1^2 + k_{34}u_1 + k_{35}v_1 + k_{36} \end{bmatrix}$$

$$\begin{bmatrix} p_2 \\ q_2 \\ r_2 \end{bmatrix} = \begin{bmatrix} k_{11}u_2^2 + k_{12}u_2v_2 + k_{13}v_2^2 + k_{14}u_2 + k_{15}v_2 + k_{16} \\ k_{21}u_2^2 + k_{22}u_2v_2 + k_{23}v_2^2 + k_{24}u_2 + k_{25}v_2 + k_{26} \\ k_{31}u_2^2 + k_{32}u_2v_2 + k_{33}v_2^2 + k_{34}u_2 + k_{35}v_2 + k_{36} \end{bmatrix}$$

$$\cos\theta = \frac{p_1 p_2 + q_1 q_2 + r_1 r_2}{\sqrt{p_1^2 + q_1^2 + r_1^2}\,\sqrt{p_2^2 + q_2^2 + r_2^2}}$$

式中　$k_{ij}(i=1, 2, 3; j=1\sim6)$——待定系数，可以通过实验室标定得到。

输出的角距直接作为星图匹配的输入条件，在星表中分析确定恒星的方位，进行星图识别。

4.2.3.4　星图识别

本节以星敏感器星图识别算法为基础，通过对背景恒星的识别和定位，确定导航小行星的方位。星图识别算法包括导航数据库的建立、导航数据库的检索方法、恒星识别方法和小行星定位方法。

（1）导航数据库的建立

首先建立导航星位置信息表。导航星位置信息表是导航小行星方位计算的基准，其存储内容为导航星在日心黄道坐标系下的三轴坐标。

　　星表编号只代表了恒星在原始星表中的位置，为了减小星表数据量，用导航星筛选出来的顺序号代替星表编号，并按照顺序存储。读取过程只需要按照导航星的顺序号转移指针至存储位置即可。

　　小行星的亮度较弱，一般仅相当于 12 等恒星，而亮度高于 12 等的恒星数量巨大，全天球识别方法不再适用。应根据航天器的轨道和星敏感器的指向，建立分区导航星信息表。

　　随后建立导航星对角距信息表。角距信息表存储着满足星敏感器视场和星等条件的导航星对角距信息，它是恒星识别的基础。

　　星对角距的变化是由恒星的相对运动引起的，尽管恒星之间的相对运动很快，但由于它们距离太阳系很远，相对于惯性坐标系的运动很小，短期内可以忽略星对角距的误差。

　　设 v_{FOV} 为星敏感器光学系统的视场，则编号为 i 和 j 的导航星同时出现在视场中的条件如下

$$\theta_{ij} \leqslant v_{\text{FOV}}$$

　　称满足上述条件的两颗恒星为一个候选星对，角距信息表中应包含一定视场和星等条件下的所有候选星对。

　　设 $\boldsymbol{P}$ 是包含 m 个元素的数组，它包含了所有满足星敏感器视场和星等灵敏度条件的候选星对的角距余弦值，$\boldsymbol{I}_P$ 和 $\boldsymbol{J}_P$ 也是 m 维数组，和数组 $\boldsymbol{P}$ 中的元素相对应，代表了组成候选星对的两颗恒星在导航星信息表中的编号

$$\boldsymbol{P} = \{\cdots, \cos\theta_{ij}, \cdots\}^{\text{T}}$$
$$\boldsymbol{I}_P = \{\cdots, i, \cdots\}^{\text{T}}$$
$$\boldsymbol{J}_P = \{\cdots, j, \cdots\}^{\text{T}}$$

　　把数组 $\boldsymbol{P}$ 中的元素按从小到大排列，得到一个新的 m 维数组 $\boldsymbol{S}$。数组 $\boldsymbol{I}_P$ 和 $\boldsymbol{J}_P$ 中的元素随着数组 $\boldsymbol{P}$ 中的元素重新排列得到 $\boldsymbol{I}$ 和 $\boldsymbol{J}$。

$$\boldsymbol{S} = \{\cdots, \boldsymbol{P}(k), \cdots, \boldsymbol{P}(l), \cdots\}^{\text{T}}$$
$$\boldsymbol{I} = \{\cdots, \boldsymbol{I}_P(k), \cdots, \boldsymbol{I}_P(l), \cdots\}^{\text{T}}$$
$$\boldsymbol{J} = \{\cdots, \boldsymbol{J}_P(k), \cdots \boldsymbol{J}_P(l), \cdots\}^{\text{T}}$$

$\boldsymbol{P}(k)$ 和 $\boldsymbol{P}(l)$ 满足条件

$$I(i_k) = I_P(k)$$
$$J(i_k) = J_P(k)$$
$$I(i_l) = I_P(l)$$
$$J(i_l) = J_P(l)$$

m 维数组 S 就是构造出来的星对信息表，它包含了所有可能出现在视场内的导航星对的角距正弦值，m 维数组 I 和 J 作为辅助信息表给出了组成星对的恒星的星号。已知两个观测恒星之间的角距余弦值，就能从角距信息表中确定两颗恒星的星号。

（2）导航数据库的检索方法

首先检索导航星位置信息表。在导航星位置信息表的建立过程中，以导航星的存储顺序号作为其识别编号。恒星识别成功后，只需要按照其编号到对应的位置读取，得到的信息即为导航星在日心黄道坐标系下的三轴坐标。

其次检索导航星对角距信息表。由于敏感器系统存在各种误差，观测角距并不能完全等同于对应导航星之间的真实角距，通常根据其测量精度，设置合理的门限值，在门限值的范围内对观测角距进行匹配。

假设观测角距的余弦值为 $\cos v$，匹配门限值为 ε，识别过程需要分别确定 $\cos(v-\varepsilon)$ 和 $\cos(v+\varepsilon)$ 对应角距信息表中的角距

$$l_{\text{bot}} = \text{bot}\left\{\frac{[\cos(v-\varepsilon)-a_0]}{a_1}\right\}$$

$$l_{\text{top}} = \text{top}\left\{\frac{[\cos(v+\varepsilon)-a_0]}{a_1}\right\}$$

$$k_{\text{start}} = K(l_{\text{bot}})+1$$

$$k_{\text{end}} = K(l_{\text{top}})$$

式中　　$\text{bot}\{x\}$ ——小于 x 的最大整数；

　　　　$\text{top}\{x\}$ ——大于 x 的最小整数；

　　　　k_{start} —— $\cos(v-\varepsilon)$ 在星对信息表中的位置；

　　　　k_{end} —— $\cos(v+\varepsilon)$ 在星对信息表中的位置。

（3）恒星识别方法

双三角形恒星识别方法是建立在基于主星对的识别算法基础上。采用双三角形公共边的方法，具有更高的特征维数和识别成功率。识别算法的具体步骤如下。

1）将预估的目标小行星记为 S_0。

2）将剩余目标分别记为 S_1，S_2，S_3，…，S_n，以 S_1，S_2，S_3，S_4 作为主星，计算 $S_1 S_2$ 的角距。

3）计算 $S_1 S_3$ 和 $S_2 S_3$ 的角距，并应用 **K** 矢量算法分别对 $S_1 S_2$，$S_1 S_3$，$S_2 S_3$ 进行匹配，在匹配结果中寻找能组成三角形的三个星对，并记录组成三角形 $S_1 S_2 S_3$ 的三颗星的星号。

4）计算 $S_1 S_4$ 和 $S_2 S_4$ 的角距，并应用 **K** 矢量算法分别对 $S_1 S_2$，$S_1 S_4$，$S_2 S_4$ 进行匹配，在匹配结果中寻找能组成三角形的三个星对，并记录组成三角形 $S_1 S_2 S_4$ 的三颗星的星号。

5）将步骤3）和4）中得到的两组三角形进行对比，找出两个三角形，它们分别代表三角形 $S_1 S_2 S_3$ 和三角形 $S_1 S_2 S_4$，并且具有两颗相同的星，这两颗星就是主星对 S_1 和 S_2。

6）S_1 和 S_2 确定以后，组成三角形 $S_1 S_2 S_3$ 的第三颗星就是 S_3，组成三角形 $S_1 S_2 S_4$ 的第三颗星就是 S_4。

7）将 S_5 和 S_1，S_2 组成三角形，和 S_1，S_3 组成另外一个三角形，应用上面的识别算法，找到这两个三角形重合的两颗星，一颗为已经识别的 S_1，另外一颗就是识别确定的 S_5。

8）将 S_6，…，S_n 分别利用步骤7）的方法进行识别。

（4）小行星定位方法

根据背景恒星的识别结果，由观测星矢量和导航星矢量形成计算矩阵，通过矩阵运算，计算出目标小行星在日心黄道坐标系下的方位。

设有 $m \geqslant 3$ 颗恒星被识别，这些恒星在日心黄道坐标系中的单位矢量分别为 $U_i = (x_i', y_i', z_i')^T$，它们与目标小行星的角距为 $\cos\theta_i$（由图像的交互相关得到），记目标小行星在日心黄道坐标系中的单位矢量为 $A = (X, Y, Z)^T$。

则有

$$\boldsymbol{U}_i^{\mathrm{T}} \cdot \boldsymbol{A} = \cos\theta_i$$

令

$$\boldsymbol{U} = \begin{bmatrix} \boldsymbol{U}_1^{\mathrm{T}} \\ \boldsymbol{U}_2^{\mathrm{T}} \\ \vdots \\ \boldsymbol{U}_m^{\mathrm{T}} \end{bmatrix}, \boldsymbol{V} = \begin{bmatrix} \cos\theta_1 \\ \cos\theta_2 \\ \vdots \\ \cos\theta_m \end{bmatrix}$$

则有

$$\boldsymbol{U} \cdot \boldsymbol{A} = \boldsymbol{V}$$

如果 $m = 3$，则有

$$\boldsymbol{A} = \boldsymbol{U}^{-1}\boldsymbol{V}$$

如果 $m > 3$，只要 $\boldsymbol{U}$ 列满秩，由最小二乘法得

$$\boldsymbol{A} = (\boldsymbol{U}^{\mathrm{T}}\boldsymbol{U})^{-1}\boldsymbol{U}^{\mathrm{T}}\boldsymbol{V} \qquad (4-37)$$

由式（4-37）得到的 $\boldsymbol{A}$ 即为小行星在日心黄道坐标系下的矢量方向。

根据上述内容，针对仿真的星迹图像进行了处理，得到图 4-17 所示的仿真结果。

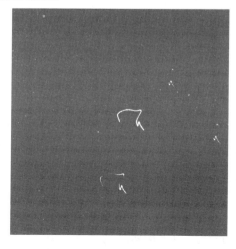

图 4-17　星迹图像仿真结果

选中 7 个目标进行交互相关，选取的节点结果如图 4 - 18 所示。

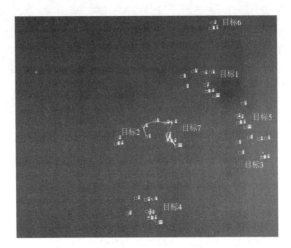

图 4 - 18　选中 7 个目标交互相关的节点效果

经过星图识别，得到小行星的空间指向信息为：（ 0. 660 545 450 0，0. 735 265 926 0，－ 0. 151 867 467 7），与真值相比的指向误差为 0. 105 9″。

4.3　规则天体图像处理

4.3.1　规则天体光学成像特点

在深空探测接近轨道段，光学成像的主要特征是目标越来越近，远远超过像素点级别，成为面目标图像。成像特点表现为目标像占有大面积像元，信息处理中目标像的尺寸不能忽略；算法中以目标像的边缘点作为姿态确定的有效信息源，输出信息中包含中心指向以及视半径大小。当前面目标成像敏感器的研究已取得初步成果，其不仅可用于地球轨道卫星的对地精确姿态确定，而且在其他规则大天体探测中也可起到重要的作用。国外的深空探测飞行任务中接

近和环绕轨道段普遍装备了面目标光学敏感器，为深空探测器 GNC
计算机提供相对姿态与位置信息。

　　本节的算法主要以规则的行星图像为目标，介绍面目标的处理
方法，适用于接近和环绕规则天体的轨道阶段。

4.3.2　规则面目标图像处理算法的基本原理

4.3.2.1　算法原理

　　下面以规则天球为参考目标，对球形天体进行建模设计。根据
共轭成像原理，物体的成像等价于其先投影到物空间与影像平面
共轭的标准平面，然后标准平面上的投影在影像平面上成像。深
空探测器姿态的变化表现为透镜面的旋转作用，系统的影像平面、
标准平面也将随之旋转，因此球冠边缘在标准平面上的投影形状
将发生改变。当姿态角为零的时候光轴与球冠面垂直，球冠面与
影像平面平行，此时球冠圆的投影像为圆；而当深空探测器姿态
发生滚动与俯仰变化时，光轴不再与球冠面垂直，球冠面与影像
平面之间存在夹角，此时投影像为非圆的二次曲线（圆锥曲线）。
另外还可以通过成像面与圆锥包络的截线进行描述（截锥），球冠
边缘与透镜中心的联线为主光线，主光线与敏感器形成一个圆锥
包络，影像平面与这个圆锥包络的截线正是球冠成像，零姿态时
成像为圆；姿态角大到一定角度为双曲线；通常情况下（小角度）
成像为椭圆，而且随角度差异呈现为不同的椭圆方程。如图 4－19
和图 4－20 所示。

　　可见球冠边缘形成的圆锥曲线与俯仰角、滚动角和视张角一一
对应，因此，根据圆锥曲线与姿态角关系即可确定深空探测器两轴
姿态与轨道高度。模型分析如下。

　　零姿态的星球边缘在影像平面坐标系下为

$$x_1{}^2 + y_1{}^2 = r^2 \tag{4-38}$$

式中　r ——成像圆的半径，它由轨道高度、透镜焦距确定。

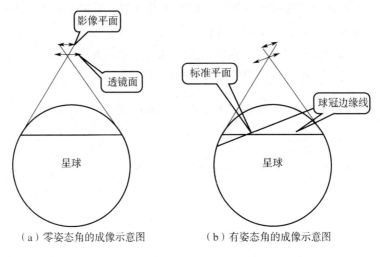

（a）零姿态角的成像示意图　　　　（b）有姿态角的成像示意图

图 4 - 19　零姿态及有姿态角时的成像示意图

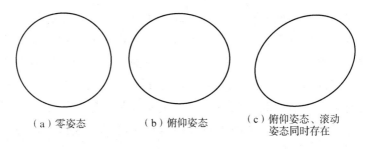

（a）零姿态　　　（b）俯仰姿态　　　（c）俯仰姿态、滚动
　　　　　　　　　　　　　　　　　　　　姿态同时存在

图 4 - 20　零姿态角以及有姿态角时的成像示意图

俯仰角为 θ 的变换阵

$$R_y = \begin{bmatrix} \cos\theta & 0 & -\sin\theta \\ 0 & 1 & 0 \\ \sin\theta & 0 & \cos\theta \end{bmatrix} \tag{4-39}$$

滚动角为 Φ 的变换阵

$$R_x = \begin{bmatrix} 1 & 0 & 0 \\ 0 & \cos\Phi & \sin\Phi \\ 0 & -\sin\Phi & \cos\Phi \end{bmatrix} \tag{4-40}$$

转移矩阵为 $\boldsymbol{R}_y \cdot \boldsymbol{R}_x$，当滚动和俯仰姿态角为 $\varPhi$ 和 θ 时的坐标变换为

$$\begin{bmatrix} x' \\ y' \\ z' \end{bmatrix} = \begin{bmatrix} \cos\theta & \sin\theta \cdot \sin\varPhi & -\sin\theta \cdot \cos\varPhi \\ 0 & \cos\varPhi & \sin\varPhi \\ \sin\theta & -\cos\theta \cdot \sin\varPhi & \cos\theta \cdot \cos\varPhi \end{bmatrix} \cdot \begin{bmatrix} x \\ y \\ z \end{bmatrix} \quad (4-41)$$

其中 $z = f$（焦距），成像模型为

$$x_1 = f \cdot x'/z'$$
$$y_1 = f \cdot y'/z'$$
$$z_1 = f \quad (4-42)$$

那么 x_1, y_1 满足二次曲线方程

$$a_{11} x_1^2 + 2a_{12} x_1 y_1 + a_{22} y_1^2 + 2a_{13} x_1 + 2a_{23} y_1 = 1 \quad (4-43)$$

星球图像边缘所成椭圆像的长轴、短轴和中心都可以由信息处理得到，因此 $\theta, \varPhi$ 可以唯一确定。

4.3.2.2　算法流程

对于深空探测任务，通常处理思路是首先提取目标边缘点，根据边缘点通过拟合算法来完成几何中心的确定，然后以几何中心作为天体中心求取两轴姿态角。运算流程如图 4-21 所示。中心坐标假定为 (M_x, M_y)，$\theta, \varPhi$ 分别代表俯仰、滚动角，小姿态角时可求解如下

$$M_x = f \cdot \tan\theta$$
$$M_y = f \cdot \tan\varPhi \quad (4-44)$$

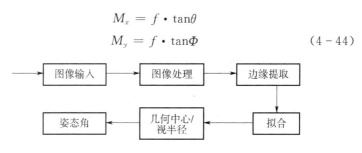

图 4-21　姿态确定运算流程示意图

4.3.3 图像算法的处理过程

4.3.3.1 边缘提取

边缘提取的方法有很多种，这里主要介绍 3 种方法。

（1）直方图提取算法

直方图是描述图像像素灰度分布的统计量表示。一个字节（8位）表示的灰度图像分为 256 级（0～255），0 代表最暗，255 代表最亮，那么直方图函数 $H(t)$ 代表图像中像素灰度大小等于 t 的个数，一般而言，直方图函数具有双高斯函数组合特性，如图 4 - 22 所示。

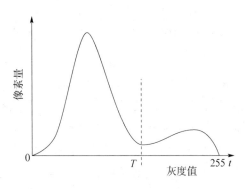

图 4 - 22 直方图函数示例

根据直方图的阈值确定算法有很多，比如 P 参数法、波谷寻找法、最大类间方差法以及极大熵法等。若阈值为 T，那么图像二值化实现方法如下，1 代表目标点，0 为背景

$$g(x,y) = \begin{cases} 1 & f(x,y) \geqslant T \\ 0 & f(x,y) < T \end{cases} \quad\quad (4-45)$$

四邻域边缘确定将搜索像素 $f(x,y)$ 的四个邻域像素

$$g(x,y) = \begin{cases} 1 & g(x\pm1,y) > 0 \text{ 和 } g(x,y\pm1) > 0 \\ 0 & \text{其他} \end{cases} \quad\quad (4-46)$$

八邻域与四邻域模式类似，只是搜索范围加大到 8 个邻域像素。

（2）边界跟踪方法

边界轮廓跟踪算法通常用于处理二值图像，首先介绍以逆时针方向搜索的具体算法实现。

1）从左上方开始搜索图像直至找到具有最小行数与最小列数的目标像素 P_0，定义一个变量 dir 存储从前一个边界像素到当前一个边界像素移动方向。例如：

a）当按照四邻域检测边界时，dir＝3；

b）当按照八邻域检测边界时，dir＝7。

2）按照逆时针方向搜索当前像素数为 3×3 的邻域，从以下方向开始搜索邻域：

a）取（dir＋3）除以 4 的余数；

b）当 dir 是偶数时，取（dir＋7）除以 8 的余数；

c）当 dir 是奇数时，取（dir＋6）除以 8 的余数。

找到的第一个与当前像素值相同的像素是一个新的边界像素 P_n，同时更新 dir。

3）如果当前边界像素 P_n 等于当前第一个像素 P_1，而且前一个像素等于 P_0，则停止。否则重复第 2）步。

4）检测到的边界由 $P_0 P_1 \cdots P_n$ 构成。

（3）滤波模板方法

常用的边缘提取模板有 Laplace，Prewit 和 Sobel 等，Laplace 算子可以近似给出梯度幅值的二阶导数

$$\boldsymbol{h}_1 = \begin{bmatrix} 0 & 1 & 0 \\ 1 & -4 & 1 \\ 0 & 1 & 0 \end{bmatrix} \qquad \boldsymbol{h}_2 = \begin{bmatrix} 1 & 1 & 1 \\ 1 & -8 & 1 \\ 1 & 1 & 1 \end{bmatrix} \qquad (4-47)$$

强调中心加权后的算子

$$\boldsymbol{h}_1 = \begin{bmatrix} 2 & -1 & 2 \\ -1 & -4 & -1 \\ 2 & -1 & 2 \end{bmatrix} \qquad \boldsymbol{h}_2 = \begin{bmatrix} -1 & 2 & -1 \\ 2 & -4 & 2 \\ -1 & 2 & -1 \end{bmatrix} \qquad (4-48)$$

Sobel 算子模板

$$\boldsymbol{h}_1 = \begin{bmatrix} 1 & 2 & 1 \\ 0 & 0 & 0 \\ -1 & -2 & -1 \end{bmatrix} \qquad \boldsymbol{h}_2 = \begin{bmatrix} -1 & 0 & 1 \\ -2 & 0 & 2 \\ -1 & 0 & 1 \end{bmatrix} \qquad (4-49)$$

原图像矩阵 $\boldsymbol{F}$ 利用 Sobel 边缘提取得

$$\boldsymbol{E}_1 = \boldsymbol{F} \otimes \boldsymbol{h}_1 \ , \ \boldsymbol{E}_2 = \boldsymbol{F} \otimes \boldsymbol{h}_2 \qquad (4-50)$$

$$\boldsymbol{E} = \sqrt{\boldsymbol{E}_1 \cdot \boldsymbol{E}_1 + \boldsymbol{E}_2 \cdot \boldsymbol{E}_2} \qquad (4-51)$$

式中　$\otimes$——卷积运算符，$\boldsymbol{E}$ 矩阵取阈值就可以得到二值化的边
　　　缘图。

4.3.3.2　姿态拟合

利用边缘曲线的椭圆特性实现姿态测量，算法原理源于边缘曲线的几何形状特性，属于几何模型估计法。算法具体步骤是首先拟合曲线，然后由曲线方程来解算中心矢量以及姿态角，目标曲线满足标准二次曲线方程

$$a_{11}x^2 + 2a_{12}xy + a_{22}y^2 + 2a_{13}x + 2a_{23}y = 1 \qquad (4-52)$$

拟合算法利用最小二乘法，对应为

$$\boldsymbol{H}_i = \begin{bmatrix} x_i^2 & x_i \cdot y_i & y_i^2 & x_i & y_i \end{bmatrix}$$
$$\boldsymbol{X} = \begin{bmatrix} a_{11} & 2a_{12} & a_{22} & 2a_{13} & 2a_{23} \end{bmatrix} \qquad (4-53)$$
$$\boldsymbol{Z} = \begin{bmatrix} 1 & 1 & \cdots & 1 \end{bmatrix}$$

则拟合方程

$$\boldsymbol{Z} = \boldsymbol{H} \times \boldsymbol{X} \qquad (4-54)$$

参数拟合结果

$$\hat{\boldsymbol{X}} = (\boldsymbol{H}^{\mathrm{T}} \boldsymbol{H})^{-1} \boldsymbol{H}^{\mathrm{T}} \boldsymbol{Z} \qquad (4-55)$$

由此完成了椭圆曲线方程参数估计，接下来由椭圆参数求解姿态角，将式（4-43）写成二次曲线的标准形式，椭圆中心 (x_0, y_0) 的坐标为

$$a_{11}x^2 + 2a_{12}xy + a_{22}y^2 + 2a_{13}x + 2a_{23}y - 1 = 0$$
$$D = a_{11} \cdot a_{22} - a_{12} \cdot a_{12}$$
$$x_0 = -\frac{1}{D}(a_{13} \cdot a_{22} - a_{23} \cdot a_{12})$$

$$y_0 = -\frac{1}{D}(a_{13} \cdot a_{12} - a_{11} \cdot a_{23}) \qquad (4-56)$$

设

$$h = a_{11} + a_{22}$$

$$\Delta = (2 \cdot a_{12})^2 - 4a_{11} \cdot a_{22}$$

$$\boldsymbol{\Gamma} = \begin{bmatrix} a_{11} & a_{12} & a_{13} \\ a_{12} & a_{22} & a_{23} \\ a_{13} & a_{23} & -1 \end{bmatrix}$$

$$aa = (h + \sqrt{h^2 + \Delta})/2$$

$$bb = (h - \sqrt{h^2 + \Delta})/2$$

$$cc = \frac{4\boldsymbol{\Gamma}}{\Delta}$$

$$r_1 = \sqrt{\frac{cc}{aa}}$$

$$r_2 = \sqrt{\frac{cc}{bb}} \qquad (4-57)$$

则椭圆半长轴 a ，半短轴 b 分别为

$$a = \max(r_1, r_2)$$

$$b = \min(r_1, r_2) \qquad (4-58)$$

根据得到的图形相关特征，包括中心坐标（ x_0 ， y_0 ），半长轴（ a ），半短轴（ b ），当两轴姿态角很小时，可近似推导得到如下方程

$$y_{p1} = y_0 - a \cdot \tan\beta$$

$$y_{p2} = y_0 + a \cdot \tan\beta$$

$$\Phi^2 [\sec^2\beta \cdot f \cdot (y_{p1} + y_{p2})] + 2 \cdot \Phi \cdot [f^2 - y_{p1} \cdot y_{p2} \cdot \sec^2\beta] - [f \cdot (y_{p1} + y_{p2})] = 0$$

$$\tan\beta = \frac{y_0}{x_0} = -\theta/\Phi$$

$$r = \frac{f \cdot y_{p2} - \Phi \cdot f^2}{\Phi \cdot \tan\beta \cdot \sin\beta \cdot y_{p2} + \Phi \cdot \cos\beta \cdot y_{p2} + f \cdot \cos\beta}$$

式中　f ——焦距；

β——正 X 轴与圆锥曲线主轴的夹角；

θ——俯仰角；

Φ——滚动角；

r——视半径。

由以上方程可以解出两轴姿态角与视半径。

4.3.4　仿真实例

以火星成像为例，在 1 000 km 高度，正对太阳入射方向得到的火星仿真图像如图 4-23 所示，背景的白点为仿真星点。

图 4-23　1 000 km 高度的火星仿真图像

图像处理算法边缘提取的效果如图 4-24 所示，白色为边缘线。

图 4-24　边缘提取效果图

根据边缘点拟和得到具体参数：中心像素坐标（511.408，511.664），两轴姿态角 $\theta = 0.005°$，$\Phi = 0.017°$，视半径为 0.913 3 rad。

4.4　不规则天体图像处理

4.4.1　不规则天体光学成像特点

在深空探测接近和撞击小行星或彗星等任务阶段，需要利用光学敏感器提供撞击前几小时内的小行星或彗核图像。由于撞击的星体体积不大，形状不规则，虽然星体也是面目标图像，但是由于缺乏精确的形状模型，边缘点拟合算法一般无法使用。此时应以目标像的中心提取为主要目的，输出信息就是目标点的指向信息。当有高精度导航的需求时，如环绕不规则小天体阶段，可以根据深空探测器的测量数据，重构天体的高精度轮廓模型进行导航观测，具体可查阅相关参考文献［11］。本节介绍的算法适用于接近和撞击不规则小天体飞行阶段。

4.4.2　目标分割方法

由于小天体的尺寸较小，面目标成像的距离很近，且形状不规则，无法提前进行准确的形状建模，所以小天体的中心提取精度要求不高，一般采用不规则形状的一阶矩求取方法即可实现。撞击段的飞行时间不长，图像的采样频率较高，为了保证亮度中心的准确提取，可利用导航数据和姿态指向等信息在序列图像中建立预测的位置子区域，在子区域内进行图像二值分割，分割以后再计算高于分割阈值的区域中心指向。在一幅灰度图像中，其像素点一般可以分为目标和背景两类，图像阈值分割的目的就是选取一个最佳灰度阈值，使目标和背景达到最佳分离程度。阈值的确定是分割的关键一步，可以采用指定阈值的方法，也可以采用诸如 P 参数法、波谷寻找法、最大类间方差法、极大熵法以及 Fisher 分割等自动确定阈值的方法。指定的阈值可以在每个不同的象限对应不同的取值，也可以对图像进行背景相减后设定。

这里介绍一下 Fisher 分割方法，Fisher 分割方法原理如图 4 - 25 所示。

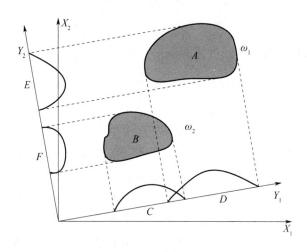

图 4 - 25　Fisher 分割方法原理图

对于两个类别 ω_1 和 ω_2，假定各类的特征是二维分布（图 4 - 25 中 A，B 部分），将它们在直线 Y_1 和 Y_2 上投影时，可以明显看出，类间分离在直线 Y_2 方向上最好。一般情况下，特征矢量 X 的线性组合 y 可表示为

$$y = Y^T X \qquad (4 - 59)$$

当 $\| Y \| = 1$ 时，则 y 就是 X 在 Y 方向直线上的投影。

图 4 - 25 中，A 表示 X 属于 ω_1 的分布，B 表示 X 属于 ω_2 的分布，C 表示 $Y_1^T X$，X 属于 ω_2 的分布；D 表示 $Y_1^T X$，X 属于 ω_1 的分布；E 表示 $Y_2^T X$，X 属于 ω_1 的分布；F 表示 $Y_2^T X$，X 属于 ω_2 的分布。

另外，属于 ω_i 类的特征矢量 X 的平均值 μ_i 可表示为

$$\mu_i = \frac{1}{n_i} \sum_{\boldsymbol{X} \in \omega_i} \boldsymbol{X} \qquad (4-60)$$

式中　　n_i——属于 ω_i 类 $\boldsymbol{X}$ 的个数。

用式 (4-59) 替换 $\boldsymbol{X}$，得到 y 的平均值 m_i 和 y 类别内的方差 σ_i^2 为

$$m_i = \frac{1}{n_i} \sum_{\boldsymbol{X} \in \omega_i} \boldsymbol{Y}^{\mathrm{T}} \boldsymbol{X} = \boldsymbol{Y}^{\mathrm{T}} \mu_i \qquad (4-61)$$

$$\sigma_i^2 = \frac{1}{n_i} \sum_{y \in \omega_i} (y - m_i)^2 \qquad (4-62)$$

显然，为了能对 X_1 和 X_2 进行有效的识别，两类的特征应该分得越开越好，因此必须要用一个评价函数来衡量两个类别间的分离度，Fisher 评价函数 $J(Y)$ 就是基于这个思想提出的，它可以对两个类别间的分离度进行定量描述，其定义为

$$J(Y) = \frac{|m_1 - m_2|^2}{\sigma_1^2 + \sigma_2^2} \qquad (4-63)$$

从式 (4-63) 可以看出，当两个类别平均值间距离很大，且各类方差很小时，$J(Y)$ 取最大值。由 $J(Y)$ 的最大值可以确定出最佳分割阈值。

4.4.3　中心提取方法

4.4.3.1　区域质心提取

区域质心提取是通过在一个预先确定的图像子区域内提取超过亮度阈值的所有像素，来确定该区域的亮度中心。预先确定的区域是根据深空探测器相对目标天体飞行轨道的最优估计以及成像时导航敏感器的姿态来计算的。首先，通过深空探测器轨道和姿态数据，计算出目标天体中心出现在导航图像中的理论位置；然后在预测点周围 $N \times N$ 个像素的区域进行检验，提出所有超过亮度检测门限的像素点；最后通过计算这些像素的一阶矩来获得亮度中心。

亮度中心一阶矩的计算公式如下

$$\begin{cases} x = \dfrac{\displaystyle\sum_{(i,j)\in R} I_{ij} \cdot i}{\displaystyle\sum_{(i,j)\in R} I_{ij}} \\[4mm] y = \dfrac{\displaystyle\sum_{(i,j)\in R} I_{ij} \cdot j}{\displaystyle\sum_{(i,j)\in R} I_{ij}} \end{cases} \qquad (4-64)$$

式中　(x,y)——亮度中心；

　　　R——小行星星体所占图像区域；

　　　I_{ij}——有效点的灰度值；

　　　(i,j)——该点的像素坐标。

4.4.3.2　光斑质心提取

在图像提取过程中，也可以采用扫描整幅图像的方法，对整个图像进行二值分割，分割得到的不同连通区域称为 blob（光斑），利用最大和最小尺寸标准对无效的 blob 进行滤除，采用一阶矩计算每个有效 blob 的中心，提供面积最大的 blob 中心作为输出。该方法不依赖导航系统的预测能力，能够有效地消除宇宙射线或者镜头污点的影响。但是在目标图像因为光照等原因出现两个以上不相连接的区域时会发生错误，图像明暗等小的变化也容易造成输出中心的巨大偏移。

上述两种图像处理算法得到的中心都必须经过导航场景分析，得到合理的输出，才能用于计算导航偏移量。场景分析方法如下。首先在提供的中心周围求取有效像素（位于天体上的像素）组成的边缘线，以每个有效像素为圆心，3σ 的控制误差为半径作圆，分别求取圆内的有效点数目、无效点数目和接近深空探测器指向的程度。通过设定有效的百分比，对输出的中心点进行错误滤除。当判断中心点正确时，输出与初始给定值的偏差量。当判断中心点失效时，则给出默认的初始值。

4.4.4　仿真实例

对一个不规则的天体图像进行仿真建模。假设深空探测器从一侧接近飞行，在不同距离处成像，不规则天体的图像仿真如图 4 - 26 左侧所示，中心提取的结果如图 4 - 26 右侧所示，其中白色十字线表示提取的当前小行星的形状中心。

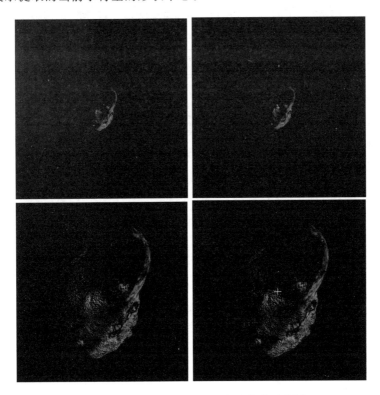

图 4 - 26　不规则星体的中心提取仿真示意图

可见如果在接近的过程中，深空探测器和小天体之间无相对旋转，所观测到的小天体外观形状变化不大，中心提取可以获得稳定的不规则形心。如果深空探测器和小天体之间存在明显的相对旋转，则需要获得小天体较为准确的三维模型，才能保证在各个角度的成像中获得较为统一的中心。

4.5　小结

本章详细叙述了星点（迹）图像、规则天体图像和不规则天体图像的处理方法，根据深空探测不同轨道的使用要求提供相应的测量信息，并给出了具体的仿真实例。光学导航图像处理方法一般与硬件水平和应用需求紧密相关，在不同的精度需求上会有特殊的成像要求，算法也会有不同的侧重点，与任务需求相关性较强，处理算法难以覆盖所有的应用条件，往往需要根据使用环境进行专门设计。光学导航是一种完全自主的导航方式，但是信息处理运算量大、算法较为复杂也是图像处理的特点，因此在实际应用中要充分考虑其他所能得到的约束和测量信息，在信息融合的基础上减少计算量，进一步提高结果的鲁棒性。

参 考 文 献

[1]　　VAN BEZOOIJEN R W H. Autonomous Star Referenced Attitude Determination. AAS 89－03. Guidance and Control，Proceedings of the Annual Rocky Mountain Guidance and Control Conference. Keystone，CO，1989.

[2]　　LIEBE C C. Pattern Recognition of Star Constellations for Spacecraft Applications. IEEE AEA Magazine，1992，28（6）：34－41.

[3]　　DAVID S A. Autonomous Star Sensing and Pattern Recognition for Spacecraft Attitude Determination. Dissertation of Texas A&M University. 2001.

[4]　　CRAIG L C，JOHN L C. Fast Star Pattern Recognition Using Spherical Triangles，AIAA/AAS Astrodynamics Specialist Conference and Exhibit Providence，Rhode Island，16－19 August 2004.

[5]　　屠善澄，鲍百容，等. 导弹与航天丛书卫星工程系列：卫星姿态动力学与控制（3）. 北京：中国宇航出版社，2009.

[6]　　BEZOOIJEN R W. True－sky Demonstration of an Autonomous Star Tracker. The International Society for Optical Engineering. Vot 2221，1994，156－168.

[7]　　HYUNJAE L，CHOONG S O，HYOCHOONG B. Modified Grid Algorithm for Star Pattern Identification by Using Star Trackers. 2003 IEEE.

[8]　　LINDBLAD T，CLARK S L，EIDE A. Radial Basis Function（RBF）Neural Networks. The Industrial Electronics Handbook. Ed. J. David Irwin，CRC Press. 1997.

[9]　　VAUGHAN R M，RIEDEL J E，DAVIS R P. Optical Navigation For The Galileo Gaspea Encounter. AIAA－92－4522－CP.

[10]　　JEFFERY C，LAGARIAS J A R，MARGARET H W，PAUL E W. Convergence Properties of the Nelder－mead Simplex Method in Low Dimensions. Society for Industrial and Applied Mathematics. 1998.

[11]　SCHEERES D J, BROSCHART S, OSTRO S J. The Dynamical Environment About Asteroid 25143 Itokawa: Target of the Hayabusa Mission. AIAA/AAS Astrodynamics Specialist Conference and Exhibit Providence, Rhode Island, 16—19 August 2004.

第5章 自主导航系统可观性分析方法

深空探测自主导航系统的基本任务是确定深空探测器的位置和速度。为了判断自主导航方案能否满足任务要求，需要对自主导航系统的可观性进行分析。深空探测自主导航系统的可观性分析是在系统方案设计过程中需要解决的一个基本问题。本章从自主导航系统可观性的基本概念入手，介绍了线性系统和非线性系统可观性的定义和判据，重点介绍适用于自主光学导航研究的非线性系统可观性和可观度分析方法。在对系统可观性分析的叙述中，以基于奇异值分解的分析方法为例进行说明；在对系统可观度分析的叙述中，以基于格莱姆矩阵的分析方法、基于误差椭球的分析方法和基于估计误差方差的分析方法为例展开论述。

可观性的概念于20世纪60年代初由卡尔曼（Kalman）提出，是现代控制理论的重要内容，对于指导卡尔曼滤波及其相关算法的设计具有理论意义[1-5]。所谓可观性，指的是由系统输出的测量值估计状态变量的可能性。系统具备可观性是卡尔曼滤波收敛的前提。在设计卡尔曼滤波之前，通常要先进行系统的可观性分析。可观性分析包括两部分内容，一是确定系统状态是否完全可观；二是确定系统及其系统状态的可观程度，即可观度，以便事先确定卡尔曼滤波算法的估计效果。

针对深空探测自主导航问题，为了判断深空探测自主导航系统能否有效确定深空探测器的位置和速度，需要对深空探测自主导航系统的可观性和可观度进行分析[6-10]。深空探测自主导航系统不借助地面测控站的测量信息，一般很难直接测得深空探测器与导航目标天体之间的距离；它通常利用扩展卡尔曼滤波（EKF）处理导航目标天体图像、角度和视线方向等测量信息，解算出深空探测器的位置和速度。能否利用测量信息解算出深空探测器的准确位置取决于自主导航系统的可观性；若自主导航系统不可观，则通常不能通过扩展卡尔曼滤波等滤波算法准确估计出深空探测器的位置和速度。因此，深空探测自主导航系统的可观性分析是在系统方案设计过程中的一项重要基础性工作。

　　深空探测自主导航系统所对应的状态方程和观测方程具有非线性，对其进行可观性和可观度分析存在较大困难。由微分几何理论的进展可知，基于李导数的可观性矩阵能够给出非线性系统的可观性判据。但是，考虑到深空探测自主导航系统的复杂性（状态维数高、非线性强），多数情况下很难直接利用非线性系统可观性矩阵来确定其可观性。针对这一问题，本章利用基于奇异值分解的方法对深空探测自主导航系统的可观性进行分析。在对自主导航系统可观性进行分析的基础上，往往还要分析其可观度。可用于深空探测自主导航系统可观度分析的理论方法较多，包括基于格拉姆矩阵的方法、基于误差椭球的方法和基于估计误差方差的方法等，不过，上述方法对深空探测自主导航系统可观度的量化描述方式有所不同。

5.1　线性系统的可观性

　　本节介绍系统可观性的基本概念，给出了线性定常系统和线性时变系统可观性的定义，以及它们的判别准则。

5.1.1　线性定常系统的可观性

5.1.1.1　线性定常系统可观性定义

　　可观性反映了系统根据在有限时间内的观测量确定系统状态的能力。可观性可以根据可观性矩阵的秩条件进行判断，线性定常系统的可观性矩阵简单易求；对于线性时变系统，可通过求不同时刻的可观性矩阵对其可观性进行分析；对于非线性系统，可利用奇异值分解等方法分析可观性。

线性定常系统模型为

$$\dot{x}(t) = Ax(t) + Bu(t) \tag{5-1}$$

$$y(t) = Cx(t) \tag{5-2}$$

式中　$x(t) \in R^n$ ——状态矢量；

　　　$u(t) \in R^r$ ——输入矢量；

　　　$y(t) \in R^m$ ——输出矢量；

　　　A，B，C——分别表示状态矩阵、输入矩阵和输出矩阵。

线性定常系统的可观性定义为：对于线性连续定常系统的任意初始状态矢量 $x(t_0)$，如果对任意输入矢量 $u(t)$，均能根据输出矢量 $y(t)$ 在有限时间区间 $[t_0, t_f]$ 内的测量值，确定唯一初始状态矢量 $x(t_0)$，则称该线性定常系统状态完全可观测，简称可观，否则称为不可观。

举例说明，某线性定常系统状态结构如图 5-1 所示，由于状态 x_1 与输出完全隔断，故该线性定常系统是不可观的。

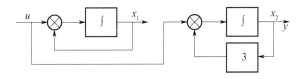

图 5-1　线性定常不可观系统状态结构图

应当指出，只有线性定常状态空间中的所有状态都是可观的，线性定常系统才是可观的。在线性定常系统可观的情况下，一旦根据输出矢量 $y(t)$ 确定了初始状态，便可根据给定的控制输入矢量 $u(t)$，利用状态转移矩阵求出任意时刻的瞬时状态。若线性定常系统不可观，可能有一部分状态可观，另一部分状态不可观。此时，可把它们分解成完全可观子空间和完全不可观子空间。

可观性表示输出反映状态变量的能力，由输入引起的输出响应是已知的（可根据状态转移矩阵求出），因此，可观性与输入无直接关系，在定义中可以不涉及输入矢量，即令 $u(t) \equiv 0$，仅考虑矩阵 A 和 C。若输出矢量 $y(t)$ 的维数等于状态矢量 $x(t)$ 的维数，且矩阵 C

非奇异，有

$$\boldsymbol{y}(t) = \boldsymbol{C}\boldsymbol{x}(t) \tag{5-3}$$

$$\boldsymbol{x}(t) = \boldsymbol{C}^{-1}\boldsymbol{y}(t) \tag{5-4}$$

可由一组输出矢量 $\boldsymbol{y}(t)$ 确定系统状态，无须观测时间。一般情况下，输出矢量 $\boldsymbol{y}(t)$ 的维数小于状态矢量 $\boldsymbol{x}(t)$ 的维数，这时需测几组输出数据，构成 n 个方程，输出数据需要在时间上有一定间隔，即需要观测时间 $t_f > t_0$。

5.1.1.2　线性定常系统可观性判据

判断系统可观性有多种方法，包括秩判据、对角型及约当型判据、格拉姆矩阵法等。本章主要介绍秩判据。

线性定常系统模型为

$$\dot{\boldsymbol{x}}(t) = \boldsymbol{A}\boldsymbol{x}(t) + \boldsymbol{B}\boldsymbol{u}(t) \tag{5-5}$$

$$\boldsymbol{y}(t) = \boldsymbol{C}\boldsymbol{x}(t) \tag{5-6}$$

$\boldsymbol{x}(t_0) = \boldsymbol{x}_0$ 为初始状态矢量。

系统可观性的秩判据定理[4]如下。

定理 5.1：线性定常系统状态可观的充分必要条件是系统可观性判别矩阵（简称可观性矩阵）满秩，即

$$\boldsymbol{N} = \begin{bmatrix} \boldsymbol{C} \\ \boldsymbol{CA} \\ \vdots \\ \boldsymbol{CA}^{n-1} \end{bmatrix} \tag{5-7}$$

$$\mathrm{rank}(\boldsymbol{N}) = n \tag{5-8}$$

n 个列矢量线性无关。若矩阵的秩 $\mathrm{rank}(\boldsymbol{N}) < n$，则线性定常系统不可观。$\boldsymbol{N}$ 为 mn 行 n 列矩阵。

证明：令 $\boldsymbol{u}(t) = 0$，则 n 维线性定常系统动态方程的解为

$$\boldsymbol{y}(t) = \boldsymbol{C}e^{\boldsymbol{A}t}\boldsymbol{x}(t_0) \tag{5-9}$$

根据凯莱-哈密顿定理，$e^{\boldsymbol{A}t}$ 可写为如下形式

$$e^{\boldsymbol{A}t} = \sum_{k=0}^{n-1} a_k(t)\boldsymbol{A}^k \tag{5-10}$$

式中　$a_k(t)$——时间的标量函数。

将式（5-10）代入式（5-9），得到

$$y(t) = C \sum_{k=0}^{n-1} a_k(t) A^k x(t_0)$$

$$= \begin{bmatrix} a_0(t)I_m & a_1(t)I_m & \cdots & a_{n-1}(t)I_m \end{bmatrix} \begin{bmatrix} C \\ CA \\ \vdots \\ CA^{n-1} \end{bmatrix} x(t_0)$$

$$(5-11)$$

式中　I_m——m 维单位矩阵。

这是一个含有 n 个未知量 m 个方程的线性方程组，当 $m < n$ 时，方程无唯一解。如果要唯一地确定 n 维初始状态矢量 $x(t_0)$，需要用不同时刻的输出矢量构成具有 n 个独立方程的线性方程组

$$\begin{bmatrix} y(t_1) \\ y(t_2) \\ \vdots \\ y(t_f) \end{bmatrix} = \begin{bmatrix} a_0(t_1)I_m & a_1(t_1)I_m & \cdots & a_{n-1}(t_1)I_m \\ a_0(t_2)I_m & a_1(t_2)I_m & \cdots & a_{n-1}(t_2)I_m \\ \vdots & \vdots & & \vdots \\ a_0(t_f)I_m & a_1(t_f)I_m & \cdots & a_{n-1}(t_f)I_m \end{bmatrix}$$

$$(5-12)$$

$$\begin{bmatrix} C \\ CA \\ \vdots \\ CA^{n-1} \end{bmatrix} x(t_0)$$

简记为

$$Q x(t_0) = \bar{y} \qquad (5-13)$$

式中

$$\bar{y} = \begin{bmatrix} y(t_1) \\ y(t_2) \\ \vdots \\ y(t_f) \end{bmatrix}$$

$$Q = \begin{bmatrix} a_0(t_1)I_m & a_1(t_1)I_m & \cdots & a_{n-1}(t_1)I_m \\ a_0(t_2)I_m & a_1(t_2)I_m & \cdots & a_{n-1}(t_2)I_m \\ \vdots & \vdots & & \vdots \\ a_0(t_f)I_m & a_1(t_f)I_m & \cdots & a_{n-1}(t_f)I_m \end{bmatrix} \begin{bmatrix} C \\ CA \\ \vdots \\ CA^{n-1} \end{bmatrix}$$

欲使式（5-12）所示的方程有解且有唯一解，则系数矩阵 Q 和增广矩阵 $[Q \quad \bar{y}]$ 应满足下式

$$\text{rank}(Q) = \text{rank}([Q \quad \bar{y}]) = n \tag{5-14}$$

而矩阵 Q 的秩为 n 的充分必要条件是 mn 行 n 列可观性矩阵 N 的秩为 n，此时，在 $[t_0, t_f]$ 时间间隔内，根据测量到的输出矢量 $y(t)$，可由式（5-12）唯一确定出 $x(t_f)$，即线性定常系统可观的充分必要条件是可观性矩阵 N 的秩为 n。证明完毕。

5.1.2 线性时变系统的可观性

5.1.2.1 线性时变系统可观性定义

设 n 维线性时变系统的动态方程为

$$\dot{x}(t) = A(t)x(t) + B(t)u(t), x(t_0) = x_0 \tag{5-15}$$

$$y(t) = C(t)x(t) \tag{5-16}$$

式中　$x(t_0) = x_0$ ——初始状态矢量；

　　　　$A(t)$，$B(t)$，$C(t)$ ——分别表示时变系统的状态矩阵、输入矩阵和输出矩阵。

其他符号定义如 5.1.1 节所述。

线性时变系统的可观性可定义为：若对状态空间中的任一时刻 t_0 的状态矢量 $x(t_0)$，存在一有限时间 $[t_0, t_f]$，使得由输入矢量 $u(t)$ 和输出矢量 $y(t)$ 的信息足以确定 $x(t_0)$，则称线性时变系统在 t_0 时刻是可观的。时间区间 $[t_0, t_f]$ 是识别初始状态 $x(t_0)$ 所需要的观测时间。对于线性时变系统，此时间区间的大小与初始时间 t_0 的选择有关。

举例说明，考虑 $u(t) = 0$，若 t_0 时刻的初始状态 $x(t_0)$ 引起的线性时变系统输出有 $y(t) \equiv 0$，$t > t_0$，则 $x(t_0)$ 为 t_0 时刻不可观测

的状态。

5.1.2.2 线性时变系统可观性判据

线性时变系统的可观性判据定理如下[4]。

定理 5.2：线性时变系统在 t_0 时刻可观测的充分必要条件是下列格拉姆矩阵

$$W_o(t_0,t_f) = \int_{t_0}^{t_f} \boldsymbol{\Phi}^{\mathrm{T}}(\tau,t_0)\boldsymbol{C}^{\mathrm{T}}(\tau)\boldsymbol{C}(\tau)\boldsymbol{\Phi}(\tau,t_0)\mathrm{d}\tau \quad (5-17)$$

为非奇异矩阵。

定理中的 $\boldsymbol{\Phi}(\tau,t_0)$ 为线性时变系统的状态转移矩阵，可根据线性时变系统状态矩阵 $\boldsymbol{A}(t)$ 计算得到。通常称 $W_o(t_0,t_f)$ 为线性时变系统的可观性格拉姆矩阵，它由线性时变系统状态矩阵 $\boldsymbol{A}(t)$ 和输出矩阵 $\boldsymbol{C}(t)$ 决定。因此，线性时变系统的可观性是由系统自身结构、参数决定的固有特性，与线性时变系统的具体瞬时特性无关。采用该判据判断线性时变系统可观性必须先求出状态转移矩阵 $\boldsymbol{\Phi}(\tau,\tau_0)$，计算量较大；若状态转移矩阵无闭合解，则此判据失效。为了寻求更实用的方法，根据定理 5.2 推出下列推论。

推论 5.1：如果线性时变系统的状态矩阵 $\boldsymbol{A}(t)$ 和输出矩阵 $\boldsymbol{C}(t)$ 是 $(n-1)$ 阶连续可微的，若存在一个有限的 $t_f > t_0$，使得

$$\mathrm{rank}\left[\begin{bmatrix} \boldsymbol{N}_0(t) \\ \boldsymbol{N}_1(t) \\ \vdots \\ \boldsymbol{N}_{n-1}(t) \end{bmatrix}\right] = n \quad (5-18)$$

则线性时变系统在 t_0 时刻是可观的。

式中

$$\boldsymbol{N}_0(t) = \boldsymbol{C}(t)$$

$$\boldsymbol{N}_{k+1}(t) = \boldsymbol{N}_k(t)\boldsymbol{A}(t) + \frac{\mathrm{d}}{\mathrm{d}t}\boldsymbol{N}_k(t), \quad k = 0, 1, 2, \cdots, n-1$$

应当注意，推论 5.1 是线性时变系统可观的充分条件，即不满足此条件的时变系统不一定是不可观的。

5.2 非线性系统的可观性

在 5.1 节对线性系统可观性定义和判据进行说明的基础上，本节介绍非线性系统可观性定义及判据，对基于奇异值分解的可观性分析方法进行了说明，并给出了深空探测自主导航系统可观性分析实例。

5.2.1 非线性系统可观性定义及判据

5.2.1.1 非线性系统可观性定义

为了分析非线性系统的可观性，这里引入非线性系统局部弱可观的概念。设非线性系统可以表示为如下形式

$$\dot{X} = f(X) \qquad\qquad (5-19)$$

$$Z = h(X) \qquad\qquad (5-20)$$

式中　X——系统状态矢量；

　　　Z——观测矢量；

　　　$f(X)$，$h(X)$——分别为非线性系统的状态函数和观测函数。

非线性系统局部弱可观的概念可表述为：如果存在一个 X_0 的开邻域 U，使得对于 U 内 X_0 的任意一个开邻域，非线性系统都可观，那么就称非线性系统在 X_0 点局部弱可观。进而，如果对于定义区间内的每个 X，非线性系统都局部弱可观，那么称非线性系统局部弱可观。

5.2.1.2 非线性系统可观性判据

记非线性系统可观性判别矩阵（简称可观性矩阵）为

$$Q(X) = \begin{bmatrix} \mathrm{d}L_f^0 h(X) \\ \mathrm{d}L_f^1 h(X) \\ \vdots \\ \mathrm{d}L_f^{n-1} h(X) \end{bmatrix} \qquad\qquad (5-21)$$

式中　n——状态矢量 $\boldsymbol{X}$ 的维数。

$L_f^k h(\boldsymbol{X})$ 是如下定义的 k 阶李导数

$$L_f^0 h(\boldsymbol{X}) = h(\boldsymbol{X}) \tag{5-22}$$

$$L_f^k h(\boldsymbol{X}) = \frac{\partial (L_f^{k-1} h)}{\partial \boldsymbol{X}} f(\boldsymbol{X}) , \quad k = 1, 2, \cdots, n-1 \tag{5-23}$$

$\mathrm{d}L_f^k h(\boldsymbol{X})$ 定义如下

$$\mathrm{d}L_f^k h(\boldsymbol{X}) = \frac{\partial (L_f^k h)}{\partial \boldsymbol{X}} , \quad k = 1, 2, \cdots, n-1 \tag{5-24}$$

如果 $\mathrm{rank}[\boldsymbol{Q}(\boldsymbol{X}_0)] = n$，那么称非线性系统在 $\boldsymbol{X}_0$ 点满足可观性秩条件。如果对于定义区间内的每个 $\boldsymbol{X}$，非线性系统都满足可观性秩条件，那么称整个非线性系统满足可观性秩条件。

非线性系统的可观性判据的 2 个定理如下[6]。

定理 5.3：如果非线性系统在 $\boldsymbol{X}_0$ 点满足可观性秩条件，那么非线性系统在 $\boldsymbol{X}_0$ 点局部弱可观。

定理 5.4：如果非线性系统满足可观性秩条件，那么非线性系统局部弱可观。

考虑非线性系统的一种特殊形式，即线性定常系统

$$\dot{\boldsymbol{X}} = \boldsymbol{A}\boldsymbol{X} \tag{5-25}$$

$$\boldsymbol{Z} = \boldsymbol{H}\boldsymbol{X} \tag{5-26}$$

由式（5-21）可得出线性定常系统的可观性判据

$$\boldsymbol{Q} = \begin{bmatrix} \boldsymbol{H} \\ \boldsymbol{HA} \\ \vdots \\ \boldsymbol{HA}^{n-1} \end{bmatrix} , \quad \mathrm{rank}(\boldsymbol{Q}) = n \tag{5-27}$$

不难看出，当非线性系统退化为线性系统时，本节所述的可观性判据与 5.1.1 节给出的线性定常系统可观性判据是一致的。

5.2.1.3　非线性系统可观性分析实例

不考虑模型误差和观测误差，不含未知模型参数的深空探测器轨道动力学模型和观测模型可以表达为如下形式

$$\begin{cases} \dot{r} = v \\ \dot{v} = f(r, v) \end{cases} \qquad (5-28)$$

$$Z = h(r, v) \qquad (5-29)$$

式中　r——位置矢量；

　　　v——速度矢量；

　　　$f(r, v)$——作用在深空探测器上的加速度；

　　　Z——观测矢量。

由于在实际的深空探测自主导航问题中，一般都是利用导航观测量来修正包含一定误差的深空探测器预测轨道，所以只需要确定自主导航系统在给定探测器轨道的一定邻域内是否可观。因此，可以利用上述非线性系统的可观性秩条件来分析深空探测自主导航系统的可观性。

利用多个导航目标天体（恒星、太阳、行星、地球、月球和小天体等）的视线方向、视线角、夹角和图像等观测信息可以确定深空探测器的位置矢量。本节利用非线性系统的可观性秩条件来分析通过观测量能直接确定探测器位置矢量的自主导航系统的可观性。

（1）能直接确定位置矢量的深空探测自主导航系统可观性分析

深空探测自主导航系统观测方程为

$$h(r) = r \qquad (5-30)$$

利用式（5-30）可求得

$$L_f^0 h = r \qquad (5-31)$$

$$\mathrm{d}L_f^0 h = \begin{bmatrix} I_{3\times3} & 0_{3\times3} \end{bmatrix} \qquad (5-32)$$

$$L_f^1 h = v \qquad (5-33)$$

$$\mathrm{d}L_f^1 h = \begin{bmatrix} 0_{3\times3} & I_{3\times3} \end{bmatrix} \qquad (5-34)$$

定义 $Q_{01} = \begin{bmatrix} \mathrm{d}L_f^0 h \\ \mathrm{d}L_f^1 h \end{bmatrix}$，则 $Q_{01} = \begin{bmatrix} I_{3\times3} & 0_{3\times3} \\ 0_{3\times3} & I_{3\times3} \end{bmatrix}$。因为 $\mathrm{rank}(Q_{01}) = 6$，

根据非线性系统的可观性秩条件，可以得到如下结论：在不考虑模型误差和观测误差的情况下，根据观测量能直接确定深空探测器位置矢量且动力学模型中不含有未知模型参数的自主导航系统是局部

弱可观的。因此，如果利用观测量能够直接确定出深空探测器的位置矢量，则其对应的自主导航系统是局部弱可观的，可以实现深空探测器的自主导航。

（2）能直接确定位置矢量、存在未知模型参数的深空探测自主导航系统可观性分析

处理深空探测器未知摄动加速度和导航敏感器系统误差的方法之一是将其建模为未知模型参数的形式，并将未知模型参数扩充为状态变量，与深空探测器的位置速度一起进行估计。为了回答能否得到未知模型参数估计值这一问题，需要对维数增加后的深空探测自主导航系统进行可观性分析。带未知模型参数的状态方程可表达为

$$\begin{cases} \dot{\boldsymbol{r}} = \boldsymbol{v} \\ \dot{\boldsymbol{v}} = f(\boldsymbol{r},\ \boldsymbol{v},\ \boldsymbol{\theta}) \\ \boldsymbol{\theta} = 0 \end{cases} \quad (5-35)$$

式中　$\boldsymbol{\theta}$——需要估计的参数，其维数为 m。

定义状态矢量 $\boldsymbol{X} = [\boldsymbol{r}^{\mathrm{T}},\ \boldsymbol{v}^{\mathrm{T}},\ \boldsymbol{\theta}^{\mathrm{T}}]^{\mathrm{T}}$，则其维数为 $6+m$。于是可得

$$L_f^0 h = \boldsymbol{r} \quad (5-36)$$

$$\mathrm{d}L_f^0 h = [\boldsymbol{I}_{3\times 3}\quad \boldsymbol{0}_{3\times 3}\quad \boldsymbol{0}_{3\times 3}] \quad (5-37)$$

$$L_f^1 h = \boldsymbol{v} \quad (5-38)$$

$$\mathrm{d}L_f^1 h = [\boldsymbol{0}_{3\times 3}\quad \boldsymbol{I}_{3\times 3}\quad \boldsymbol{0}_{3\times 3}] \quad (5-39)$$

$$L_f^2 h = [\boldsymbol{0}_{1\times 3}\quad f(\boldsymbol{r},\ \boldsymbol{v},\ \boldsymbol{\theta})^{\mathrm{T}}\quad \boldsymbol{0}_{1\times 3}]^{\mathrm{T}} \quad (5-40)$$

$$\mathrm{d}L_f^2 h = \begin{bmatrix} \boldsymbol{0}_{3\times 3} & \boldsymbol{0}_{3\times 3} & \boldsymbol{0}_{3\times m} \\ \dfrac{\partial f}{\partial \boldsymbol{r}} & \dfrac{\partial f}{\partial \boldsymbol{v}} & \dfrac{\partial f}{\partial \boldsymbol{\theta}} \\ \boldsymbol{0}_{3\times 3} & \boldsymbol{0}_{3\times 3} & \boldsymbol{0}_{3\times m} \end{bmatrix} \quad (5-41)$$

定义 $\boldsymbol{Q}_{012} = \begin{bmatrix} \mathrm{d}L_f^0 h \\ \mathrm{d}L_f^1 h \\ \mathrm{d}L_f^2 h \end{bmatrix}$，则 $\mathrm{rank}(\boldsymbol{Q}_{012}) = \mathrm{rank}\left(\begin{bmatrix} \boldsymbol{I}_{3\times 3} & \boldsymbol{0}_{3\times 3} & \boldsymbol{0}_{3\times m} \\ \boldsymbol{0}_{3\times 3} & \boldsymbol{I}_{3\times 3} & \boldsymbol{0}_{3\times m} \\ \dfrac{\partial f}{\partial \boldsymbol{r}} & \dfrac{\partial f}{\partial \boldsymbol{v}} & \dfrac{\partial f}{\partial \boldsymbol{\theta}} \end{bmatrix} \right)$。当

需要估计参数 $m \leqslant 3$ 时，如果 $\mathrm{rank}\left(\dfrac{\partial f}{\partial \boldsymbol{\theta}}\right) = m$，那么 $\mathrm{rank}(\boldsymbol{Q}_{012}) = 6 + m = n$，则可观性矩阵的秩 $\mathrm{rank}(\boldsymbol{Q}) = n$，即对应的自主导航系统是局部弱可观的。对于 $m > 3$ 的情况，很难通过表达式来判断可观性矩阵的秩 $\mathrm{rank}(\boldsymbol{Q})$ 的大小，在此不予讨论。

研究的结论可归纳为：在不考虑模型误差和观测误差的情况下，如果条件 $\mathrm{rank}\left(\dfrac{\partial f}{\partial \boldsymbol{\theta}}\right) = m$，$m \leqslant 3$ 成立，则能直接确定位置矢量、存在未知模型参数的深空探测自主导航系统是局部弱可观的。

（3）以单位视线矢量和径向速度为观测量的深空探测自主导航系统可观性分析

对于以导航目标天体单位视线矢量和径向速度为观测量的深空探测自主导航系统，其观测方程可写为

$$h(\boldsymbol{r}, \boldsymbol{v}) = \begin{bmatrix} \boldsymbol{r}_{i0} \\ v_{\mathrm{r}} \end{bmatrix} \tag{5-42}$$

式中　r_{i0}，v_{r}——分别表示导航目标天体单位视线矢量和深空探测器的相对径向速度。

下面对观测量进行说明。单位视线矢量的观测模型为

$$\boldsymbol{r}_{i0} = \boldsymbol{A} \frac{1}{\sqrt{(x_i - x)^2 + (y_i - y)^2 + (z_i - z)^2}} \begin{bmatrix} x_i - x \\ y_i - y \\ z_i - z \end{bmatrix} \tag{5-43}$$

式中　r_{i0}——深空探测器本体坐标系的视线矢量；

　　　$\boldsymbol{A}$——深空探测器相对导航坐标系的姿态矩阵；

　　　(x_i, y_i, z_i)——在观测点 (x, y, z) 观测到的导航目标天体（或天体表面的控制点）在导航坐标系的位置，$i = 1, 2, \cdots, n$，通常导航目标天体的位置是已知的。

利用光源（一般指太阳）和深空探测器之间的相对运动产生的多普勒漂移，可以计算出深空探测器相对测量天体的径向速度，相应观测模型的表达式为

$$v_r = \frac{\boldsymbol{r} \cdot \boldsymbol{v}}{\|\boldsymbol{r}\|} \tag{5-44}$$

式中　$\boldsymbol{r}$——深空探测器位置矢量；

　　　$\boldsymbol{v}$——深空探测器速度矢量。

令 $\boldsymbol{v} = [\mathrm{d}x \quad \mathrm{d}y \quad \mathrm{d}z]^\mathrm{T}$，可求得

$$L_i^0 h = h(\boldsymbol{r}, \boldsymbol{v}) \tag{5-45}$$

$$\mathrm{d}L_i^0 h = \begin{bmatrix} \dfrac{-(y_i-y)^2+(z_i-z)^2}{r_i^3} & \dfrac{(x_i-x)(y_i-y)}{r_i^3} & \dfrac{(x_i-x)(z_i-z)}{r_i^3} & \\[3mm] \dfrac{(x_i-x)(y_i-y)}{r_i^3} & \dfrac{-(x_i-x)^2-(z_i-z)^2}{r_i^3} & \dfrac{(y_i-y)(z_i-z)}{r_i^3} & \boldsymbol{0}_{3\times3} \\[3mm] \dfrac{(x_i-x)(z_i-z)}{r_i^3} & \dfrac{(y_i-y)(z_i-z)}{r_i^3} & \dfrac{-(x_i-x)^2+(y_i-y)^2}{r_i^3} & \\[3mm] \dfrac{\mathrm{d}x}{r} - \dfrac{x(\boldsymbol{r}\cdot\boldsymbol{v})}{r^3} & \dfrac{\mathrm{d}y}{r} - \dfrac{y(\boldsymbol{r}\cdot\boldsymbol{v})}{r^3} & \dfrac{\mathrm{d}z}{r} - \dfrac{z(\boldsymbol{r}\cdot\boldsymbol{v})}{r^3} & \dfrac{x}{r} \quad \dfrac{y}{r} \quad \dfrac{z}{r} \end{bmatrix}$$

$$\tag{5-46}$$

不难看出，$\mathrm{d}L_i^1 h$ 的具体表达式非常复杂，因此，系统可观性矩阵的数学表达式也非常复杂，很难直接通过表达式确定可观性矩阵的秩。为了解决这一问题，可以采用数值方法来研究深空探测自主导航系统的可观性。基于这一思路，下面一节给出基于奇异值分解的可观性分析方法。

5.2.2　基于奇异值分解的可观性分析

5.2.2.1　可观性分析方法

实际深空探测自主导航系统的可观性分析通常是基于数值分析完成的。深空探测自主导航系统的观测能力与观测量的个数、测量频率、测量几何关系和测量精度都有关系。基于奇异值分解的可观性分析方法就是基于数值分析的方法之一。

本章 5.2.1 节给出了非线性系统的可观性判别矩阵，如式（5-21）所示。对某一 $\boldsymbol{X}_0$ 点的可观性矩阵 $\boldsymbol{Q}_{m\times n}$ 进行奇异值分解可得

$$\boldsymbol{Q} = \boldsymbol{U}\boldsymbol{S}\boldsymbol{V}^\mathrm{T} \tag{5-47}$$

式中　$S = \begin{bmatrix} D \\ O_{(m-n) \times n} \end{bmatrix}$，$D$ 为矩阵 Q 的奇异值 σ_i（$i = 1$，2，$\cdots$，n）

组成的对角阵；

U，V——分别是 m 维和 n 维正交矩阵，定义 u_i 和 v_i 分别为
U 和 V 的列矢量。

利用非线性系统可观性秩条件可以得到如下结论[6]：当
rank(D) $= n$ 时，非线性系统在 X_0 点是局部弱可观的；当 rank(D) $< n$
时，非线性系统在 X_0 点是局部不完全可观的。

5.2.2.2　基于奇异值分解的可观性分析实例

假定深空探测器在以太阳为中心的参考圆轨道上运行。某历元
探测器相对日心黄道坐标系的轨道参数为 $a = 1.542\ 6 \times 10^{11}$ m，$e = 0.033$，$i = 1.92°$，$\Omega = 0°$，$\omega = 297.9°$，$f = 35°$，下面分析不同观测
量对应深空探测自主导航系统的可观性。需要指出的是，这里的深
空探测自主导航系统可观性分析是基于利用一组观测数据，并且不
考虑测量噪声和系统模型误差的情况下进行的。

（1）以太阳视线角为观测量的深空探测自主导航系统

太阳视线角指深空探测器对太阳的方位角和高度角。对于以太
阳视线角为观测量的深空探测自主导航系统，奇异值分解结果如下
所示

$$\sigma_1 = 2.764\ 5，\sigma_2 = 1.373\ 0，\sigma_3 = 1.349\ 4，$$
$$\sigma_4 = 0.981\ 6，\sigma_5 = 0.677\ 0，\sigma_6 = 0.000\ 0。$$

不难看出，可观性矩阵的奇异值只有 5 个是非零的，所以深空探测
自主导航系统在仿真研究中所给定的位置上是局部不完全可观的。

（2）以太阳/地心视线角为观测量的深空探测导航系统

地心视线角指深空探测器对地心的方位角和高度角。组合太阳/
地心视线角为观测量的深空探测自主导航系统，其可观性矩阵奇异
值分解结果如下所示

$$\sigma_1 = 3.774\ 3，\sigma_2 = 3.173\ 7，\sigma_3 = 1.609\ 6，$$
$$\sigma_4 = 1.416\ 9，\sigma_5 = 1.150\ 8，\sigma_6 = 0.836\ 7。$$

可观性矩阵的奇异值都大于 0，说明深空探测自主导航系统在仿真研究中所给定的位置上是局部弱可观的。因此，利用两个近天体方位角和高度角的观测量确定深空探测器位置的方法是可行的。

（3）以太阳距离为观测量的深空探测自主导航系统

对于以太阳距离为观测量的深空探测自主导航系统，可观性矩阵的奇异值分解结果如下所示

$$\sigma_1 = 3.422\ 6,\ \sigma_2 = 2.411\ 5,\ \sigma_3 = 0.907\ 0,$$
$$\sigma_4 = 0.000\ 0,\ \sigma_5 = 0.000\ 0,\ \sigma_6 = 0.000\ 0。$$

可以看出，可观性矩阵的奇异值只有 3 个是非零的，所以深空探测自主导航系统在仿真研究中所给定的位置上是局部不完全可观的。

（4）以太阳径向速度为观测量的深空探测自主导航系统

对于以太阳径向速度为观测量的深空探测自主导航系统，可观性矩阵的奇异值分解结果如下所示

$$\sigma_1 = 2.172\ 2,\ \sigma_2 = 1.940\ 4,\ \sigma_3 = 0.055\ 7,$$
$$\sigma_4 = 0.000\ 0,\ \sigma_5 = 0.000\ 0,\ \sigma_6 = 0.000\ 0。$$

可以看出，可观性矩阵的奇异值只有 3 个是非零的，所以深空探测自主导航系统在仿真研究中所给定的位置上是局部不完全可观的。

（5）以太阳视线角/相对太阳的径向速度为观测量的深空探测自主导航系统

对于太阳视线角的测量能提供 x 轴和 z 轴方向的位置信息，对于相对太阳径向速度的测量能提供 x 轴方向的速度信息，组合太阳视线角和相对太阳径向速度观测量，其对应的深空探测自主导航系统可观性矩阵奇异值分解结果如下所示

$$\sigma_1 = 3.378\ 6,\ \sigma_2 = 2.243\ 6,\ \sigma_3 = 1.353\ 1,$$
$$\sigma_4 = 1.242\ 8,\ \sigma_5 = 0.981\ 6,\ \sigma_6 = 0.686\ 2。$$

可以看出，该深空探测自主导航系统在仿真研究中所给定的位置上是局部弱可观的。

由以上分析可知，基于奇异值分解的深空探测自主导航系统

可观性分析方法可用来在一定的轨道区间内，分析给定观测量所对应深空探测自主导航系统的可观性。通过计算整个轨道可观性矩阵的奇异值，可以获得更完善的可观性分析结果。可观性分析结果能为组合不同的观测量、配置不同的导航敏感器提供参考依据。

5.3　自主导航系统的可观度

通过对自主导航系统进行可观性分析，可以判断出导航参数是否能利用选定的观测数据进行确定，但是，并不能反映出滤波算法估计的精度。对于同样可观的两个自主导航系统，如果其可观的程度并不相同，使用同一种滤波算法进行状态估计时，往往会得到不同的估计精度，通常，可观程度高的自主导航系统相应的滤波精度也高。为了分析不同导航系统或同一导航系统中各个状态变量所具有的估计精度差异，引入了导航系统可观度的概念[11-14]。常用的导航可观度分析方法包括基于格莱姆矩阵的分析方法和基于估计误差方差的分析方法等。其中，基于格莱姆矩阵的方法主要用于分析导航系统的可观度，即描述不同的导航系统或同一导航系统在不同工作模式下所具有的估计精度的差异；基于估计误差方差的方法可用于分析状态的可观度，即评价同一导航系统不同状态变量的估计精度。

为了评价自主导航系统获取高精度导航参数的能力，本节介绍 3 种典型的可观度分析方法，即基于格拉姆矩阵的可观度分析方法、基于误差椭球的可观度分析方法和基于估计误差方差的可观度分析方法。其中，前两种方法用于评价不同自主导航系统或同一自主导航系统在不同工作模式下的可观度，最后一种方法用于评价同一自主导航系统在不同状态变量下的可观度。对于不同的可观度分析方法，其可观度量化的手段也各不相同。

5.3.1 自主导航系统可观度分析

5.3.1.1 基于格拉姆矩阵的可观度分析方法

（1）可观度分析方法

深空探测自主导航系统通常可以表示为如下所示的非线性系统

$$\sum : \begin{cases} \dot{\boldsymbol{X}} = f(\boldsymbol{X}) + \boldsymbol{w}(t) \\ \boldsymbol{Z} = h(\boldsymbol{X}) + \boldsymbol{v}(t) \end{cases} \tag{5-48}$$

式中　$\boldsymbol{X}$——状态量，对于系统而言是自主导航参数，其中通常包含深空探测器的位置矢量和速度矢量；

　　　$\boldsymbol{Z}$——观测量，一般通过光学成像测量获得，$f(\boldsymbol{X})$ 和 $h(\boldsymbol{X})$ 为自主导航参数的非线性函数；

　　　$\boldsymbol{w}(t)$，$\boldsymbol{v}(t)$——分别为自主导航系统的系统噪声和测量噪声。

通过在设计的标称轨道附近进行线性化和离散化，自主导航系统可转化为如下形式

$$\begin{cases} \boldsymbol{X}_k = \boldsymbol{\Phi}_{k|k-1} \boldsymbol{X}_{k-1} + \boldsymbol{W}_{k-1} \\ \boldsymbol{Z}_k = \boldsymbol{H}_k \boldsymbol{X}_k + \boldsymbol{V}_k \end{cases} \tag{5-49}$$

式中　$\boldsymbol{\Phi}_{k|k-1} = \boldsymbol{\Phi}(t_k, t_{k-1})$；

　　　$\dot{\boldsymbol{\Phi}}(t, t_{k-1}) = \boldsymbol{F}_k \boldsymbol{\Phi}(t, t_{k-1})$；

　　　$\boldsymbol{\Phi}(t_{k-1}, t_{k-1}) = \boldsymbol{I}$；

　　　$\boldsymbol{F}_k = \left. \dfrac{\partial f(\boldsymbol{X})}{\partial \boldsymbol{X}} \right|_{\boldsymbol{X} = \boldsymbol{X}_k}$；

　　　$\boldsymbol{H}_k = \left. \dfrac{\partial h(\boldsymbol{X})}{\partial \boldsymbol{X}} \right|_{\boldsymbol{X} = \boldsymbol{X}_k}$；

　　　$\boldsymbol{W}_k$——系统噪声；

　　　$\boldsymbol{V}_k$——观测噪声。

$\boldsymbol{W}_k$ 和 $\boldsymbol{V}_k$ 满足条件 $E\{\boldsymbol{V}_k V_j^{\mathrm{T}}\} = \boldsymbol{R}_k \delta_{kj}$，$E\{\boldsymbol{W}_k \boldsymbol{W}_j^{\mathrm{T}}\} = \boldsymbol{Q}_k \delta_{kj}$。

自主导航系统定义的格拉姆矩阵为

$$\boldsymbol{W}_\mathrm{o}(0, k) = \sum_{i=1}^{k} \boldsymbol{\Phi}_i^{\mathrm{T}} \boldsymbol{H}_i^{\mathrm{T}} \boldsymbol{R}_i^{-1} \boldsymbol{H}_i \boldsymbol{\Phi}_i \tag{5-50}$$

其满秩情况可作为判断自主导航系统可观的条件。应当说明，利用

格拉姆矩阵不仅可以分析自主导航系统的可观性，还可以分析自主导航系统的可观度[8]。

在基于格拉姆矩阵的可观度分析方法中，自主导航系统的可观度采用下式进行量化

$$\gamma(k) = \frac{n}{\text{tr}\left[\boldsymbol{W}_o^{-1}(0,k)\right]} \tag{5-51}$$

式中　tr(•)——矩阵的迹；

　　　n——状态矢量的维数。

对于线性最小方差估计，当导航系统完全可控时，有如下结论

$$\text{tr}(\boldsymbol{P}_k) \leqslant \frac{n}{\gamma(k)} + \text{tr}\left[\boldsymbol{W}_c(0,k)\right] \tag{5-52}$$

式中　$\boldsymbol{P}_k$——状态估计误差方差阵；

$$\boldsymbol{W}_c(0,k) = \sum_{i=1}^{k} \boldsymbol{\Phi}_{ik} \boldsymbol{Q}_{i-1} \boldsymbol{\Phi}_{ik}^{\text{T}} \text{。}$$

若系统完全可控，则 $\boldsymbol{W}_c(0, k) > 0$。根据式（5-52）不难看出，自主导航系统可观度越高［或 $\gamma(k)$ 越大］，系统状态估计误差方差阵 $\boldsymbol{P}_k$ 就越小，表示潜在的估计精度越高。可观度 $\gamma(k)$ 描述了自主导航系统精度与动力学模型、观测模型及其测量精度之间的依赖关系。

可以证明，可观度与观测时间之间存在如下关系

$$\gamma(k+1) \geqslant \gamma(k) \tag{5-53}$$

即同一自主导航系统所使用的观测数据越多，或观测时间越长，则自主导航系统的可观度就越高。

（2）可观度分析实例

与 5.2.2 节类似，假定深空探测器在以太阳为中心的参考圆轨道上运行。某历元深空探测器相对于日心黄道坐标系的轨道参数为 $a=1.542\ 6\times10^{11}$ m，$e=0.033$，$i=1.92°$，$\Omega=0°$，$\omega=297.9°$，$f=35°$，假定自主导航系统的测量时间间隔为 600 s，不同观测量和不同测量次数对应的系统可观度计算如下。

①以位置矢量为观测量，噪声方差为 1×10^4 km^2（1σ）

不同观测次数对应的格拉姆矩阵的秩为

$$\text{rank}[\boldsymbol{W}_\text{o}(0,1)]=3$$

$$\text{rank}[\boldsymbol{W}_\text{o}(0,2)]=6$$

不同观测对应可观度 $\gamma(k)$ 的取值为

$$\gamma(2)=3.193\,7\times10^4$$

$$\gamma(3)=1.277\,5\times10^5$$

$$\gamma(4)=3.193\,7\times10^5$$

显然

$$\gamma(2)<\gamma(3)<\gamma(4)$$

仿真结果表明，通过测量两个不同的位置矢量可以确定深空探测器的位置和速度，并且，自主导航系统的可观度随着测量次数的增加而增大，多次测量能够提高自主导航精度。

②以太阳视线角为观测量，测量精度为 $1''$

以太阳视线角为观测量，不同观测对应格拉姆矩阵的秩为

$$\text{rank}[\boldsymbol{W}_\text{o}(0,1)]=2$$

$$\text{rank}[\boldsymbol{W}_\text{o}(0,2)]=4$$

$$\text{rank}[\boldsymbol{W}_\text{o}(0,3)]=6$$

不同观测对应可观度 $\gamma(k)$ 的取值为

$$\gamma(3)=3.226\,1\times10^{-14}$$

$$\gamma(4)=2.138\,0\times10^{-5}$$

$$\gamma(5)=1.710\,4\times10^{-4}$$

仿真结果表明，测量 3 个以上不同时刻的太阳视线角才能完全确定深空探测器的位置和速度；$\gamma(k)$ 的值较小，表明自主导航系统的可观度较低，这是由于深空探测器距离太阳比较远，太阳视线角对深空探测器几何位置误差的约束较弱，较小的视线方向测量误差就能导致非常大的位置确定误差。

③以地心视线角为观测量，测量精度为 $1''$

以地心视线角为观测量，不同观测对应格拉姆矩阵的秩为

$$\text{rank}[\boldsymbol{W}_\text{o}(0,1)] = 2$$

$$\text{rank}[\boldsymbol{W}_\text{o}(0,2)] = 4$$

$$\text{rank}[\boldsymbol{W}_\text{o}(0,3)] = 6$$

不同观测对应可观度 $\gamma(k)$ 的取值为

$$\gamma(3) = 1.576 \times 10^{-6}$$

$$\gamma(4) = 0.071\ 1$$

$$\gamma(5) = 0.180\ 6$$

$$\gamma(6) = 0.302\ 1$$

可以看出，以地心视线角为观测量，自主导航系统的可观度明显大于以太阳视线角为观测量的可观度。这主要是因为仿真实例中深空探测器与地球的距离远小于深空探测器到太阳的距离，仿真过程中地心方向变化较大，地心视线角观测量能够对深空探测器位置误差形成有效的几何约束。以上研究说明，当以视线角为观测量时，自主导航系统的性能与深空探测器到自主导航目标天体的距离直接相关。

　　④以地/月中心视线方向为观测量，测量精度为 $1''$

　　不同观测对应可观度 $\gamma(k)$ 的取值为

$$\gamma(3) = 0.100\ 9$$

$$\gamma(4) = 0.188\ 4$$

$$\gamma(5) = 1.870\ 5$$

$$\gamma(6) = 2.590\ 9$$

$$\gamma(7) = 3.480\ 4$$

$$\gamma(8) = 4.008\ 0$$

$$\gamma(9) = 4.374\ 1$$

$$\gamma(10) = 4.650\ 3$$

可以看出，以地/月中心视线方向为观测量时，自主导航系统的可观度明显大于仅以地心视线角为观测量时的可观度。这说明增加自主导航目标天体的个数能够提高自主系统系统的可观度。观测次数越多，自主导航系统的可观度也越大。但是，当观测次数增加到一定程度后，如果再增加观测次数，并不能明显提高自主导航系统的可观度。考虑到实际观测机会的限制，选择观测 5～8 组数据一般比较合适。

⑤以小大体视线方向为观测量，测量噪声方差为 $1''$

不同观测对应格拉姆矩阵的秩为

$$\mathrm{rank}[\boldsymbol{W}_\mathrm{o}(0,1)]=2$$
$$\mathrm{rank}[\boldsymbol{W}_\mathrm{o}(0,2)]=4$$
$$\mathrm{rank}[\boldsymbol{W}_\mathrm{o}(0,3)]=6$$

不同观测对应可观度 $\gamma(k)$ 的取值为

$$\gamma(5)=2.125\ 0\times10^{-2}$$
$$\gamma(6)=6.833\ 1\times10^{-2}$$
$$\gamma(7)=0.152\ 8$$
$$\gamma(8)=0.268\ 0$$
$$\gamma(9)=0.394\ 5$$
$$\gamma(10)=0.508\ 0$$
$$\gamma(11)=0.589\ 3$$
$$\gamma(12)=0.635\ 4$$
$$\gamma(13)=0.663\ 3$$

可以看出，至少需要 3 个小天体视线方向观测量才能完全确定深空探测器位置和速度，小天体视线方向观测量少于 6 个时，自主导航系统可观度非常低。应当指出，同时对多个小天体的视线方向进行观测是提高自主导航系统可观度的途径之一。与深空探测器到太阳的距离相比，深空探测器到小行星的距离较近。因此，以小天体视线方向为观测量时，自主导航系统的可观度一般高于以太阳视线角为观测量的可观度。

通过自主导航系统的可观度分析可以考察自主导航系统精度与测量类型、测量次数，以及测量精度之间的关系。一般来说，观测次数越多，自主导航系统的可观度越大。但考虑到实际观测机会的约束，观测次数会受到限制，而进行自主导航系统可观度分析能够为观测次数的选择提供依据。

5.3.1.2　基于误差椭球的可观度分析方法[7]

(1) 可观度分析方法

误差椭球也是研究自主导航系统可观度的方法之一。该方法是对非线性系统进行线性化，通过线性化后系统可观性矩阵的奇异值来评价系统的可观度。本节在介绍基于误差椭球的可观度分析方法的基础上，以深空探测环绕轨道段自主导航为背景，给出了自主导航系统可观度分析实例，分别研究了半长轴、偏心率和恒星角距对系统可观度的影响。

深空探测器自主导航系统的非线性系统表示如下

$$\begin{cases} \boldsymbol{X}(k+1) = f[\boldsymbol{X}(k)] \\ \boldsymbol{Z}(k) = h[\boldsymbol{X}(k)] \end{cases} \qquad (5-54)$$

对上述模型，在工作点 $\boldsymbol{X}(k)$ 处进行线性化，可以得到如下所示的估计误差方程

$$\begin{cases} \delta\boldsymbol{X}(k+1) = \boldsymbol{A}(k)\delta\boldsymbol{X}(k) \\ \delta\boldsymbol{Z}(k) = \boldsymbol{H}(k)\delta\boldsymbol{X}(k) \end{cases} \qquad (5-55)$$

式中　　$\boldsymbol{A}(k) = \dfrac{\partial f(\boldsymbol{x})}{\partial \boldsymbol{x}}\bigg|_{\boldsymbol{x}=\boldsymbol{X}(k)}$

$\boldsymbol{H}(k) = \dfrac{\partial h(\boldsymbol{x})}{\partial \boldsymbol{x}}\bigg|_{\boldsymbol{x}=\boldsymbol{X}(k)}$

根据系统方程 (5-55) 可以得到观测输出误差和初始状态偏差之间的关系

$$\begin{bmatrix} \delta\boldsymbol{Z}(k) \\ \delta\boldsymbol{Z}(k+1) \\ \vdots \\ \delta\boldsymbol{Z}(k+l-1) \end{bmatrix} = \begin{bmatrix} \boldsymbol{H}(k) \\ \boldsymbol{H}(k+1)\boldsymbol{A}(k) \\ \vdots \\ \boldsymbol{H}(k+l-1)\boldsymbol{A}(k+l-2)\cdots\boldsymbol{A}(k) \end{bmatrix} \delta\boldsymbol{X}(k)$$

$$(5-56)$$

式中　l——测量输出次数。

令

$$O(k) = \begin{bmatrix} H(k) \\ H(k+1)A(k) \\ \vdots \\ H(k+l-1)A(k+l-2)\cdots A(k) \end{bmatrix}$$

$$\delta Z = \begin{bmatrix} \delta Z(k) \\ \delta Z(k+1) \\ \vdots \\ \delta Z(k+l-1) \end{bmatrix} \tag{5-57}$$

则有

$$\delta Z = O(k)\delta X(k) \tag{5-58}$$

可观度体现的是观测量与状态量之间的关系，一般来说，输出对状态的变化越敏感，则该状态的可观度就越高。从式（5-58）可以看到，可观性矩阵 $O(k)$ 直接反映了观测输出误差矢量 δZ 与初始状态偏差矢量 $\delta X(k)$ 之间的关系，因此，可以通过对可观性矩阵 $O(k)$ 的分析来评价自主导航系统状态的可观度。

对可观性矩阵 $O(k)$ 进行奇异值分解，并代入式（5-58）可得

$$\delta Z = \begin{bmatrix} u_1 & u_2 & \cdots & u_m \end{bmatrix} \begin{bmatrix} \sum_r & 0 \\ 0 & 0 \end{bmatrix} \begin{bmatrix} v_1^T \\ v_2^T \\ \vdots \\ v_n^T \end{bmatrix} \delta X(k) \tag{5-59}$$

由于 $U = \begin{bmatrix} u_1 & u_2 & \cdots & u_m \end{bmatrix}$ 和 $V^T = \begin{bmatrix} v_1^T \\ v_2^T \\ \vdots \\ v_n^T \end{bmatrix}$ 都为正交矩阵，故有

$$
\begin{bmatrix} \boldsymbol{u}_1^{\mathrm{T}} \\ \boldsymbol{u}_2^{\mathrm{T}} \\ \vdots \\ \boldsymbol{u}_m^{\mathrm{T}} \end{bmatrix} \delta \boldsymbol{Z} = \begin{bmatrix} \sum_r & \boldsymbol{0} \\ \boldsymbol{0} & \boldsymbol{0} \end{bmatrix} \begin{bmatrix} \boldsymbol{v}_1^{\mathrm{T}} \\ \boldsymbol{v}_2^{\mathrm{T}} \\ \vdots \\ \boldsymbol{v}_n^{\mathrm{T}} \end{bmatrix} \delta \boldsymbol{X}(k) = \begin{bmatrix} \sigma_1 \boldsymbol{v}_1^{\mathrm{T}} \\ \sigma_2 \boldsymbol{v}_2^{\mathrm{T}} \\ \vdots \\ \sigma_r \boldsymbol{v}_r^{\mathrm{T}} \\ \boldsymbol{0} \\ \vdots \\ \boldsymbol{0} \end{bmatrix} \delta \boldsymbol{X}(k) \quad (5-60)
$$

对式（5-59）两边取范数且平方，可得

$$
\| \delta \boldsymbol{Z} \|_2^2 = \sum_{i=1}^{r} \left[\sigma_i \boldsymbol{v}_i^{\mathrm{T}} \delta \boldsymbol{X}(k) \right]^2 \quad (5-61)
$$

由式（5-61）可以看出，此时 n 维状态偏差 $\delta \boldsymbol{X}(k)$ 对应的空间曲面为 r 维空间的误差超椭球面，其中椭球的对称轴分别为 $\boldsymbol{v}_i(i=1, 2, \cdots, r)$，轴长分别为 σ_i^{-1}。下面以二维状态为例进行图示说明，图5-2给出了二维状态误差椭圆的示意图。其中，$\boldsymbol{x}_1$ 和 $\boldsymbol{x}_2$ 分别对应状态偏差 $\delta \boldsymbol{X}(k)$ 中两个分量的坐标轴，$\boldsymbol{v}_1$ 和 $\boldsymbol{v}_2$ 表示误差椭圆的两个对称轴，对称轴的轴长分别为 σ_1^{-1} 和 σ_2^{-1}。从图中不难看出，测量输出误差矢量 $\delta \boldsymbol{Z}$ 将状态偏差矢量 $\delta \boldsymbol{X}(k)$ 限定在误差椭圆的范围内，椭圆的轴长反映了 $\delta \boldsymbol{Z}$ 对 $\delta \boldsymbol{X}(k)$ 变化敏感的程度，或状态偏差受观测量约束的大小。

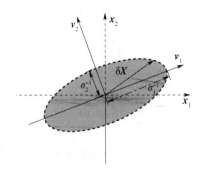

图 5-2　二维状态误差椭圆与奇异值

当 $n = r$ 时，不存在为零的奇异值，此时状态完全可观；当 $n > r$

时，可观性矩阵有 $(n-r)$ 个零奇异值 $\sigma_j = 0$（$j = r+1$，$r+2$，…，n），则状态偏差 $\delta \boldsymbol{X}(k)$ 不可观。对于可观的自主导航系统，其可观度的大小可采用如下方法进行分析。由式（5-61）可得状态偏差 $\delta \boldsymbol{X}(k)$ 的上确界为

$$\| \delta \boldsymbol{X}(k) \|_2 \leqslant \frac{\| \delta \boldsymbol{Z} \|_2}{\sigma_{\min}[\boldsymbol{O}(k)]} \tag{5-62}$$

对于基于误差椭球的可观度分析方法，自主导航系统状态的可观度定义为[7]

$$\gamma(k) = \sigma_{\min}[\boldsymbol{O}(k)] \tag{5-63}$$

式中 $\sigma_{\min}[\boldsymbol{O}(k)]$ 表示可观性矩阵 $\boldsymbol{O}(k)$ 的最小奇异值，也就是说误差椭球对应的最长轴。从式（5-62）和式（5-63）可以看出，在 $\delta \boldsymbol{Z}$ 大小一定的情况下，系统状态的可观度 $\gamma(k)$ 越大，状态偏差的上确界越小，此时状态可观程度越高。可观度大时 $\delta \boldsymbol{Z}$ 对 $\delta \boldsymbol{X}(k)$ 的变化较敏感。考虑一种极限情况，当系统状态的可观度 $\gamma(k)$ 为零时，状态偏差的上确界为无穷大，即状态的偏差在测量输出中得不到反映，此时系统不可观。

（2）可观度分析实例

以环绕火星自主导航为背景，给出基于误差椭球的可观度分析实例。自主导航系统的状态方程选择为环绕火星深空探测器的轨道动力学模型。关于坐标系和动力学模型的具体说明详见第 2 章。

为了分析自主导航系统的可观度，后续计算中用到的观测信息如下所示。

1）火星视半径：火星视半径的观测方程为

$$\theta = \arcsin(R_{\mathrm{m}} / \| \boldsymbol{r} \|) \tag{5-64}$$

式中　R_{m}——火星半径；

　　　$\boldsymbol{r}$，$\| \boldsymbol{r} \|$——分别为火星惯性系下的位置矢量和距离。

2）星光角距：定义星光角距 ζ 为深空探测器指向火星中心的方向矢量 $\boldsymbol{r}_0$ 与指向恒星的方向矢量 $\boldsymbol{s}$ 的夹角，即

$$\cos\zeta = \boldsymbol{s} \cdot \boldsymbol{r}_0 \tag{5-65}$$

于是可得星光角距的观测方程为

$$\zeta = \arccos\left(-\frac{x_s \cdot x + y_s \cdot y + z_s \cdot z}{\sqrt{x^2 + y^2 + z^2}}\right) \tag{5-66}$$

在后续仿真中，假设选取两颗恒星的赤经、赤纬分别为（45°，45°）和（175°，0°）。

下面利用基于误差椭球的可观度分析方法，分别研究深空探测器环绕火星轨道半长轴、偏心率以及恒星角距对自主导航系统可观度的影响。

①环绕火星轨道半长轴对自主导航系统可观度的影响

选取两颗恒星，观测量为火星视半径和星光角距，轨道半长轴在3 597 km 到4 197km 间变化。环绕火星轨道半长轴对自主导航系统可观度的影响结果如图 5-3 所示。

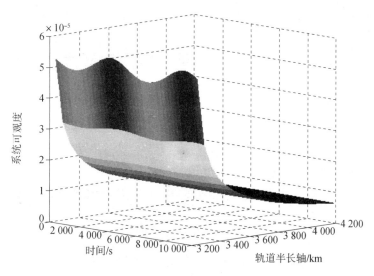

图 5-3 环绕火星轨道半长轴对自主导航系统可观度的影响

由图 5-3 可以看出，随着环绕火星轨道半长轴的增加，自主导航系统的可观度随之降低。也就是说，深空探测器距离火星越远，自主导航系统精度越低。

②轨道偏心率对自主导航系统系统可观度的影响

轨道偏心率在 0 到 0.3 间变化，环绕火星轨道半长轴为 4 397 m，轨道偏心率对系统可观度影响结果如图 5-4 所示。

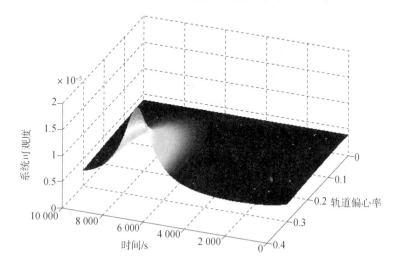

图 5-4　轨道偏心率对自主导航系统可观度的影响

由图 5-4 可以看出，随着轨道偏心率的变大，自主导航系统可观度产生了较大的变化。在偏心率小的时候轨道高度基本不变，自主导航系统可观度变化不大；随着偏心率的增大，在环绕火星轨道半长轴不变的情况下，近火星点和远火星点的高度发生变化，从而带来可观度的变化，即近火星点处可观度高，远火星点处可观度低。

③恒星角距对自主导航系统可观度的影响

为了考察恒星角距对自主导航系统可观度的影响，在轨道坐标系 $O_cX_oY_oZ_o$ 内定义星敏感器所观测恒星的高度角和方位角。恒星高度角为恒星方向矢量在 Y_oZ_o 平面的投影与 $-Z_o$ 轴的夹角（由 $-Z_o$ 轴转向 Y_o 轴方向为正）；恒星方位角为恒星矢量在 X_oZ_o 平面的投影与 $-Z_o$ 轴的夹角（由 $-Z_o$ 轴转向 X_o 轴方向为正）。选取一颗恒星位于深空探测器轨道平面内，另一颗恒星的方位角和高度角分别沿 $-90°\sim90°$ 变化。恒星角距对自主导航系统可观度的影响如图 5-5

所示。

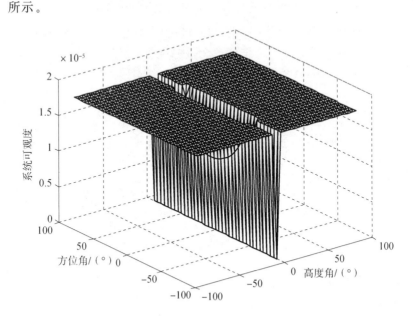

图 5-5　恒星角距对自主导航系统可观度的影响

从图 5-5 可以看出，当恒星的高度角在 ±5° 以内变化时，自主导航系统的可观度较差，而且可观度变化较为剧烈。当高度角为 0° 时，两个恒星在同一平面内，自主导航系统可观度最差。当高度角大于5° 或小于 −5° 后，可观度变化趋缓，但随着高度角绝对值的增加，自主导航系统可观度增大的趋势不变。高度角达到 ±90° 时（此时两星敏感器光轴方向垂直），自主导航系统可观度最大。

　　根据上述分析，可以得到如下结论：当配置两个星敏感器时，两个星敏感器光轴垂直安装时自主导航系统可观度最好。

5.3.2　状态可观度分析

5.3.2.1　基于估计误差方差的可观度分析方法

　　采用基于格拉姆矩阵的可观度分析方法能够描述整个自主导航系统确定导航参数的能力，但是无法具体说明在一定的观测模式下哪些状态可观度高（理论估计精度高）和哪些状态可观度低（理论估计精度低）。为了描述同一系统不同状态所能达到的估计精度，本节给出基于估计误差方差阵特征值和特征矢量的可观度分析方法。

在卡尔曼滤波算法中，通过观察估计误差方差阵 $\boldsymbol{P}$ 中的各个元素可以确定滤波是否收敛。类似的，基于估计误差方差阵的特征值和特征矢量可以评价自主导航系统状态的可观度。定义估计误差矢量为

$$\tilde{\boldsymbol{x}} = \hat{\boldsymbol{x}} - \boldsymbol{x} \qquad (5-67)$$

式中　$\boldsymbol{x}$——系统状态矢量；

　　　$\hat{\boldsymbol{x}}$——状态矢量估计值。

定义 $\tilde{\boldsymbol{x}}$ 的分量为 $\tilde{x}_1$，$\tilde{x}_2$，$\cdots$，$\tilde{x}_n$，考虑其线性组合

$$w = v_1\tilde{x}_1 + v_2\tilde{x}_2 + \cdots + v_n\tilde{x}_n = \boldsymbol{v}^{\mathrm{T}}\tilde{\boldsymbol{x}} \qquad (5-68)$$

式中　$\boldsymbol{v} = [v_1,\ v_2,\ \cdots,\ v_n]^{\mathrm{T}}$，且 $\boldsymbol{v}^{\mathrm{T}}\boldsymbol{v} = 1$。

由于 $\tilde{x}_1$，$\tilde{x}_2$，$\cdots$，$\tilde{x}_n$ 是随机变量，所以 w 也是随机变量。定义 w 的方差为

$$\sigma_{\mathrm{w}}^2 = E(ww^{\mathrm{T}}) = \boldsymbol{v}^{\mathrm{T}}E(\tilde{\boldsymbol{x}}\tilde{\boldsymbol{x}}^{\mathrm{T}})\boldsymbol{v} = \boldsymbol{v}^{\mathrm{T}}\boldsymbol{P}\boldsymbol{v} \qquad (5-69)$$

式中，估计误差方差阵 $\boldsymbol{P} = E(\tilde{\boldsymbol{x}}\tilde{\boldsymbol{x}}^{\mathrm{T}})$。$\sigma_{\mathrm{w}}^2$ 的取值直接反映了状态的可观度。

在约束条件 $\boldsymbol{v}^{\mathrm{T}}\boldsymbol{v} = 1$ 下求 $\boldsymbol{v}$，使得 $\tilde{\boldsymbol{x}}$ 的线性组合 w 具有最大的方差 σ_{w}^2。可采用拉格朗日乘数法，将条件极值问题转化为无条件极值问题，再利用无条件极值的解法求解。取 λ 为待定常数，通常 λ 称为拉格朗日乘子。对目标函数求一阶偏导，得到求解极值问题所要满足的方程

$$\frac{\partial\left[\sigma_{\mathrm{w}}^2 - \lambda(\boldsymbol{v}^{\mathrm{T}}\boldsymbol{v} - 1)\right]}{\partial\boldsymbol{v}} = 0 \qquad (5-70)$$

即

$$\frac{\partial}{\partial\boldsymbol{v}}\left[\boldsymbol{v}^{\mathrm{T}}\boldsymbol{P}\boldsymbol{v} - \lambda(\boldsymbol{v}^{\mathrm{T}}\boldsymbol{v} - 1)\right] = 0 \qquad (5-71)$$

根据上式可求得

$$(\boldsymbol{P} - \lambda \boldsymbol{I})\boldsymbol{v} = 0 \qquad (5-72)$$

由式（5-72）可以看出，λ 为估计误差方差阵 $\boldsymbol{P}$ 的特征值。对式（5-72）两边左乘以 $\boldsymbol{v}^{\mathrm{T}}$，则可得到

$$\boldsymbol{v}^{\mathrm{T}}(\boldsymbol{P} - \lambda \boldsymbol{I})\boldsymbol{v} = \boldsymbol{v}^{\mathrm{T}}\boldsymbol{P}\boldsymbol{v} - \boldsymbol{v}^{\mathrm{T}}\lambda\boldsymbol{v} = 0 \qquad (5-73)$$

考虑到 $\boldsymbol{v}^{\mathrm{T}}\boldsymbol{P}\boldsymbol{v} = \sigma_{\mathrm{w}}^2$ 和 $\boldsymbol{v}^{\mathrm{T}}\boldsymbol{v} = 1$，则有

$$\sigma_{\mathrm{w}}^2 = \lambda \qquad (5-74)$$

即 σ_{w}^2 的极值点对应估计误差方差阵 $\boldsymbol{P}$ 的特征值 λ，相应状态的线性组合对应特征矢量 $\boldsymbol{v}$。

通常来说，σ_{w}^2 或 λ 越小说明相应的状态线性组合可观性越好。因此，在基于估计误差方差的可观度分析方法中，将估计误差方差阵 $\boldsymbol{P}$ 的特征值和特征矢量用于评价系统状态的可观度。

在估计误差方差阵 $\boldsymbol{P}$ 的各个元素量纲不同的情况下，无法进行数值上的比较。为了解决这一问题，国外学者提出了估计误差方差阵的规范化方法[3]。通过合同变换对系统状态估计误差方差阵进行规范化处理（设 A，B 是两个 n 阶矩阵，若存在一个 n 阶可逆矩阵 C，使等式 $B = C'AC$ 成立，那么就称矩阵 B 与矩阵 A 合同）。无量纲化的估计误差方差阵 $\boldsymbol{P}'^{+}(k)$ 可按下式计算

$$\boldsymbol{P}'^{+}(k) = \left[\sqrt{\boldsymbol{P}^{-}(0)}\right]^{-1}\boldsymbol{P}^{+}(k)\left[\sqrt{\boldsymbol{P}^{-}(0)}\right]^{-1} \qquad (5-75)$$

式中　$\boldsymbol{P}^{-}(0)$ ——初始状态估计误差方差阵；

　　　上标"－"——测量更新前；

　　　$\boldsymbol{P}^{+}(k)$ ——当前时刻的估计误差方差阵；

　　　上标"＋"——测量更新后。

接下来，用 $n/\mathrm{tr}\left[\boldsymbol{P}'^{+}(k)\right]$ 乘以矩阵 $\boldsymbol{P}'^{+}(k)$，得到最终的规范化矩阵

$$\boldsymbol{P}^{\mathrm{N}+}(k) = \frac{n}{\mathrm{tr}\left[\boldsymbol{P}'^{+}(k)\right]}\boldsymbol{P}'^{+}(k) \qquad (5-76)$$

由于矩阵的特征值之和等于矩阵的迹，因此，$\boldsymbol{P}^{\mathrm{N}+}(k)$ 的特征值介于 0 到 n 之间，n 为状态矢量的维数。

通过分析估计误差方差阵 $\boldsymbol{P}^{N+}(k)$ 的特征值和特征矢量，可以得到自主导航系统状态的可观度信息。$\boldsymbol{P}^{N+}(k)$ 的特征值越小，说明相应的特征矢量对应的状态线性组合的估计误差越小，即相应状态组合可观度越高。

5.3.2.2　基于估计误差方差的可观度分析实例

假定深空探测器相对于日心黄道坐标系的初始轨道参数为：$a=1.542\,6\times10^{11}$ m，$e=0.033$，$i=1.92°$，$\Omega=0°$，$\omega=297.9°$，$f=35°$。对以太阳视线角相对太阳的径向速度为观测量的自主导航系统的可观度进行分析。

考虑到各种摄动因素和观测噪声的影响，利用导航滤波器输出的误差方差阵分析自主导航系统的状态可观度。当 $t=50$ d 时，规范化后的误差方差阵特征值和对应的特征矢量如表 5-1 所示。

表 5-1　规范化后的误差方差阵的特征值和对应特征矢量

特征值		4.185 7	0.285 8	1.527 7	$1.144e-7$	$1.139e-6$	$7.122-4$
特 征 矢 量	x	0.918 7	0.394 6	−0.000 0	0.014 9	−0.007 1	−0.000 0
	y	0.394 5	−0.918 2	−0.033 5	−0.001 8	0.012 1	0.001 1
	z	0.013 2	−0.030 8	0.998 9	−0.000 1	0.000 4	−0.031 4
	v_x	0.012 2	0.004 2	−0.000 0	−0.974 4	−0.224 6	0.000 0
	v_y	0.004 6	0.015 3	−0.001 1	−0.224 3	0.973 8	−0.033 5
	v_z	0.000 2	0.000 5	0.031 4	−0.007 5	0.032 7	0.998 9

根据表 5-1 中的特征值和所对应的特征矢量，利用前面所述的可观度分析方法，可以得出，所研究的自主导航系统是可观的，不同状态变量的可观度有所不同。图 5-6 和图 5-7 给出了深空探测器的位置和速度估计误差。

不难看出，自主导航系统能够有效地确定深空探测器的位置和速度，但不同状态变量的估计精度有所不同。仿真结果与基于估计误差方差阵的状态可观度分析结论是一致的。

基于估计误差方差的可观度分析方法可用来考察给定的观测量

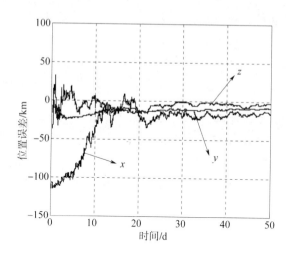

图 5-6　深空探测器的位置估计误差

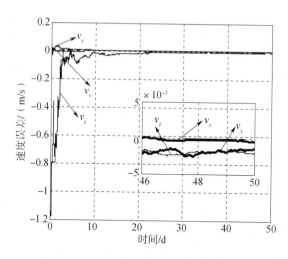

图 5-7　深空探测器的速度估计误差

所对应的自主导航系统的可观性，以及位置速度等状态矢量的可观度，进而分析如何通过选取状态变量和组合测量信息来提高自主导航系统的可观度，从而提高导航滤波器的估计精度，为组合导航系统的设计提供参考依据。此外，深空探测自主导航研究中，可以通过导航滤波器输出的估计误差方差阵来评价深空探测器的自主导航精度。

5.4　小结

本章在介绍线性系统可观性分析概念的基础上，重点介绍非线性系统的可观性和可观度分析方法。在可观性分析方面，给出了非线性系统的可观性秩条件和基于奇异值分解的可观性分析方法；在可观度分析方面，给出了基于格拉姆矩阵的系统可观度分析方法、基于误差椭球的系统可观度分析方法，以及基于估计误差方差的状态可观度分析方法。

深空探测自主导航系统可观度分析的目的是为了评价自主导航系统确定深空探测器位置速度和其他导航参数的能力。通过对自主导航系统进行可观度分析，不仅可以反映出导航精度与导航敏感器选取、导航信号源和测量时间等因素之间的关系，还为事先考察自主导航系统的理论精度提供了有效途径，从而为自主导航系统方案设计提供理论依据。通过对不同观测模式下系统可观度进行分析，还能够为深空探测各个轨道段组合不同导航敏感器提供参考。

参 考 文 献

[1]　HERMANN R，ARTHUR J K. Nonlinear Controllability and Observability. IEEE Transactions on Automatic Control，1977，22（5）：728 – 740.

[2]　GOSHEN M D，ITZHACK I Y. Observability Analysis of Piece – wise Constant System – Part I Theory. IEEE Transaction on Aerospace and Electronics System，1992，28（4）：1025 – 1067.

[3]　HAM F M，BROWN T G. Observability, Eigenvalues, and Kalman Filtering. IEEE Transactions on Aerospace and Electronic Systems，1983，19（2）：269 – 273.

[4]　张莲，胡晓倩，王士彬，余成波. 现代控制理论. 北京：清华大学出版社，2008.

[5]　王丹力，张洪钺. 几种可观性分析方法及在惯导中的应用. 北京航空航天大学学报，1999，25（3）：342 – 346.

[6]　黄翔宇，崔平远，崔祜涛. 深空自主导航系统的可观性分析. 宇航学报，2006，27（3）：332 – 337.

[7]　乔国栋. 月球探测自主导航及能观度分析研究. 北京：中国空间技术研究院博士学位论文，2008.

[8]　刘萍，王大轶，黄翔宇. 环月探测器自主天文导航系统的可观度分析. 中国空间科学技术，2007，27（6）：12 – 18.

[9]　乔国栋，倪茂林，李铁寿. 基于能观度分析的信息融合自主导航算法. 宇航学报，2008，29（3）：883 – 888.

[10]　黄翔宇. 探测器自主导航方法及在小天体探测中的应用研究. 哈尔滨：哈尔滨工业大学博士学位论文，2005.

[11]　LONGMAN R W，SIRLIN S W，Li T，SEVASTON G. The Fundamental Structure of Degree of Controllability and Degree of Observability. American Institute of Aeronautics and Astronautics and American Astronautical Society，Astrodynamics Conference，San Diego，CA，United States.

1982.

[12] BAGESHWAR V L，GEBRE E D，GARRARD W L，GEORGIOU T T. Stochastic Observability Test for Discrete－Time Kalman Filters. Journal of Guidance，Control，and Dynamics. 2009，32（4）：1356－1370.

[13] 帅平，陈定昌，江涌 . GPS/SINS 组合导航系统状态的可观测度分析方法 . 宇航学报，2004，25（2）：219－224.

[14] 马艳红，胡军 . 基于 SVD 理论的可观测度分析方法的几个反例 . 中国惯性技术学报，2008，16（4）：448－452.

第6章 自主导航滤波与信息融合方法

本章主要论述适用于深空探测自主导航的滤波算法和信息融合方法，介绍卡尔曼滤波算法原理及相关改进算法的研究进展，分析研究滤波算法在深空探测自主导航中解决的问题。各种滤波算法的设计依据是系统模型。根据模型形式的不同，可将滤波算法分为两类，一类是基于确定性模型设计的方法，以常用的最小二乘算法、卡尔曼滤波算法和扩展卡尔曼滤波算法为例进行说明；另外一类是基于不确定性模型设计的方法，包括鲁棒滤波算法和多模型滤波算法等，以规范化鲁棒滤波算法为例展开论述。然后，以基于光学成像测量和 X 射线脉冲星的组合导航系统为例，介绍多源测量信息融合方法。

对于深空探测自主导航问题，需要确定的状态变量是深空探测器的位置和速度矢量，系统方程为深空探测器轨道动力学方程，测量方程为自主导航敏感器的测量模型。自主导航滤波算法结合深空探测器轨道动力学模型对自主导航敏感器的观测信息进行处理，通过递推计算得到深空探测器在某个指定参考坐标系的位置矢量和速度矢量的估计值。

现代科学技术能够给深空探测器提供多种导航方式，包括基于光学成像测量的自主天文导航、无线电导航和惯性导航等。此外，人们还在研究其他新概念导航方法，如脉冲星导航、重力场导航和自然偏振光导航等。这些导航方式各有优缺点，但精度和成本大不相同。可通过多源测量信息融合技术，将各种导航方式适当的组合起来，构成组合导航系统，取长补短，实现对某些系统偏差的在轨估计和校准，从而提高整个导航系统的精度[1]。因为组合导航系统中包含余度信息，如果组合得当，则可利用余度信息检测出某导航子系统的故障；将失效的子系统隔离，并将剩余的正常子系统进行系统重构，就可继续完成导航任务。基于卡尔曼滤波理论得到的联邦滤波算法是实现多源测量信息融合的重要算法。

6.1　基于确定性模型的滤波算法

本节介绍最小二乘算法、卡尔曼滤波算法和扩展卡尔曼滤波算法等几种常用算法的基本原理，通过对规范化最小二乘问题的求解，推导了最小二乘算法和卡尔曼滤波算法的方程，并基于随机过程有界性判据给出了扩展卡尔曼滤波算法稳定性的证明。

6.1.1　最小二乘算法

6.1.1.1　问题描述

最小二乘算法是高斯在 1795 年为测定行星轨道而提出的参数估计算法。这种算法的特点是简单，无须用到系统方程，也不必知道与被估计的状态变量及观测量有关的统计信息。

设 $x \in \mathbf{R}^l$ 为某一确定性常值矢量，一般情况下对 x 不能直接观测，而只能测量到 x 各分量的线性组合。记第 k 次观测量 y_k 为

$$y_k = H_k x + v_k \tag{6-1}$$

式中 $y_k \in \mathbf{R}^m$，H_k 和 v_k 为第 k 次测量的观测矩阵和随机测量噪声。

若共测量 N 次，即

$$\left.\begin{array}{l} y_1 = H_1 x + v_1 \\ y_2 = H_2 x + v_2 \\ \vdots \\ y_N = H_N x + v_N \end{array}\right\} \tag{6-2}$$

则由上述各式可以得到描述 N 次观测量的观测方程

$$Y = Hx + V \tag{6-3}$$

式中

$$Y = \begin{bmatrix} y_1 \\ y_2 \\ \vdots \\ y_N \end{bmatrix}, \quad H = \begin{bmatrix} H_1 \\ H_2 \\ \vdots \\ H_N \end{bmatrix}, \quad V = \begin{bmatrix} v_1 \\ v_2 \\ \vdots \\ v_N \end{bmatrix} \tag{6-4}$$

最小二乘算法的设计指标如下所示

$$\hat{x} = \arg\left[\min_x(\parallel Y - Hx \parallel^2)\right] \tag{6-5}$$

式中　$\parallel x \parallel = (x^T x)^{1/2}$。

不难看出，最小二乘算法使各次观测量 y_k 与由估计值 $\hat{x}$ 确定的观测量的估计 $H_k \hat{x}$ 的平方和最小。

6.1.1.2　最小二乘算法推导

基于如下引理推导最小二乘算法[2]。

引理 6.1：考虑如下所示的优化问题

$$\min_x(\parallel x \parallel_Q^2 + \parallel Ax - b \parallel_W^2) \tag{6-6}$$

式中　$\parallel x \parallel_P$——矢量 x 的加权范数，即 $\parallel x \parallel_P = (x^T P x)^{1/2}$；

$Q = Q^T > 0$，$W = W^T \geqslant 0$——给定的权矩阵；

x——未知矢量；

A——已知矩阵；

b——已知矢量。

式（6-6）所示优化问题的解为

$$\hat{x} = (Q + A^T W A)^{-1} A^T W b \tag{6-7}$$

比较如式（6-6）所示的优化问题和如式（6-5）所示的最小二乘算法的设计指标，令

$$Q \leftarrow 0, \ W \leftarrow I, \ A \leftarrow H, \ b \leftarrow Y \tag{6-8}$$

则式（6-6）可写为如式（6-5）所示的形式。根据引理 6.1 可得，优化问题式（6-5）的解为

$$\hat{x} = (H^T H)^{-1} H^T Y \tag{6-9}$$

最小二乘算法要求矩阵 $H^T H$ 正定。通过最小二乘算法得到的估计值 $\hat{x}$ 虽然不能满足式（6-2）中的每一个方程，但它使所有方程

偏差的平方和最小，这实际上兼顾了所有方程的近似程度，使整体误差达到最小，有助于抑制测量误差的影响。最小二乘算法的局限性在于未考虑状态量动态变化的情况，原则上只能估计确定性的常值矢量，而无法有效地估计随机变量动态变化的时间过程。

6.1.1.3　递推最小二乘估计算法

采用批处理实现的最小二乘算法，须存储所有的观测量。若观测量的数量十分庞大，则计算机必须具备巨大的存储容量，这显然是不经济的。递推最小二乘估计算法从每次获得观测量中提取出被估计的状态量信息，用于修正上一步的估计。获得观测量的次数越多，修正的次数越多，估计的精度越高。下面介绍该算法。

递推最小二乘估计算法可归纳为如下所示的定理形式，该定理的证明是基于引理 6.1 进行的。

定理 6.1：设观测量方程如式（6-1）所示，递推最小二乘估计算法第 k 步的估计值记为 $\hat{x}_k$。根据如下所示的设计指标

$$\hat{x}_k = \arg\Big[\min_{x_k}\big(\parallel x_k - \hat{x}_{k-1} \parallel^2_{P_{k-1}^{-1}} + \parallel y_k - H_k x_k \parallel^2_{W_k}\big)\Big]$$

$$(6-10)$$

得到的递推最小二乘估计算法为

$$\hat{x}_k = \hat{x}_{k-1} + P_k H_k^{\mathrm{T}} W_k (y_k - H_k \hat{x}_{k-1}) \qquad (6-11)$$

式中

$$P_k = (P_{k-1}^{-1} + H_k^{\mathrm{T}} W_k H_k)^{-1} \qquad (6-12)$$

证明：比较如式（6-6）所示的优化问题和如式（6-10）所示的递推最小二乘估计算法设计指标，令

$$x \leftarrow x_k - \hat{x}_{k-1}, \ Q \leftarrow P_{k-1}^{-1}, \ A \leftarrow H_k, \ b \leftarrow y_k - H_k \hat{x}_{k-1}, \ W \leftarrow W_k$$

则式（6-6）可写为式（6-10）所示的形式。根据引理 6.1 可得，优化问题式（6-10）的解如式（6-11）所示。证毕。

式（6-11）和式（6-12）构成了递推最小二乘估计算法。由递推最小二乘估计算法的设计指标式（6-10）可以看出，该算法的目的是确定 x 的估计值 $\hat{x}_k$，一方面，使得由 $\hat{x}_k$ 确定的观测量的估计

$H_k\hat{x}_k$ 接近于实际观测量 y_k，另一方面，使第 k 步的估计值 $\hat{x}_k$ 接近于第 $k-1$ 步的估计值 $\hat{x}_{k-1}$。第 k 步的估计 $\hat{x}_k$ 在第 $k-1$ 步估计 $\hat{x}_{k-1}$ 的基础上，根据观测量 y_k 进行修正获得。修正量由 k 步的测量残差 $y_k - H_k\hat{x}_{k-1}$ 经增益阵 $P_kH_k^{\mathrm{T}}W_k$ 加权后确定，其中 P_k 按式（6-12）确定。

由式（6-11）和式（6-12）确定的算法是递推的，只要给定初始值 $\hat{x}_0$ 和 P_0，即可获得 x 在任意时刻的最小二乘估计。$\hat{x}_0$ 和 P_0 的选取可以是任意的，一般可取 $\hat{x}_0 = 0$，$P_0 = pI$，其中 p 为很大的正数。在递推过程中，刚开始计算时，受初始误差的影响，可能出现估计误差剧烈跳跃的情况。随着测量次数的增加，初始误差的影响逐渐消失，估计值逐渐趋于稳定。

对于状态变量 x 为确定性常值矢量、观测矩阵 H_k 精确已知的情况，递推最小二乘估计算法可根据如式（6-9）所示的最小二乘算法推导得到[3]。此时，可认为递推最小二乘估计算法与最小二乘算法是等价的。需要说明的是，在实际应用过程中会遇到观测矩阵不是精确已知的情况，如本书下一章所述的最小二乘算法中观测矩阵是状态变量的函数。在这种情况下，往往采用批处理算法，即通过一个时段的观测获得多个观测数据，并在每个观测时段结束时利用最小二乘算法同时处理该观测时段中获得的全部数据。实践结果表明，相对于在每个观测时刻处理单个观测量的方式，采取批处理方式通常能够更有效地降低测量噪声的影响，从而获得更精确的估计结果。

6.1.2　卡尔曼滤波算法

6.1.2.1　问题描述

所谓滤波就是从混合在一起的诸多信号中提取出所需要的信号。信号是传递和运载信息的时间函数或空间函数。有一类信号的变化规律是既定的，如调幅广播中的载波信号、阶跃信号、脉宽固定的矩形脉冲信号等，这类信号称为确定性信号。确定性信号具有确定的频谱，可根据各信号频带的不同，设置具有相应频率特性的滤波器，如低通滤波器、高通滤波器和带通滤波器，使有用信号无衰减地通过，同时抑制干扰信号。另一类信号没有既定的变化规律，在相同的初始条件和环境条件下，每次信号都不一样，如陀螺漂移和光学导航敏感器的输出误差信号等，这类信号称为随机信号。随机信号可以通过卡尔曼滤波算法进行处理。

1960 年由卡尔曼首次提出的卡尔曼滤波算法采用系统方程描述状态变量的动态变化过程，状态变量的动态统计信息由激励白噪声的统计信息和系统方程确定。卡尔曼滤波算法的作用是从与被提取信号有关的观测量中估计出所需信号。所需估计的信号通常被称为状态变量，应用卡尔曼滤波算法要求：

1）状态变量是由高斯白噪声激励引起的随机响应；

2）激励源与响应之间的传递结构，即系统方程已知；

3）观测量与状态变量之间的函数关系，即观测方程也已知[3]。

卡尔曼滤波算法在设计过程中需要用到如下信息：系统方程、观测方程、白噪声激励的统计特性和测量误差的统计特性，通常将上述信息称为系统模型；卡尔曼滤波算法在估计过程中需要用到由敏感器提供的观测信息，即观测量。因此，卡尔曼滤波算法实际上是一种状态估计器，即根据系统模型和带有随机干扰的观测量估计未知状态变量的算法。

相对最小二乘估计算法而言，卡尔曼滤波算法的优势是能够实现对动态变化状态变量的估计；相对在频域设计的维纳滤波算法而言，卡尔曼滤波算法使用状态空间法在时域设计，所采用的递推形式便于在计算机上实现。由于上述特点，卡尔曼滤波算法理论一经提出立即受到工程界的重视，阿波罗飞船登月飞行导航系统的设计是卡尔曼滤波算法早期应用的成功案例。目前，卡尔曼滤波算法作为一种最重要的最优估计算法被广泛应用于各个领域，尤其是基于多源测量信息融合的组合导航系统的设计，如惯性导航系统/全球定位系统（INS/GPS）组合导航系统。

设 k 时刻的状态变量 $x_k \in \boldsymbol{R}^l$ 受系统噪声序列 w_k 驱动，驱动机理由下述系统方程描述

$$x_k = F_k x_{k-1} + w_k \qquad (6-13)$$

式中　F_k——$k-1$ 时刻至 k 时刻的一步转移矩阵。

对 x_k 的观测量 $y_k \in \boldsymbol{R}^m$ 满足线性关系，观测方程为

$$y_k = H_k x_k + v_k \qquad (6-14)$$

式中　H_k——观测矩阵；

　　　v_k——测量噪声。

噪声 w_k 和 v_k 的均值为 0，并且满足以下条件

$$E(w_k w_j^{\mathrm{T}}) = \begin{cases} Q_k, & k=j \\ 0, & k \neq j \end{cases}, \; E(v_k v_j^{\mathrm{T}}) = \begin{cases} R_k, & k=j \\ 0, & k \neq j \end{cases} \qquad (6-15)$$

式中　Q_k——系统噪声方差阵；

　　　R_k——测量噪声方差阵。

通常假设 Q_k 和 R_k 为正定阵。

卡尔曼滤波算法所要解决的问题，就是如何合理的运用系统模型和观测量中包含的信息，实现对状态变量的准确估计。

6.1.2.2　卡尔曼滤波算法方程推导

卡尔曼滤波算法可归纳为如下所示的定理，该定理的证明是基于引理 6.1 进行的。

定理 6.2：考虑如式（6-13）、式（6-14）、式（6-15）所示的系统模型，令

$$\hat{x}_{k|k-1} = F_k \hat{x}_{k-1} \qquad (6-16)$$

$$P_{k|k-1} = F_k P_{k-1} F_k^{\mathrm{T}} + Q_k \qquad (6-17)$$

式中　$\hat{x}_k$——状态变量的估计值；

　　　$\hat{x}_{k|k-1}$——状态变量的预测值；

　　　P_k，$P_{k|k-1}$——分别用于描述 $\hat{x}_k$ 和 $\hat{x}_{k|k-1}$ 的误差方差。

根据如下所示的性能指标

$$\hat{x}_k = \arg\left[\min_{x_k}\left(\| x_k - \hat{x}_{k|k-1} \|_{P_{k|k-1}^{-1}}^2 + \| y_k - H_k x_k \|_{R_k^{-1}}^2 \right)\right]$$

$$(6-18)$$

设计的卡尔曼滤波算法形式为

$$\hat{x}_k = \hat{x}_{k|k-1} + K_k(y_k - H_k\hat{x}_{k|k-1}) \tag{6-19}$$

其中

$$K_k = P_k H_k^{\mathrm{T}} R_k^{-1} \tag{6-20}$$

$$P_k = (P_{k|k-1}^{-1} + H_k^{\mathrm{T}} R_k^{-1} H_k)^{-1} \tag{6-21}$$

证明： 比较如式（6-6）所示的优化问题和如式（6-18）所示的卡尔曼滤波算法设计指标，令

$$x \leftarrow x_k - \hat{x}_{k|k-1}, \ Q \leftarrow P_{k|k-1}^{-1}, \ A \leftarrow H_k, \ b \leftarrow y_k - H_k\hat{x}_{k|k-1}, \ W \leftarrow R_k^{-1}$$

$$\tag{6-22}$$

则式（6-18）可写为如式（6-10）所示的形式。根据引理 6.1 可得，优化问题式（6-10）的解如式（6-20）和式（6-21）所示。证毕。

由卡尔曼滤波算法的设计指标式（6-18）可以看出，卡尔曼滤波算法的目的是确定 x_k 的估计值 $\hat{x}_k$。一方面，使得由 $\hat{x}_k$ 确定的观测量的估计 $H_k\hat{x}_{k|k-1}$ 接近于实际观测量 y_k；另一方面，使第 k 步的估计值 $\hat{x}_k$ 接近其预测值 $\hat{x}_{k|k-1}$。与递推最小二乘估计算法不同，卡尔曼滤波算法考虑了状态变量 x_k 的动态特性，并通过系统方程（6-13）实现对状态变量进一步的预测，如式（6-16）和式（6-17）所示。通过对预测值 $\hat{x}_{k|k-1}$，而不是上一步的估计值 $\hat{x}_{k-1}$ 的修正，实现对状态变量的递推估计。

卡尔曼滤波算法方程如式（6-16）、式（6-17）、式（6-19）～式（6-21）所示。其中滤波增益阵 K_k 可写为等价形式

$$K_k = P_{k|k-1} H_k^{\mathrm{T}} (H_k P_{k|k-1} H_k^{\mathrm{T}} + R_k)^{-1} \tag{6-23}$$

估计误差方差阵 P_k 可写为等价形式

$$P_k = (I - K_k H_k) P_{k|k-1} (I - K_k H_k)^{\mathrm{T}} + K_k R_k K_k^{\mathrm{T}} \tag{6-24}$$

或

$$P_k = (I - K_k H_k) P_{k|k-1} \tag{6-25}$$

在一个滤波周期内，从卡尔曼滤波算法在使用系统信息和测量信息的先后次序来看，卡尔曼滤波算法具有 2 个明显的信息更新过程，即时间更新过程和测量更新过程。式（6-16）说明了根据

$(k-1)$ 时刻的状态估计值预测 k 时刻状态估计值的方法，该式可通过对系统方程(6-13)式求条件均值得到；式（6-17）对这种预测的质量优劣作了定量描述，该式可通过对预测误差（$x_k - \hat{x}_{k|k-1}$）求方差得到。式（6-16）和式（6-17）的计算仅用到了与系统方程有关的信息，从时间的推移过程来看，将时间从（$k-1$）时刻递推到 k 时刻，以上两式实现了卡尔曼滤波算法的时间更新过程。式（6-19）~式（6-21）用来实现对预测值的修正，修正量的大小由时间更新的质量优劣（$P_{k|k-1}$）、观测量的质量优劣（R_k）、观测量与状态变量的关系（H_k）以及实际观测量（y_k）共同确定，所有这些方程都围绕一个目的，即合理地利用实际观测量（y_k），实现卡尔曼滤波算法的测量更新过程。

卡尔曼滤波算法采用了递推估计形式，不同时刻的观测量不必存储起来，而是经过实时处理提炼成被估状态变量的信息，随着滤波步数的不断增加，信息逐渐积累，估计精度逐渐提高。

6.1.3　扩展卡尔曼滤波算法

6.1.3.1　问题描述

本章前面所讨论的最小二乘算法和卡尔曼滤波算法的数学模型都是线性的。卡尔曼最初提出的滤波算法基本理论只适用于线性系统，并且要求测量方程也必须是线性的。但是，在工程实践中所遇到的物理系统，其数学模型往往是非线性的，如在深空探测自主导航研究中经常用到的深空探测器轨道动力学方程是非线性的，X 射线脉冲星导航系统中作为观测方程的时间转换方程也是非线性的。为了将卡尔曼滤波理论推广用于非线性系统，在卡尔曼滤波基本理论提出后的 10 多年时间里，卡尔曼、布西（Bucy）、砂原良德（Sunahara）等学者致力于研究卡尔曼滤波算法理论在非线性系统中的应用，提出了扩展卡尔曼滤波算法。

扩展卡尔曼滤波算法的基本思路是通过截取状态方程和观测方程中非线性函数泰勒级数展开式的一阶项，对系统进行线性化，然后将卡尔曼滤波算法方程用于线性化模型以获得状态估计值[1,4]。扩展卡尔曼滤波算法是针对非线性系统进行状态估计最常用的算法。对基于光学成像测量的深空探测自主导航系统而言，其系统方程和观测方程都是非线性的，需要采用扩展卡尔曼滤波算法进行处理。如美国的深空探测器星尘号采用扩展卡尔曼滤波算法处理光学成像测量信息，从而确定深空探测器的轨道。此外，基于扩展卡尔曼滤波算法的姿态确定方法广泛应用于高精度卫星姿态控制，如美国的哈勃太空望远镜和日本的先进陆地观测卫星（ALOS）等。

扩展卡尔曼滤波算法在线性化过程中忽略了非线性函数泰勒级数展开式的二阶项和其他高阶项，在初始误差较大的情况下，有可能引入较大的线性化误差。针对这一问题，众多学者利用扩展卡尔曼滤波算法之外的先进非线性滤波算法探索进行导航解算，所应用的非线性滤波算法有无迹滤波（Unscented Kalman Filter，UKF)[5]算法和粒子滤波（Particle Filter，PF)[6]算法等。无迹滤波算法和粒子滤波算法的原理在现有的文献和专著中已有详尽的论述，本章对这两类方法不再赘述。

用于扩展卡尔曼滤波算法研究的非线性系统模型如下所示

$$\boldsymbol{x}_k = f(\boldsymbol{x}_{k-1}) + \boldsymbol{w}_k \qquad (6-26)$$

$$\boldsymbol{y}_k = h(\boldsymbol{x}_k) + \boldsymbol{v}_k \qquad (6-27)$$

式中　$\boldsymbol{x}_k$——状态变量，$\boldsymbol{x}_k \in R^l$；

　　　$\boldsymbol{y}_k$——观测量，$\boldsymbol{y}_k \in R^m$；

　　　f——状态转移函数，$R^l \to R^l$；

　　　h——测量函数，$R^l \to R^m$；

　　　$\boldsymbol{w}_k$，$\boldsymbol{v}_k$——零均值白噪声，并且满足以下条件

$$E(\boldsymbol{w}_k\boldsymbol{w}_j^{\mathrm{T}}) = \begin{cases} \boldsymbol{Q}_k, & k=j \\ 0, & k\neq j \end{cases}, E(\boldsymbol{v}_k\boldsymbol{v}_j^{\mathrm{T}}) = \begin{cases} \boldsymbol{R}_k, & k=j \\ 0, & k\neq j \end{cases} \qquad (6-28)$$

对于如式（6-26）和式（6-27）所示的非线性系统，很难找到一种严格的递推滤波算法，通常采用近似方法来处理非线性滤波

问题。目前应用比较广泛的近似方法是非线性系统线性化的方法。为了针对非线性系统应用卡尔曼滤波算法方程，须作如下基本假设：状态变量预测值与实际值之间的差能够用一个线性方程表示，要求该线性方程足够准确地对滤波器的实际误差特性给予描述。这个基本假设在工程实践中往往是可以满足的，描述预测值与实际值之差的线性方程称为线性干扰方程。

6.1.3.2　滤波方程推导

定义预测误差为

$$\delta \boldsymbol{x}_k = \boldsymbol{x}_k - \hat{\boldsymbol{x}}_k^n \tag{6-29}$$

式中　$\hat{\boldsymbol{x}}_k^n$——状态变量的预测值。

线性干扰方程的形式为

$$\delta \boldsymbol{x}_k = \boldsymbol{F}_k \delta \boldsymbol{x}_{k-1} + \boldsymbol{w}_k \tag{6-30}$$

$$\delta \boldsymbol{y}_k = \boldsymbol{H}_k \delta \boldsymbol{x}_k + \boldsymbol{v}_k \tag{6-31}$$

式中　$\boldsymbol{F}_k = (\partial f / \partial \boldsymbol{x})|_{\boldsymbol{x} = \dot{\boldsymbol{x}}_{k-1}}$；

$\boldsymbol{H}_k = (\partial h / \partial \boldsymbol{x})|_{\boldsymbol{x} = \dot{\boldsymbol{x}}_{k|k-1}}$——雅克比矩阵，$\delta \boldsymbol{y}_k = \boldsymbol{y}_k - h(\hat{\boldsymbol{x}}_k^n)$。

在如式（6-30）和式（6-31）所示的线性干扰方程的基础上，仿照线性卡尔曼滤波算法基本方程，不难导出对偏差 $\delta \boldsymbol{x}_k$ 进行估计的卡尔曼滤波算法方程

$$\delta \hat{\boldsymbol{x}}_{k|k-1} = \boldsymbol{F}_k \delta \hat{\boldsymbol{x}}_{k-1} \tag{6-32}$$

$$\delta \hat{\boldsymbol{x}}_k = \delta \hat{\boldsymbol{x}}_{k|k-1} + \boldsymbol{K}_k (\delta \boldsymbol{y}_k - \boldsymbol{H}_k \delta \hat{\boldsymbol{x}}_{k|k-1}) \tag{6-33}$$

$$\boldsymbol{K}_k = \boldsymbol{P}_{k|k-1} \boldsymbol{H}_k^{\mathrm{T}} (\boldsymbol{H}_k \boldsymbol{P}_{k|k-1} \boldsymbol{H}_k^{\mathrm{T}} + \boldsymbol{R}_k)^{-1} \tag{6-34}$$

$$\boldsymbol{P}_{k|k-1} = \boldsymbol{F}_k \boldsymbol{P}_{k-1} \boldsymbol{F}_k^{\mathrm{T}} + \boldsymbol{Q}_k \tag{6-35}$$

$$\boldsymbol{P}_k = (\boldsymbol{I} - \boldsymbol{K}_k \boldsymbol{H}_k) \boldsymbol{P}_{k|k-1} (\boldsymbol{I} - \boldsymbol{K}_k \boldsymbol{H}_k)^{\mathrm{T}} + \boldsymbol{K}_k \boldsymbol{R}_k \boldsymbol{K}_k^{\mathrm{T}} \tag{6-36}$$

值得注意的是，在应用过程中，往往不对偏差 $\delta \boldsymbol{x}_k$ 进行预测，而是直接设置状态偏差的一步预测值 $\delta \hat{\boldsymbol{x}}_{k|k-1} = 0$，此时

$$\delta \hat{\boldsymbol{x}}_k = \boldsymbol{K}_k \delta \boldsymbol{y}_k = \boldsymbol{K}_k [\boldsymbol{y}_k - h(\hat{\boldsymbol{x}}_k^n)] \tag{6-37}$$

一般通过系统方程式（6-26）实现对状态变量的预测，即

$$\hat{\boldsymbol{x}}_k^n = \hat{\boldsymbol{x}}_{k|k-1} = f(\hat{\boldsymbol{x}}_{k-1}) \tag{6-38}$$

利用估计得到的状态偏差 $\delta \hat{\boldsymbol{x}}_k$ 对预测值 $\hat{\boldsymbol{x}}_k^n$ 或 $\hat{\boldsymbol{x}}_{k|k-1}$ 进行修正，得到

$$\hat{\boldsymbol{x}}_k = \hat{\boldsymbol{x}}_{k|k-1} + \delta\hat{\boldsymbol{x}}_k = \hat{\boldsymbol{x}}_{k|k-1} + \boldsymbol{K}_k\big[\boldsymbol{y}_k - h(\hat{\boldsymbol{x}}_{k|k-1})\big] \qquad (6-39)$$

式 (6 - 38)、式 (6 - 39)、式 (6 - 34)、式 (6 - 35) 和式 (6 - 36) 就构成了扩展卡尔曼滤波算法方程。

6.1.3.3　扩展卡尔曼滤波稳定性证明

滤波器具有稳定性是其正常工作的基本要求，滤波稳定性分析是对一种滤波算法的误差特性进行分析的基础。在工程实践中，常常得不到状态变量准确的先验信息。如果初始值选的不准，就会对估计值产生影响，这是滤波稳定性研究需要解决的问题。一般认为，如果随着滤波时间的增长，估计值逐渐不受其初值的影响，则该滤波器是稳定的[3]。影响非线性滤波器稳定性的因素很多，对初始值、方差阵或算法中的某些参数进行微量调整，都可能导致估计误差的动态特性发生显著变化，甚至根本改变滤波器的稳定性。如果能够给出滤波算法稳定的充分条件，将有助于找出影响稳定性的因素，并为算法中的参数调整提供可靠的依据。以往有关卡尔曼滤波算法的论著中对扩展卡尔曼滤波算法的稳定性较少涉及，在此对扩展卡尔曼滤波算法稳定性分析问题作一些有益的探讨，相关内容有助于加深对扩展卡尔曼滤波算法工作原理的理解，并可作为滤波参数调节的理论依据。

扩展卡尔曼滤波算法是一种近似的卡尔曼滤波算法，对其误差的动态特性进行描述比较困难。为了解决这一问题，伯泰布 (Boutayeb) 等创新性地采用伪线性化技术描述扩展卡尔曼滤波算法的估计误差，以李雅普诺夫定理为基础，分析指出增大算法中的噪声方差阵可以增强滤波稳定性，但其研究对象不是一般非线性随机系统，而是确定性非线性系统。随机过程有界性定理是研究随机系统时经常用到的方法之一，赖夫 (Reif) 等将该定理引入最优滤波研究领域，证明了扩展卡尔曼滤波算法的稳定性。但是，所给出的充分条件要求初始估计误差足够小，一般来说，获得准确的初始值在实际工作中是比较困难的。后面将说明，用伪线性化技术描述扩展卡尔曼滤波算法的估计误差，用随机过程有界性判据对其误差特性进行分析，可以得出比较令人满意的扩展卡尔曼滤波算法稳定性分析结论。该结论既可以给出滤波稳定的充分条件，又能为提高滤波稳定性提供便捷的途径。另外，这套分析方法还可以推广用于其他非线性滤波算法，如用于分析无迹滤波算法的稳定性[7]。

随机过程有界性判据是本章进行非线性滤波算法稳定性分析的理论基础，该定理由参考文献［8］给出。

引理 6.2：考虑随机过程 $\{\xi_k\}(k \in N)$，如果存在标量函数 $V(\xi_k)$，以及实数 $v_{\min}$，$v_{\max} > 0$，$\mu > 0$，$0 < \lambda \leq 1$，使得以下两式成立

$$v_{\min} \parallel \xi_k \parallel^2 \leqslant V(\xi_k) \leqslant v_{\max} \parallel \xi_k \parallel^2 \qquad (6-40)$$

$$E[V(\xi_k) \mid \xi_{k-1}] - V(\xi_{k-1}) \leqslant \mu - \lambda V(\xi_{k-1}) \qquad (6-41)$$

那么对于 $k \in N$，随机变量 ξ_k 满足

$$E(\parallel \xi_k \parallel^2) \leqslant \frac{v_{\max}}{v_{\min}} E(\parallel \xi_0 \parallel^2)(1-\lambda)^k + \frac{\mu}{v_{\min}} \sum_{i=1}^{k-1} (1-\lambda)^i$$

$$(6-42)$$

该引理是通过比较 $V(\xi_k)$ 和 $V(\xi_{k-1})$ 两者的均值

$$V(\xi_{k-1}) = E[V(\xi_{k-1}) \mid \xi_{k-1}]$$

来判断 $E(\parallel \xi_k \parallel^2)$ 是否有界。$V(\xi_k)$ 可视为能量函数，显然，如果 $E[V(\xi_k) - V(\xi_{k-1}) \mid \xi_{k-1}] \leqslant 0$，直观上可以理解为系统的能量是不断下降的。但是，在实际应用过程中，往往难以精确验证该不等式是否成立。引理 6.2 作为原始判据的改进形式，放宽了这一要求，只要证明 $E[V(\xi_k) \mid \xi_{k-1}] - V(\xi_{k-1})$ 小于一个正数减去一个与 $V(\xi_{k-1})$ 成比例的项所得的差。引理 6.2 表明，如果不等式（6-40）和式（6-41）成立，那么由式（6-42）可知，随着时间 k 的增长，随机变量 ξ_k 将逐渐不受其初始值 ξ_0 的影响。这一结论与滤波稳定对估计误差的要求是一致的。因此，引理 6.2 比较适合用于分析扩展卡尔曼滤波算法的稳定性。

本节采用引理 6.2 分析扩展卡尔曼滤波算法的误差特性，采用伪线性化技术描述线性化过程中引入的误差。为了方便起见，将前述扩展卡尔曼滤波算法方程归纳如下

$$\hat{x}_{k|k-1} = f\ (\hat{x}_{k-1}) \tag{6-43}$$

$$P_{k|k-1} = F_k P_{k-1} F_k^T + \hat{Q}_k \tag{6-44}$$

$$\hat{x}_k = \hat{x}_{k|k-1} + K_k\ \left[y_k - h\ (\hat{x}_{k|k-1})\right] \tag{6-45}$$

$$K_k = P_{k|k-1} H_k^T\ (H_k P_{k|k-1} H_k^T + \hat{R}_k)^{-1} \tag{6-46}$$

$$P_k =\ (I - K_k H_k)\ P_{k|k-1} \tag{6-47}$$

卡尔曼滤波算法用于线性系统时，算法中的 $\hat{Q}_k$ 和 $\hat{R}_k$ 应分别取系统噪声和测量噪声的方差阵 Q_k 和 R_k，这样才能保证滤波的最优性。在对扩展卡尔曼滤波算法的研究中，也称 $\hat{Q}_k$ 和 $\hat{R}_k$ 为噪声方差阵，但是，对于非线性系统而言，尚没有严格证明将它们选为 Q_k 和 R_k 是最优的，一般仅要求 $\hat{Q}_k$ 和 $\hat{R}_k$ 为正定矩阵。事实上，针对某些具体系统调节 $\hat{Q}_k$ 和 $\hat{R}_k$ 的大小，有助于改善滤波稳定性。

将估计误差和预测误差分别定义为

$$\tilde{x}_k = x_k - \hat{x}_k,\ \tilde{x}_{k|k-1} = x_k - \hat{x}_{k|k-1} \tag{6-48}$$

将系统模型式（6-26）和预测方程式（6-43）代入 $\tilde{x}_{k|k-1}$ 的表达式（6-48），并将 $f\ (x_{k-1})$ 在 $\hat{x}_{k-1}$ 处泰勒级数展开可得

$$\tilde{x}_{k|k-1} = f\ (x_{k-1}) + w_k - f\ (\hat{x}_{k-1}) = F_k \tilde{x}_{k-1} + \Delta(\tilde{x}_{k-1}^2) + w_k$$
$$\tag{6-49}$$

式中　$\Delta(\tilde{x}_{k-1}^2)$ ——泰勒级数展开式的二次项和其他高次项。

为了方便精确地表述高次误差对滤波的影响，运用伪线性化技术，引入未知的时变对角阵

$$\beta_k = \mathrm{diag}\ (\beta_{1,k},\ \cdots,\ \beta_{l,k}) \tag{6-50}$$

使得

$$\beta_k F_k \tilde{x}_{k-1} = F_k \tilde{x}_{k-1} + \Delta(\tilde{x}_{k-1}^2) \tag{6-51}$$

将式（6-51）代入式（6-49）可得预测误差的表达形式

$$\tilde{x}_{k|k-1} = \beta_k F_k \tilde{x}_{k-1} + w_k \tag{6-52}$$

滤波器的测量残差定义为

$$\tilde{y}_k = y_k - h\ (\hat{x}_{k|k-1}) \tag{6-53}$$

与预测误差的处理方法类似，将式（6-27）代入式（6-53），并将 $h\ (x_k)$ 在 $\hat{x}_{k|k-1}$ 处泰勒级数展开

$$\tilde{\boldsymbol{y}}_k = h(\boldsymbol{x}_k) + \boldsymbol{v}_k - h(\hat{\boldsymbol{x}}_{k|k-1}) = \boldsymbol{H}_k \tilde{\boldsymbol{x}}_{k|k-1} + \Delta(\tilde{\boldsymbol{x}}_{k|k-1}^2) + \boldsymbol{v}_k$$
$$(6-54)$$

式中　　$\Delta(\tilde{\boldsymbol{x}}_{k|k-1}^2)$ ——泰勒级数展开式的高次项。

引入未知时变对角阵

$$\boldsymbol{\alpha}_k = \mathrm{diag}(\alpha_{1,k}, \cdots, \alpha_{m,k}) \qquad (6-55)$$

使得

$$\boldsymbol{\alpha}_k \boldsymbol{H}_k \tilde{\boldsymbol{x}}_{k|k-1} = \boldsymbol{H}_k \tilde{\boldsymbol{x}}_{k|k-1} + \Delta(\tilde{\boldsymbol{x}}_{k|k-1}^2) \qquad (6-56)$$

将式（6-56）代入式（6-54）可得测量信息的表达形式

$$\tilde{\boldsymbol{y}}_k = \boldsymbol{\alpha}_k \boldsymbol{H}_k \tilde{\boldsymbol{x}}_{k|k-1} + \boldsymbol{v}_k \qquad (6-57)$$

引入未知对角阵 $\boldsymbol{\beta}_k$ 和 $\boldsymbol{\alpha}_k$ 的好处是可以将非线性系统转化为线性时变系统来研究。显然，如果估计值 $\hat{\boldsymbol{x}}_k$ 与真实状态 $\boldsymbol{x}_k$ 非常接近，泰勒级数展开式的高次项 $\Delta(\tilde{\boldsymbol{x}}_{k-1}^2)$，$\Delta(\tilde{\boldsymbol{x}}_{k|k-1}^2)$ 将很小，对角阵 $\boldsymbol{\beta}_k$ 和 $\boldsymbol{\alpha}_k$ 可以近似为单位阵，在这种情况下，扩展卡尔曼滤波算法估计误差的表达形式与卡尔曼滤波算法相同。众所周知，当所研究的线性系统可控可观测时，卡尔曼滤波算法是稳定的[3]。但是，在滤波的初始阶段或系统的故障恢复阶段，估计误差 $\tilde{\boldsymbol{x}}_k$ 比较大，$\boldsymbol{\beta}_k$ 和 $\boldsymbol{\alpha}_k$ 不能近似为单位阵，此时扩展卡尔曼滤波算法与卡尔曼滤波算法估计误差的表达形式不同，不能直接套用卡尔曼滤波算法的稳定性分析方法。而且，如果误差增大到一定程度，$\boldsymbol{\beta}_k$ 和 $\boldsymbol{\alpha}_k$ 的值将变得相当大，基于线性化技术的扩展卡尔曼滤波算法将不能对非线性系统进行有效的近似，这种情况下滤波器有可能发散。$\boldsymbol{\beta}_k$ 和 $\boldsymbol{\alpha}_k$ 反映了线性化误差，即非线性函数泰勒级数展开式二次项及高次项的大小，但它们的准确值难以得到。引入 $\boldsymbol{\beta}_k$ 和 $\boldsymbol{\alpha}_k$ 是为了简化扩展卡尔曼滤波算法估计误差的表达式，在后面的稳定性分析中并不需要知道 $\boldsymbol{\beta}_k$ 和 $\boldsymbol{\alpha}_k$ 的大小，只要假定两者有界即可。

扩展卡尔曼滤波算法的稳定性分析可归纳为如下所示的定理形式，该定理的证明基于引理 6.2 进行。

定理 6.3：考虑如式（6-26）～式（6-28）所示非线性系统模型，扩展卡尔曼滤波算法如式（6-43）～式（6-47）所示，如果

对于任意 $k \in N$，以下假设条件成立

1）存在实数 f_{min}，f_{max}，h_{min}，h_{max}，β_{min}，β_{max}，α_{min}，α_{max}，使得下列不等式成立

$$f_{min}^2 \boldsymbol{I} \leqslant \boldsymbol{F}_k \boldsymbol{F}_k^{\mathrm{T}} \leqslant f_{max}^2 \boldsymbol{I} \tag{6-58}$$

$$h_{min}^2 \boldsymbol{I} \leqslant \boldsymbol{H}_k \boldsymbol{H}_k^{\mathrm{T}} \leqslant h_{max}^2 \boldsymbol{I} \tag{6-59}$$

$$\beta_{min}^2 \boldsymbol{I} \leqslant \boldsymbol{\beta}_k \boldsymbol{\beta}_k^{\mathrm{T}} \leqslant \beta_{max}^2 \boldsymbol{I} \tag{6-60}$$

$$\alpha_{min}^2 \boldsymbol{I} \leqslant \boldsymbol{\alpha}_k \boldsymbol{\alpha}_k^{\mathrm{T}} \leqslant \alpha_{max}^2 \boldsymbol{I} \tag{6-61}$$

$$(\alpha_{min} - 1)^2 \boldsymbol{I} \leqslant (\boldsymbol{\alpha}_k - \boldsymbol{I})(\boldsymbol{\alpha}_k - \boldsymbol{I})^{\mathrm{T}} \leqslant (\alpha_{max} - 1)^2 \boldsymbol{I} \tag{6-62}$$

2）存在正实数 q_{max}，r_{max}，p_{min}，p_{max}，$\hat{q}_{max}$，$\hat{q}_{min}$，$\hat{r}_{min}$，使得下列不等式成立

$$\boldsymbol{Q}_k \leqslant q_{max} \boldsymbol{I} \tag{6-63}$$

$$\boldsymbol{R}_k \leqslant r_{max} \boldsymbol{I} \tag{6-64}$$

$$p_{min} \boldsymbol{I} \leqslant \boldsymbol{P}_k \leqslant p_{max} \boldsymbol{I} \tag{6-65}$$

$$\hat{q}_{min} \boldsymbol{I} \leqslant \hat{\boldsymbol{Q}}_k \leqslant \hat{q}_{max} \boldsymbol{I} \tag{6-66}$$

$$\hat{\boldsymbol{R}}_k > \hat{r}_{min} \boldsymbol{I} \tag{6-67}$$

式中　$\hat{q}_{min} > \beta_{max}^2 f_{max}^2 p_{max} - f_{min}^2 p_{min}$；

$\hat{r}_{min} = \max(\hat{r}_1, \hat{r}_2)$；

$\hat{r}_1 = f_{max}^2 \beta_{max}^2 h_{max}^2 (\alpha_{max} - 1)^2 [p_{max} + p_{max}^2 f_{max}^2 \beta_{max}^2 (-\beta_{max} f_{max} \times$

　　$p_{max} + f_{min} p_{min} + \hat{q}_{min})^{-1}]$；

$\hat{r}_2 = h_{max}^2 \alpha_{max}^2 (f_{max}^2 p_{max} + \hat{q}_{max}) - h_{min}^2 (f_{min}^2 p_{min} + \hat{q}_{min})$。

那么存在常数 $\mu_{max} > 0$，$0 < \lambda_{min} \leqslant 1$，使得扩展卡尔曼滤波算法的估计误差满足

$$E\{\|\tilde{\boldsymbol{x}}_k\|^2\} \leqslant \frac{p_{max}}{p_{min}} E\{\|\tilde{\boldsymbol{x}}_0\|^2\}(1 - \lambda_{min})^k + \frac{\mu_{max}}{\hat{p}_{min}} \sum_{i=1}^{k-1}(1 - \lambda_{min})^i \tag{6-68}$$

证明： 选择函数

$$V_k(\tilde{\boldsymbol{x}}_k) = \tilde{\boldsymbol{x}}_k^{\mathrm{T}} \boldsymbol{P}_k^{-1} \tilde{\boldsymbol{x}}_k \tag{6-69}$$

由假设条件式（6-65），函数 $V_k(\tilde{\boldsymbol{x}}_k)$ 满足以下条件

$$\frac{1}{\rho_{max}} \|\tilde{\boldsymbol{x}}\| \leqslant V_k(\tilde{\boldsymbol{x}}_k) \leqslant \frac{1}{\rho_{min}} \|\tilde{\boldsymbol{x}}_k\|^2 \tag{6-70}$$

也就是说，引理 6.2 中的第 1 个条件式（6－40）可以得到满足。下面设法验证引理 6.2 中的另外一个条件，即构造 $E\{V_k(\tilde{\boldsymbol{x}}_k)\mid\tilde{\boldsymbol{x}}_{k-1}\}-V_{k-1}(\tilde{\boldsymbol{x}}_{k-1})$ 的上界。

首先考虑时间更新过程，定义预测误差 $\tilde{\boldsymbol{x}}_{k\mid k-1}$ 的函数

$$V_{k\mid k-1}(\tilde{\boldsymbol{x}}_{k\mid k-1})=\tilde{\boldsymbol{x}}_{k\mid k-1}^{\mathrm{T}}\boldsymbol{P}_{k\mid k-1}^{-1}\tilde{\boldsymbol{x}}_{k\mid k-1} \tag{6-71}$$

将式（6－44）和式（6－52）代入式（6－71），得到

$$E[V_{k\mid k-1}(\tilde{\boldsymbol{x}}_{k\mid k-1})\mid\tilde{\boldsymbol{x}}_{k-1}]=$$

$$E[(\boldsymbol{\beta}_k\boldsymbol{F}_k\tilde{\boldsymbol{x}}_{k-1}+\boldsymbol{w}_k)^{\mathrm{T}}(\boldsymbol{F}_k\boldsymbol{P}_{k-1}\boldsymbol{F}_k^{\mathrm{T}}+\hat{\boldsymbol{Q}}_k)^{-1}(\boldsymbol{\beta}_k\boldsymbol{F}_k\tilde{\boldsymbol{x}}_{k-1}+\boldsymbol{w}_k)\mid\tilde{\boldsymbol{x}}_{k-1}]$$

$$=(\boldsymbol{\beta}_k\boldsymbol{F}_k\tilde{\boldsymbol{x}}_{k-1})^{\mathrm{T}}(\boldsymbol{F}_k\boldsymbol{P}_{k-1}\boldsymbol{F}_k^{\mathrm{T}}+\hat{\boldsymbol{Q}}_k)^{-1}(\boldsymbol{\beta}_k\boldsymbol{F}_k\tilde{\boldsymbol{x}}_{k-1})+E(\boldsymbol{w}_k^{\mathrm{T}}\boldsymbol{P}_{k\mid k-1}^{-1}\boldsymbol{w}_k)$$

$$\tag{6-72}$$

应用矩阵求逆引理可得

$$E[V_{k\mid k-1}(\tilde{\boldsymbol{x}}_{k\mid k-1})\mid\tilde{\boldsymbol{x}}_{k-1}]=\tilde{\boldsymbol{x}}_{k-1}^{\mathrm{T}}\boldsymbol{P}_{k-1}^{-1}\tilde{\boldsymbol{x}}_{k-1}-\tilde{\boldsymbol{x}}_{k-1}^{\mathrm{T}}[\boldsymbol{P}_{k-1}+\boldsymbol{P}_{k-1}\times$$

$$\boldsymbol{F}_k^{\mathrm{T}}\boldsymbol{\beta}_k(\hat{\boldsymbol{Q}}_k+\delta\boldsymbol{Q}_k)^{-1}\boldsymbol{\beta}_k\boldsymbol{F}_k\boldsymbol{P}_{k-1}]^{-1}$$

$$\tilde{\boldsymbol{x}}_{k-1}+E(\boldsymbol{w}_k^{\mathrm{T}}\boldsymbol{P}_{k\mid k-1}^{-1}\boldsymbol{w}_k)$$

$$\tag{6-73}$$

式中

$$\delta\boldsymbol{Q}_k=-\boldsymbol{\beta}_k\boldsymbol{F}_k\boldsymbol{P}_{k-1}\boldsymbol{F}_k^{\mathrm{T}}\boldsymbol{\beta}_k+\boldsymbol{F}_k\boldsymbol{P}_{k-1}\boldsymbol{F}_k^{\mathrm{T}} \tag{6-74}$$

从式（6－73）的两端减去 $V_{k-1}(\tilde{\boldsymbol{x}}_{k-1})$

$$E[V_{k\mid k-1}(\tilde{\boldsymbol{x}}_{k\mid k-1})\mid\tilde{\boldsymbol{x}}_{k-1}]-V_{k-1}(\tilde{\boldsymbol{x}}_{k-1})$$

$$=-\tilde{\boldsymbol{x}}_{k-1}^{\mathrm{T}}[\boldsymbol{P}_{k-1}+\boldsymbol{P}_{k-1}\boldsymbol{F}_k^{\mathrm{T}}\boldsymbol{\beta}_k(\hat{\boldsymbol{Q}}_k+\delta\boldsymbol{Q}_k)^{-1}\boldsymbol{\beta}_k\boldsymbol{F}_k\boldsymbol{P}_{k-1}]^{-1}\tilde{\boldsymbol{x}}_{k-1}+E(\boldsymbol{w}_k^{\mathrm{T}}\boldsymbol{P}_{k\mid k-1}^{-1}\boldsymbol{w}_k)$$

$$\tag{6-75}$$

其次，考察测量更新过程。由 6.3.2.2 节，滤波增益阵和估计误差方差阵可写为等价形式

$$\boldsymbol{K}_k=\boldsymbol{P}_k\boldsymbol{H}_k^{\mathrm{T}}\hat{\boldsymbol{R}}_k^{-1} \tag{6-76}$$

$$\boldsymbol{P}_k=(\boldsymbol{P}_{k\mid k-1}^{-1}+\boldsymbol{H}_k^{\mathrm{T}}\boldsymbol{P}^{-1}\boldsymbol{H}_k)^{-1} \tag{6-77}$$

应用式（6－45）、式（6－57）和式（6－77），$V_k(\tilde{\boldsymbol{x}}_k)$ 的条件均值可写为

$$E[V_k(\tilde{x}_k) \mid \tilde{x}_{k-1}]$$

$$= E\{[\tilde{x}_{k|k-1} - K_k(\alpha_k H_k \tilde{x}_{k|k-1} + v_k)]^T P_k^{-1} [\tilde{x}_{k|k-1} -$$

$$K_k(\alpha_k H_k \tilde{x}_{k|k-1} + v_k)] \mid \tilde{x}_{k-1}\}$$

$$= E(\tilde{x}_{k|k-1}^T P_{k|k-1}^{-1} \tilde{x}_{k|k-1} \mid \tilde{x}_{k-1}) + E[\tilde{x}_{k|k-1}^T H_k^T (\hat{R}_k^{-1} - \alpha_k \hat{R}_k^{-1} - \hat{R}_k^{-1} \alpha_k +$$

$$\alpha_k \hat{R}_k^{-1} H_k P_k H_k^T \hat{R}_k^{-1} \alpha_k) H_k \tilde{x}_{k|k-1} \mid \tilde{x}_{k-1}] + E(v_k^T \hat{R}_k^{-1} H_k P_k H_k^T \hat{R}_k^{-1} v_k)$$

$$(6-78)$$

易于验证

$$\hat{R}_k^{-1} H_k P_k H_k^T \hat{R}_k^{-1} = \hat{R}_k^{-1} [I - \hat{R}_k (H_k P_{k|k-1} H_k^T + \hat{R}_k)^{-1}] \quad (6-79)$$

从式（6 - 78）两端减去函数 $V_{k|k-1}(\tilde{x}_{k|k-1})$ 的条件均值，并应用式（6 - 79）得到

$$E[V_k(\tilde{x}_k) \mid \tilde{x}_{k-1}] - E[V_{k|k-1}(\tilde{x}_{k|k-1}) \mid \tilde{x}_{k-1}]$$

$$= E\{\tilde{x}_{k|k-1}^T H_k^T [(\alpha_k - I)\hat{R}_k^{-1}(\alpha_k - I) - \alpha_k (H_k P_{k|k-1} H_k^T + \hat{R}_k)^{-1} \alpha_k] H_k \tilde{x}_{k|k-1}$$

$$\mid \tilde{x}_{k-1}\} + E(v_k^T R_k^{-1} H_k P_k H_K^T R_k^{-1} v_k)$$

$$= \tilde{x}_{k-1}^T F_k^T \beta_k H_k^T [(\alpha_k - I)\hat{R}_k^{-1}(\alpha_k - I) - \alpha_k (H_k P_{k|k-1} H_k^T + \hat{R}_k)^{-1} \alpha_k] H_k \beta_k F_k$$

$$\tilde{x}_{k-1} + E\{w_k^T H_k^T [(\alpha_k - I)\hat{R}_k^{-1}(\alpha_k - I) - \alpha_k (H_k P_{k|k-1} H_k^T + \hat{R}_k)^{-1} \alpha_k] H_k w_k\} + E(v_k^T \hat{R}_k^{-1} H_k P_k H_k^T \hat{R}_k^{-1} v_k)$$

$$(6-80)$$

结合对时间更新过程和测量更新过程的分析结果，即式（6 - 75）和式（6 - 80）可知

$$E[V_k(\tilde{x}_k) \mid \tilde{x}_{k-1}] - V_{k-1}(\tilde{x}_{k-1})$$

$$= \{E[V_k(\tilde{x}_t) \mid \tilde{x}_{k-1}] - E[V_{k|k-1}(\tilde{x}_{k|-1}) \mid \tilde{x}_{k-1}]\} +$$

$$\{E[V_{k|k-1}(\tilde{x}_{k|k-1}) \mid \tilde{x}_{k-1}] - V_{k-1}(\tilde{x}_{k-1})\}$$

$$= \tilde{x}_{k-1}^T \{F_k^T \beta_k H_k^T (\alpha_k - I)\hat{R}_k^{-1}(\alpha_k - I) H_k \beta_k F_k - F_k^T \beta_k H_k^T \alpha_k (H_k P_{k|k-1} H_k^T +$$

$$\hat{R}_k)^{-1} \alpha_k H_k \beta_k F_k - [P_{k-1} + P_{k-1} F_k^T \beta_k (\hat{Q}_k + \delta Q_k)^{-1} \beta_k F_k P_{k-1}]^{-1}\} \tilde{x}_{k-1} +$$

$$E\{w_k^T P_{k|k-1} w_k + v_k^T \hat{R}_k^{-1} H_k P_k H_k^T \hat{R}_k^{-1} v_k + w_k^T H_k^T [(\alpha_k - I)\hat{R}_k^{-1}(\alpha_k - I) -$$

$$\alpha_k (H_k P_{k|k-1} H_k^T + \hat{R}_k)^{-1} \alpha_k] H_k w_k\}$$

$$\overset{\Delta}{=} \mu_k - \lambda_k V_{k-1}(\tilde{\boldsymbol{x}}_{k-1}) \tag{6-81}$$

式中

$$\begin{aligned}
\mu_k &= E\{\boldsymbol{w}_k^{\mathrm{T}} \boldsymbol{P}_{k|k-1} \boldsymbol{w}_k + \boldsymbol{v}_k^{\mathrm{T}} \hat{\boldsymbol{R}}_k^{-1} \boldsymbol{H}_k \boldsymbol{P}_k \boldsymbol{H}_k^{\mathrm{T}} \hat{\boldsymbol{R}}_k^{-1} \boldsymbol{v}_k + \boldsymbol{w}_k^{\mathrm{T}} \boldsymbol{H}_k^{\mathrm{T}} [(\boldsymbol{\alpha}_k - \boldsymbol{I}) \times \\
&\quad \hat{\boldsymbol{R}}_k^{-1} (\boldsymbol{\alpha}_k - \boldsymbol{I}) - \boldsymbol{\alpha}_k (\boldsymbol{H}_k \boldsymbol{P}_{k|k-1} \boldsymbol{H}_k^{\mathrm{T}} + \hat{\boldsymbol{R}}_k)^{-1} \boldsymbol{\alpha}_k] \boldsymbol{H}_k \boldsymbol{w}_k \} - \\
&\quad \lambda_k V_{k-1}(\tilde{\boldsymbol{x}}_{k-1})
\end{aligned} \tag{6-82}$$

$$\begin{aligned}
&= \tilde{\boldsymbol{x}}_{k-1}^{\mathrm{T}} \{ \boldsymbol{F}_k^{\mathrm{T}} \boldsymbol{\beta}_k \boldsymbol{H}_k^{\mathrm{T}} (\boldsymbol{\alpha}_k - \boldsymbol{I}) \hat{\boldsymbol{R}}_k^{-1} (\boldsymbol{\alpha}_k - \boldsymbol{I}) \boldsymbol{H}_k \boldsymbol{\beta}_k \boldsymbol{F}_k - \\
&\quad \boldsymbol{F}_k^{\mathrm{T}} \boldsymbol{\beta}_k \boldsymbol{H}_k^{\mathrm{T}} \boldsymbol{\alpha}_k (\boldsymbol{H}_k \boldsymbol{P}_{k|k-1} \boldsymbol{H}_k^{\mathrm{T}} + \hat{\boldsymbol{R}}_k)^{-1} \boldsymbol{\alpha}_k \boldsymbol{H}_k \boldsymbol{\beta}_k \boldsymbol{F}_k - \\
&\quad [\boldsymbol{P}_{k-1} + \boldsymbol{P}_{k-1} \boldsymbol{F}_k^{\mathrm{T}} \boldsymbol{\beta}_k (\hat{\boldsymbol{Q}}_k + \delta \boldsymbol{Q}_k)^{-1} \boldsymbol{\beta}_k \boldsymbol{F}_k \boldsymbol{P}_{k-1}]^{-1} \} \tilde{\boldsymbol{x}}_{k-1}
\end{aligned} \tag{6-83}$$

接下来的任务是界定参数 μ_k 和 λ_k 的取值范围。应用定理 6.3 的假设条件不难得到

$$\begin{aligned}
\lambda_k V_{k-1}(\tilde{\boldsymbol{x}}_{k-1}) &\geqslant - \tilde{\boldsymbol{x}}_{k-1} \{ \boldsymbol{F}_k^{\mathrm{T}} \boldsymbol{\beta}_k \boldsymbol{H}_k^{\mathrm{T}} (\boldsymbol{\alpha}_k - \boldsymbol{I}) \hat{\boldsymbol{R}}_k^{-1} (\boldsymbol{\alpha}_k - \boldsymbol{I}) \boldsymbol{H}_k \boldsymbol{\beta}_k \boldsymbol{F}_k - \\
&\quad [\boldsymbol{P}_{k-1} + \boldsymbol{P}_{k-1} \boldsymbol{F}_k^{\mathrm{T}} \boldsymbol{\beta}_k (\hat{\boldsymbol{Q}}_k + \delta \boldsymbol{Q}_k)^{-1} \boldsymbol{\beta}_k \boldsymbol{F}_k \boldsymbol{P}_{k-1}]^{-1} \} \tilde{\boldsymbol{x}}_{k-1} \\
&\geqslant - \{ f_{max}^2 \beta_{max}^2 h_{max}^2 (\alpha_{max} - 1)^2 \hat{r}_{min}^{-1} - [p_{max} + p_{max}^2 f_{max}^2 \times \\
&\quad \beta_{max}^2 (\hat{q}_{min} + f_{min}^2 p_{min} - \beta_{max}^2 f_{max}^2 p_{max})^{-1}]^{-1} \} \tilde{\boldsymbol{x}}_{k-1}^{\mathrm{T}} \tilde{\boldsymbol{x}}_{k-1} > 0
\end{aligned} \tag{6-84}$$

由式 (6-84) 可知，$\lambda_k > 0$。此外，应用矩阵求逆引理可得

$$\begin{aligned}
&\lambda_k V_{k-1}(\tilde{\boldsymbol{x}}_{k-1}) - V_{k-1}(\tilde{\boldsymbol{x}}_{k-1}) \\
&\leqslant \tilde{\boldsymbol{x}}_{k-1}^{\mathrm{T}} \{ \boldsymbol{F}_k^{\mathrm{T}} \boldsymbol{\beta}_k \boldsymbol{H}_k^{\mathrm{T}} \boldsymbol{\alpha}_k (\boldsymbol{H}_k \boldsymbol{P}_{k|k-1} \boldsymbol{H}_k^{\mathrm{T}} + \hat{\boldsymbol{R}}_k)^{-1} \boldsymbol{\alpha}_k \boldsymbol{H}_k \boldsymbol{\beta}_k \boldsymbol{F}_k + [\boldsymbol{P}_{k-1} + \\
&\quad \boldsymbol{P}_{k-1} \boldsymbol{F}_k^{\mathrm{T}} \boldsymbol{\beta}_k (\hat{\boldsymbol{Q}}_k + \delta \boldsymbol{Q}_k)^{-1} \boldsymbol{\beta}_k \boldsymbol{F}_k \boldsymbol{P}_{k-1}]^{-1} \} \tilde{\boldsymbol{x}}_{k-1} - \tilde{\boldsymbol{x}}_{k-1}^{\mathrm{T}} \boldsymbol{P}_{k-1}^{-1} \tilde{\boldsymbol{x}}_{k-1} \\
&= \tilde{\boldsymbol{x}}_{k-1} \boldsymbol{F}_k^{\mathrm{T}} \boldsymbol{\beta}_k \{ \boldsymbol{H}_k^{\mathrm{T}} \boldsymbol{\alpha}_k [\boldsymbol{H}_k (\boldsymbol{F}_k \boldsymbol{P}_{k-1} \boldsymbol{F}_k^{\mathrm{T}} + \hat{\boldsymbol{Q}}_k) \boldsymbol{H}_k^{\mathrm{T}} + \hat{\boldsymbol{R}}_k]^{-1} \boldsymbol{\alpha}_k \boldsymbol{H}_k - \\
&\quad (\boldsymbol{F}_k \boldsymbol{P}_{k-1} \boldsymbol{F}_k^{\mathrm{T}} + \hat{\boldsymbol{Q}}_k)^{-1} \} \boldsymbol{\beta}_k \boldsymbol{F}_k \tilde{\boldsymbol{x}}_{k-1} \\
&\leqslant [h_{max}^2 \alpha_{max}^2 (h_{min}^2 f_{min}^2 p_{min} + h_{min}^2 \hat{q}_{min} + \hat{r}_{min})^{-1} - \\
&\quad (f_{max}^2 p_{max} + \hat{q}_{max})^{-1}] \tilde{\boldsymbol{x}}_{k-1}^{\mathrm{T}} \boldsymbol{F}_k^{\mathrm{T}} \boldsymbol{\beta}_k \boldsymbol{\beta}_k \boldsymbol{F}_k \tilde{\boldsymbol{x}}_{k-1} \leqslant 0
\end{aligned} \tag{6-85}$$

由式 (6-85) 可知，$\lambda_k \leqslant 1$。设 $\lambda_{min} = \min\limits_k (\lambda_k)$，由式 (6-84) 和式 (6-85) 可知

$$0 < \lambda_{min} \leqslant 1 \tag{6-86}$$

对式（6-82）的两端取迹，并应用定理 6.3 的假设条件易知

$$\mu_k \leqslant E\{w_k^T[P_{k|k-1} + H_k^T(\alpha_k - I)\hat{R}_k^{-1}(\alpha_k - I)H_k]w_k + v_k^T\hat{R}_k^{-1}H_kP_kH_k^T\hat{R}_k^{-1}v_k\}$$

$$= \text{tr}\{[P_{k|k-1} + H_k^T(\alpha_k - I)\hat{R}_k^{-1}(\alpha_k - I)H_k]E(w_kw_k^T) + (\hat{R}_k^{-1}H_kP_kH_k^T\hat{R}_k^{-1})E(v_kv_k^T)\}$$

$$= \text{tr}\{[(F_kP_{k-1}F_k^T + \hat{Q}_k)^{-1} + H_k^T(\alpha_k - I)\hat{R}_k^{-1}(\alpha_k - I)H_k]Q_k + (\hat{R}_k^{-1}H_kP_kH_k^T\hat{R}_k^{-1})R_k\}$$

$$\leqslant [(f_{min}^2 p_{min} + \hat{q}_{min})^{-1} + h_{max}^2(\alpha_{max} - 1)^2 \hat{r}_{min}^{-1}]q_{max} \cdot l + \hat{r}_{min}^{-2}h_{max}^2 \cdot p_{max}r_{max} \cdot m$$

$$\overset{\Delta}{=} \mu_{max} \geqslant 0$$

$$(6-87)$$

由式（6-81）、式（6-86）和式（6-87）可知，下述不等式成立

$$E[V_k(\tilde{x}_k) \mid \tilde{x}_{k-1}] - V_{k-1}(\tilde{x}_{k-1}) \leqslant \mu_{max} - \lambda_{min}V_{k-1}(\tilde{x}_{k-1})$$

$$(6-88)$$

应用引理 6.2 可得，式（6-68）成立。证毕。

定理 6.3 中的第 1 组条件要求非线性系统的雅克比矩阵和线性化误差是有界的，但未对误差界的大小进行任何限制，对于一般的物理系统，该条件是易于满足的；第 2 组条件要求噪声方差阵与算法中的 P_k 阵有界，Q_k 和 R_k 的有界性是显然的，而 P_k 的有界性依赖于系统的可观测性；定理要求算法中的 $\hat{Q}_k$ 和 $\hat{R}_k$ 取的足够大，如果 $\hat{Q}_k$ 和 $\hat{R}_k$ 可以任意选取，该条件能够得到满足。值得注意的是，该定理不要求初始误差 $\tilde{x}_0$ 足够小，适用于估计误差较大的情况。

对于扩展卡曼滤波算法而言，如果由 α_k 和 β_k 描述的线性化误差较大，将导致滤波性能下降。由式（6-84）可以看出，增大 $\hat{Q}_k$ 的作用在于控制参数 λ_k 或 λ_{min} 的取值范围，从而在 β_k 或 β_{max} 较大时使引理 6.2 中的条件成立。可以理解为，增大算法中的系统噪声方差阵 $\hat{Q}_k$，有助于保持滤波稳定性。工程实践过程中，滤波器的设计往往包含根据经验调节滤波参数的内容，并且，通常认为增大系统噪

声方差阵有助于增强滤波器克服系统模型不确定性影响的能力，一般可将线性化误差视为系统模型不确定性，不难看出，这一论断与本节的分析结论是一致的。因此，对扩展卡尔曼滤波算法的稳定性分析可为滤波参数调节提供理论依据。

$\hat{R}_k$ 的作用在于减弱量值较大的 $\boldsymbol{\alpha}_k$ 的不良影响，分析式（6-81）中的第 1 项，线性化误差的增大会造成能量函数 $V_k(\tilde{x}_k)$ 增大，可能导致滤波器发散，而增大 $\hat{R}_k$ 可以减小第一项的量值，避免 $E[V_k(\tilde{x}_k) \mid \tilde{x}_{k-1}] - V_{k-1}(\tilde{x}_{k-1}) > 0$。另外，如果测量方程为线性，即 $\boldsymbol{\alpha}_k = \boldsymbol{I}$，则式（6-81）中第 1 项为 0，这时就没有必要增大 $\hat{R}_k$。

6.2　基于不确定模型的滤波方法

本章以规范化鲁棒滤波算法为例，介绍适用于处理不确定性模型的滤波器设计方法。通过对加权最小二乘算法问题的求解，推导了规范化鲁棒滤波算法方程，并基于估计误差方差上界最小这一设计指标，对算法的参数进行了优化。以基于陀螺和星敏感器的高精度卫星姿态确定问题为例，在考虑姿态敏感器安装误差的情况下，通过仿真说明了规范化鲁棒滤波算法相对于传统卡尔曼滤波算法的优势。

6.2.1　鲁棒滤波问题描述

6.2.1.1　鲁棒滤波理论的发展

卡尔曼滤波算法是基于线性状态空间模型设计的，要求模型形式和参数是精确已知的，系统噪声和测量噪声为零均值高斯白噪声。但是，在实际应用过程中，滤波模型和实际模型之间往往会存在一些差异，而高斯白噪声也只是对实际系统中存在的随机干扰信号的一种近似。相关文献中通常将滤波模型与实际模型之间的未知偏差称为模型不确定性。模型不确定性的存在会造成卡尔曼滤波算法性能下降，甚至发散。在深空探测自主导航系统中，光学成像敏感器的安装偏差和 X 射线脉冲星的角位置误差（星表误差）等均可视为模型不确定性。

模型不确定性问题已经受到学术界的广泛关注，并且提出了多种用于消弱模型不确定性影响的滤波算法。其中最常用的方法之一是将未知的模型参数扩充为状态变量，同原有的状态变量一起进行估计，模型参数的估计值可用于对模型进行修正。但是，应当注意，模型参数作为状态变量有可能是不可观的，在对系统进行扩维处理后，需要重新进行可观性分析。如果扩维后的系统是可观的，那么采取状态变量扩维的方法在一定程度上能消弱系统偏差的影响。相反，如果扩维前系统是可观的，而扩维后系统不可观，则作为状态变量的系统偏差不能通过滤波算法得到准确的估计，此时，采用扩维技术不能实现对模型不确定性的有效补偿。此外，模型参数经过估计和修正后不可避免会剩余部分残差，也会影响滤波精度。

在工程应用中，根据经验手工调节卡尔曼滤波算法中参数的取值是克服模型不确定性影响的方法之一。但是，手工调节滤波参数的做法缺乏理论依据，实际工作中，针对高维系统调节滤波参数的过程往往非常困难。因此，人们试图建立一套理论方法，用于根据有关模型不确定性的先验知识给出滤波参数的参考值，从而简化或代替人为的滤波参数调节过程。

基于这一思路，20 世纪 80 年代以来，有关鲁棒滤波算法的研究工作取得了很大进展。相关文献中一般将带有不确定性误差项的模型称为不确定性模型。针对不确定性模型，如何设计状态估计器，使其估计结果满足一定的设计指标要求，这属于鲁棒滤波算法的研究范畴。与卡尔曼滤波算法等不同，鲁棒滤波算法在设计阶段就考虑了模型不确定性的影响，能够将有关模型不确定性的先验知识用于优化滤波参数的设计，使包含在系统模型和观测量中的信息得到充分合理的运用，从而抑制模型不确定性对估计精度的不利影响。此外，鲁棒滤波算法理论的发展能够为手工调节滤波参数的实践活动提供参考依据。

在众多参考文献给出的算例中[9-15]，鲁棒滤波算法往往能够体现出优于传统卡尔曼滤波算法或扩展卡尔曼滤波算法的估计精度。但鲁棒滤波算法的研究多是针对假想的系统进行的，在解决实际问题方面所做的研究相对较少。此外，一种鲁棒滤波算法是否奏效，很大程度上取决于不确定模型是否准确反映了实际系统中模型不确定性的影响，针对具体的系统误差建立恰当的不确定模型，是鲁棒滤波算法设计的关键。

起初，对鲁棒滤波算法进行研究的基本思路是根据实际系统中未知分布干扰信号能量的上界设计滤波器，设计指标是使干扰信号到估计误差的闭环传递函数的 H_∞ 范数小于给定的正数 γ，根据这一原则设计的鲁棒滤波器通常被称为 H_∞ 滤波器或鲁棒 H_∞ 滤波器。近些年来，人们不断深化对鲁棒滤波理论的研究，针对不同类型的模型不确定性（如范数有界不确定性、满足积分二次约束的不确定性和时间延迟）和不同的设计指标（如 H_∞ 范数有界、估计误差方差上界最小和误差椭球最小），提出了具有多种不同实现形式［如里卡提（Riccati）方程和线性矩阵不等式］的鲁棒滤波算法，包括 H_∞ 滤波算法、集合值估计算法和保成本估计算法等。上面提到的几种算法共同的局限性在于需要在设计过程中验证特定的存在性条件，当存在性条件不成立时，滤波算法的性能得不到保证。而针对实际系统设计滤波器的过程，对存在性条件的验证往往比较困难。

作为鲁棒滤波算法的一种，规范化鲁棒滤波（regularized robust filter）是基于不确定模型设计的，在设计过程中就考虑了模型不确定性的影响。与前面提到的几种鲁棒滤波算法不同，规范化鲁棒滤波算法的设计过程和算法形式与卡尔曼滤波算法较为相似，且不必检验存在性条件，便于工程技术人员应用。

应当指出，除鲁棒滤波算法外，多模型滤波算法也是用于处理模型不确定性的方法之一，其基本思路是建立由多个模型构成的模型集来描述带有不确定性的实际系统，基于模型集中的各个模型分别设计卡尔曼滤波算法，多个滤波器进行并行计算，取各滤波器状态估计值的加权平均值作为多模型滤波算法的估计结果。多模型滤波算法包括多模型自适应估计（MMAE）算法[16]、交互式多模型估计（IMM）算法[17]、交互式多模型无迹滤波（IMM - UKF）算法[18]和多模型粒子滤波（MMPF）算法[19]等，以上方法在滤波器的实现形式和权值的计算方法上具有各自不同的特点。有文献报导了上述算法在机动目标跟踪、导航定位、故障诊断和参数辨识等领域成功应用的实例。相对于鲁棒滤波算法，多模型滤波算法的缺点在于计算量较大，优点在于能够实现对一些未知模型参数的辨识。限于篇幅，本章重点介绍鲁棒滤波算法的基本设计思路，对多模型滤波算法不作展开叙述。

6.2.1.2　鲁棒滤波算法的基本设计思路

本节的主要目的是阐明针对不确定系统模型设计鲁棒滤波算法的基本设计思路，以规范化滤波算法的设计为例进行说明。针对规范化鲁棒滤波算法设计问题，考虑如下所示的不确定系统模型

$$\boldsymbol{x}_k = \boldsymbol{F}_k \boldsymbol{x}_{k-1} + \boldsymbol{w}_k \tag{6-89}$$

$$\boldsymbol{y}_k = (\boldsymbol{H}_k + \delta \boldsymbol{H}_k) \boldsymbol{x}_k + \boldsymbol{v}_k \tag{6-90}$$

式中　$\boldsymbol{x}_k \in \boldsymbol{R}^l$——表示状态变量；

$\boldsymbol{y}_k \in \boldsymbol{R}^m$——表示观测量；

$\boldsymbol{w}_k \in \boldsymbol{R}^l$，$\boldsymbol{v}_k \in \boldsymbol{R}^m$——分别表示系统噪声和测量噪声；

$\boldsymbol{F}_k \in \boldsymbol{R}^{l \times l}$，$\boldsymbol{H}_k \in \boldsymbol{R}^{m \times l}$——已知的系统矩阵和观测矩阵；

$\delta \boldsymbol{H}_k \in \boldsymbol{R}^{m \times l}$——测量模型中的时变不确定误差项。

假定 $\boldsymbol{w}_k$ 和 $\boldsymbol{v}_k$ 为不相关的零均值白噪声，且满足以下条件

$$E(\boldsymbol{w}_k \boldsymbol{w}_j^{\mathrm{T}}) = \begin{cases} \boldsymbol{Q}_k, & k=j \\ 0, & k \neq j \end{cases}, E(\boldsymbol{v}_k \boldsymbol{v}_j^{\mathrm{T}}) = \begin{cases} \boldsymbol{R}_k, & k=j \\ 0, & k \neq j \end{cases} \tag{6-91}$$

式中　$\boldsymbol{Q}_k$，$\boldsymbol{R}_k$——已知正定矩阵。

不难看出，用于设计规范化鲁棒滤波算法的状态空间模型形式与用于设计卡尔曼滤波算法的模型比较接近，区别在于如式（6-89）和式（6-90）所示的模型在观测方程中带有不确定性误差项 $\delta \boldsymbol{H}_k$。

为了便于鲁棒滤波算法的设计，将模型不确定性误差项 $\delta \boldsymbol{H}_k$ 建模为

$$\delta \boldsymbol{H}_k = \boldsymbol{M}_k \boldsymbol{\Delta}_{Hk} \boldsymbol{E}_k \tag{6-92}$$

式中　$\boldsymbol{M}_k$，$\boldsymbol{E}_k$——已知的刻度矩阵。

　　　$\boldsymbol{\Delta}_{Hk}$——未知矩阵，满足以下条件

$$\boldsymbol{\Delta}_{Hk}^{\mathrm{T}} \boldsymbol{\Delta}_{Hk} \leqslant \boldsymbol{I} \tag{6-93}$$

并且，假定下列条件得到满足

$$E(\boldsymbol{x}_k \boldsymbol{x}_k^{\mathrm{T}}) \leqslant \gamma_x^2 \boldsymbol{I}, \ \boldsymbol{\Delta}_{Hk} \boldsymbol{\Delta}_{Hk}^{\mathrm{T}} \leqslant \boldsymbol{I}, \ \boldsymbol{E}_k \boldsymbol{E}_k^{\mathrm{T}} \leqslant \boldsymbol{I} \tag{6-94}$$

一般来说，对于能量有界的物理过程而言，有界性条件 $E(\boldsymbol{x}_k \boldsymbol{x}_k^{\mathrm{T}}) \leqslant \gamma_x^2 \boldsymbol{I}$ 可以得到满足。鉴于不确定性误差项的大小可通过矩阵 $\boldsymbol{M}_k$ 来刻画，在 $\boldsymbol{M}_k$ 足够大时，条件 $\boldsymbol{E}_k \boldsymbol{E}_k^{\mathrm{T}} \leqslant \boldsymbol{I}$ 可以得到满足。

规范化鲁棒滤波算法的设计指标是使不确定性对测量残差的最大影响最小化，具体公式如下所示

$$\hat{\boldsymbol{x}}_k = \arg\{\min_{\boldsymbol{x}_k}[\max_{(\delta \boldsymbol{H}_k)} J(\boldsymbol{x}_k)]\} \tag{6-95}$$

式中

$$J(\boldsymbol{x}) = \| \boldsymbol{x}_k - \hat{\boldsymbol{x}}_{k|k-1} \|_{\boldsymbol{S}_k^{-1}}^2 + \| \boldsymbol{y}_k - (\boldsymbol{H}_k + \delta \boldsymbol{H}_k)\boldsymbol{x}_k \|_{\boldsymbol{T}_k^{-1}}^2 \tag{6-96}$$

$\hat{\boldsymbol{x}}_k$——状态变量的估计值；

$\hat{\boldsymbol{x}}_{k|k-1}$——状态预测值，可根据下式计算

$$\hat{\boldsymbol{x}}_{k|k-1} = \boldsymbol{F}_k \hat{\boldsymbol{x}}_{k-1} \tag{6-97}$$

$\boldsymbol{S}_k^{-1}$，$\boldsymbol{T}_k^{-1}$——需要根据进一步的设计要求确定的权矩阵，可选择的设计要求之一是使估计误差的上界最小化。

通过比较不难看出，规范化鲁棒滤波算法的设计指标与卡尔曼滤波算法的设计指标也有相似之处，区别在于鲁棒滤波的设计指标考虑了 $\delta \boldsymbol{H}_k$ 的影响。

根据上述设计要求，规范化鲁棒滤波算法的设计可分为 2 步，第一步是求解如式（6-95）所示的最小最大问题，得到规范化鲁棒滤波算法的结构形式；第二步是确定权矩阵 $\boldsymbol{S}_k^{-1}$ 和 $\boldsymbol{T}_k^{-1}$ 的取值，使

得规范化鲁棒滤波算法估计误差的上界最小化。

6.2.2　鲁棒滤波算法设计

6.2.2.1　最小最大问题的求解

本节的主要任务是通过求解如式（6-95）所示的最小最大问题来确定规范化鲁棒滤波算法的结构形式。该问题可应用如下引理求解。

引理 6.3：考虑如下所示的优化问题

$$\hat{x} = \arg\left(\min_{x}\left\{\max_{\{\delta A, \delta b\}}\left[\parallel x \parallel_{\boldsymbol{\Pi}}^{2} + \parallel (\boldsymbol{A} + \delta A)x - (\boldsymbol{b} + \delta b) \parallel_{\boldsymbol{W}}^{2}\right]\right\}\right)$$

$$(6-98)$$

式中　$\boldsymbol{A}$——已知矩阵；

　　　$\boldsymbol{b}$——已知矢量；

　　　$\boldsymbol{x}$——未知矢量；

　　　$\boldsymbol{\Pi} = \boldsymbol{\Pi}^{\mathrm{T}} > 0,\ \boldsymbol{W} = \boldsymbol{W}^{\mathrm{T}} > 0$——给定的权矩阵；

　　　$\delta A,\ \delta b$——不确定性误差项，建模为如下形式

$$[\delta A \quad \delta b] = \boldsymbol{C\Delta}[\boldsymbol{E}_{a} \quad \boldsymbol{E}_{b}] \qquad (6-99)$$

式中　$\boldsymbol{C},\ \boldsymbol{E}_{a},\ \boldsymbol{E}_{b}$——已知矩阵；

　　　$\boldsymbol{\Delta}$——满足条件 $\parallel \boldsymbol{\Delta} \parallel \leqslant 1$ 的未知矩阵。

优化问题式（6-98）的解如下所示

$$\hat{x} = [\hat{\boldsymbol{\Pi}} + \boldsymbol{A}^{\mathrm{T}}\hat{\boldsymbol{W}}\boldsymbol{A}]^{-1}[\boldsymbol{A}^{\mathrm{T}}\hat{\boldsymbol{W}}\boldsymbol{b} + \hat{\beta}\boldsymbol{E}_{a}^{\mathrm{T}}\boldsymbol{E}_{b}] \qquad (6-100)$$

式中，矩阵 $\hat{\boldsymbol{\Pi}}$ 和 $\hat{\boldsymbol{W}}$ 定义为

$$\hat{\boldsymbol{\Pi}} = \boldsymbol{\Pi} + \hat{\beta}\boldsymbol{E}_{a}^{\mathrm{T}}\boldsymbol{E}_{a},\ \hat{\boldsymbol{W}} = \boldsymbol{W} + \boldsymbol{WC}\ (\hat{\beta}\boldsymbol{I} - \boldsymbol{C}^{\mathrm{T}}\boldsymbol{WC})^{+}\boldsymbol{C}^{\mathrm{T}}\boldsymbol{W} \quad (6-101)$$

$\hat{\beta}$ 为正参数

$$\hat{\beta} = \arg\left\{\min_{\beta \geqslant C^{\mathrm{T}}WC}[G(\beta)]\right\} \qquad (6-102)$$

函数 $G(\beta)$ 定义为如下形式

$$G(\beta) = \parallel x(\beta) \parallel_{\boldsymbol{\Pi}(\beta)}^{2} + \beta\parallel \boldsymbol{E}_{a}x(\beta) - \boldsymbol{E}_{b} \parallel^{2} + \parallel \boldsymbol{A}x(\beta) - \boldsymbol{b} \parallel_{\boldsymbol{W}(\beta)}^{2}$$

$$(6-103)$$

式中　　　$\boldsymbol{W}(\beta) = \boldsymbol{W} + \boldsymbol{WC}(\beta\boldsymbol{I} - \boldsymbol{C}^{\mathrm{T}}\boldsymbol{WC})^{+}\boldsymbol{C}^{\mathrm{T}}\boldsymbol{W}$

$$\boldsymbol{\Pi}(\beta) = \boldsymbol{\Pi} + \boldsymbol{E}_{a}^{\mathrm{T}}\boldsymbol{E}_{a} \qquad (6-104)$$

$$x(\beta) = \left[\boldsymbol{\Pi}(\beta) + \boldsymbol{A}^{\mathrm{T}} \boldsymbol{W}(\beta) \boldsymbol{A} \right]^{-1} \left[\boldsymbol{A}^{\mathrm{T}} \boldsymbol{W}(\beta) \boldsymbol{b} + \beta \boldsymbol{E}_a^{\mathrm{T}} \boldsymbol{E}_b \right]$$

$$(6 - 105)$$

引理 6.3 的证明可参见文献［20］。引理中参数 $\hat{\beta}$ 需要通过优化方法求取，有可能影响算法的实时应用。为了解决这一问题，参考文献［21］给出了一种近似计算 $\hat{\beta}$ 的方法，即令 $\hat{\beta} = (1 + \alpha)\,\beta_l$，其中 $\alpha > 0$ 为一正常数，$\beta_l = \| \boldsymbol{C}^{\mathrm{T}} \boldsymbol{W} \boldsymbol{C} \|$，符号 $\| \cdot \|$ 表示矩阵的最大奇异值。利用上述近似，式（6 - 101）中的伪逆可写为矩阵的逆，根据矩阵求逆引理可得

$$\hat{\boldsymbol{W}} = (\boldsymbol{W}^{-1} - \hat{\beta}^{-1} \boldsymbol{C} \boldsymbol{C}^{\mathrm{T}})^{-1} \qquad (6 - 106)$$

下面设法将设计指标式（6 - 95）写为引理 6.3 规定的形式。将式（6 - 96）中的第 2 项写为

$$\begin{aligned}
\boldsymbol{y}_k - (\boldsymbol{H}_k + \delta \boldsymbol{H}_k) \boldsymbol{x}_k &= -(\boldsymbol{H}_k + \delta \boldsymbol{H}_k)(\boldsymbol{x}_k - \hat{\boldsymbol{x}}_{k|k-1}) - \delta \boldsymbol{H}_k \hat{\boldsymbol{x}}_{k|k-1} + \\
&\quad (\boldsymbol{y}_k - \boldsymbol{H}_k \hat{\boldsymbol{x}}_{k|k-1}) \\
&= -\left[\boldsymbol{H}_k + \delta \boldsymbol{H}_k + \delta \boldsymbol{D}_k \right](\boldsymbol{x}_k - \hat{\boldsymbol{x}}_{k|k-1}) + \\
&\quad (\boldsymbol{y}_k - \boldsymbol{H}_k \hat{\boldsymbol{x}}_{k|k-1})
\end{aligned}$$

$$(6 - 107)$$

式中　$\delta \boldsymbol{D}_k \in \boldsymbol{R}^{l \times l}$——未知时变矩阵，满足条件

$$\delta \boldsymbol{H}_k \hat{\boldsymbol{x}}_{k|k-1} = \delta \boldsymbol{D}_k \,(\boldsymbol{x}_k - \hat{\boldsymbol{x}}_{k|k-1}) \qquad (6 - 108)$$

矩阵 $\delta \boldsymbol{D}_k$ 建模为

$$\delta \boldsymbol{D}_k = \boldsymbol{\Delta}_{Dk} \boldsymbol{G}_k \qquad (6 - 109)$$

式中　$\boldsymbol{\Delta}_{Dk} \in \boldsymbol{R}^{l \times l}$——满足下述条件的未知矩阵

$$\boldsymbol{\Delta}_{Dk}^{\mathrm{T}} \boldsymbol{\Delta}_{Dk} \leqslant \boldsymbol{I} \qquad (6 - 110)$$

　　$\boldsymbol{G}_k \in \boldsymbol{R}^{l \times l}$——刻度矩阵。显然，$\boldsymbol{G}_k$ 的取值很难确定。

事实上，引入矩阵 $\boldsymbol{G}_k$ 是为了方便引理 6.3 的应用，后面设计完成的规范化鲁棒滤波算法中并不需要知道 $\boldsymbol{G}_k$ 的值。由式（6 - 107），并且考虑到引入了未知矩阵 $\delta \boldsymbol{D}_k$，将滤波算法设计指标更新为如下形式

$$\hat{\boldsymbol{x}}_k = \arg \Big(\min_{\boldsymbol{x}_k} \{ \max_{\{\delta \boldsymbol{H}'_k\}} [\, \| \boldsymbol{x}_k - \hat{\boldsymbol{x}}_{k|k-1} \|_{S_k^{-1}}^2 +$$

$$\| (\boldsymbol{H}_k + \delta \boldsymbol{H}_k + \delta \boldsymbol{D}_k)(\boldsymbol{x}_k - \hat{\boldsymbol{x}}_{k|k-1}) - (\boldsymbol{y}_k - \boldsymbol{H}_k \hat{\boldsymbol{x}}_{k|k-1}) \|_{T_k^{-1}}^2 \,] \} \Big)$$

$$(6 - 111)$$

式中

$$\delta \boldsymbol{H}'_k = \delta \boldsymbol{H}_k + \delta \boldsymbol{D}_k = \begin{bmatrix} \boldsymbol{M}_k & \boldsymbol{I} \end{bmatrix} \begin{bmatrix} \boldsymbol{\Delta}_{Hk} & \\ & \boldsymbol{\Delta}_{Dk} \end{bmatrix} \begin{bmatrix} \boldsymbol{E}_k \\ \boldsymbol{G}_k \end{bmatrix} \quad (6-112)$$

令

$$\boldsymbol{x} \leftarrow \boldsymbol{x}_k - \hat{\boldsymbol{x}}_{k|k-1}, \ \boldsymbol{\Pi} \leftarrow \boldsymbol{S}_k^{-1}, \ \boldsymbol{A} \leftarrow \boldsymbol{H}_k, \ \delta \boldsymbol{A} \leftarrow \delta \boldsymbol{H}_k + \delta \boldsymbol{D}_k,$$

$$\boldsymbol{b} \leftarrow \boldsymbol{y}_k - \boldsymbol{H}_k \hat{\boldsymbol{x}}_{k|k-1}, \ \delta \boldsymbol{b} \leftarrow 0, \ \boldsymbol{W} \leftarrow \boldsymbol{T}_k^{-1}, \ \boldsymbol{C} \leftarrow \begin{bmatrix} \boldsymbol{M}_k & \boldsymbol{I} \end{bmatrix},$$

$$\boldsymbol{\Delta} \leftarrow \begin{bmatrix} \boldsymbol{\Delta}_{Hk} & \\ & \boldsymbol{\Delta}_{Dk} \end{bmatrix}, \ \boldsymbol{E}_a \leftarrow \begin{bmatrix} \boldsymbol{E}_k \\ \boldsymbol{G}_k \end{bmatrix}, \ \boldsymbol{E}_b \leftarrow \begin{bmatrix} 0 \\ 0 \end{bmatrix}$$

则优化问题式（6-111）可写为引理 6.3 中规定的形式。直接应用引理 6.3，可以得到规范化鲁棒滤波算法解的形式

$$\hat{\boldsymbol{x}}_k = \hat{\boldsymbol{x}}_{k|k-1} + \{ \boldsymbol{S}_k^{-1} + \hat{\beta}_k (\boldsymbol{E}_k^{\mathrm{T}} \boldsymbol{E}_k + \boldsymbol{G}_k^{\mathrm{T}} \boldsymbol{G}_k) + \boldsymbol{H}_k^{\mathrm{T}} [\boldsymbol{T}_k - \hat{\beta}_k^{-1} (\boldsymbol{I} +$$
$$\boldsymbol{M}_k \boldsymbol{M}_k^{\mathrm{T}})]^{-1} \boldsymbol{H}_k \}^{-1} \boldsymbol{H}_k^{\mathrm{T}} [\boldsymbol{T}_k - \hat{\beta}_k^{-1} (\boldsymbol{I} + \boldsymbol{M}_k \boldsymbol{M}_k^{\mathrm{T}})]^{-1} (\boldsymbol{y}_k - \boldsymbol{H}_k \hat{\boldsymbol{x}}_{k|k-1})$$

$$(6-113)$$

参数 $\hat{\beta}_k$ 采用近似方法获得，即令 $\hat{\beta}_k = (1+\alpha) \hat{\beta}_{lk}$，$\alpha$ 为一小正数

$$\hat{\beta}_{lk} = \left\| \begin{bmatrix} \boldsymbol{M}_k^{\mathrm{T}} \\ \boldsymbol{I} \end{bmatrix} \boldsymbol{T}_k^{-1} \begin{bmatrix} \boldsymbol{M}_k & \boldsymbol{I} \end{bmatrix} \right\|$$

定义增益阵 $\boldsymbol{K}_k$ 为

$$\boldsymbol{K}_k = \{ \boldsymbol{S}_k^{-1} + \hat{\beta}_k (\boldsymbol{E}_k^{\mathrm{T}} \boldsymbol{E}_k + \boldsymbol{G}_k^{\mathrm{T}} \boldsymbol{G}_k) + \boldsymbol{H}_k^{\mathrm{T}} [\boldsymbol{T}_k - \hat{\beta}_k^{-1} (\boldsymbol{I} + \boldsymbol{M}_k \boldsymbol{M}_k^{\mathrm{T}})]^{-1} \boldsymbol{H}_k \}^{-1}$$
$$\boldsymbol{H}_k^{\mathrm{T}} [\boldsymbol{T}_k - \hat{\beta}_k^{-1} (\boldsymbol{I} + \boldsymbol{M}_k \boldsymbol{M}_k^{\mathrm{T}})]^{-1}$$

$$(6-114)$$

表达式（6-113）可写为

$$\hat{\boldsymbol{x}}_k = \hat{\boldsymbol{x}}_{k|k-1} + \boldsymbol{K}_k (\boldsymbol{y}_k - \boldsymbol{H}_k \hat{\boldsymbol{x}}_{k|k-1}) \quad (6-115)$$

到此为止，我们已经获得了规范化鲁棒滤波算法的迭代形式，如式（6-97）、式（6-114）和式（6-115）所示。但加权矩阵 $\boldsymbol{S}_k^{-1}$ 和 $\boldsymbol{T}_k^{-1}$ 的值尚未确定。本章将 $\boldsymbol{S}_k$ 和 $\boldsymbol{T}_k$ 视为设计参数，通过对 $\boldsymbol{S}_k$ 和 $\boldsymbol{T}_k$ 的优化使得滤波算法满足进一步的性能要求。

6.2.2.2　加权矩阵的优化

本节的主要任务是通过对加权矩阵的优化，使得所设计的滤波

算法的估计误差上界最小化。定义估计误差为

$$\tilde{x}_k = x_k - \hat{x}_k \qquad (6-116)$$

预测误差为

$$\tilde{x}_{k|k-1} = x_k - \hat{x}_{k|k-1} \qquad (6-117)$$

加权矩阵优化方法可归纳为如下定理[22]。

定理 6.4：考虑如式（6-89）～式（6-93）所示的不确定性系统和如式（6-97）、式（6-114）、式（6-115）所示的鲁棒滤波算法。如果条件式（6-94）成立，那么对于 $0 < k \leqslant n$，滤波算法的估计误差满足如下所示的有界性条件

$$E(\tilde{x}_k \, \tilde{x}_k^{\mathrm{T}}) \leqslant \sum\nolimits_k \qquad (6-118)$$

式中　n——任意正整数；

　　　$\sum\nolimits_k$——下列差分方程的解

$$\sum\nolimits_{k|k-1} = F_k \sum\nolimits_{k-1} F_k^{\mathrm{T}} + Q_k \qquad (6-119)$$

$$\sum\nolimits_k = (1+\varepsilon)(I - K_k H_k) \sum\nolimits_{k|k-1} (I - K_k H_k)^{\mathrm{T}} +$$
$$(1+\varepsilon^{-1})\gamma_x^2 K_k M_k M_k^{\mathrm{T}} K_k^{\mathrm{T}} + K_k R_k K_k^{\mathrm{T}} \qquad (6-120)$$

初始条件满足

$$\sum\nolimits_0 \geqslant E(\tilde{x}_0 \, \tilde{x}_0^{\mathrm{T}}) \qquad (6-121)$$

式中　ε——正常数。

并且，如果加权矩阵按下式选取

$$S_k^{-1} = (1+\varepsilon)^{-1} \sum\nolimits_{k|k-1}^{-1} - \hat{\beta}_k (E_k^{\mathrm{T}} E_k + G_k^{\mathrm{T}} G_k) \qquad (6-122)$$

$$T_k^{-1} = [R_k + (1+\varepsilon^{-1})\gamma_x^2 M_k M_k^{\mathrm{T}} + \hat{\beta}_k^{-1}(I + M_k M_k^{\mathrm{T}})]^{-1} \qquad (6-123)$$

那么，如式（6-114）所示的增益矩阵使得方差上界 $\sum\nolimits_k$ 最小化。

证明：首先构造 $E(\tilde{x}_k \, \tilde{x}_k^{\mathrm{T}})$ 的上界 $\sum\nolimits_k$，进而推导增益阵 K_k，使得误差上界 $\sum\nolimits_k$ 最小化。加权矩阵 S_k^{-1} 和 T_k^{-1} 根据导出的 K_k 确定。

将式（6-115）代入式（6-116），估计误差可写为

$$\tilde{\boldsymbol{x}}_k = \boldsymbol{x}_k - \hat{\boldsymbol{x}}_{k|k-1} - \boldsymbol{K}_k (\boldsymbol{y}_k - \boldsymbol{H}_k \hat{\boldsymbol{x}}_{k|k-1}) \tag{6-124}$$

将式（6-90）和式（6-117）代入，可得

$$\tilde{\boldsymbol{x}}_k = (\boldsymbol{I} - \boldsymbol{K}_k \boldsymbol{H}_k) \tilde{\boldsymbol{x}}_{k|k-1} - \boldsymbol{K}_k \delta \boldsymbol{H}_k \boldsymbol{x}_k - \boldsymbol{K}_k \boldsymbol{v}_k \tag{6-125}$$

考虑条件式（6-91），估计误差方差可表述为

$$E(\tilde{\boldsymbol{x}}_k \tilde{\boldsymbol{x}}_k^{\mathrm{T}}) = E\{[(\boldsymbol{I} - \boldsymbol{K}_k \boldsymbol{H}_k) \tilde{\boldsymbol{x}}_{k|k-1} - \boldsymbol{K}_k \delta \boldsymbol{H}_k \boldsymbol{x}_k]$$
$$[(\boldsymbol{I} - \boldsymbol{K}_k \boldsymbol{H}_k) \tilde{\boldsymbol{x}}_{k|k-1} - \boldsymbol{K}_k \delta \boldsymbol{H}_k \boldsymbol{x}_k]^{\mathrm{T}}\} + \boldsymbol{K}_k \boldsymbol{R}_k \boldsymbol{K}_k^{\mathrm{T}}$$
$$\tag{6-126}$$

根据如下所示的不等式

$$[\varepsilon^{1/2} (\boldsymbol{I} - \boldsymbol{K}_k \boldsymbol{H}_k) \tilde{\boldsymbol{x}}_{k|k-1} + \varepsilon^{-1/2} \boldsymbol{K}_k \delta \boldsymbol{H}_k \boldsymbol{x}_k]^{\mathrm{T}} \cdot$$
$$[\varepsilon^{1/2} (\boldsymbol{I} - \boldsymbol{K}_k \boldsymbol{H}_k) \tilde{\boldsymbol{x}}_{k|k-1} + \varepsilon^{-1/2} \boldsymbol{K}_k \delta \boldsymbol{H}_k \boldsymbol{x}_k] \geqslant 0 \tag{6-127}$$

可得

$$\varepsilon (\boldsymbol{I} - \boldsymbol{K}_k \boldsymbol{H}_k) \tilde{\boldsymbol{x}}_{k|k-1} \tilde{\boldsymbol{x}}_{k|k-1}^{\mathrm{T}} (\boldsymbol{I} - \boldsymbol{K}_k \boldsymbol{H}_k)^{\mathrm{T}} + (\boldsymbol{I} - \boldsymbol{K}_k \boldsymbol{H}_k) \tilde{\boldsymbol{x}}_{k|k-1} \boldsymbol{x}_k^{\mathrm{T}} \delta \boldsymbol{H}_k^{\mathrm{T}} \boldsymbol{K}_k^{\mathrm{T}} +$$
$$\boldsymbol{K}_k \delta \boldsymbol{H}_k \boldsymbol{x}_k \tilde{\boldsymbol{x}}_{k|k-1}^{\mathrm{T}} (\boldsymbol{I} - \boldsymbol{K}_k \boldsymbol{H}_k)^{\mathrm{T}} + \varepsilon^{-1} \boldsymbol{K}_k \delta \boldsymbol{H}_k \boldsymbol{x}_k \boldsymbol{x}_k^{\mathrm{T}} \delta \boldsymbol{H}_k^{\mathrm{T}} \boldsymbol{K}_k^{\mathrm{T}} \geqslant 0$$
$$\tag{6-128}$$

将式（6-128）与式（6-126）右侧第一项相加并求均值可知

$$E(\tilde{\boldsymbol{x}}_k \tilde{\boldsymbol{x}}_k^{\mathrm{T}}) \leqslant (1+\varepsilon)(\boldsymbol{I} - \boldsymbol{K}_k \boldsymbol{H}_k) E(\tilde{\boldsymbol{x}}_{k|k-1} \tilde{\boldsymbol{x}}_{k|k-1}^{\mathrm{T}})(\boldsymbol{I} - \boldsymbol{K}_k \boldsymbol{H}_k)^{\mathrm{T}} +$$
$$(1+\varepsilon^{-1}) \boldsymbol{K}_k \delta \boldsymbol{H}_k E(\boldsymbol{x}_k \boldsymbol{x}_k^{\mathrm{T}}) \delta \boldsymbol{H}_k^{\mathrm{T}} \boldsymbol{K}_k^{\mathrm{T}} + \boldsymbol{K}_k \boldsymbol{R}_k \boldsymbol{K}_k^{\mathrm{T}} \tag{6-129}$$

由式（6-92）和式（6-93）可得

$$\delta \boldsymbol{H}_k E(\boldsymbol{x}_k \boldsymbol{x}_k^{\mathrm{T}}) \delta \boldsymbol{H}_k^{\mathrm{T}} \leqslant \gamma_x^2 \boldsymbol{M}_k \boldsymbol{M}_k^{\mathrm{T}} \tag{6-130}$$

将式（6-130）代入式（6-129）得到

$$E(\tilde{\boldsymbol{x}}_k \tilde{\boldsymbol{x}}_k^{\mathrm{T}}) \leqslant (1+\varepsilon)(\boldsymbol{I} - \boldsymbol{K}_k \boldsymbol{H}_k) E(\tilde{\boldsymbol{x}}_{k|k-1} \tilde{\boldsymbol{x}}_{k|k-1}^{\mathrm{T}})(\boldsymbol{I} - \boldsymbol{K}_k \boldsymbol{H}_k)^{\mathrm{T}} +$$
$$\boldsymbol{K}_k [(1+\varepsilon^{-1}) \gamma_x^2 \boldsymbol{M}_k \boldsymbol{M}_k^{\mathrm{T}} + \boldsymbol{R}_k] \boldsymbol{K}_k^{\mathrm{T}} \tag{6-131}$$

将式（6-89）和式（6-97）代入式（6-117），由预测误差定义式（6-116）可得

$$\tilde{\boldsymbol{x}}_{k|k-1} = \boldsymbol{F}_k \tilde{\boldsymbol{x}}_{k-1} + \boldsymbol{w}_k \tag{6-132}$$

根据式（6-91），预测误差的方差可表示为

$$E(\tilde{\boldsymbol{x}}_{k|k-1} \tilde{\boldsymbol{x}}_{k|k-1}^{\mathrm{T}}) = \boldsymbol{F}_k E(\tilde{\boldsymbol{x}}_{k-1} \tilde{\boldsymbol{x}}_{k-1}^{\mathrm{T}}) \boldsymbol{F}_k^{\mathrm{T}} + \boldsymbol{Q}_k \tag{6-133}$$

接下来运用数学归纳法证明式（6-118）。先令 $k = 1$，由式

（6-133）和式（6-121）可得

$$E(\tilde{\boldsymbol{x}}_{1|0}\,\tilde{\boldsymbol{x}}_{1|0}^{\mathrm{T}}) = \boldsymbol{F}_1 E(\tilde{\boldsymbol{x}}_0\,\tilde{\boldsymbol{x}}_0^{\mathrm{T}})\boldsymbol{F}_1^{\mathrm{T}} + \boldsymbol{Q}_1 \leqslant \boldsymbol{F}_1 \sum{}_0 \boldsymbol{F}_1^{\mathrm{T}} + \boldsymbol{Q}_1$$

$$(6-134)$$

根据式（6-119）得到

$$E(\tilde{\boldsymbol{x}}_{1|0}\,\tilde{\boldsymbol{x}}_{1|0}^{\mathrm{T}}) \leqslant \sum{}_{1|0} \qquad (6-135)$$

由式（6-131）、式（6-135）和式（6-120）得到 $k = 1$ 时的误差上界

$$E(\tilde{\boldsymbol{x}}_1\,\tilde{\boldsymbol{x}}_1^{\mathrm{T}}) \leqslant (1+\varepsilon)(\boldsymbol{I}-\boldsymbol{K}_1\boldsymbol{H}_1)\sum{}_{1|0}(\boldsymbol{I}-\boldsymbol{K}_1\boldsymbol{H}_1)^{\mathrm{T}} +$$

$$\boldsymbol{K}_1\big[(1+\varepsilon^{-1})\gamma_x^2\boldsymbol{M}_1\boldsymbol{M}_1^{\mathrm{T}} + \boldsymbol{R}_1\big]\boldsymbol{K}_1^{\mathrm{T}} = \sum{}_1 \qquad (6-136)$$

再令 $k=n-1$，并且假定

$$E(\tilde{\boldsymbol{x}}_{n-1}\,\tilde{\boldsymbol{x}}_{n-1}^{\mathrm{T}}) \leqslant \sum{}_{n-1} \qquad (6-137)$$

根据式（6-133）、式（6-137）和式（6-119），易于验证

$$E(\tilde{\boldsymbol{x}}_{n|n-1}\,\tilde{\boldsymbol{x}}_{n|n-1}^{\mathrm{T}}) \leqslant \boldsymbol{F}_n \sum{}_{n-1}\boldsymbol{F}_n^{\mathrm{T}} + \boldsymbol{Q}_n = \sum{}_{n|n-1} \quad (6-138)$$

根据式（6-131）、式（6-138）和式（6-120）易知

$$E(\tilde{\boldsymbol{x}}_n\,\tilde{\boldsymbol{x}}_n^{\mathrm{T}}) \leqslant (1+\varepsilon)(\boldsymbol{I}-\boldsymbol{K}_n\boldsymbol{H}_n)\sum{}_{n|n-1}(\boldsymbol{I}-\boldsymbol{K}_n\boldsymbol{H}_n)^{\mathrm{T}} +$$

$$\boldsymbol{K}_n\big[(1+\varepsilon^{-1})\gamma_x^2\boldsymbol{M}_n\boldsymbol{M}_n^{\mathrm{T}} + \boldsymbol{R}_n\big]\boldsymbol{K}_n^{\mathrm{T}} = \sum{}_n \qquad (6-139)$$

再根据式（6-136）和式（6-139）可以得出结论，对于 $0<k\leqslant n$，有界性条件式（6-118）成立。

进而，对所构造的方差上界 $\sum{}_k$ 求偏导，得到

$$\frac{\partial \sum{}_k}{\partial \boldsymbol{K}_k} = 2(1+\varepsilon)(\boldsymbol{I}-\boldsymbol{K}_k\boldsymbol{H}_k)\sum{}_{k|k-1}(-\boldsymbol{H}_k^{\mathrm{T}}) + \tag{6-140}$$

$$2\boldsymbol{K}_k\big[(1+\varepsilon^{-1})\gamma_x^2\boldsymbol{M}_k\boldsymbol{M}_k^{\mathrm{T}} + \boldsymbol{R}_k\big]^{-1}$$

令 $\dfrac{\partial \sum{}_k}{\partial \boldsymbol{K}_k} = 0$，得到滤波增益阵

$$\boldsymbol{K}_k = (1+\varepsilon)\sum{}_{k|k-1}\boldsymbol{H}_k^{\mathrm{T}}\big[(1+\varepsilon)\boldsymbol{H}_k\sum{}_{k|k-1}\boldsymbol{H}_k^{\mathrm{T}} + \tag{6-141}$$

$$(1+\varepsilon^{-1})\gamma_x^2\boldsymbol{M}_k\boldsymbol{M}_k^{\mathrm{T}} + \boldsymbol{R}_k\big]^{-1}$$

最后，求权矩阵 S_k^{-1} 和 T_k^{-1}，使得滤波增益阵式（6-114）与式（6-141）相同。根据式（6-141）和式（6-120），K_k 和 $\sum_k$ 可写为等价形式

$$K_k = \sum{}_k H_k^T [(1+\varepsilon^{-1})\gamma_x^2 M_k M_k^T + R_k]^{-1} \qquad (6-142)$$

$$\sum{}_k^{-1} = (1+\varepsilon)^{-1} \sum{}_{k|k-1}^{-1} + H_k^T [(1+\varepsilon^{-1})\gamma_x^2 M_k M_k^T + R_k]^{-1} H_k$$
$$(6-143)$$

将式（6-143）代入式（6-142）得到

$$K_k = \{(1+\varepsilon)^{-1} \sum{}_{k|k-1}^{-1} + H_k^T [(1+\varepsilon^{-1})\gamma_x^2 M_k M_k^T + R_k]^{-1} H_k\}^{-1} H_k^T [(1+\varepsilon^{-1})\gamma_x^2 M_k M_k^T + R_k]^{-1} \qquad (6-144)$$

显然，如果 S_k^{-1} 和 T_k^{-1} 根据式（6-122）和式（6-123）选取，则式（6-114）与式（6-141）相同。证毕。

所设计的规范化鲁棒滤波算法方程可总结如下

$$\hat{x}_k = F_k \hat{x}_{k-1} + K_k (y_k - H_k F_k \hat{x}_{k-1}) \qquad (6-145)$$

$$K_k = \sum{}_k H_k^T \hat{R}_k^{-1} \qquad (6-146)$$

$$\sum{}_k = [(1+\varepsilon)^{-1}(F_k \sum{}_{k-1} F_k^T + Q_k)^{-1} + H_k^T \hat{R}_k^{-1} H_k]^{-1}$$
$$(6-147)$$

$$\hat{R}_k = (1+\varepsilon^{-1})\gamma_x^2 M_k M_k^T + R_k \qquad (6-148)$$

将规范化鲁棒滤波算法与卡尔曼滤波算法进行对比，不难看出，两者在形式上非常接近，这使得规范化鲁棒滤波算法更易于被工程技术人员所接受。注意到式（6-108）和式（6-109）式中定义的未知矩阵 G_k 并未出现在最终规范化鲁棒滤波算法中。鉴于在规范化鲁棒算法推导过程中用到了不等式（6-129），规范化鲁棒算法中的估计误差上界具有一定的保守性，选择适当的参数 ε 有助于减弱这种保守性。

本章所给出的规范化鲁棒滤波算法的特点在于：在求解规范化最小二乘问题式（6-111）的同时，以估计误差上界最小为设计要求，对权矩阵进行了优化。下面对设计的结果进行对比说明。

对于测量模型中存在不确定性的系统，现有的规范化鲁棒滤波

算法结构如下所示[21]

$$\hat{x}_k = \hat{x}_{k|k-1} + (\sum \overline{_{k|k-1}^1} + \hat{\beta}_k I + H_k^T \hat{\mathfrak{R}}_k^{-1} H_k)^{-1} \cdot$$

$$[H_k^T \hat{\mathfrak{R}}_k^{-1} (y_k - H_k \hat{x}_{k|k-1}) - \hat{\beta}_k \hat{x}_{k|k-1}] \tag{6-149}$$

式中

$$\hat{\mathfrak{R}}_k = T_k - \hat{\beta}_k^{-1} M_k M_k^T, T_k = R_k \tag{6-150}$$

为了便于比较，将本章给出的规范化鲁棒滤波算法改写为如下所示的等价形式

$$\hat{x}_k = \hat{x}_{k|k-1} + [(1+\epsilon)^{-1} \sum \overline{_{k|k-1}^1} + H_k^T \hat{R}_k^{-1} H_k]^{-1} H_k^T \hat{R}_k^{-1} (y_k - H_k \hat{x}_{k|k-1})$$

$$\tag{6-151}$$

式中，$\hat{R}_k$ 如（6-148）式所示。显然，两种算法中的 $\hat{R}_k$ 和 $\hat{\mathfrak{R}}_k$ 是不同的。现有的规范化鲁棒滤波算法相当于减小测量噪声方差阵的值，而本章所提的规范化鲁棒滤波算法相当于增大测量噪声方差阵的值。根据在工程实践活动中获得的滤波器设计经验，通常认为，通过增大滤波算法中测量噪声方差阵的值有助于提高滤波器克服测量模型不确定性影响的能力，相反，减小滤波算法中测量噪声方差阵的值会扩大测量模型不确定性的影响。通过以上分析不难看出，与现有的规范化鲁棒滤波算法相比，本章所设计的规范化鲁棒滤波算法中增大测量噪声方差阵的值的作法更合理。此外，从式（6-149）还可看出，现有的规范化鲁棒滤算法包含加性项 $-\left(\Sigma_{k|k-1}^{-1} + \hat{\beta}_k I + H_k^T \hat{\mathfrak{R}}_k^{-1} H_k\right)^{-1} \hat{\beta}_k \hat{x}_{k|k-1}$，该加性项有可能造成估计偏差，而本章所提的规范化鲁棒滤波算法并不包含加性项，理论上可以获得更高的估计精度。本章所提的规范化鲁棒滤波算法可视为现有规范化鲁棒滤波算法的改进形式。

6.2.3　改进的鲁棒滤波性能分析

6.2.3.1　卫星姿态确定系统模型

本节以卫星姿态确定系统模型为例，验证本章所改进的规范

化鲁棒滤波算法，并说明该算法相对于传统卡尔曼滤波算法的
优势。

高精度指向卫星一般采用由星敏感器和陀螺构成的姿态确定
系统，采用卡尔曼滤波算法处理星敏感器和陀螺的测量数据，获
得高精度指向卫星姿态和陀螺漂移的估计值。星敏感器相对安装
误差的存在会导致各敏感器输出的姿态信息不一致，是影响高精度指
向卫星姿态确定精度的主要因素之一。姿态敏感器校准是减小安装误
差影响的有效途径之一，但星敏感器相对安装误差经过校准后，不可
避免会剩余一部分残差。采用规范化鲁棒滤波算法，有助于消弱星敏
感器相对安装误差或其校准后剩余残差的影响，从而提高姿态确定
精度。

高精度指向卫星姿态以四元数形式表述，其姿态确定系统以姿
态运动学方程作为系统方程，形式如下所示

$$\begin{bmatrix} \delta \dot{\boldsymbol{q}} \\ \delta \dot{\boldsymbol{b}} \end{bmatrix} = \begin{bmatrix} -[\hat{\boldsymbol{\omega}} \times] & -\dfrac{1}{2} \boldsymbol{I}_{3 \times 3} \\ \boldsymbol{0}_{3 \times 3} & \boldsymbol{0}_{3 \times 3} \end{bmatrix} \begin{bmatrix} \delta \boldsymbol{q} \\ \delta \boldsymbol{b} \end{bmatrix} + \begin{bmatrix} -\dfrac{1}{2} \boldsymbol{I}_{3 \times 3} & \boldsymbol{0}_{3 \times 3} \\ \boldsymbol{0}_{3 \times 3} & \boldsymbol{I}_{3 \times 3} \end{bmatrix} \begin{bmatrix} \boldsymbol{\eta}_a \\ \boldsymbol{\eta}_r \end{bmatrix}$$

$$(6-152)$$

式中　$\delta \boldsymbol{q} = [\delta q_1 \quad \delta q_2 \quad \delta q_3]^T$，表示误差四元数的矢量部分；

$\quad\quad \delta \boldsymbol{b} = [\delta b_x \quad \delta b_y \quad \delta b_z]^T$，表示陀螺漂移误差；

$\quad\quad \hat{\boldsymbol{\omega}} = [\hat{\omega}_x \quad \hat{\omega}_y \quad \hat{\omega}_z]^T$ 为通过陀螺测量获得的卫星姿态角速率；

$$\text{矩阵} \quad [\hat{\boldsymbol{\omega}} \times] = \begin{bmatrix} 0 & -\hat{\omega}_z & \hat{\omega}_y \\ \hat{\omega}_z & 0 & -\hat{\omega}_x \\ -\hat{\omega}_y & \hat{\omega}_x & 0 \end{bmatrix} \quad\quad (6-153)$$

$\boldsymbol{\eta}_a$——陀螺的角度随机游走噪声，其方差为 $E(\boldsymbol{\eta}_a \boldsymbol{\eta}_a^T) = \sigma_a^2 \boldsymbol{I}$；

$\boldsymbol{\eta}_r$——陀螺角速率随机游走噪声，其方差为 $E(\boldsymbol{\eta}_r \boldsymbol{\eta}_r^T) = \sigma_r^2 \boldsymbol{I}$；

σ_a，σ_r——分别为角度随机游走系数和角速率随机游走系数。

考虑星敏感器的相对安装误差，星敏感器的测量方程可写为如
下形式

$$\begin{bmatrix} \delta \boldsymbol{q}_A \\ \delta \boldsymbol{q}_B \\ \delta \boldsymbol{q}_C \end{bmatrix} = \begin{bmatrix} \boldsymbol{I}_{3\times3} & \boldsymbol{0}_{3\times3} \\ \boldsymbol{I}_{3\times3} - [\boldsymbol{\psi}_B \times] & \boldsymbol{0}_{3\times3} \\ \boldsymbol{I}_{3\times3} - [\boldsymbol{\psi}_C \times] & \boldsymbol{0}_{3\times3} \end{bmatrix} \begin{bmatrix} \delta \boldsymbol{q} \\ \delta \boldsymbol{b} \end{bmatrix} + \begin{bmatrix} \boldsymbol{v}_A \\ \boldsymbol{v}_B \\ \boldsymbol{v}_C \end{bmatrix} \quad (6-154)$$

式中 $\delta \boldsymbol{q}_A$，$\delta \boldsymbol{q}_B$，$\delta \boldsymbol{q}_C$——根据星敏感器测量输出得到的姿态误差四元数；

下标 A，B，C——用于区分不同的星敏感器；

$\boldsymbol{v}_A$，$\boldsymbol{v}_B$，$\boldsymbol{v}_C$——测量噪声。

$\boldsymbol{\psi}_B = [\phi_{Bx} \quad \phi_{By} \quad \phi_{Bz}]^T$ 和 $\boldsymbol{\psi}_C = [\phi_{Cx} \quad \phi_{Cy} \quad \phi_{Cz}]^T$，分别是星敏感器 B 和 C 相对于星敏感器 A 的安装误差角矢量，矩阵 $[\boldsymbol{\psi}_B \times]$ 和 $[\boldsymbol{\psi}_C \times]$ 的形式为

$$[\boldsymbol{\psi}_i \times] = \begin{bmatrix} 0 & -\phi_{iz} & \phi_{iy} \\ \phi_{iz} & 0 & -\phi_{ix} \\ -\phi_{iy} & \phi_{ix} & 0 \end{bmatrix} \quad (i = B, C) \quad (6-155)$$

为了应用改进的规范化鲁棒滤波算法，需要将测量方程（6-154）写为不确定性模型式（6-90）的形式，具体对应关系如下所示

$$\boldsymbol{y}_k \leftarrow \begin{bmatrix} \delta \boldsymbol{q}_A \\ \delta \boldsymbol{q}_B \\ \delta \boldsymbol{q}_C \end{bmatrix}, \quad \boldsymbol{H}_k \leftarrow \begin{bmatrix} \boldsymbol{I}_{3\times3} & \boldsymbol{0}_{3\times3} \\ \boldsymbol{I}_{3\times3} & \boldsymbol{0}_{3\times3} \\ \boldsymbol{I}_{3\times3} & \boldsymbol{0}_{3\times3} \end{bmatrix}, \quad \delta \boldsymbol{H}_k \leftarrow - \begin{bmatrix} \boldsymbol{0}_{3\times3} & \boldsymbol{0}_{3\times3} \\ [\boldsymbol{\psi}_B \times] & \boldsymbol{0}_{3\times3} \\ [\boldsymbol{\psi}_C \times] & \boldsymbol{0}_{3\times3} \end{bmatrix}$$

$$\boldsymbol{x}_k \leftarrow \begin{bmatrix} \delta \boldsymbol{q} \\ \delta \boldsymbol{b} \end{bmatrix}, \quad \boldsymbol{v}_k \leftarrow \begin{bmatrix} \boldsymbol{v}_A \\ \boldsymbol{v}_B \\ \boldsymbol{v}_C \end{bmatrix} \quad (6-156)$$

用于描述星敏感器相对安装误差的刻度矩阵如下所示

$$\boldsymbol{M}_k \leftarrow \begin{bmatrix} \boldsymbol{0}_{3\times6} & & \\ & \boldsymbol{M}_B & \\ & & \boldsymbol{M}_C \end{bmatrix}, \quad \boldsymbol{\Delta}_{Hk} \leftarrow \begin{bmatrix} \boldsymbol{0}_{6\times6} & & \\ & \boldsymbol{\Delta}_B & \\ & & \boldsymbol{\Delta}_C \end{bmatrix}, \quad \boldsymbol{E}_k \leftarrow \begin{bmatrix} \boldsymbol{0}_{6\times3} & \boldsymbol{0}_{6\times3} \\ \boldsymbol{E}_B & \boldsymbol{0}_{6\times3} \\ \boldsymbol{E}_C & \boldsymbol{0}_{6\times3} \end{bmatrix}$$

$$(6-157)$$

式中

$$\boldsymbol{M}_i = \sqrt{2} \cdot \begin{bmatrix} 0 & 0 & \sigma_{iy} & 0 & \sigma_{iz} & 0 \\ \sigma_{ix} & 0 & 0 & 0 & 0 & \sigma_{iz} \\ 0 & \sigma_{ix} & 0 & \sigma_{iy} & 0 & 0 \end{bmatrix}$$

$$\boldsymbol{\Delta}_i = \begin{bmatrix} \boldsymbol{\Delta}_{ix} & & & & & \\ & \boldsymbol{\Delta}_{ix} & & & & \\ & & \boldsymbol{\Delta}_{iy} & & & \\ & & & \boldsymbol{\Delta}_{iy} & & \\ & & & & \boldsymbol{\Delta}_{iz} & \\ & & & & & \boldsymbol{\Delta}_{iz} \end{bmatrix}$$

$$\boldsymbol{\Delta}_{ij} = \frac{\psi_{ij}}{\sigma_{ij}}, \ i = \text{B}, \text{C}, \ j = x, y, z$$

$$\boldsymbol{E}_\text{B} = \boldsymbol{E}_\text{C} = \begin{bmatrix} 0 & 0 & -1 \\ 0 & 1 & 0 \\ 0 & 0 & 1 \\ -1 & 0 & 0 \\ 0 & -1 & 0 \\ 1 & 0 & 0 \end{bmatrix}$$

参数 σ_{ij}（$i = \text{B}$，C；$j = x$，y，z）为正常数。以上各式易于验证，公式 $\delta \boldsymbol{H}_k = \boldsymbol{M}_k \boldsymbol{\Delta}_{Hk} \boldsymbol{E}_k$ 成立。参数 σ_{ij} 根据有关相对安装误差幅度的先验知识确定，如果参数 σ_{ij} 选的足够大，$\boldsymbol{\Delta}_{Hk}^\text{T} \boldsymbol{\Delta}_{Hk} \leqslant \boldsymbol{I}$ 和 $\boldsymbol{\Delta}_{Hk} \boldsymbol{\Delta}_{Hk}^\text{T} \leqslant \boldsymbol{I}$ 的条件可以得到满足。

6.2.3.2　改进的规范化鲁棒滤波算法的仿真结果

本节针对某地球同步轨道卫星姿态确定系统，对比卡尔曼滤波算法和改进的鲁棒滤波算法的估计精度。陀螺测量误差根据三浮陀螺实测数据产生，其角度随机游走系数为 $\sigma_\text{a} = 1 \times 10^{-3} (°) / \sqrt{\text{h}}$，星敏感器数据通过仿真产生，假定星敏感器测量精度为 $3''$，星敏感器相对安装误差的范围位于 $-3'' \sim 3''$ 之间。

卡尔曼滤波算法的估计结果如图 6-1 所示。受星敏感器相对安装误差的影响，地球同步轨道卫星姿态估计具有较大偏差，表明传统卡尔曼滤波算法对模型不确定性比较敏感。

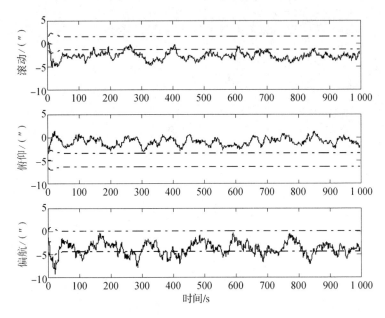

图 6-1　卡尔曼滤波的姿态估计误差曲线

应用现有规范化鲁棒滤波算法[21]，其估计误差曲线如图 6-2 所示。该算法的估计结果也存在较大偏差，原因在于测量噪声方差阵被不恰当地减小了，这不利于减弱测量模型不确定性的影响。说明现有的规范化鲁棒滤波算法不适用于解决地球同步轨道卫星姿态确定中星敏感器相对安装误差带来的问题。

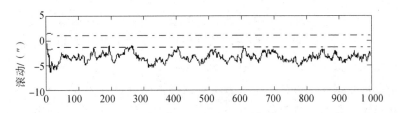

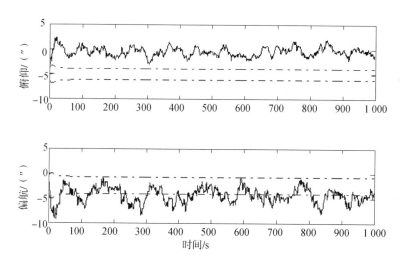

图 6-2　现有的鲁棒滤波算法的估计误差曲线[21]

图 6-3 给出了本章所改进规范化鲁棒滤波算法的估计结果。相对于传统的卡尔曼滤波算法，针对不确定性模型设计的改进的规范化鲁棒滤波算法扩大了星敏感器 B 和 C 测量噪声方差阵的取值，估计精度得到显著提高。仿真结果表明，通过改进的规范化鲁棒滤波算法可以有效抑制测量模型不确定性的影响。

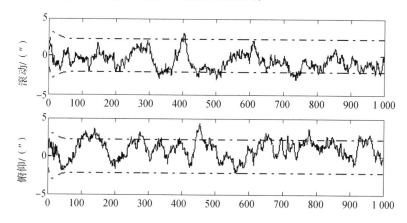

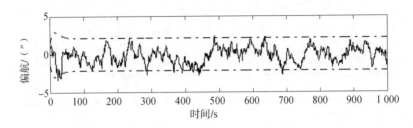

图 6-3　改进的规范化鲁棒滤波算法的估计误差曲线

　　为了清楚起见，下面利用蒙特卡罗仿真对以上的 3 种算法进行比较。通过 10 次仿真得到的姿态估计误差均方根曲线如图 6-4 所示，图中的曲线是对 3 个姿态角误差求平方和得到的显然，在上述算法中，改进规范化鲁棒滤波算法精度最高。

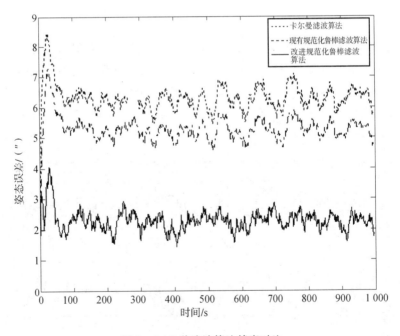

图 6-4　3 种滤波算法精度对比

6.2.4 基于无模型加速度估计的自适应导航滤波算法

深空探测器动力学模型存在各种不确定性，如未知的引力场模型、未建模摄动力、模型参数误差和推力误差等，这些无模型加速度一般包括两部分：与时间相关的部分和纯粹随机的部分，这正好与一阶高斯-马尔可夫过程的特性相似，因此，可以将轨道动力学模型中的无模型加速度近似表述为一阶高斯-马尔可夫过程。这样，基于观测数据，可以通过导航滤波算法来估计一阶高斯-马尔可夫过程的参数，进而提高深空探测器轨道动力学模型的精度和自主导航的精度。

利用扩维滤波算法估计得到的高斯-马尔可夫过程来近似深空探测器轨道动力学中的无模型加速度，有助于解决由于深空探测器轨道动力学模型难以事先精确确定而造成的自主导航精度下降的问题。利用非线性系统可观性秩条件能够证明：对于所提出的自主导航系统，需要估计的参数是完全可观的。关于扩维系统可观性分析的内容见本书 5.2.1 节。

为了实现对无模型加速度的估计，首先应给出无模型加速度在深空探测器动力学系统模型中的表述形式。深空探测器的轨道动力学方程可以表达为

$$\dot{\boldsymbol{r}} = \boldsymbol{v} \tag{6-158}$$

$$\dot{\boldsymbol{v}} = \boldsymbol{a}_{\mathrm{m}}(\boldsymbol{r}, v) + \boldsymbol{m}(t) \tag{6-159}$$

式中 $\boldsymbol{r} = \begin{bmatrix} x_1 & x_2 & x_3 \end{bmatrix}^{\mathrm{T}}$ ——深空探测器的位置；

$\boldsymbol{v} = \begin{bmatrix} x_4 & x_5 & x_6 \end{bmatrix}^{\mathrm{T}}$ ——深空探测器的速度；

$\boldsymbol{a}_{\mathrm{m}}(\boldsymbol{r}, \boldsymbol{v})$ ——作用在深空探测器上的模型加速度；

$\boldsymbol{m}(t)$ ——作用在探测器上的所有无模型加速度。

对深空探测器的轨道动力学模型而言，其运动学模型是严格精确的，其动力学模型存在各种不确定性，如模型参数误差、未知的高阶引力场模型、未建模摄动力和推力误差等，都能归结为动力学为无模型加速度，动力学无模型加速度一般可分为与时间相关的部分和纯粹随机的部分。参考文献 [23]，用一阶高斯-马尔可夫过程 $\boldsymbol{\varepsilon}(t)$ 来代替

动力学无模型加速度 $m(t)$，将 $\boldsymbol{\varepsilon}(t)$ 表述为如下所示的矢量微分方程

$$\dot{\boldsymbol{\varepsilon}}(t) = \widetilde{\boldsymbol{F}}\boldsymbol{\varepsilon}(t) + \widetilde{\boldsymbol{G}}\boldsymbol{u}(t) \tag{6-160}$$

式中　$\boldsymbol{\varepsilon}(t)$ ——三维矢量；

　　　$\boldsymbol{u}(t)$ ——三维高斯噪声矢量，假设其统计特性满足下式

$$E[\boldsymbol{u}(t)] = 0 \tag{6-161}$$

$$E[\boldsymbol{u}(t)\boldsymbol{u}^{\mathrm{T}}(t)] = \boldsymbol{I}\delta(t-\tau) \tag{6-162}$$

式中　$\boldsymbol{I}$ ——三维单位矩阵；

　　　$\widetilde{\boldsymbol{F}}$, $\widetilde{\boldsymbol{G}}$ ——系数矩阵，分别定义为 $\widetilde{F}_{ij} = \beta_i\delta_{ij}$, $\widetilde{G}_{ij} = q_i\delta_{ij}$,

　　　　　　$i=1, 2, 3$; $j=1, 2, 3$;

　　　β_i ——未知的参数；

　　　q_i ——常数。

符号 δ_{ij} 定义为

$$\delta_{ij} = \begin{cases} 1, & i=j \\ 0, & i\neq j \end{cases}$$

接下来，建立扩维状态方程。定义状态变量为

$$\boldsymbol{X} = \begin{bmatrix} \boldsymbol{r}^{\mathrm{T}} & \boldsymbol{v}^{\mathrm{T}} & \boldsymbol{\varepsilon}^{\mathrm{T}} & \boldsymbol{\beta}^{\mathrm{T}} \end{bmatrix}^{\mathrm{T}} \tag{6-163}$$

采用下式近似描述未知参数的动态特性

$$\dot{\beta} = 0 \tag{6-164}$$

则有

$$\dot{\boldsymbol{X}} = \boldsymbol{F}(\boldsymbol{X}, \boldsymbol{u}, t) \tag{6-165}$$

式中

$$\boldsymbol{F}^{\mathrm{T}} = \begin{bmatrix} \boldsymbol{v}^{\mathrm{T}} & (\boldsymbol{a}_{\mathrm{m}} + \boldsymbol{\varepsilon})^{\mathrm{T}} & (\widetilde{\boldsymbol{F}}\boldsymbol{\varepsilon}(t) + \widetilde{\boldsymbol{G}}\boldsymbol{u}(t))^{\mathrm{T}} & 0 \end{bmatrix}$$

对于 $t > t_i$，t_i 为某一参考时刻，积分上式可得

$$\boldsymbol{r}(t) = \boldsymbol{r}_i + \boldsymbol{v}_i\Delta t + \int_{t_i}^{t} \boldsymbol{a}(r, v, \varepsilon, \tau)(t-\tau)\,\mathrm{d}\tau \tag{6-166}$$

$$\boldsymbol{v}(t) = \boldsymbol{v}_i + \int_{t_i}^{t} \boldsymbol{a}(r, v, \varepsilon, \tau)\,\mathrm{d}\tau \tag{6-167}$$

$$\boldsymbol{\varepsilon}(t) = \boldsymbol{E}\boldsymbol{\varepsilon}_i + \boldsymbol{l}_i \tag{6-168}$$

$$\beta(t) = \beta_i \tag{6-169}$$

式中　$\Delta t = t - t_i$；

$$a(r, \ v, \ \varepsilon, \ t) = a_m(r, \ v, \ t) + \varepsilon(t)$$

$$E = \begin{bmatrix} \alpha_1 & 0 & 0 \\ 0 & \alpha_2 & 0 \\ 0 & 0 & \alpha_3 \end{bmatrix}$$

$$l_i = \begin{bmatrix} \sigma_1 \ \sqrt{1-\alpha_1^2} \, u_1 \\ \sigma_2 \ \sqrt{1-\alpha_2^2} \, u_2 \\ \sigma_3 \ \sqrt{1-\alpha_3^2} \, u_3 \end{bmatrix}$$

式中　$\alpha_i = \exp[-\beta_i \ (t-t_i)]$；

$\sigma_j = q_j/2\beta_j$；

$j=1, \ 2, \ 3$。

根据状态变量 X 的定义式（6-163），式（6-166）～式（6-169）可表达为

$$X(t) = \theta(X_i, \ t_i, \ t) + n_i \quad (t \geqslant t_i) \tag{6-170}$$

式中

$$n^T = \begin{bmatrix} n_r^T & n_v^T & n_\varepsilon^T & 0 \end{bmatrix}$$

其中

$$n_r = \int_{t_i}^t l_i(t-\tau) \mathrm{d}\tau$$

$$n_v = \int_{t_i}^t l_i \mathrm{d}\tau$$

$$n_\varepsilon = l_i$$

$$E[n_i] = 0$$

$$E[n_i n_j^T] = Q_i \delta_{ij} = \begin{bmatrix} Q_{rr} & Q_{rv} & Q_{r\varepsilon} & 0 \\ Q_{vr} & Q_{vv} & Q_{v\varepsilon} & 0 \\ Q_{\varepsilon r} & Q_{\varepsilon v} & Q_{\varepsilon\varepsilon} & 0 \\ 0 & 0 & 0 & 0 \end{bmatrix} \delta_{ij}$$

式中　$Q_{rr} = S_i \Delta t^4/4$；

$Q_{rv} = Q_{vr} = S_i \Delta t^3/2$；

$Q_{r\varepsilon} = Q_{\varepsilon r} = S_i \Delta t^2/2$；

$Q_{vv} = S_i \Delta t^2$；

$Q_{\tau\xi}=Q_{\xi\upsilon}=S_i\Delta t;$

$Q_{\xi\xi}=S_i;$

S_i——3×3 对角矩阵，对角线元素分别为 $S_{11}=\sigma_1^2(1-\alpha_1^2)$，$S_{22}=\sigma_2^2(1-\alpha_2^2)$，$S_{33}=\sigma_3^2(1-\alpha_3^2)$，具体可参考文献[23]。

这样，得到扩展的状态方程，再根据具体任务轨道段的导航观测方程，就可以利用卡尔曼滤波算法来估计深空探测器的位置、速度和无模型加速度。

下面以环绕火星自主光学图像导航算法为例进行数学仿真，对基于无模型加速度估计的导航算法性能进行分析。对于环绕火星轨道段，利用提取的目标天体中心点信息和天体视半径作为观测量进行自主光学图像导航。由于环绕火星的飞行环境会发生显著变化，轨道动力学模型有较大的不确定性，为了保证自主光学图像导航算法的精度和鲁棒性，采用基于无模型加速度估计的自适应导航滤波算法实时确定环绕火星深空探测器的轨道。

图 6-5 和图 6-6 分别给出了不引入和引入高斯-马尔可夫过程的环绕火星自主导航误差。可以看出，引入高斯-马尔可夫过程的自主导航算法输出的导航精度明显高于不引入高斯-马尔可夫过程的自主光学图像导航算法的导航精度。因此，将无模型加速度近似表述为高斯-马尔可夫过程，并通过扩维卡尔曼滤波算法对其进行估计的方法是有效的。

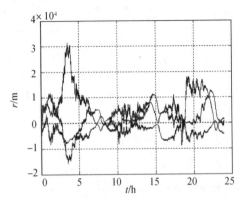

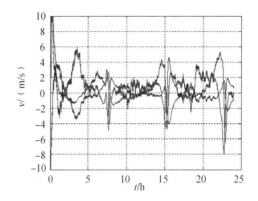

图 6 - 5　不引入高斯-马尔可夫过程的自主导航位置和速度误差

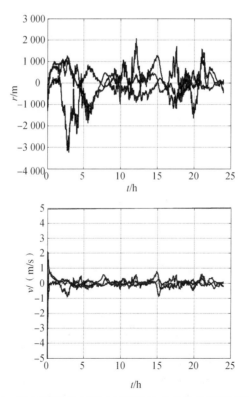

图 6 - 6　引入高斯-马尔可夫过程的自主导航位置和速度误差

6.3　基于信息融合的深空探测自主导航

随着空间科学技术的发展，深空探测器对自主导航精度和可靠性的要求越来越高。仅靠单一导航敏感器进一步提高自主导航系统精度和可靠性的难度较大。在应用光学成像测量实施自主导航的基础上，融合其他测量设备提供的信息，构建基于多源信息融合的深空探测器组合导航系统，不仅能够增加自主导航测量信息，还有助于增强自主导航系统的容错能力。

6.3.1　多源测量信息融合基本概念

6.3.1.1　多源测量信息融合的定义和特点

目前关于多源测量信息融合比较通用的定义可概括为：利用计算机技术对按时序获得的若干敏感器观测信息在一定准则下进行自动分析综合以完成估计或决策任务而进行的信息处理过程。按照这一定义，多源测量信息系统是信息融合的硬件基础，多源测量信息是信息融合的加工对象，协调优化和综合处理是信息融合的核心。随着空间科学技术的发展，可供深空探测器利用的导航信息源越来越多，这为多源测量信息融合的应用提供了技术保障。

多源测量信息融合将不同来源、不同时间和不同形式的信息进行综合，从而得到被感知对象更精确的描述。多源测量信息融合技术常用于建立组合导航系统。通过多源测量信息融合，可以得到单个导航敏感器难以达到的性能。信息融合的功能特点可以概括为以下几个方面。

（1）高精度

基于多源测量信息融合的组合导航系统运用多个敏感器的非相似导航信息进行导航解算，可利用测量信息增多，对提高自主导航系统的精度十分有利。此外，利用多信息融合技术还可以实现自主导航敏感器系统偏差的自校准，从而减弱模型不确定性对自主导航精度的影响。如将光学成像测量与全球定位系统信息组合，可以实现光学成像敏感器相对安装偏差的估计和校准。

（2）互补性

基于多源测量信息融合的组合导航系统综合利用了各种导航敏感器的信息，各个导航子系统能够取长补短，扩大整个自主导航系统在空间和时间上的适用范围。如将加速度计与光学成像测量组合，可以提高深空探测器轨道机动期间的轨道外推精度；将光学成像测量与 X 射线脉冲星导航系统组合，有助于缩短 X 射线脉冲星导航系统输出导航信息的时间间隔。

（3）可靠性

从多个导航敏感器中提取出来的导航信息存在一定冗余，当某些导航敏感器发生故障时，多敏感器实现的冗余测量可以提高整个系统的可靠性。基于多源测量信息融合的组合导航系统，其发展方向是具有故障诊断和系统重构功能的容错组合导航系统。

考虑到通过多源测量信息融合获得的信息具有高精度、互补性和高可靠性等特点，对于深空探测器而言，在应用光学成像测量实现自主导航的基础上，融合其他辅助测量设备提供的信息进行组合导航，有助于提升深空探测器自主导航系统的性能。

6.3.1.2　多源测量信息融合系统结构

多源测量信息融合系统往往具有树形结构，根据融合方式的不同，通常可分为集中式信息融合结构、分布式信息融合结构和无中心信息融合结构[24]。本节对这 3 种信息融合结构分别进行说明。

（1）集中式信息融合结构

集中式信息融合结构是以中心处理单元为核心的结构模式，中心处理单元直接与各个敏感器或它们的处理器连接，各敏感器将观测到的目标信息提供给中心处理单元进行融合处理，如图 6 - 7 所示。对于深空探测器自主导航系统而言，可选的导航敏感器包括光学成像敏感器和 X 射线脉冲星探测器等，用于融合处理的导航算法既可以选择集中式卡尔曼滤波算法及其改进算法，也可选用分散化滤波算法，如联邦滤波算法。

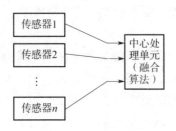

图 6-7　集中式信息融合结构

（2）分布式信息融合结构

与集中式信息融合结构不同，分布式信息融合结构的中心处理单元（即全局信息融合中心）不是与敏感器或它们的处理器直接相连，而是与局部信息融合单元相连，局部信息融合单元再融合本地敏感器的数据，如图 6-8 所示。分布式信息融合结构的特点是组合方便灵活，可根据需要将系统分成不同层次和不同方式的融合，每一层次具有自己独立的融合结果，同时又是全局信息融合的一个组成部分。

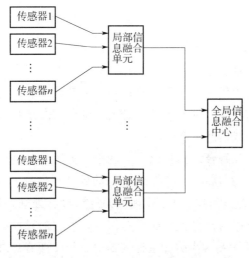

图 6-8　分布式信息融合结构

（3）无中心信息融合结构

无中心的信息融合结构如图6-9所示。在该结构中每一个敏感器的测量值通过节点与其他敏感器相连，输入敏感器和其他节点的融合结果，并输出本节点的融合结果。由于取消了中心处理单元，系统输出不再只依赖于中心融合单元，可以从任何一个节点输出，单个敏感器或节点的损坏对整个系统不会产生太大影响。但该信息融合结构的通信和融合算法比较复杂，该结构中的节点可与其他所有节点连接，也可以只与部分节点连接。举例来说，基于星间相对测量（星间链路伪距测量和光学成像敏感器观测）的星座卫星自主导航系统可采用上述无中心信息融合结构。

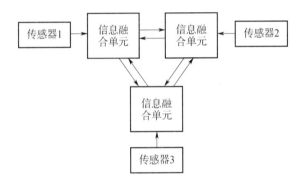

图6-9 无中心信息融合结构

6.3.1.3 多源测量信息融合的级别

按照数据抽象的三个层次，多源测量信息融合可分为三级，即数据级融合、特征级融合和决策级融合。

（1）数据级融合

数据级融合是直接在采集到的原始数据层上进行的融合，是对各种敏感器的原始测量数据进行综合和分析，这是最低层次的融合。这种融合的优点是能够应用尽可能多的现场数据，提供其他融合层次不能提供的细微信息。但数据级融合的局限性也是很明显的：第一，它所要处理的敏感器信息量通常较大，数据处理时间长，实时性较差；第二，这种融合是在信息最底层进行的，敏感器原始信息的不确定性、不完全性和不稳定性要求在融合时有较高的纠错处理能力；第三，数据通信量较大，抗干扰能力较差。数据级融合通常用于多源图像复合和雷达波形合成等情况。数据级融合的应用实例之一是美国海军 20 世纪 90 年代初在 SSN - 691 潜艇上安装的第一套图像融合样机，它可使操作员直接观测到各敏感器输出的全部图像和图表，提高整个战术系统的性能。

（2）特征级融合

特征级融合属于中间层次的融合，它先对来自敏感器的原始信息进行特征提取（特征可以是目标的边缘、方向和速度等），然后对特征信息进行综合分析和处理。一般来说，提取的特征信息应是敏感器原始信息的充分表示或充分统计量，然后按特征信息对多源测量数据进行分类、汇集和综合。相对于数据级融合，特征级融合的优点是实现了信息压缩，有利于实时处理；并且，由于所提取的特征直接与决策分析有关，因此融合结果能最大限度地给出决策分析所需的特征信息。目前大多数系统的信息融合研究都是在该层次上展开的。特征级融合的典型实例之一是多敏感器目标跟踪，融合系统首先对敏感器数据进行预处理并完成数据校准，然后进行参数相关和状态矢量估计。

（3）决策级融合

决策级融合是一种高层次融合，其结果为指挥控制决策提供依据。因此，决策级融合必须从具体决策问题的需求出发，充分利用特征级融合所提取的测量对象的各类特征信息，采取适当的融合技术来实现。决策级融合是直接针对具体决策目标的，融合结果直接影响决策水平。决策级融合的主要优点有：第一，能有效反映环境或目标各个侧面的不同类型信息；第二，当一个或几个敏感器出现错误时，通过适当的融合，系统还能获得正确的结果，即具有容错性；第三，通信量小，融合中心处理代价低。但是，决策级融合要对敏感器原始信息进行预处理以获得各自的判定结果，所以预处理代价较高。

6.3.2　基于光学成像测量和 X 射线脉冲星的自主导航

6.3.2.1　基本思路

基于多源测量信息融合的组合导航是指将几种导航系统安装在同一载体上，构成组合导航系统，利用适当的滤波算法对导航参数和系统状态进行估计。组合导航系统不仅发挥了各种导航系统的优势，而且提供了多种备份，大大提高了导航系统的容错性能。适用于深空探测自主导航的导航方式包括基于光学成像测量的自主导航和 X 射线脉冲星导航等。

光学成像测量的自主导航是指深空探测器利用所搭载的光学成像敏感器观测作为导航目标的天体，并在轨处理拍摄得到的天体图像，从而获得深空探测器的位置和速度信息。深空 1 号探测器和深度撞击探测器任务的巨大成功表明光学成像测量的自主导航具有自主性强、精度高的特点，是一种有效的深空探测器自主导航手段。

X 射线脉冲星是中等质量恒星塌陷形成的致密天体，这类天体能够以稳定的周期向宇宙空间发射 X 射线脉冲信号，并且 X 射线脉冲星在天球上的角位置可以精确测定。因此，X 射线脉冲星可以作为宇宙空间中的信标站，为深空探测器提供导航信息。X 射线脉冲星自主导航指的是基于 X 射线脉冲星发射的固定频率的 X 射线脉冲信号和已知的脉冲星角位置信息实现深空探测器位置确定的技术，其基本概念如图 6 - 10 所示。

基于 X 射线脉冲星的自主导航在深空探测领域表现出了巨大潜力。在美国国家航空航天局的支持下，美国微宇宙（Microcosm）公司进行了基于 X 射线脉冲星的深空导航技术研究，初步结果表明，当深空探测器在木星轨道以外进行星际飞行时，X 射线脉冲星导航（XNAV）能够取得优于深空网（DSN）的导航精度。并且，深空探测器距离地球越远，X 射线脉冲性导航相对深空网导航的优势越明显，甚至能够用于太阳系以外星际飞行探测器的自主导航。

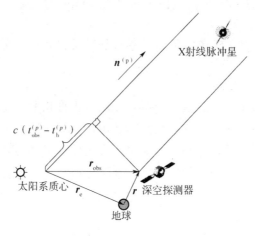

图 6 - 10　X 射线脉冲星自主导航基本原理

在深空探测器中途轨道机动和环绕轨道段飞行等任务中，需要获得高精度导航参数。利用光学成像测量的自主导航可以达到较高的相对目标天体的导航精度，但其相对地心或日心的绝对导航精度不高，并且会受到目标天体光照条件等的影响。因此，仅利用光学成像测量的自主导航方式难以满足深空探测器对自主导航系统高精度和高可靠性的要求。基于 X 射线脉冲星的自主导航理论上可以达到较高精度，但在深空探测器初始位置未知的情况下，该导航方式不能直接提供导航信息，并且存在数据更新率低的问题。以上两种自主导航方式通过不同的信号源获取导航信息，并且共同的误差源不多。如果融合光学成像测量信息和 X 射线脉冲星测量信息，两者取长补短，互为备份，将有助于提高深空探测自主导航系统的精度和可靠性。

在图 6 - 11 中展示了基于多源测量信息融合的深空探测自主导航系统的基本配置。通过光学成像测量和 X 射线探测器提取导航信息，深空探测器利用由陀螺和星敏感器构成的姿态确定系统建立惯性基准，通过组合导航滤波算法（可选用联邦滤波算法）处理导航敏感器提供的测量信息，输出深空探测器的位置、速度和姿态信息，用于深空探测器的制导和控制，再经过执行机构和深空探测器平台，进而构成一个闭环控制系统。

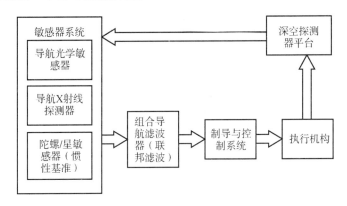

图 6 - 11　基于多源信息融合的深空探测器自主导航系统

在导航算法方面，直接利用卡尔曼滤波算法集中处理所有导航子系统的信息，理论上可以给出状态的最优估计，但它存在状态维数高和容错性能差的问题。为了避免上述问题，人们提出了多种分散化滤波方法，其中联邦滤波算法由于设计简单、计算量小和容错性能好而受到广泛重视，并被美国空军的容错导航系统选为基本算法。

6.3.2.2　导航方法

本节以火星环绕轨道段深空探测器自主导航为例，给出深空探测器动力学模型、光学成像测量自主导航系统和 X 射线脉冲星自主导航系统的观测模型，对基于光学成像测量和 X 射线脉冲星测量信息融合的组合导航方法进行介绍。

（1）深空探测器动力学模型

在火星惯性坐标系建立的火星环绕轨道段深空探测器动力学模型，如下所示

$$\begin{cases} \dot{\boldsymbol{r}} = \boldsymbol{v} \\ \dot{\boldsymbol{v}} = -\dfrac{\mu}{r^3}\boldsymbol{r} + \boldsymbol{a} \end{cases} \tag{6-171}$$

式中　$\boldsymbol{r}$，$\boldsymbol{v}$——分别为探测器的位置矢量和速度矢量；

μ——火星引力常数；

a——摄动加速度。

（2）光学成像测量自主导航系统

光学成像测量自主导航系统一般采用光学成像敏感器导航，光学成像敏感器拍摄导航目标天体，经过图像处理提取出导航目标天体的导航信息。选取火星卫星中心视线方向和星光角距作为光学成像测量自主导航系统的观测量，相应的观测模型如图 6-12 所示。

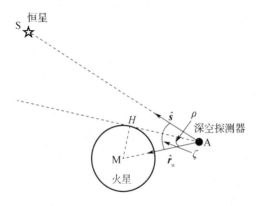

图 6-12　光学成像测量自主导航系统观测模型示意图

星光角距是指深空探测器指向恒星的方向与指向火星中心方向的夹角，其示意图如图 6-12 所示。定义 $\begin{bmatrix} x_s & y_s & z_s \end{bmatrix}^T$ 为恒星位置，可得星光角距表达式为

$$\zeta = \arccos\left(-\frac{x_s \cdot x + y_s \cdot y + z_s \cdot z}{\sqrt{x^2 + y^2 + z^2}}\right) \tag{6-172}$$

下面介绍火星卫星中心视线方向观测模型。火星的两个卫星分别是火卫一（Phobos）和火卫二（Deimos）。火卫一距离火星 9 378 km，围绕火星公转周期为 7 小时 39 分钟，火卫二的轨道高度是 23 460 km，公转周期为 30 小时 18 分钟，是火星的同步卫星。两颗卫星与深空探测器的位置关系如图 6-13 所示。

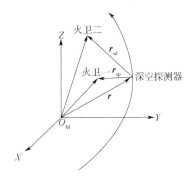

图 6-13   深空探测器与两颗火星卫星的位置关系

图 6-13 中，$\boldsymbol{r}_{sp}$ 和 $\boldsymbol{r}_{sd}$ 为深空探测器到火星卫星的位置矢量。火星卫星中心方向观测模型为

$$\boldsymbol{n}_{(i)} = \frac{1}{\sqrt{(x_i-x)^2 + (y_i-y)^2 + (z_i-z)^2}} \begin{bmatrix} x_i-x \\ y_i-y \\ z_i-z \end{bmatrix} \quad (6-173)$$

式中　$\begin{bmatrix} x_i & y_i & z_i \end{bmatrix}$——火星卫星位置，$i=1,2$。

（3）X 射线脉冲星导航

X 射线脉冲星导航的基本观测量是通过 X 射线探测器观测得到的和通过脉冲星计时模型预测得到的脉冲到达时间差，该观测量体现了深空探测器时钟偏差和位置误差的综合影响。在深空探测器上的时钟偏差得到精确校准的情况下，基于脉冲到达时间（TOA）观测量可以实现对深空探测器位置误差的修正。X 射线脉冲星提供的导航信号如图 6-14 所示。

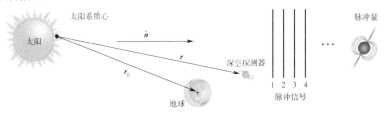

图 6-14   脉冲星提供的导航信号示意图

X 射线脉冲星导航的基本方法和流程如图 6-15 所示。

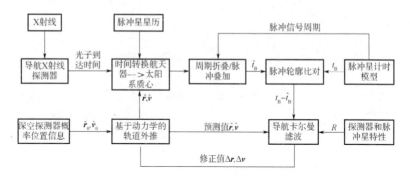

图 6-15　基于卡尔曼滤波的 X 射线脉冲星导航算法

X 射线探测器获得一段时间内 X 射线光子到达时间观测量；通过深空探测器的初始位置信息结合轨道动力学外推获得观测时段内各时刻深空探测器位置的预测值，用于建立时间转换方程；利用时间转换方程将测量得到的 X 射线光子到达时间转换到太阳系质心（SSB）坐标系，经过周期折叠和脉冲叠加等信号处理过程得到测量脉冲轮廓；然后，将测量脉冲轮廓和根据脉冲星计时模型得到的标准脉冲轮廓进行对比，得到的相位差反映了通过 X 射线探测器观测得到的脉冲到达时间 $\hat{t}_{\mathrm{B}}$ 和通过脉冲星计时模型预测得到脉冲到达时间 t_{B} 之差，而脉冲到达时间差正比于深空探测器的位置误差在脉冲星视线矢量上的投影；进而，将测量得到的脉冲到达时间与预报脉冲到达时间之差 $(\hat{t}_{\mathrm{B}} - t_{\mathrm{B}})$ 作为滤波信息，代入导航滤波器进行处理，实现对深空探测器位置和速度误差的修正。

基于 X 射线脉冲星的导航方法以经过简化的时间转换方程为观测方程。在探测器时钟偏差 δt 得到校准的情况下，观测方程可写为如下形式

$$t_{\mathrm{B}}^{(p)} = t_{\mathrm{obs}}^{(p)} + \frac{1}{c}\boldsymbol{n}^{(p)} \cdot \boldsymbol{r}_{\mathrm{obs}} - \frac{1}{2cD_0^{(p)}}\left[\boldsymbol{r}_{\mathrm{obs}}^2 - (\boldsymbol{n}^{(p)} \cdot \boldsymbol{r}_{\mathrm{obs}})^2\right] +$$

$$\frac{2\mu_{\mathrm{s}}}{c^3}\ln\left|\frac{\boldsymbol{n}^{(p)} \cdot \boldsymbol{r}_{\mathrm{obs}} + r_{\mathrm{obs}}}{\boldsymbol{n}^{(p)} \cdot \boldsymbol{b} + b} + 1\right| + v_{\mathrm{t}}$$

$$(6-174)$$

式中　$t_{\mathrm{B}}^{(p)}$，$t_{\mathrm{obs}}^{(p)}$——分别表示 X 射线脉冲信号到达太阳系质心和到
　　　　　　　　达深空探测器的时间；

　　　　上标 p——用于区分不同的脉冲星；

　　　　c——光速；

　　　　$\boldsymbol{n}^{(p)}$——从太阳系质心指向脉冲星的单位矢量，通常被称为视
　　　　　　　线矢量；

　　　　$\boldsymbol{r}_{\mathrm{obs}}$——深空探测器相对于太阳系质心的位置矢量；

　　　　$D_0^{(p)}$——太阳系质心到脉冲星的距离；

　　　　μ_{s}——太阳引力常数；

　　　　$\boldsymbol{b}$——太阳系质心相对于太阳质心的位置矢量；

　　　　$\boldsymbol{v}_t$——测量噪声。

　（4）基于光学成像测量和 X 射线脉冲星的组合导航数据处理
　　方法

　　基于光学成像测量和 X 射线脉冲星的组合导航数据处理方法可
归纳为：将如式（6 - 171）所示的深空探测器轨道动力学模型作为
系统方程，将式（6 - 172）～式（6 - 174）作为观测方程，采用如
6.1.3 节所示的扩展卡尔曼滤波算法或其他改进算法，融合光学成像
测量和 X 射线脉冲星提供的导航信息，实现对深空探测器位置矢量
和速度矢量的精确估计。

　　直接采用传统扩展卡尔曼滤波算法进行多源测量信息融合，存
在状态维数高、计算负担重和不利于故障诊断等问题，为了避免上
述问题，可采用分散化滤波算法处理多源测量数据。联邦滤波算法
是一种典型的分散化滤波算法，具有设计灵活、计算量小和容错性
能好的特点。本节采用联邦滤波算法处理基于光学成像测量和 X 射
线脉冲星导航信息。

　　联邦滤波器的设计过程为：先将测量系统分解为几个子系统，
根据经验适当设置子滤波器初始估计协方差阵，各子系统的输出只
给相应的子滤波器分别进行滤波。将子滤波器局部估计值和协方差
阵送入主滤波器进行信息融合，最后得到全局的最优估计值和相应

的协方差阵。

联邦滤波器是一种两级滤波器，一般结构如图 6 - 16 所示。

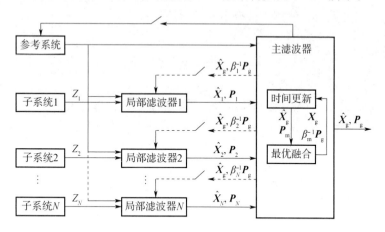

图 6 - 16　联邦滤波器的一般结构

图 6 - 16 中，公共参考系统的输出 $\hat{x}_k$ 一方面直接给主滤波器，另一方面输出给各子滤波器作为测量值。而各子系统的输出只给相应的子滤波器。各子滤波器的局部估计值 $\hat{x}_i$（公共状态）及其协方差阵 P_i 送入主滤波器，和主滤波器一起融合，以得到全局最优估计。图中 β_i 称为信息分配系数，由信息分配原则确定。

根据传统的联邦滤波理论，信息系数是固定的，并符合信息守恒原理

$$\sum_{i=1}^{N} \beta_i = 1 \qquad (6-175)$$

式中　β_i（$i=1$，$\cdots$，N）——各子滤波器信息分配系数。

此时可以将有关系统噪声和状态估计误差的信息分配到各子滤波器中，即

$$\boldsymbol{Q}_{i,k} = \beta_i^{-1} \boldsymbol{Q}_k \qquad (6-176)$$

$$\boldsymbol{P}_{i,k} = \beta_i^{-1} \boldsymbol{P}_k, \ i=1, \cdots, N \qquad (6-177)$$

采用扩展卡尔曼滤波算法作为子系统导航滤波算法，联邦滤波算法如下所示。

第一步：预测

$$\hat{\boldsymbol{x}}_{i,k\,|\,k+1}=\hat{\boldsymbol{x}}_{i,k}+\int_{t_k}^{t_{k+1}}f(\boldsymbol{x})\mathrm{d}t \tag{6-178}$$

$$\boldsymbol{P}_{i,k\,|\,k+1}=\boldsymbol{F}_k\boldsymbol{P}_{i,k}\boldsymbol{F}_k^{\mathrm{T}}+\boldsymbol{Q}_{i,k} \tag{6-179}$$

第二步：更新

$$\hat{\boldsymbol{x}}_{i,k+1}=\hat{\boldsymbol{x}}_{i,k\,|\,k+1}+\boldsymbol{K}_{i,k}\left[\boldsymbol{y}_{i,k}-h_i\left(\hat{\boldsymbol{x}}_{i,k\,|\,k+1}\right)\right] \tag{6-180}$$

$$\boldsymbol{K}_{i,k}=\boldsymbol{P}_{i,k\,|\,k+1}\boldsymbol{H}_{i,k}^{\mathrm{T}}\left(\boldsymbol{H}_{i,k}\boldsymbol{P}_{i,k\,|\,k+1}\boldsymbol{H}_{i,k}^{\mathrm{T}}+\boldsymbol{R}_{i,k}\right)^{-1} \tag{6-181}$$

$$\boldsymbol{P}_{i,k+1}=\left(\boldsymbol{I}-\boldsymbol{K}_{i,k}\boldsymbol{H}_{i,k}\right)\boldsymbol{P}_{i,k\,|\,k+1}\left(\boldsymbol{I}-\boldsymbol{K}_{i,k}\boldsymbol{H}_{i,k}\right)^{\mathrm{T}}+\boldsymbol{K}_{i,k}\boldsymbol{R}_{i,k}\boldsymbol{K}_{i,k}^{\mathrm{T}}$$

$$\tag{6-182}$$

第三步：融合

$$\hat{\boldsymbol{x}}_{g,k+1}=\boldsymbol{P}_{g,k+1}\left(\sum_{i=1}^{N}\boldsymbol{P}_{i,k+1}^{-1}\hat{\boldsymbol{x}}_{i,k+1}\right) \tag{6-183}$$

$$\boldsymbol{P}_{g,k+1}=\left(\sum_{i=1}^{N}\boldsymbol{P}_{i,k+1}^{-1}\right)^{-1} \tag{6-184}$$

第四步：反馈重置

$$\hat{\boldsymbol{x}}_{i,k+1}=\hat{\boldsymbol{x}}_{g,k+1} \tag{6-185}$$

$$\boldsymbol{Q}_{i,k}=\beta_i^{-1}\boldsymbol{Q}_k \tag{6-186}$$

$$\boldsymbol{P}_{i,k+1}=\beta_i^{-1}\boldsymbol{P}_{g,k+1} \tag{6-187}$$

式中　$\hat{\boldsymbol{x}}_{i,k}$——第 i 个子滤波器的状态估计；

　　　下标 i——用于区分不同的子滤波器或子系统；

　　　N——子滤波器的个数；

　　　下标 g——全局估计；

其他符号的定义参照 6.1.3 节。

关于联邦滤波的详细推导和说明可参阅参考文献 [3]。

6.3.3　多源信息融合的组合导航性能分析

本节以火星环绕轨道段为例，结合基于光学成像测量和 X 射线脉冲星提供的导航信息，通过数学仿真验证基于多源信息融合的组合导航系统性能。考虑火星形状、太阳辐射光压以及太阳和火星的第三体摄动，基于扩展卡尔曼滤波算法设计了组合导航滤波算法。

主要研究基于"脉冲星＋火星卫星视线方向"和"脉冲星＋火星卫星视线方向＋星光角距"这两种组合导航模式。

6.3.3.1 模式1：脉冲星＋火星卫星视线方向组合导航模式

分时段观测3颗脉冲星，假定对于某个特定的观测时段只有1颗脉冲星是可见的。由于火星的遮挡，光学设备可能无法观测到火星卫星，因此，仿真过程中必须考虑火星卫星的可见性。在已知轨道参数的条件下，利用STK软件得到火星卫星的可见性如图6-17所示。

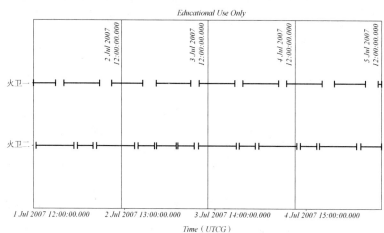

图6-17 火星卫星的可见性

图中断点处表示火星卫星不可见。从图6-17可以看出火卫二的可见段较多，这与火卫二的轨道高度有关。采用扩展卡尔曼滤波算法处理基于光学成像测量和X射线探测器的测量信息，在X射线探测器没有输出且两颗火星卫星均不可见的情况下，组合导航滤波器仅进行预测。组合导航仿真结果如图6-18所示。

图中曲线抖动较大处出现在无观测信息时段，即组合导航滤波器预测时段。

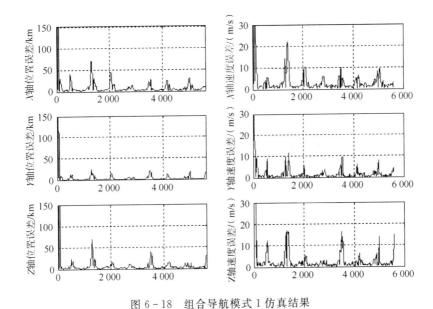

图 6-18　组合导航模式 1 仿真结果

6.3.3.2　模式 2：脉冲星＋火星卫星视线方向＋星光角距组合导航模式

在对火星卫星和 X 射线脉冲星进行观测的基础上，融合恒星方向矢量和火星中心方向矢量的夹角，即星光角距测量信息。此时，组合导航仿真结果如图 6-19 所示。

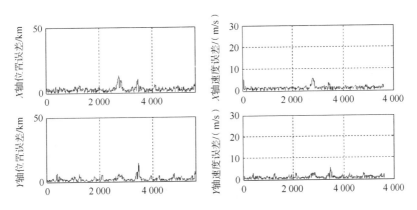

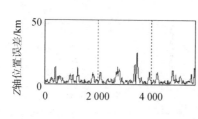
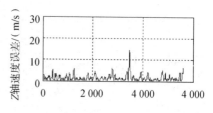

图 6 - 19 组合导航模式 2 仿真结果

为了便于对比，表 6 - 1 中给出了所研究的两种组合导航模式的位置和速度估计误差均方根（RMS），即 σ_{rx}，σ_{ry}，σ_{rz} 和 σ_{ux}，σ_{vy}，σ_{vz}。表中还给出了精度因子 σ_{rp} 和 σ_{vp} 作为衡量导航精度的指标，计算公式为 $\sigma_{rp} = \sqrt{\sigma_{rx}^2 + \sigma_{ry}^2 + \sigma_{rz}^2}$，$\sigma_{vp} = \sqrt{\sigma_{ux}^2 + \sigma_{vy}^2 + \sigma_{vz}^2}$。

表 6 - 1   组合导航估计误差

导航方式	位置估计误差均方根/km				速度估计误差均方根/（m/s）			
	σ_{rx}	σ_{ry}	σ_{rz}	σ_{rp}	σ_{ux}	σ_{vy}	σ_{vz}	σ_{vp}
模式 1	2.83	1.15	2.21	3.76	1.26	0.67	0.97	1.72
模式 2	2.00	0.91	1.80	2.84	1.01	0.57	0.84	1.43

由仿真结果可知，加入星光角距观测量后，组合导航精度有所提高。通过采用基于光学成像测量和 X 射线脉冲星信息融合的方法有助于改善组合导航系统的性能。

6.4 小结

本章将深空探测自主导航滤波方法分为两类，一类是用于确定性模型的方法，以常用的最小二乘算法、卡尔曼滤波算法和扩展卡尔曼滤波算法为例进行说明；另外一类是用于不确定模型的方法，以规范化鲁棒滤波算法为例展开论述。给出了扩展卡尔曼滤波算法稳定性分析和规范化鲁棒滤波设计方法，指出通过增大算法中噪声方差阵的取值有助于增强扩展卡尔曼滤波算法的稳定性；针对实际应用中的系统偏差建立不确定性模型，进行鲁棒滤波算法设计，结果表明改进的鲁棒滤波算法能够改善估计精度。

在采用基于光学成像测量进行深空探测器自主导航的同时，引入其他导航设备的测量信息，进行多源测量信息融合，是提高系统导航精度的途径之一。此外，采用多源信息融合技术还有助于增强深空探测自主导航系统的容错能力，提高可靠性。今后，应积极发展自主导航滤波与信息融合技术，充分运用地面试验和飞行演示试验的成果，深入分析制约导航精度的关键因素，探索用于提高自主导航性能的新型处理算法。

参 考 文 献

[1] LEFFERTS E J, MARKLEY F L, SHUSTER M D. Kalman Filtering for Spacecraft Attitude Estimation. Journal of Guidance, Control, and Dynamics, 1982, 5: 417 - 429.

[2] SAYED A H. A Framework for State - Space Estimation with Uncertain Models. IEEE Transactions on Automatic Control, 2001, 46 (7): 998 - 1013.

[3] 秦永元, 张洪钺, 汪叔华. 卡尔曼滤波与组合导航原理. 西安: 西北工业大学出版社, 1998.

[4] CRASSIDIS J L, MARKLEY F L, CHENG Y. Survey of Nonlinear Attitude Estimation Methods. Journal of Guidance, Control, and Dynamics, 2007, 30 (1): 12 - 28.

[5] JULIER S, UHLMANN J, DURRANT - WHYTE H F. A New Method for the Nonlinear Transformation of Means and Covariances in Filters and Estimators. IEEE Transactions on Automatic Control, 2000, 45 (3): 477 - 482.

[6] ARULAMPALAM M S, MASKELL S, GORDON N, et al. A Tutorial on Particle Filters for Online Nonlinear/Non — Gaussian Bayesian Tracking. IEEE Transactions on Signal Processing, 2002, 50 (2): 174 - 188.

[7] XIONG K, ZHANG H Y, CHAN C W. Performance Evaluation of UKF - Based Nonlinear Filtering. Automatica, 2006, 42: 261 - 270.

[8] REIF K, GUNTHER S, YAZ E, et al. Stochastic Stability of the Discrete - Time Extended Kalman Filter. IEEE Transactions on Automatic Control, 1999, 44 (4): 714 - 728.

[9] SOUZA C E, BARBOSA K A, NATO A T. Robust H_∞ Filtering for Discrete— Time Linear Systems with Uncertain Time - Varying Parameters. IEEE Transactions on Signal Processing, 2006, 54 (6): 2110 - 2118.

[10] SEO J, YU M, PARK C G, LEE J G. An Extended Robust H_∞ Filter

for Nonlinear Constrained Uncertain Systems. IEEE Transactions on Signal Processing, 2006, 54: 4471 - 4475.

[11] LU X, XIE L, ZHANG H, WANG W. Robust Kalman Filtering for Discrete - Time Systems with Measurement Delay, IEEE Transactions on Circuits and Systems, 2007, 54 (6): 522 - 526.

[12] GAO H, CHEN T. H∞ Estimation for Uncertain Systems with Limited Communication Capacity. IEEE Transactions on Automatic Control, 2007, 52 (11): 2070 - 2084.

[13] XIONG K, ZHANG H Y, LIU L D. Adaptive Robust Extended Kalman Filter for Nonlinear Stochastic Systems. IET Control Theory & Applications, 2008, 2: 239 - 250.

[14] XU H, MANNOR S. A Kalman Filter Design Based on the Performance/ Robustness Tradeoff. IEEE Transactions on Automatic Control, 2009, 54 (5): 1171 - 1175.

[15] ANAVATTI S G, PETERSEN I R, KALLAPUR A G. A Discrete − Time Robust Extended Kalman Filter for Uncertain Systems with Sum Quadratic Constraints. IEEE Transactions on Automatic Control, 2009, 54 (4): 845 - 849.

[16] HANLON P D, MAYBECK P S. Multiple - Model Adaptive Estimation Usin a Residual Correlation Kalman Filter Bank. IEEE Transactions on Aerospace and Electronic Systems, 2000, 36: 393 - 406.

[17] SEAH C E, HWANG I. State Estimation for Stochastic Linear Hybrid Systems with Continuous - State - Dependent Transactions: an IMM Approach. IEEE Transactions on Aerospace and Electronic Systems, 2009, 45: 376 - 392.

[18] DJOUADI M S, MORSLY Y, BERKANI D. A Fuzzy IMM - UKF Algorithm for Highly Maneuvering Multi − Target Visual - Based Tracking. Mediterranean Conference on Control and Automation, Greece, 2007.

[19] ZHAI Y, YEARY M B, CHENG S, KEHTARNAVAZ N. An Object - Tracking Algorithm Based on Multiple - Model Particle Filtering with State Partitioning. IEEE Transactions on Instrumentation and Measurement, 2009, 58: 1797 - 1809.

[20] SAYED A H, NASCIMENTO V H, CIPPARRONE F A M. A Regularized Robust Design Criterion for Uncertain Data. SIAM J. Matrix Anal. Appl. , 2002, 23 (4): 1120 - 1142.

[21] SUBRAMANIAN A, SAYEB A H. Regularized Robust Filters for Time - Varying Uncertain Discrete - Time Systems. IEEE Transactions on Automatic Control, 2004, 49 (6): 970 - 976.

[22] XIONG K, LIU L D, LIU Y W. Regularized Robust Filter for Spacecraft Attitude Determination. Chinese Journal of Aeronautics, 2011, 24 (4): 467 - 476.

[23] TAPLEY B D, INGRAM D S. Orbit Determination in the Presence of Unmodeled Accelerations. IEEE Transactions on Automatic Control. 1973, 18 (4): 369~373.

[24] 潘泉, 张磊, 崔培玲, 张洪才. 动态多尺度系统估计理论与应用. 北京: 科学出版社, 2007.

[25] MILANI A, GRONCHI G. Theory of Orbit Determination. UK: Cambridge University Press, 2010.

[26] TAPLEY B D, SCHUTZ B E, BORN G H. Statistical Orbit Determination. Elsevier Academic Press, 2004.

第7章 日心转移轨道段的自主导航与制导

日心转移轨道段是指深空探测器在脱离地球引力影响球之后，进入目标天体引力影响球之前，漫长的转移飞行轨道段。在这一轨道段，深空探测器需要利用自身携带的光学成像导航敏感器拍摄多个已知星历的导航天体，通过图像处理从中提取导航信息，经滤波解算得到自身在太阳系中的位置和飞行速度，并据此对轨道进行外推，判断实际飞行轨迹是否偏离探测目标，从而自行计算出对轨道的修正量，执行必要的中途轨道修正机动[1-9]。

本章首先给出了日心转移轨道段的自主导航与制导方案，内容包括系统配置组成和功能框图。然后介绍了日心转移轨道段的自主导航技术，包括自主导航的观测方程、状态方程、基于最小二乘法的导航滤波算法，以及具体仿真实例。接着介绍了日心转移轨道段的自主制导方法，包括采用速度脉冲控制的中途轨道修正方法、采用小推力连续控制的中途轨道修正方法，给出了具体仿真实例。最后详细介绍了在深空1号任务中日心转移轨道段的自主导航与制导方法和实际应用情况。

7.1 日心转移轨道段自主导航与制导方案

7.1.1 系统组成与功能

日心转移轨道段制导、导航与控制系统的主要功能包括：

1) 根据导航敏感器获得的导航天体图像，通过图像处理提取导航天体的视线信息，结合姿态滤波估计深空探测器的位置和速度。

2) 根据导航获得的轨道信息，预测导航天体的方向，通过姿态控制调整星体姿态或者控制导航敏感器转向机构，保证导航敏感器指向目标天体。

3）根据获得的当前轨道信息以及预先设定的目标轨道，深空探测器自主确定轨道修正策略，并实施轨道控制。

日心转移轨道段制导、导航与控制系统的组成如图 7-1 所示。

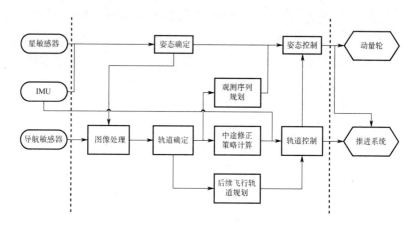

图 7-1　日心转移轨道段制导、导航与控制系统原理框图

在图 7-1 中，左侧部分为敏感器，中间部分为星上算法模块，右侧部分为执行机构。

首先，导航敏感器获得目标天体的图像，通过图像处理技术从中提取出导航天体中心和背景恒星的像素坐标。利用星敏感器和惯性测量单元获得深空探测器自身的姿态，结合背景恒星信息可以给出目标天体在惯性空间的视线方向，之后通过滤波获得对深空探测器自身位置、速度的估计，同时也能够对深空探测器姿态测量误差、陀螺漂移等进行估计和修正。

根据轨道计算的结果预测未来一段时间目标天体的方向，进行观测序列规划，计算出相应的星体姿态。根据指令通过动量轮和推进系统调整星体姿态，保证导航敏感器指向目标天体，以获得稳定的导航图像序列。

将轨道计算的结果与目标轨道进行比对，计算进行轨道修正的时机以及轨道修正所需要的速度增量大小和方向。然后通过调整深空探测器姿态以及控制发动机点火的时长完成轨道修正。

7.1.2　导航敏感器

7.1.2.1　光学成像导航敏感器

在日心转移轨道段，通常选择深空探测器附近的天体作为观测对象，这些天体距深空探测器依然非常远而且亮度非常低，因此必须使用具有极高分辨率和灵敏度的导航敏感器，以便成功获得足够精度的导航信息。深空 1 号探测器使用的导航敏感器是名为微型集成相机与光谱仪（Miniature Integrated Camera and Spectrometer）的多功能有效载荷[1]，其组成结构示意图如图 7-2 所示。导航敏感器的焦距为 600 mm，CCD 像素数为 1 024×1 024，视场角约为 13 μrad，总视场角为 13.4 mrad 或 0.77°。窄小的视场和上百万的像素数保证了深空 1 号导航敏感器的极高分辨率。由于深空 1 号的导航敏感器是固定安装在深空探测器本体上，因此在对特定方向进行拍摄时需要深空探测器整体旋转到相应姿态。所拍摄的目标天体的图像编码为 12 位，亮度的数值范围从 0（暗）到 4 095（明）。

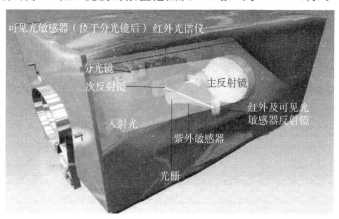

图 7-2　微型集成相机与光谱仪组成结构示意图

7.1.2.2　惯性测量单元

惯性测量单元包括陀螺仪和加速度计，陀螺仪可以测量深空探测器的转动角速度，加速度计可以测量深空探测器的速度增量。

对于自主导航系统来说，陀螺仪主要是单独使用或者与星敏感器配合使用，提供深空探测器的姿态信息。这样就可以将导航敏感器获得的导航天体视线方向转换到惯性坐标系中，再结合轨道动力学模型，进行滤波估计得到深空探测器的位置和速度。

加速度计的用法有两种，视轨道控制策略的不同进行选择。如果用大推力发动机进行轨道控制，变轨速度增量事先已计算得出，这种情况相对简单，加速度计只用于测量变轨期间累积的速度增量，当达到需要的速度增量后，关闭变轨发动机，以实现预定的变轨速度增量。如果用微小推力发动机进行轨道控制，变轨期间剩余速度增量的大小和方向需要根据深空探测器的位置、速度进行实时调整，此时加速度计要与陀螺仪配合使用，进行惯性导航，实时计算深空探测器的位置和速度。

惯性测量单元的选择不能只针对某任务轨道段，要兼顾整个飞行轨道段的任务要求，以量程、精度需求最高的转移轨道段为基准。惯性测量单元的类型多种多样，从发展趋势来看，可采用光纤仪陀螺和石英挠性加速度计组件，以满足深空探测任务长时间、低质量和低功耗的需要。

7.1.3　执行机构

日心转移轨道段的轨道控制以中途修正为主，执行机构既可以选择化学推进系统也可以选择电推进系统。化学推进系统在深空转移轨道段轨道控制中的应用已经十分成熟，其开机时间短，瞬时推力幅值大，控制过程可以近似为冲量控制，因此制导计算相对简单，所需中途修正次数少，且基本都集中在入轨后不久和接近目标前进行[9]。电推进系统在深空转移轨道段的轨道控制中的应用正在研究发展中，主要原因是其比冲高并且可以长时间连续开机工作，减少了深空探测器所需携带推进剂质量，虽然其额定推力很小，必须长时间连续开机才可获得较大的速度改变量，但这对于时间漫长的深空转移轨道段来说不是问题。

深空 1 号探测器的主发动机采用了一种属于电推进的离子发动机。该发动机利用太阳帆板产生的电能将工质氙气电离并加速喷射出去来获得推力，相关电子设备总质量约 48 kg，工作在最大功率 2.5 kW 时，其喷气速度可达 35 km/s，是传统化学推进喷气速度的 10 倍，氙气流为 3 mg/s，产生的推力为 92 mN，比冲可达 3 100 s，是传统化学推进系统的 10 倍。

7.2　日心转移轨道段自主导航技术

7.2.1　导航图像处理

在日心转移轨道段对导航小行星成像需要长时间曝光，受姿态扰动影响，导航小行星和背景恒星在图像中的像点形成一条弯弯曲曲的轨迹线。深空探测器上姿态控制系统根据惯性测量单元输出角度增量给出成像期间深空探测器姿态角变化的离散数据。图像处理算法根据这些数据预估一条像点轨迹，并选取有利于匹配的节点作为模板，经过初始匹配，模板可更新为真实轨迹。不同轨迹的节点之间采用多重交互相关算法，计算对应节点之间的相对角距，匹配的结果与当次的节点位置存在偏差，修正偏差量选取新的模板再次进行匹配，直至多次迭代输出的残差小于设定量。对多个节点的角距进行加权得到轨迹之间的高精度角距。之后，以星敏感器星图识别算法为基础，通过对背景恒星的识别和定位，确定导航小行星在惯性空间的指向[10]。

7.2.2　导航观测方程

日心转移轨道段光学成像导航观测量一般为导航天体中心的像

素坐标[11]。记日心黄道坐标系到深空探测器本体坐标系的方向余弦阵为 C_{bs}，深空探测器本体坐标系到测量坐标系的方向余弦阵为 C_{cb}，日心黄道坐标系到测量坐标系的方向余弦阵为 $C_{cs} = C_{cb}C_{bs}$。则可以把视线矢量 r（深空探测器指向天体或恒星的矢量）在日心黄道坐标系中的投影 r_s 转换到在测量坐标系上的投影 r_c。建立导航天体视线矢量模型

$$r_c = C_{cs}r_s \tag{7-1}$$

式中　　r_c——导航天体相对深空探测器视线方向在测量坐标系投影；

　　　　C_{cs}——日心黄道坐标系到测量坐标系的方向余弦阵；

　　　　r_s——导航天体相对深空探测器视线方向在日心黄道坐标系投影。

导航天体的单位视线矢量在日心黄道坐标系中的投影为

$$r_s = \frac{1}{\sqrt{(x_a - x)^2 + (y_a - x)^2 + (z_a - z)^2}} \begin{bmatrix} x_a - x \\ y_a - y \\ z_a - z \end{bmatrix} \tag{7-2}$$

式中　　x_a，y_a，z_a——导航天体在日心黄道坐标系中的位置；

　　　　x，y，z——深空探测器在日心黄道坐标系中的位置。

经过图像处理，可以提取出天体和恒星在焦平面上投影点的坐标 (x_c, y_c)。于是可以得到单位视线矢量在探测器测量坐标系的投影

$$r_c = \frac{1}{\sqrt{x_c^2 + y_c^2 + f^2}} \begin{bmatrix} -x_c \\ -y_c \\ f \end{bmatrix} \tag{7-3}$$

式中　　f——导航敏感器焦距。

由式（7-1）、式（7-2）和式（7-3）得

$$\begin{bmatrix} -x_c \\ -y_c \\ f \end{bmatrix} = C_{cs} \frac{\sqrt{x_c^2 + y_c^2 + f^2}}{\sqrt{(x_a - x)^2 + (y_a - y)^2 + (z_a - z)^2}} \begin{bmatrix} x_a - x \\ y_a - y \\ z_a - z \end{bmatrix}$$

$$\tag{7-4}$$

则

$$x_c = -f \frac{c_{11}(x_a - x) + c_{12}(y_a - y) + c_{13}(z_a - z)}{c_{31}(x_a - x) + c_{32}(y_a - y) + c_{33}(z_a - z)}$$

$$y_c = -f \frac{c_{21}(x_a - x) + c_{22}(y_a - y) + c_{23}(z_a - z)}{c_{31}(x_a - x) + c_{32}(y_a - y) + c_{33}(z_a - z)} \qquad (7-5)$$

式中　$c_{ij}(i=1,2,3;j=1,2,3)$——方向余弦阵 $\boldsymbol{C}_{cs}$ 中对应的元素。

最后，将焦平面坐标系中的坐标转化为像元和像线，同时考虑畸变影响，得到观测模型如下

$$\begin{bmatrix} p \\ l \end{bmatrix} = \boldsymbol{K} \begin{bmatrix} x_c \\ y_c \\ x_c y_c \end{bmatrix} + \begin{bmatrix} p_0 \\ l_0 \end{bmatrix} + \begin{bmatrix} v_p \\ v_l \end{bmatrix} \qquad (7-6)$$

$$\boldsymbol{K} = \begin{bmatrix} k_x & k_{xy} & k_{xxy} \\ k_{yx} & k_y & k_{yxy} \end{bmatrix} \qquad (7-7)$$

式中　$\boldsymbol{K}$——导航敏感器转换矩阵；

　　　p_0，l_0——导航敏感器中心的像元和像线；

　　　v_p，v_l——测量噪声。

由于 k_{xy}，k_{yx}，k_{xxy} 和 k_{yxy} 的数值很小，为简化分析可忽略畸变影响，取 $\boldsymbol{K} = \begin{bmatrix} k_x & 0 \\ 0 & k_y \end{bmatrix}$，则式（7-6）转化为

$$p = -k_x f \frac{c_{11}(x_a - x) + c_{12}(y_a - y) + c_{13}(z_a - z)}{c_{31}(x_a - x) + c_{32}(y_a - y) + c_{33}(z_a - z)} + p_0 + v_p$$

$$l = -k_y f \frac{c_{21}(x_a - x) + c_{22}(y_a - y) + c_{23}(z_a - z)}{c_{31}(x_a - x) + c_{32}(y_a - y) + c_{33}(z_a - z)} + l_0 + v_l$$

$$(7-8)$$

以导航敏感器图像中天体中心点对应的像元 p、像线 l 为观测量，由式（7-8）得到光学成像自主导航的观测方程如下

$$z(t) = \boldsymbol{h}(\boldsymbol{x},t) + \boldsymbol{v}(t) \qquad (7-9)$$

其中

$$h(x,t) = \begin{bmatrix} -k_x f \dfrac{c_{11}(x_a - x) + c_{12}(y_a - y) + c_{13}(z_a - z)}{c_{31}(x_a - x) + c_{32}(y_a - y) + c_{33}(z_a - z)} + p_0 \\ -k_y f \dfrac{c_{21}(x_a - x) + c_{22}(y_a - y) + c_{23}(z_a - z)}{c_{31}(x_a - x) + c_{32}(y_a - y) + c_{33}(z_a - z)} + l_0 \end{bmatrix}$$

$$(7-10)$$

$$v(t) = \begin{bmatrix} v_p & v_l \end{bmatrix}^T \tag{7-11}$$

7.2.3　导航状态方程

日心转移轨道段动力学模型以太阳为中心天体，摄动项考虑第三体引力、太阳光压、轨控推力、常值偏差加速度等。在日心黄道坐标系中建立深空探测器动力学模型

$$\begin{cases} \dot{r} = v \\ \dot{v} = -\dfrac{\mu_s}{r^3} r + \sum_{i=1}^{n_p} \mu_i \left[\dfrac{r_{ri}}{r_{ri}^3} - \dfrac{r_{pi}}{r_{pi}^3} \right] + \dfrac{AG}{mr^3} r + \dfrac{T}{m} + a \end{cases} \tag{7-12}$$

式中　r——深空探测器位置矢量；

v——深空探测器速度矢量；

μ_s——太阳引力常数，$\mu_s = 1.327\,12 \times 10^{14}$ m/s^2；

n_p——摄动行星数目；

r——深空探测器位置矢量的模；

μ_i——第 i 颗摄动行星的引力常数；

r_{ri}——第 i 颗摄动行星相对深空探测器的位置矢量；

r_{ri}——第 i 颗摄动行星相对深空探测器的位置矢量 r_{ri} 的模；

r_{pi}——第 i 颗摄动行星的位置矢量；

r_{pi}——第 i 颗摄动行星的位置矢量 r_{pi} 的模；

A——深空探测器横截面积；

G——深空太阳通量常数；

m——深空探测器质量；

T——推力器推力；

a——常值偏差加速度。

对太阳通量常数又有 $G=\rho P_s(a_s)^2$，且 $\rho=1+\eta$。η 是深空探测器表面反射系数，若为全反射，$\eta=1$；若为全吸收，$\eta=0$；通常 $0<\eta<1$。P_s 为当 $r=a_s$ 时太阳辐射的压强 $P_s=4.560\ 5\times10^{-6}\ \mathrm{N/m^2}$；$a_s$ 为地球到太阳的平均距离，即 $a_s=1\ \mathrm{AU}$。

以深空探测器在日心黄道坐标系中位置和速度为状态变量，由式（7-12）得深空转移轨道段自主导航系统的状态方程如下

$$\dot{x}(t)=f(x,t)+w(t) \qquad (7-13)$$

其中

$$f(x,t)=\begin{bmatrix} \dot{x} \\[1mm] \dot{y} \\[1mm] \dot{z} \\[1mm] -\dfrac{\mu_s}{r^3}x+\sum_{i=1}^{8}\mu_i\left(\dfrac{x_{pi}-x}{r_{ri}^3}-\dfrac{x_{pi}}{r_{pi}^3}\right)+\dfrac{AG}{mr^3}x+\dfrac{T_x}{m} \\[3mm] -\dfrac{\mu_s}{r^3}y+\sum_{i=1}^{8}\mu_i\left(\dfrac{y_{pi}-y}{r_{ri}^3}-\dfrac{y_{pi}}{r_{pi}^3}\right)+\dfrac{AG}{mr^3}y+\dfrac{T_y}{m} \\[3mm] -\dfrac{\mu_s}{r^3}z+\sum_{i=1}^{8}\mu_i\left(\dfrac{z_{pi}-z}{r_{ri}^3}-\dfrac{z_{pi}}{r_{pi}^3}\right)+\dfrac{AG}{mr^3}z+\dfrac{T_z}{m} \end{bmatrix}$$

$$(7-14)$$

式中　$w(t)$——系统噪声；

　　　x,y,z——深空探测器在日心黄道坐标系中的位置；

　　　x_{pi},y_{pi},z_{pi}——八大行星在日心黄道坐标系中的位置；

　　　T_x,T_y,T_z——推力器推力三轴分量。

日心转移轨道段描述深空探测器状态也可以采用轨道根数形式，但是摄动力和观测量的表达式较为复杂。

7.2.4　导航参数的滤波估计

最小二乘估计算法是深空 1 号探测器光学成像自主导航系统应用的滤波算法。该算法的特点是将全部测量信息一次处理完毕得到

自主导航系统状态的最优估计[3]。

　　因为观测方程是非线性的，所以用观测量 z 对状态 x（深空探测器的位置和速度）的偏导作为观测矩阵。对于某一历元，观测矩阵为

$$H = \frac{\partial z}{\partial x} = \begin{bmatrix} \dfrac{\partial p}{\partial x} & \dfrac{\partial p}{\partial y} & \dfrac{\partial p}{\partial z} & \\[2mm] \dfrac{\partial l}{\partial x} & \dfrac{\partial l}{\partial y} & \dfrac{\partial l}{\partial z} & \mathbf{0}_{2\times3} \end{bmatrix} \qquad (7-15)$$

其中的非零元素如下

$$\frac{\partial p}{\partial x} = -f \frac{(c_{12}c_{31} - c_{11}c_{32})(y_a - y) + (c_{13}c_{31} - c_{11}c_{33})(z_a - z)}{[c_{31}(x_a - x) + c_{32}(y_a - y) + c_{33}(z_a - z)]^2}$$
$$(7-16)$$

$$\frac{\partial p}{\partial y} = -f \frac{(c_{11}c_{32} - c_{12}c_{31})(x_a - x) + (c_{13}c_{32} - c_{12}c_{33})(z_a - z)}{[c_{31}(x_a - x) + c_{32}(y_a - y) + c_{33}(z_a - z)]^2}$$
$$(7-17)$$

$$\frac{\partial p}{\partial z} = -f \frac{(c_{11}c_{33} - c_{13}c_{31})(x_a - x) + (c_{12}c_{33} - c_{13}c_{32})(y_a - y)}{[c_{31}(x_a - x) + c_{32}(y_a - y) + c_{33}(z_a - z)]^2}$$
$$(7-18)$$

$$\frac{\partial l}{\partial x} = -f \frac{(c_{22}c_{31} - c_{21}c_{32})(y_a - y) + (c_{23}c_{31} - c_{21}c_{33})(z_a - z)}{[c_{31}(x_a - x) + c_{32}(y_a - y) + c_{33}(z_a - z)]^2}$$
$$(7-19)$$

$$\frac{\partial l}{\partial y} = -f \frac{(c_{21}c_{32} - c_{22}c_{31})(x_a - x) + (c_{23}c_{32} - c_{22}c_{33})(z_a - z)}{[c_{31}(x_a - x) + c_{32}(y_a - y) + c_{33}(z_a - z)]^2}$$
$$(7-20)$$

$$\frac{\partial l}{\partial z} = -f \frac{(c_{21}c_{33} - c_{23}c_{31})(x_a - x) + (c_{22}c_{33} - c_{23}c_{32})(y_a - y)}{[c_{31}(x_a - x) + c_{32}(y_a - y) + c_{33}(z_a - z)]^2}$$
$$(7-21)$$

式中　f——导航敏感器焦距；

　　　c_{ij}——日心黄道坐标系到测量坐标系的方向余弦阵 C_{cs} 中的元素（$i=1,2,3$；$j=1,2,3$）；

　　　x_a, y_a, z_a——导航天体在日心黄道坐标系中的位置；

x，y，z——深空探测器在日心黄道坐标系中的位置。

由于对导航天体的观测是在不同时刻进行的，所以需要采用状态转移矩阵 $\boldsymbol{\Phi}$ 将观测时刻的观测矩阵转移到历元时刻，得到历元时刻的等效观测矩阵为

$$\widetilde{H} = H\boldsymbol{\Phi} \qquad (7-22)$$

定义 t_0 时刻的状态为 $\boldsymbol{x}(t_0)$。它可以用状态转移矩阵 $\boldsymbol{\Phi}$ 线性映射到任意时刻 t 上

$$\boldsymbol{x}(t) = \boldsymbol{\Phi}(t)\boldsymbol{x}(t_0) \qquad (7-23)$$

式中

$$\boldsymbol{\Phi}(t) = \frac{\partial \boldsymbol{x}^*(t)}{\partial \boldsymbol{x}^*(t_0)} \qquad (7-24)$$

式中，"$*$"表示标称状态。为了得到状态转移矩阵在给定时刻 t 的值，记

$$\dot{\boldsymbol{\Phi}} = \frac{\partial \dot{\boldsymbol{x}}^*(t)}{\partial \boldsymbol{x}^*(t)} \frac{\partial \boldsymbol{x}^*(t)}{\partial \boldsymbol{x}^*(t_0)} = A\boldsymbol{\Phi}(t) \qquad (7-25)$$

矩阵微分方程（7-25）表示的是由 36 个一阶微分方程组成的方程组。初始条件为 $\boldsymbol{\Phi}(t_0) = \boldsymbol{I}$，$\boldsymbol{I}$ 为单位阵。A 是 $\dot{\boldsymbol{x}}^*(t)$ 对状态量 $\boldsymbol{x}^*(t)$ 的偏导，解析计算结果如下

$$A = \begin{bmatrix} \boldsymbol{0}_{3\times 3} & & \boldsymbol{I}_{3\times 3} \\ f_{41} & f_{42} & f_{43} \\ f_{51} & f_{52} & f_{53} & \boldsymbol{0}_{3\times 3} \\ f_{61} & f_{62} & f_{63} \end{bmatrix}_{x=x^*} \qquad (7-26)$$

式中

$$f_{41} = \left[\mu_{\mathrm{s}} - \frac{AP_{\mathrm{s}}\ (1+\eta)\ a_{\mathrm{s}}^2}{m} \right] \frac{3x^2 - r^2}{r^5} + \sum_{i=1}^{n_{\mathrm{p}}} \mu_i \frac{3\ (x_{\mathrm{p}i} - x)^2 - r_{\mathrm{r}i}^2}{r_{\mathrm{r}i}^5} \qquad (7-27)$$

$$f_{52} = \left[\mu_{\mathrm{s}} - \frac{AP_{\mathrm{s}}\ (1+\eta)\ a_{\mathrm{s}}^2}{m} \right] \frac{3y^2 - r^2}{r^5} + \sum_{i=1}^{n_{\mathrm{p}}} \mu_i \frac{3\ (y_{\mathrm{p}i} - y)^2 - r_{\mathrm{r}i}^2}{r_{\mathrm{r}i}^5} \qquad (7-28)$$

$$f_{63} = \left[\mu_s - \frac{AP_s \ (1+\eta) \ a_s^2}{m} \right] \frac{3z^2 - r^2}{r^5} + \sum_{i=1}^{n_p} \mu_i \ \frac{3 \ (z_{pi} - z)^2 - r_{ri}^2}{r_{ri}^5}$$

$$(7-29)$$

$$f_{42} = f_{51} = \left[\mu_s - \frac{AP_s \ (1+\eta) \ a_s^2}{m} \right] \frac{3xy}{r^5} + \sum_{i=1}^{n_p} \mu_i \ \frac{3 \ (x_{pi} - x) \ (y_{pi} - y)}{r_{ri}^5}$$

$$(7-30)$$

$$f_{43} = f_{61} = \left[\mu_s - \frac{AP_s \ (1+\eta) \ a_s^2}{m} \right] \frac{3xz}{r^5} + \sum_{i=1}^{n_p} \mu_i \ \frac{3 \ (x_{pi} - x) \ (z_{pi} - z)}{r_{ri}^5}$$

$$(7-31)$$

$$f_{53} = f_{62} = \left[\mu_s - \frac{AP_s \ (1+\eta) \ a_s^2}{m} \right] \frac{3yz}{r^5} + \sum_{i=1}^{n_p} \mu_i \ \frac{3 \ (y_{pi} - y) \ (z_{pi} - z)}{r_{ri}^5}$$

$$(7-32)$$

式中　$r = \sqrt{x^2 + y^2 + z^2}$。

利用数值积分方法解微分方程，就可得到 $\boldsymbol{\Phi}$ (t)。深空 1 号探测器自主导航中用的就是此方法。

也可用级数求和的方法计算状态转移矩阵，公式如下

$$\boldsymbol{\Phi}(t,t_0) = \boldsymbol{I} + \boldsymbol{A}[\boldsymbol{x}^*(t_0)] \cdot (t-t_0) + \frac{\boldsymbol{A}[\boldsymbol{x}^*(t_0)]^2 \cdot (t-t_0)^2}{2!} + \cdots$$

$$(7-33)$$

深空探测器每次轨道的确定，均需批处理 n 颗天体的观测数据，即一次送入滤波器。滤波中所用观测矩阵如下

$$\widetilde{\boldsymbol{H}} = \begin{bmatrix} \boldsymbol{H}_1 \boldsymbol{\Phi}(t_0, t_1) \\ \boldsymbol{H}_2 \boldsymbol{\Phi}(t_0, t_2) \\ \vdots \\ \boldsymbol{H}_n \boldsymbol{\Phi}(t_0, t_n) \end{bmatrix} \qquad (7-34)$$

式中　$\boldsymbol{H}_i$，$\boldsymbol{\Phi}$ (t_0，t_i)($i=1$，$\cdots$，n)——分别是观测第 i 颗天体对应的观测矩阵和状态转移矩阵。

最小二乘算法公式如下

$$P = (P_0^{-1} + \widetilde{H}^\mathrm{T} W \widetilde{H})^{-1} \tag{7-35}$$

$$\hat{x} = \tilde{x} + P\widetilde{H}^\mathrm{T} W(z - \tilde{z}) \tag{7-36}$$

式中　P——协方差阵；

　　　$\widetilde{H}$——观测矩阵；

　　　W——加权矩阵，等于 $\mathrm{diag}(1/\sigma_0^2, \cdots, 1/\sigma_0^2)$，$\sigma_0$ 是观测噪声的标准差；

　　　$\hat{x}$——状态估计；

　　　$\tilde{x}$——标称状态；

　　　z——观测量；

　　　$\tilde{z}$——观测量预测值，即计算得到的天体中心像元像线。

依据滤波结果更新深空探测器状态变量，产生新的标称轨道。

深空 1 号探测器的导航周期为 7 天。每周留出 3～4 h 的观测窗口，逐一拍摄约 12 颗天体，所获数据作为一批。每次轨道确定时，将最近 4 批测量信息送入滤波器估计状态，见图 7-3。获取的测量信息具有数量较少且呈批次分布，批次间隔时间长的特点。

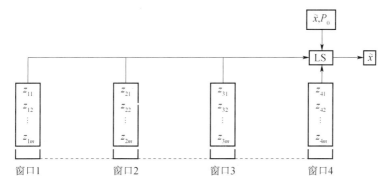

图 7-3　每次轨道确定时最小二乘估计算法示意图

7.3　日心转移轨道段自主制导技术

7.3.1　采用速度脉冲控制的中途轨道修正方法

目前，绝大多数深空探测器的日心转移轨道段中途修正是采用速度脉冲控制方法实现，并且完全依赖于地面测控。地面站通过巨型天线发射和接收无线电波对深空探测器进行测量，来确定深空探测器轨道并估计轨道的终端偏差，在适当的时机发送变轨指令。变轨指令内容包括发动机开机时刻、速度增量大小、变轨期间深空探测器相对惯性空间姿态等。日心转移轨道段中途修正执行的次数和时间是轨道设计的重要内容，需要事先做好计划。只要不出现意外，实际飞行中只需依据日心转移轨道确定结果具体确定轨道修正的速度增量大小和方向。如果实际轨道的终端偏差较小，也会取消某次日心转移轨道段中途修正[12]。日心转移轨道段采用速度脉冲控制的中途修正原理见图 7 - 4。

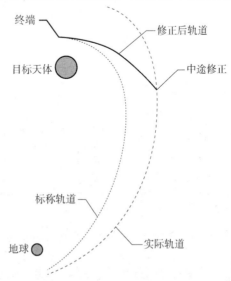

图 7 - 4　日心转移轨道段采用速度脉冲控制的中途修正原理图

　　日心转移轨道段采用自主速度脉冲控制的中途修正方法是将前述的由地面完成的工作，即外推轨道终端偏差与计算速度增量方向和大小，移交到深空探测器上完成。受星载计算机性能限制，地面的中途修正算法和软件不能直接照搬使用，要作简化和修改，并增加依据判断条件向地面报警引入地面干预的功能。例如，发现轨道的终端偏差过大时就需要由地面来接管中途修正，否则星上计算有较大误差，导致轨道严重偏离或是推进剂大量消耗，这都是后期无法弥补的。

　　采用速度脉冲控制的自主中途修正流程如下：

　　1）由自主导航系统确定轨道，即估计深空探测器当前的位置和速度；

　　2）利用龙格库塔算法外推轨道至 B 平面，计算出当前轨道的终端 B 平面误差，即 ΔBR、ΔBT 和 ΔTOF；

　　3）判断 B 平面误差是否过大，如果误差过大，则向地面报警等待地面处理，否则继续下一步；

　　4）利用敏感矩阵和 B 平面误差计算修正所需速度增量 ΔV 的大小和方向；

　　5）判断速度增量 ΔV 是否过大，如果速度增量过大，则向地面报警等待地面处理，否则继续下一步；

　　6）根据速度增量 ΔV 的方向要求调整深空探测器在惯性空间的姿态，使发动机喷气方向对准 ΔV 的反向；

　　7）轨道控制发动机开机；

　　8）根据加速度计测量估计深空探测器的速度增量；

　　9）当估计深空探测器的速度增量达到指令值后关闭轨道控制发动机，结束本次中途修正。

　　此修正流程见图 7-5。

　　轨道偏差的来源主要是入轨误差、定轨误差以及执行误差等。入轨误差在深空探测器发射后不久的第一次中途修正中要尽量消除。其后漫长的环日飞行过程中轨道偏差主要是受定轨误差和执行误差的影响。

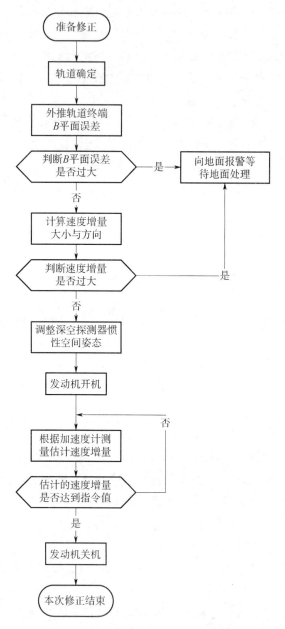

图 7-5　采用速度脉冲控制的自主中途修正流程图

7.3.2　采用小推力连续控制的中途轨道修正方法

采用电推进等小推力发动机对深空探测器进行轨道修正时必须让发动机连续长时间开机才可以显著地影响深空探测器的飞行轨道，起到轨道修正的作用。小推力发动机的额定推力很小，一般不会采用变推力控制，因此利用小推力发动机进行轨道修正时其控制参数只有开机时间、开机时长和推力方向。采用积分方法求解动力学方程固然可以获得小推力连续控制问题的最优解，但是寻优过程计算量巨大，不适合在深空探测器上应用。

深空 1 号探测器采用了一种将小推力连续控制分割成为多段脉冲控制的工程实用方法。此方法以 7 天为一段控制区间，在每个控制区间内推力器的作用方向固定，这样其控制过程就可以近似为冲量控制。将每个控制区间中的推力方向和最后一个控制周期的开机时长作为控制参数，利用线性制导律公式和迭代方法求解，就能以较小的计算量解决轨道修正问题。推力方向和末端开机时长每 7 天更新一次，存入探测器上的计算机，作为推力器的工作文件。通过改变喷气方向和末端开机时间修正轨道的原理如图 7-6 所示。

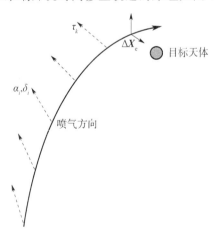

图 7-6　通过改变喷气方向和末端开机时间修正轨道的原理图

记转移轨道段的终端状态为

$$\boldsymbol{X}_{\mathrm{e}} = \begin{bmatrix} BR \\ BT \\ TOF \end{bmatrix} \tag{7-37}$$

则转移轨道段终端状态的偏差为

$$\Delta\boldsymbol{X}_{\mathrm{e}} = \begin{bmatrix} \Delta BR \\ \Delta BT \\ \Delta TOF \end{bmatrix} \tag{7-38}$$

轨道中途修正的控制参数为

$$\Delta\boldsymbol{s} = \begin{bmatrix} \Delta\alpha_1 \\ \Delta\delta_1 \\ \Delta\alpha_2 \\ \Delta\delta_2 \\ \vdots \\ \alpha_k \\ \delta_k \\ \tau_k \end{bmatrix} \tag{7-39}$$

式中　α_i，δ_i——分别为第 i 个控制区间小推力发动机喷气方向的赤经赤纬。

敏感矩阵的计算公式如下

$$\boldsymbol{K}^{\mathrm{T}} = \begin{bmatrix} \partial X_{\mathrm{e}}/\partial\alpha_1 \\ \partial X_{\mathrm{e}}/\partial\delta_1 \\ \partial X_{\mathrm{e}}/\partial\alpha_2 \\ \partial X_{\mathrm{e}}/\partial\delta_2 \\ \vdots \\ \partial X_{\mathrm{e}}/\partial\alpha_k \\ \partial X_{\mathrm{e}}/\partial\delta_k \\ \partial X_{\mathrm{e}}/\partial\tau_k \end{bmatrix} \tag{7-40}$$

则小推力发动机的修正量计算公式如下

$$\Delta s = K^{\mathrm{T}} (KK^{\mathrm{T}})^{-1} \Delta X_{\mathrm{e}} \qquad (7-41)$$

将式（7-41）与当前状态相加并重新外推 B 平面误差，反复迭代多次后得到收敛解。

控制区间的数量也是由深空探测器自主确定。初始，深空探测器上置一最小控制区间数，然后每次增加一个控制区间，直至计算修正量的迭代算法收敛。

7.4　应用实例

到目前为止，仅有深空 1 号探测器在转移轨道段实际应用过基于光学成像测量的自主导航技术。本节将以此任务为背景，介绍转移轨道段光学成像测量自主导航技术和采用小推力连续控制的中途轨道修正方法。

通过美国国家航空航天局网站 horizons 系统查询得到的深空 1 号探测器相关重要时刻在日心黄道坐标系的位置和速度见表 7-1。

表 7-1　深空 1 号探测器相关重要时刻的轨道数据

时间	事件	位置/km	速度/（km/s）
1998 年 11 月 6 日	首次开启自主导航系统	X：$1.069\ 743\ 831\ 97 \times 10^8$ Y：$1.039\ 001\ 453\ 71 \times 10^8$ Z：$2.387\ 823\ 761\ 77 \times 10^5$	V_x：$-2.160\ 517\ 822\ 68 \times 10$ V_y：$2.318\ 863\ 519\ 32 \times 10$ V_z：$2.040\ 129\ 794\ 78 \times 10^{-1}$
1999 年 7 月 28 日	交会布莱叶小行星	X：$-9.446\ 844\ 256\ 40 \times 10^7$ Y：$-1.749\ 046\ 327\ 70 \times 10^8$ Z：$3.741\ 287\ 157\ 39 \times 10^5$	V_x：$2.184\ 760\ 429\ 94 \times 10$ V_y：$-1.040\ 962\ 305\ 61 \times 10$ V_z：$-9.961\ 396\ 895\ 72 \times 10^{-2}$
2001 年 9 月 22 日	交会波莱利小行星	X：$5.359\ 643\ 467\ 72 \times 10^7$ Y：$1.963\ 685\ 119\ 04 \times 10^8$ Z：$-2.218\ 217\ 611\ 97 \times 10^5$	V_x：$-2.429\ 792\ 655\ 46 \times 10$ V_y：$8.354\ 281\ 643\ 35$ V_z：$-3.124\ 940\ 073\ 41 \times 10^{-3}$

为减轻星上计算负担，深空 1 号探测器的轨道外推算法第三体摄动项仅考虑金星、地球、月球、火星、木星和土星的引力。下面

利用 STK 软件分析这种简化算法的轨道外推精度。在 STK 软件中设置轨道参数如表 7-2 所示。

表 7-2　利用 STK 软件预报深空 1 号探测器轨道的参数设置

预报器（Propagator）	HPOP
开始时间（Start Time）	28 Jul 1999 00：00：00.000 UTCG
结束时间（Stop Time）	28 Sep 1999 00：00：00.000UTCG
时间步长（Step Size）	3600 sec
轨道历元时间（Orbit Epoch）	28 Jul 1999 00：00：00.000 UTCG
坐标类型（Coordinator Type）	Cartesian
坐标系统（Coordinator System）	J2000
面质比（Area/Mass Ratio）	0.025 m²/kg
积分方法（Integration Method）	RKF 7（8）

经过 STK 软件计算并参考精确轨道外推的结果，简化探测器上轨道外推算法 62 天的位置预报误差小于 42 km，速度预报误差小于 0.016 m/s，见图 7-7，此结果表明简化探测器上轨道外推算法完全满足深空转移轨道段的精度要求。

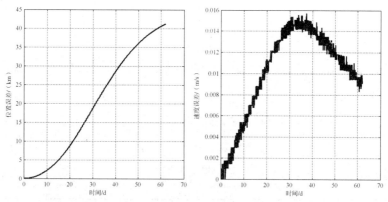

图 7-7　探测器上轨道外推算法误差

根据前述的深空 1 号导航敏感器性能参数等相关约束条件，给出导航小行星的选取标准，如表 7 - 3 所示。

表 7 - 3　导航小行星选取标准

标准	阈值
视星等	$\leqslant 12$
距离	$\leqslant 3 \times 10^8$ km
太阳相角	$\leqslant 45°$
视运动	$\leqslant 0.1$ μrad/s
三星概率（星等$\leqslant 11$）	$\geqslant 98\%$

参照表 7 - 3 中所述标准和第 3 章介绍的自主导航天体最优组合选取方法，为深空 1 号探测器从开启导航系统起至交会布莱叶小行星前的轨道段选取导航小行星。轨道观测窗口时间间隔和轨道估计的周期均取为 7 天。导航小行星选取结果见表 7 - 4，共有 79 颗星入选，每星平均观测次数为 6 次。入选导航小行星的永久编号绝大多数小于 1 000，这是因为永久编号靠前的小行星往往是距离近、亮度高的小行星，即适于自主导航观测的小行星。

表 7 - 4　导航小行星选取结果

1	6	8	12	13	14	15	24	26	27	29	30	32	39	40	45
48	59	63	68	71	76	80	84	95	102	103	105	110	115	117	119
122	137	143	146	149	154	159	172	185	192	194	198	200	201	211	230
233	236	308	322	349	351	364	367	376	391	409	444	451	478	487	511
512	521	584	585	602	667	678	679	704	739	776	886	971	980	1 166	

表 7 - 5 给出了对导航小行星的距离、视星等和背景恒星数量等信息的统计情况，从中可知导航小行星普遍距离较远、亮度低，这与预期的相同。而背景恒星的数量较多，容易满足图像处理算法确定惯性空间指向的要求。

表 7-5　导航小行星选取结果统计

统计量	平均值	最大值	最小值
距离/km	1.90×10^8	2.99×10^8	6.12×10^7
星等/mag	10.97	12.00	7.11
背景恒星/颗	20	57	8

进行轨道确定时，滤波算法对测量信息进行批处理。导航滤波一个批次的数据弧长既不能太短也不必太长。数据太短不能有效利用测量信息，得到的深空探测器位置速度精度低；数据太长增加了算法计算量并且对深空探测器的位置速度精度提高有限，见图 7-8。

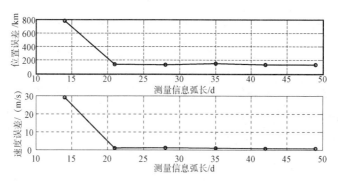

图 7-8　测量信息弧长与位置误差（1σ）和速度误差（1σ）的关系

图 7-8 表明测量信息弧长超过 21 天后，转移轨道段导航滤波的位置误差约为 130 km，速度误差约为 0.7 m/s。

为最终验证转移轨道段自主导航精度，进行蒙特卡洛仿真。初始位置误差为 5 000 km（1σ），初始速度误差为 0.5 m/s（1σ）；测量误差为 0.1 像素（1σ）；星历误差为 100 km（1σ），测量信息弧长取为 28 天。对 334 次仿真结果进行统计，334 次仿真结果的均值和均方差见图 7-9。

由图 7-9 可知，在 126 天的飞行时间里，共进行了 19 次轨道确定，期间位置估计误差变化不大，只由开始的 120 km 降为末端的 90 km；速度估计误差变化显著，由最开始的 0.5 m/s 下降为末端的 0.2 m/s。

根据导航结果可以外推深空探测器交会小天体的 B 平面误差。

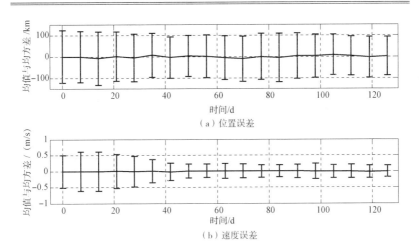

（a）位置误差

（b）速度误差

图 7-9　导航误差的均值和均方差

假设交会布莱叶小行星前 100 天，星上计算机预估深空探测器位置速度与标称值相比有 10 km（3σ）和 0.01 m/s（3σ）的偏差，则星上外推得到的 B 平面误差结果见图 7-10。

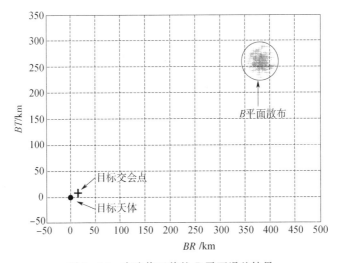

图 7-10　中途修正前的 B 平面误差结果

按照本章前述的采用小推力连续控制的中途轨道修正方法，将

上面 B 平面误差带入修正量计算公式，经反复迭代后得到中途修正所需的每个控制区间推力器喷气方向的赤经赤纬和末端控制区间开机时间。中途修正过程推力器喷气方向的赤经赤纬结果见图 7-11。

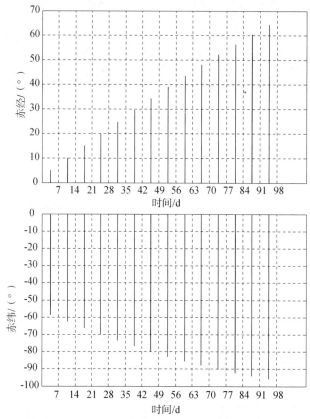

图 7-11　中途修正过程推力器喷气方向的赤经赤纬

初始定轨精度为位置 10 km(3σ)，速度 0.01 m/s(3σ)，进行蒙特卡洛仿真，对 334 次仿真结果进行统计，得到中途修正后的 B 平面误差结果见图 7-12。

经中途修正后交会小天体时的 B 平面误差散布 ΔBR 为 3.02 km(3σ)，ΔBT 为 2.91 km(3σ)，ΔTOF 为 0.58 s(3σ)，此结果表明采用小推力连续控制的中途轨道修正方法有效。

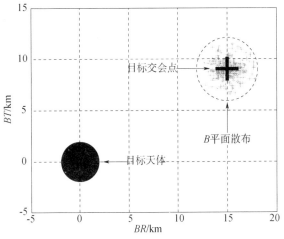

图 7 - 12　中途修正后的 B 平面误差结果

7.5　小结

日心转移轨道段的制导、导航与控制系统由星载计算机、导航敏感器、惯性测量单元、星敏感器、动量轮和姿态轨道控制推力器等组成。自主导航算法由状态方程、观测方程和最小二乘法构成。利用导航敏感器拍摄距离最近的小行星和行星等已知星历的天体可以为深空探测器提供足够的导航信息，结合最小二乘算法，自主完成深空探测器位置和速度的确定。由于日心转移轨道段的摄动力较小，深空探测器飞行近似二体轨道，并且对导航精度要求相对较低，因此导航敏感器不必连续观测导航天体，可以间隔几天进行一次导航拍摄活动，就能满足导航与制导对状态估计精度的要求。深空探测器进入转移轨道后由于存在入轨误差、导航误差和控制误差等不可避免地会偏离设计轨道，一旦偏离设计轨道就需要对深空探测器施加控制使其沿着新的满足制导目标的轨道飞行。根据推进方式的不同，轨道控制方式可分为速度脉冲控制和小推力连续控制两种。对于前者，主要方法有摄动制导和显式制导等。摄动制导方法即小偏差线性控制方法，是目前深空探测最常用的中途修正方法。

参 考 文 献

[1] RIEDELJ E，BHASKARAN S，DESAI S，et al. Deep Space 1 Technology Validation Report – Autonomous Optical Navigation. JPL Publication 00 – 10，Jet Propulsion Laboratory，Pasadena，CA，USA，October，2000.

[2] BHASKARAN S，RIEDEL J E，SYNNOTTS P，et al. The Deep Space 1 Autonomous Navigation System：A Post – Flight Analysis. AIAA/AAS Astrodynamics Specialist Conference，Denver，CO，USA，Aug 2000，AIAA – 2000 – 3935：42 – 52.

[3] BHASKARAN S，DESAI D，DUMONT P J，et al. Orbit Determination Performance Evaluation of the Deep Space 1 Autonomous Navigation System. AAS/AIAA Space Flight Mechanics Meeting，Monterrey，California，USA，February 1998，1295 — 1314.

[4] RAYMAN M D. The Successful Conclusion of the Deep Space 1 Mission：Important Results without a Flashy Title. Space Technology，2003，23 (2 – 3)：185 — 196.

[5] YIM J R，CRASSIDISY J L，Junkinsz J L. Autonomous Orbit Navigation of Interplanetary Spacecraft. AIAA/AAS Astrodynamics Specialist Conference，Denver，CO，Aug. 14 – 17，2000：53 – 61.

[6] CHAUSSON L，ELAVAULT S. Optical Navigation Performance during Interplanetary Cruise. 17th ISSFD，Russia，Moscow，2003.

[7] 黄翔宇. 探测器自主导航方法及在小天体探测中的应用研究. 哈尔滨工业大学博士学位论文，2005.

[8] 吴伟仁，王大轶，宁晓琳. 深空探测器自主导航原理与技术. 北京：中国宇航出版社，2011.

[9] 杨嘉樨，吕振铎，孙承启，等. 航天器轨道动力学与控制. 北京：宇航出版社，2002.

[10] 毛晓艳，王大轶，辛优美，应磊. 深空光学敏感器"拖尾图像"的处理方

法研究. 空间控制技术与应用, 2010, 2.

[11] 张晓文, 王大轶, 黄翔宇. 利用小行星测量信息的深空探测器自主导航算法研究. 航天控制, 2009, 3.

[12] 张晓文, 王大轶, 黄翔宇. 深空探测转移轨道自主中途修正方法研究. 空间控制技术与应用, 2009, 4.

第8章　接近轨道段的自主导航与轨道控制

接近轨道段是指深空探测器结束日心转移，进入目标天体引力影响球，并逐渐靠近目标天体的飞行过程。此时深空探测器距离目标天体较近，距离地球较远，地面测控的实时性和精确性很难得到保证。因此，从长远看，依靠自主导航实现安全、精确、自主的接近段轨道控制具有重要意义。

本章首先根据接近轨道段的任务特点，具体分析导航与控制方案、敏感器和执行机构的选择及要求；然后在第2章基础上，详细介绍接近轨道段光学图像信息的提取、导航滤波方程的构建、制导方法的选择和制导参数的选取等内容；最后，分别针对大天体和小天体给出了接近轨道段自主导航与轨道控制的应用实例。

8.1　接近轨道段自主导航与轨道控制方案

8.1.1　系统组成与功能

接近轨道段制导、导航与控制系统的主要功能如下所示。

1) 利用光学成像导航敏感器获得目标天体图像，通过图像处理提取目标天体的视线信息，结合探测器姿态滤波估计深空探测器自身的位置和速度。

2) 根据导航获得的轨道信息，预测目标天体的方向，通过姿态控制系统调整深空探测器姿态或者控制光学成像导航敏感器的转向机构，保证光学导航敏感器指向目标天体。

3) 根据获得的当前轨道信息以及预先设定的目标轨道，自主确定深空探测器进行轨道修正的策略，并实施轨道控制。

4) 根据后续任务的需要，例如环绕轨道的要求，自主进行轨道规划，并完成从接近轨道段到后续任务轨道段的转换。

接近轨道段制导、导航与控制系统的组成如图 8-1 所示。

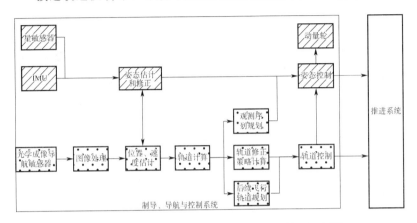

图 8-1　接近轨道段制导、导航与控制系统原理框图

图 8-1 中，"点状阴影"模块属于轨道控制部分，"条纹阴影"模块属于姿态控制部分。

与功能相对应，接近轨道段完整的自主导航、制导与控制过程如下。

首先，光学成像导航敏感器获得目标天体的图像，通过图像处理技术从中提取出目标天体中心的像元和像线，从而获得天体视线方向测量。该测量信息以敏感器测量坐标系为基础，为了进行导航需要将该测量信息转换到导航坐标系（惯性坐标系）中。有两种方法可以进行坐标系的转换：

1) 依靠深空探测器自身的姿态控制系统提供惯性姿态，然后将导航天体视线方向由测量坐标系转换到惯性坐标系，例如深度撞击探测器[1]；

2) 通过导航敏感器成像中的背景恒星确定该敏感器的惯性指向，这样就可以直接将目标天体视线方向转换到惯性坐标系，例如深空 1 号探测器[2]和星尘号探测器。

第一种方法的图像处理算法相对简单，但星敏感器和导航敏感器之间的安装误差会造成导航解算的偏差；第二种方法由于采用同一敏感器进行测量，因此精度高，但图像处理难度相对较大。除了视线方向信息以外，对于目标天体为大天体的探测任务，接近轨道段还可以根据导航图像计算目标天体的视半径。这对于增加导航测量信息、提高导航精度非常有利。在获得了姿态信息与图像导航测量信息后，通过滤波技术可以对深空探测器自身的位置和速度进行估计，并计算出深空探测器的轨道，实现自主导航。

接下来，利用导航系统提供的轨道计算结果预测未来一段时间目标天体的方向，进行观测序列规划，并计算出保证光学成像导航敏感器指向目标天体所需要的深空探测器姿态或者转动机构指令转角。之后，通过姿态控制系统或者导航敏感器转动机构，调整敏感器光轴指向，以获得后续稳定的导航图像序列。

与此同时，根据轨道计算的结果预测深空探测器终端的位置和速度，并与目标控制参数相比较，获得终端控制误差；然后根据该误差计算并优化轨道修正的时机以及轨道修正所需速度增量的大小和方向；到达变轨控制时刻，调整深空探测器并保持在变轨姿态，发动机点火后，用加速度计控制变轨剩余速度增量，最终完成轨道修正。

最后，在接近轨道段的后期，还需要根据导航的结果，计算到达后续轨道阶段（环绕、撞击）所需要的变轨策略，并在适当时机完成转阶段变轨控制。

8.1.2 导航敏感器

光学成像导航敏感器的主要作用是拍摄目标天体的图像，用于提供深空探测器的导航信息。高精度的导航图像数据下传之后也可以用于科学研究。在接近轨道段，由于目标天体距离相对较近，在导航图像中不再只是一个点目标，而是一个面目标，而且其大小随着深空探测器相对距离的缩小而不断变大，因此接近轨道段的光学成像导航敏感器在设计指标上不同于转移轨道段所使用的光学成像导航敏感器，视场需要加大，焦距需要缩短。相应的，光学成像导航导航敏感器在尺寸和质量上也可以做得更小。

例如火星勘测号轨道器所装备的光学成像导航敏感器，它用于在接近轨道段获取火星及其卫星——火卫一和火卫二的导航图像。该光学成像导航敏感器安装在火星勘测号轨道器的舱尾，在接近轨道段时光轴指向火星。其技术指标为：孔径 6 cm，视场 $1.4° × 1.4°$，快门时间和曝光时间可调[3]。

在接近轨道段，由于深空探测器相对目标天体的方向变化较快，同时也为了兼顾能源以及其他科学探测的需要，有些光学成像导航敏感器也具有转动机构或活动部件，能够改变敏感器视场指向。例如星尘号探测器的光学成像敏感器系统还包含一个反射镜。光学成像导航敏感器本身的安装保证了光轴与深空探测器 $-Y$ 轴平行；而反射镜与敏感器成 $45°$，并可绕深空探测器 Y 轴转动。这样导航敏感器的有效观察范围将覆盖深空探测器 $-Z$ 方向从 $+X$ 轴到 $-X$ 轴的天区。星尘号探测器光学成像导航光学成像敏感器的焦距为 200 mm，CCD 像素数为 1 024×1 024，视场为 $3.5°$，最短快门时间为 5 ms[4]。

8.1.3　执行机构

接近轨道段的轨道控制以轨道修正和大速度增量变轨为主，因此执行机构还是选择化学燃料推进系统。电推进系统由于推力较小，制导计算复杂，因此目前应用的实例还很少。

8.2　接近轨道段自主导航技术

不同于转移轨道段，接近轨道段只选择目标天体作为导航天体。导航系统通过光学成像导航敏感器获得该天体的方向或者视半径信息，然后结合深空探测器的姿态信息，利用卡尔曼滤波算法确定深空探测器的轨道。

8.2.1　接近大天体

8.2.1.1　光学成像导航图像处理

如果接近轨道段的目标是一个具有稳定光学辐射的大型天体，例如火星、金星等，则从图像中提取出天体中心会比较容易。其基本思路是根据目标天体的成像，提取出天体边缘（一般为圆形），然后通过几何算法求出目标天体的形状中心，当然形状中心确定以后还可以方便地计算出视半径大小。

在获取导航测量信息后，需要利用该信息估计深空探测器的位置和速度，通常采用的算法是扩展卡尔曼滤波算法。其中关键的问题是如何确定状态变量，以及建立导航测量方程和系统状态方程。

8.2.1.2　光学成像导航测量方程

对于大天体，导航图像处理后能够提取出天体的视线方向和视半径信息，光学成像导航敏感器测量原理如图 8 - 2 所示。视线方向可以用目标天体中心像素坐标（p_c 和 l_c 表示），视半径也可以用图像尺寸 ρ_c 表示，这三者构成导航滤波的测量量。

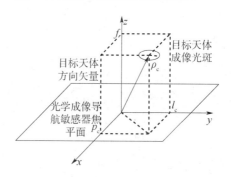

图 8 - 2　光学成像导航敏感器测量原理

导航天体的星历已知，位置记为 r_t，深空探测器的位置为 r，则深空探测器到导航天体的矢量为

$$r_{st} = r_t - r \qquad (8-1)$$

用 3 个姿态角来描述星体的惯性姿态，即本体坐标系 X 轴的赤经 λ、赤纬 δ 以及绕此轴的转角 φ，上述 3 个角度和惯性坐标系到本体坐标系的方向余弦阵有如下关系

$$C_{bi} = C_1(\varphi)C_2(-\delta)C_1(\lambda) \tag{8-2}$$

式中　C_1，C_2——分别是绕本体坐标系 X 轴和 Y 轴的主轴旋转。

通常，式（8-2）中的姿态角和姿态矩阵以陀螺预估、星敏感器测量修正的方式自主获得。星敏感器本身的定姿精度很高，但更新频率相对较低；陀螺能够连续测量，但陀螺漂移的存在会使得姿态计算发散；采用滤波算法后，能够有效地融合两者的测量，并且修正陀螺漂移。

在获得星体姿态以后，结合光学成像导航敏感器的安装矩阵 C_{sb}，那么 r_{st} 可以转换到光学敏感器测量坐标系中

$$r_{st}^s = C_{sb}C_{bi}r_{st} \tag{8-3}$$

假设 R_t 是目标天体的半径，f 是光学成像敏感器的焦距，光学成像导航敏感器测量与深空探测器位置之间的理论关系可用下式表示

$$\begin{cases} \rho_c = \dfrac{R_t}{\sqrt{r_{st}^2 - R_t^2}}f \\[2mm] p_c = \dfrac{r_{st,x}^s}{r_{st,z}^s}f \\[2mm] l_c = \dfrac{r_{st,y}^s}{r_{st,z}^s}f \end{cases} \tag{8-4}$$

式中　r_{st}——矢量 r_{st} 的大小；

$r_{st,x}^s$，$r_{st,y}^s$，$r_{st,z}^s$——分别是矢量 r_{st}^s 在光学成像敏感器测量坐标系 x、y 和 z 轴上的分量。

8.2.1.3　光学成像自主导航状态方程

第 2 章中已经对深空探测器的轨道运动学方程进行了描述，以它为基础构建导航状态方程，就可以利用滤波算法对深空探测器的位置、速度或者轨道根数进行估计。但是，对于深空探测接近轨道段的自主导航来说，若采用精确动力学模型将会面临许多工程难题。

首先，精确动力学模型维数大，且为非线性。若采用完整的动力学模型作为状态方程，将会带来巨大的计算负担。目前深空探测器星载计算机的计算速度有限，因此状态方程不能过于复杂，必须进行简化。

其次，在接近轨道段需要连续地对目标天体进行观测，必须及时预报下一时刻目标天体的相对位置，要求自主导航系统必须与姿态控制系统构成回路，使光学成像导航敏感器能连续跟踪目标天体。这些因素要求自主导航算法的状态方程必须简单。

对于接近大天体来说，目标天体的引力场是深空探测器轨道运动的主导因素，太阳以及其他大天体的引力相对较小，目标天体的非球形摄动也可以忽略，所以短时间的动力学外推可以用二体问题描述

$$\ddot{\boldsymbol{r}}_{ts} = -\frac{\mu}{r_{ts}^3} \boldsymbol{r}_{ts} \tag{8-5}$$

式中　μ——目标天体的引力常数；

　　$\boldsymbol{r}_{ts}$——目标天体到深空探测器的位置矢量，r_{ts} 是它的大小，有

$$\boldsymbol{r}_{ts} = \boldsymbol{r} - \boldsymbol{r}_t = -\boldsymbol{r}_{st} \tag{8-6}$$

下面用一个简单的例子来验证该模型的合理性。假设深空探测器接近火星段的轨道根数如表 8-1 所示。

表 8-1　当前轨道根数

历元（UTCG）	a/km	e	$i/(°)$	$\Omega/(°)$	$\omega/(°)$	$f/(°)$
2014-10-8 12：00：00	-3 500.378	2.076 524	40	177.698	257.483	245

使用二体模型式（8-5）进行轨道外推的位置误差、速度误差曲线如图 8-3 所示，可见误差的变化并不太大。

以深空探测器相对目标天体的位置、速度为状态变量，即取 $\boldsymbol{X} = [\boldsymbol{r}_{ts}, \boldsymbol{v}_{ts}]$，则由式（8-5）就可以构造滤波的状态方程为

$$\begin{bmatrix} \dot{\boldsymbol{r}}_{ts} \\ \dot{\boldsymbol{v}}_{ts} \end{bmatrix} = \begin{bmatrix} \boldsymbol{v}_{ts} \\ -\dfrac{\mu}{r_{ts}^3} \boldsymbol{r}_{ts} \end{bmatrix} + \begin{bmatrix} 0 \\ \Delta a \end{bmatrix} \tag{8-7}$$

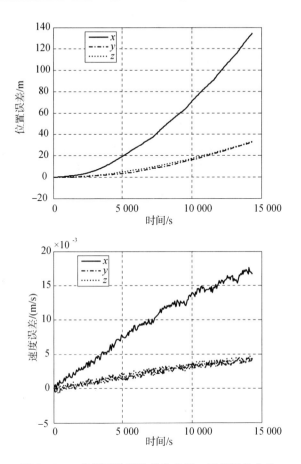

图 8-3 二体模型轨道外推的位置、速度误差曲线

式中 Δa——未建模加速度。

8.2.1.4 轨道参数的滤波估计

在建立系统状态方程和测量方程之后，就可以使用扩展卡尔曼滤波算法对深空探测器的位置、速度进行估计。

对接近大天体来说，直接获得相对该天体的轨道参数对于轨道控制比较有利，因此导航滤波的状态变量取为深空探测器相对目标天体的位置、速度，即取 $\boldsymbol{X} = \begin{bmatrix} \boldsymbol{r}_{ts}, & \boldsymbol{v}_{ts} \end{bmatrix}$。

对状态方程（8-7）进行局部线性化可以获得状态估计误差的传播方程为

$$\Delta \dot{X} = A（X）\Delta X \qquad (8-8)$$

其中

$$A（X）= \begin{bmatrix} 0 & 0 & 0 & 1 & 0 & 0 \\ 0 & 0 & 0 & 0 & 1 & 0 \\ 0 & 0 & 0 & 0 & 0 & 1 \\ \dfrac{\mu}{r_{\text{ts}}^5}（3r_{\text{ts},x}^2 - r_{\text{ts}}^2） & \dfrac{3\mu}{r_{\text{ts}}^5}r_{\text{ts},x}r_{\text{ts},y} & \dfrac{3\mu}{r_{\text{ts}}^5}r_{\text{ts},x}r_{\text{ts},z} & 0 & 0 & 0 \\ \dfrac{3\mu}{r_{\text{ts}}^5}r_{\text{ts},x}r_{\text{ts},y} & \dfrac{\mu}{r_{\text{ts}}^5}（3r_{\text{ts},y}^2 - r_{\text{ts}}^2） & \dfrac{3\mu}{r_{\text{ts}}^5}r_{\text{ts},y}r_{\text{ts},z} & 0 & 0 & 0 \\ \dfrac{3\mu}{r_{\text{ts}}^5}r_{\text{ts},x}r_{\text{ts},z} & \dfrac{3\mu}{r_{\text{ts}}^5}r_{\text{ts},y}r_{\text{ts},z} & \dfrac{\mu}{r_{\text{ts}}^5}（3r_{\text{ts},z}^2 - r_{\text{ts}}^2） & 0 & 0 & 0 \end{bmatrix}$$

$$(8-9)$$

取测量量为 $Z = \begin{bmatrix} \rho_{\text{c}} & p_{\text{c}} & l_{\text{c}} \end{bmatrix}$，则根据测量方程式（8-4），可以求出观测偏差与状态变量关系为

$$\Delta Z = H(X) \cdot \Delta X \qquad (8-10)$$

其中

$$H(X) = \begin{bmatrix} \dfrac{\partial \rho}{\partial r_x} & \dfrac{\partial \rho}{\partial r_y} & \dfrac{\partial \rho}{\partial r_z} & 0 & 0 & 0 \\ \dfrac{\partial p_{\text{c}}}{\partial r_x} & \dfrac{\partial p_{\text{c}}}{\partial r_y} & \dfrac{\partial p_{\text{c}}}{\partial r_z} & 0 & 0 & 0 \\ \dfrac{\partial l_{\text{c}}}{\partial r_x} & \dfrac{\partial l_{\text{c}}}{\partial r_y} & \dfrac{\partial l_{\text{c}}}{\partial r_z} & 0 & 0 & 0 \end{bmatrix} \qquad (8-11)$$

$$\begin{cases} \dfrac{\partial \rho}{\partial r_k} = -R_{\text{t}}(r_{\text{st}}^2 - R_{\text{t}}^2)^{-\frac{3}{2}}r_k f \\[3mm] \dfrac{\partial p_{\text{c}}}{\partial r_k} = \dfrac{r_{\text{st},z}^{\text{s}}\boldsymbol{C}_{\text{b}i}(x,k) - r_{\text{st},x}^{\text{s}}\boldsymbol{C}_{\text{b}i}(z,k)}{(r_{\text{st},z}^{\text{s}})^2}f,（k = x,y,z） \\[3mm] \dfrac{\partial l_{\text{c}}}{\partial r_k} = \dfrac{r_{\text{st},z}^{\text{s}}\boldsymbol{C}_{\text{b}i}(y,k) - r_{\text{st},y}^{\text{s}}\boldsymbol{C}_{\text{b}i}(z,k)}{(r_{\text{st},z}^{\text{s}})^2}f \end{cases}$$

$$(8-12)$$

式中

$$\boldsymbol{C}_{\mathrm{b}i} = \begin{bmatrix} C_{\mathrm{b}i}(x\,,\,x) & C_{\mathrm{b}i}(x\,,\,y) & C_{\mathrm{b}i}(x\,,\,z) \\ C_{\mathrm{b}i}(y\,,\,x) & C_{\mathrm{b}i}(y\,,\,y) & C_{\mathrm{b}i}(y\,,\,z) \\ C_{\mathrm{b}i}(z\,,\,x) & C_{\mathrm{b}i}(z\,,\,y) & C_{\mathrm{b}i}(z\,,\,z) \end{bmatrix} \tag{8-13}$$

由此就可以使用扩展卡尔曼滤波算法进行深空探测器位置和速度估计

$$\hat{\boldsymbol{X}}_{k|k-1} = \boldsymbol{f}(\hat{\boldsymbol{X}}_{k-1}) \tag{8-14}$$

$$\boldsymbol{P}_{k|k-1} = \boldsymbol{F}_k \boldsymbol{P}_{k-1} \boldsymbol{F}_k^{\mathrm{T}} + \boldsymbol{Q} \tag{8-15}$$

$$\boldsymbol{K}_k = \boldsymbol{P}_{k|k-1} \boldsymbol{H}_k^{\mathrm{T}} (\boldsymbol{H}_k \boldsymbol{P}_{k|k-1} \boldsymbol{H}_k^{\mathrm{T}} + \boldsymbol{R})^{-1} \tag{8-16}$$

$$\hat{\boldsymbol{X}}_k = \hat{\boldsymbol{X}}_{k|k-1} + \boldsymbol{K}_k [\boldsymbol{Z}_k - \boldsymbol{h}(\hat{\boldsymbol{X}}_{k|k-1})] \tag{8-17}$$

$$\boldsymbol{P}_k = (\boldsymbol{I} - \boldsymbol{K}_k \boldsymbol{H}_k) \boldsymbol{P}_{k|k-1} \tag{8-18}$$

其中，式（8-14）可以通过对式（8-7）积分获得。

状态转移矩阵为

$$\boldsymbol{F}_k = \boldsymbol{I} + T\boldsymbol{A}(\hat{\boldsymbol{X}}_{k-1}) + \cdots \tag{8-19}$$

系统噪声主要来自于未建模加速度，可建模加速度为零均白噪声，方差阵为

$$\boldsymbol{Q} = \begin{bmatrix} 0 & 0 & 0 & 0 & 0 & 0 \\ 0 & 0 & 0 & 0 & 0 & 0 \\ 0 & 0 & 0 & 0 & 0 & 0 \\ 0 & 0 & 0 & \sigma_{\mathrm{a}x}^2 & 0 & 0 \\ 0 & 0 & 0 & 0 & \sigma_{\mathrm{a}y}^2 & 0 \\ 0 & 0 & 0 & 0 & 0 & \sigma_{\mathrm{a}z}^2 \end{bmatrix} \tag{8-20}$$

测量噪声为图像识别的像素误差，方差阵为

$$\boldsymbol{R} = \begin{bmatrix} \sigma_{pc}^2 & 0 & 0 \\ 0 & \sigma_{pc}^2 & 0 \\ 0 & 0 & \sigma_{lc}^2 \end{bmatrix} \tag{8-21}$$

式中　σ_{pc}，σ_{lc}——图像中心像素误差；

　　$\sigma_{\rho c}$——目标天体成像尺寸的识别误差。

以接近火星为例，深空探测器轨道参数如表 8-1 所示。假定深

空探测器上安装有一台焦距 0.1 m，视场 3°×3°，像素数为 1 024×1 024 的光学成像导航敏感器。图像处理的算法精度为 0.1 个像素。导航初始误差为位置 200 km（3σ），速度 10 m/s（3σ），导航滤波 4 小时的位置误差、速度误差变化如图 8-4 所示。

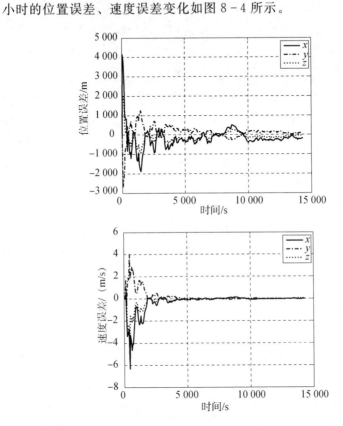

图 8-4　接近火星导航滤波 4 小时的自主导航位置、速度误差曲线

8.2.2　接近小天体

8.2.2.1　接近小天体导航图像处理

　　当接近目标是小天体时，导航图像的处理方法相比目标是大天体的情况要复杂得多。这主要是因为小天体的形状不规则，在不同

的相位下天体的返照情况差异较大。特别是观测对象是彗星时，彗星释放的气体会导致光亮区域出现更为复杂的变化。

从原理上说小天体目标中心的提取分为两步，第一步是提取出目标的亮度中心；第二步则是根据小天体亮度中心求取导航所需要的天体形状中心。亮度中心的提取方法在第 4 章已有详细的介绍，这里不再重复。而小天体形状中心的计算则需要利用亮度中心测量结果并针对目标天体具体的外形特征进行。

如果目标天体是球形或者接近球形，则可以使用一个简单的校正因子（该校正因子是太阳相位的函数）获取高度中心—形状中心偏差，最后所得到的形状中心估计值可精确到像元级[5]，计算公式是

$$\gamma = \frac{3\pi R}{16}\left[\frac{\sin\alpha\ (1+\cos\alpha)}{(\pi-\alpha)\ \cos\alpha+\sin\alpha}\right] \tag{8-22}$$

式中　γ——偏差因子，可以取 $0\sim1$ 之间的数值，代表偏差与假定天体半径 R 的比值；

α——相位角。

$$p_{o} = p_{cb} - \gamma R_{c}\cos\phi$$
$$l_{o} = l_{cb} - \gamma R_{c}\sin\phi \tag{8-23}$$

式中　R_c——转换成了像元单位的天体尺寸；

Φ——太阳在成像坐标系下的入射角。

若太阳方向在光学成像导航敏感器下表示为 A_c，则

$$\phi = \arctan(A_{cy}/A_{cx}) \tag{8-24}$$

8.2.2.2　导航测量方程

对于接近小天体任务，利用光学成像导航敏感器可以获得目标天体亮度中心对应的像元 p 和像线 l。但由于目标天体小且形状不规则，因此不容易获取小天体视半径信息。与大天体一样，在深空探测器本体惯性姿态和敏感器安装已知的条件下，理论上光学成像导航敏感器测量与深空探测器位置和姿态之间存在函数关系，简记为

$$p_{theory} = p(\boldsymbol{r},\ \lambda,\ \delta,\ \varphi,\ t) \tag{8-25}$$

$$l_{\text{theory}} = l \, (\, \boldsymbol{r}, \, \lambda, \, \delta, \, \varphi, \, t \,) \qquad (8-26)$$

在式（8-25）、式（8-26）中，深空探测器的姿态角仍然通过星敏感器和陀螺仪测量并进行数字滤波获得。但是实际使用中，由于小天体对象的特殊性或者星敏感器使用条件的原因，星敏感器并不能保证在小天体接近轨道段可用。例如深空 1 号探测器在接近布莱叶小行星之前，星敏感器出现失效情况[6]；星尘号探测器在接近彗星时，星敏感器受到彗尾的影响，出现遮挡或者恒星光线变形现象。在这种情况下深空探测器的本体姿态测量只能依靠惯性测量单元来完成，其原理是对陀螺仪测量得到的本体角速度或角度增量积分得到深空探测器的本体姿态。这种方法存在两个误差源，一是初始误差，一是陀螺仪漂移。由于光学成像导航敏感器是固联在深空探测器本体上的，因此本体姿态的偏差会直接反映在导航敏感器的像元和像线值上，即初始姿态误差会引起像元/像线的初始偏差 p_{d} 和 l_{d}，陀螺的漂移会引起像元/像线漂移 $\dot{p}_{\text{d}}$ 和 $\dot{l}_{\text{d}}$。因此可以将这两种误差放到导航滤波器中加以考虑，此时测量方程（8-25）和式（8-26）需要改写。

如果陀螺仪短时漂移引起的像元/像素变化近似为线性，则测量方程为

$$p_{\text{o}} = p \, (\, \boldsymbol{r}, \, \lambda, \, \delta, \, \varphi, \, t \,) + p_{\text{d}} + \dot{p}_{\text{d}} t \qquad (8-27)$$

$$l_{\text{o}} = l \, (\, \boldsymbol{r}, \, \lambda, \, \delta, \, \varphi, \, t \,) + l_{\text{d}} + \dot{l}_{\text{d}} t \qquad (8-28)$$

深空 1 号探测器在接近轨道段采用的就是这种测量方程。将状态变量取为深空探测器位置与标称轨道的偏差以及像元/像素误差，即

$$\boldsymbol{X} = \begin{bmatrix} \Delta r_x & \Delta r_y & \Delta r_z & p_{\text{d}} & \dot{p}_{\text{d}} & l_{\text{d}} & \dot{l}_{\text{d}} \end{bmatrix} \qquad (8-29)$$

则敏感器观测值与理论值的偏差（记为 ΔZ）与状态具有近似的线性关系

$$\Delta \boldsymbol{Z} = \boldsymbol{H} \cdot \boldsymbol{X} \qquad (8-30)$$

$$\boldsymbol{H} = \begin{bmatrix} \dfrac{\partial p}{\partial r_x} & \dfrac{\partial p}{\partial r_y} & \dfrac{\partial p}{\partial r_z} & 1 & t & 0 & 0 \\[3mm] \dfrac{\partial l}{\partial r_x} & \dfrac{\partial l}{\partial r_y} & \dfrac{\partial l}{\partial r_z} & 0 & 0 & 1 & t \end{bmatrix} \qquad (8-31)$$

当然，有些时候情况可能更为复杂，如受成像系统结构、惯性测量单元性能等因素的影响，式（8-27）和式（8-28）所使用的线性关系假设有可能并不存在。这种情况下需要将三轴姿态估计误差引入系统状态，例如星尘号探测器的处理过程[4]。

星尘号探测器选取的状态变量为深空探测器位置相对标称轨道的偏差以及姿态的偏差，即

$$\boldsymbol{X} = \begin{bmatrix} \Delta r_x & \Delta r_y & \Delta r_z & \Delta\lambda & \Delta\delta & \Delta\varphi \end{bmatrix} \quad (8-32)$$

则式（8-30）中的 $\boldsymbol{H}$ 变为

$$\boldsymbol{H} = \begin{bmatrix} \dfrac{\partial p}{\partial r_x} & \dfrac{\partial p}{\partial r_y} & \dfrac{\partial p}{\partial r_z} & \dfrac{\partial p}{\partial \lambda} & \dfrac{\partial p}{\partial \delta} & \dfrac{\partial p}{\partial \varphi} \\[2mm] \dfrac{\partial l}{\partial r_x} & \dfrac{\partial l}{\partial r_y} & \dfrac{\partial l}{\partial r_z} & \dfrac{\partial l}{\partial \lambda} & \dfrac{\partial l}{\partial \delta} & \dfrac{\partial l}{\partial \varphi} \end{bmatrix} \quad (8-33)$$

8.2.2.3　导航状态方程

对于小天体来说，一方面接近轨道段的时间很短暂，利用简化的动力学方程进行递推所引起的深空探测器的位置预测误差、速度预测误差并不会很快发散，而且在滤波过程中也会根据观测量进行修正，因此动力学模型误差的影响是有限的；另一方面由于小天体自身引力较弱，而深空探测器与太阳或其他大天体的距离又很远，因此状态方程也存在简化的条件。

考虑深空探测器与目标天体交会时的距离一般大于 100 km，例如星尘号探测器飞越怀尔德（Wild）2 号小行星时最小距离为 237 km，而且被探测的目标天体半径很小，一般在几千米左右，引力非常小，再加上深空探测器飞越时间短，可以忽略不计小天体引力引起的深空探测器轨道变化。同时在几十分钟的交会过程中，太阳引力、太阳光压摄动以及其他八大行星的引力摄动影响都可以忽略不计，并且在交会段没有轨道机动过程。基于这样的假设，深空探测器轨道动力学模型将会非常简单

$$\boldsymbol{r}(t) = \boldsymbol{r}(t_0) + \dot{\boldsymbol{r}}(t - t_0)$$
$$\dot{\boldsymbol{r}}(t) = \dot{\boldsymbol{r}}(t_0) \quad (8-34)$$

式中　$r(t)$, $\dot{r}(t)$——分别是深空探测器在以目标天体为中心的相对坐标系中的位置和速度；

　　　$r(t_0)$, $\dot{r}(t_0)$——对应的初值；

　　　t——时间，t_0是其初值。

上述模型的实质是将小天体接近过程近似为匀速直线运动。

为了验证简化模型的可用性，这里以深空 1 号探测器接近布莱叶小行星为例分析采用简化模型的轨道外推误差。深空 1 号探测器的"真实"交会轨道利用精确的动力学模型，并使用 7（8）阶龙格-库塔-芬尔格（Runge - Kutta - Fehlberg）方法积分得到。在精确模型中，作用力考虑了太阳、大行星和谷神星（Ceres）的天体引力以及太阳光压的影响，忽略了目标天体引力。轨道外推的总时长为 30 min，结果如图 8 - 5 和图 8 - 6 所示。

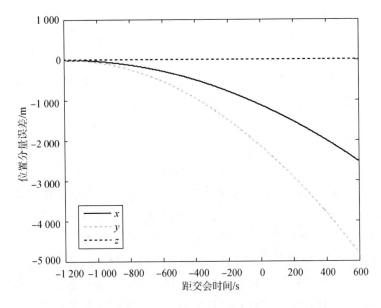

图 8 - 5　简化动力学模型轨道外推在各分量上的误差

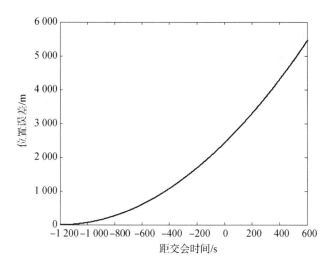

图 8-6　简化动力学模型轨道外推位置误差

从图 8-5 和图 8-6 中曲线可以看出随着积分时间的延长，轨道外推的误差不断增大，在 30 min 后，外推位置误差小于 6 km。依据此结果，认为采用的简化动力学模型可满足任务精度要求。

除了位置速度等轨道信息外，与观测有关的一些其他因素，例如姿态误差、陀螺仪漂移等也需要作为状态量进行滤波估计。因此在构建状态方程时，除了动力学方程以外，其他的被估量也需要根据各自的传播特性建立方程。如何操作需要具体问题具体分析。

例如深空 1 号探测器的滤波状态取为 $\boldsymbol{X} = \begin{bmatrix} \Delta r_x & \Delta r_y & \Delta r_z & p_{\mathrm{d}} & \dot{p}_{\mathrm{d}} & l_{\mathrm{d}} & \dot{l}_{\mathrm{d}} \end{bmatrix}$，则状态方程可以表示为

$$
\begin{bmatrix} \Delta \dot{r}_x \\ \Delta \dot{r}_y \\ \Delta \dot{r}_z \\ \dot{p}_{\mathrm{d}} \\ \ddot{p}_{\mathrm{d}} \\ \dot{l}_{\mathrm{d}} \\ \ddot{l}_{\mathrm{d}} \end{bmatrix} =
\begin{bmatrix}
0 & 0 & 0 & 0 & 0 & 0 & 0 \\
0 & 0 & 0 & 0 & 0 & 0 & 0 \\
0 & 0 & 0 & 0 & 0 & 0 & 0 \\
0 & 0 & 0 & 0 & 1 & 0 & 0 \\
0 & 0 & 0 & 0 & 0 & 0 & 0 \\
0 & 0 & 0 & 0 & 0 & 0 & 1 \\
0 & 0 & 0 & 0 & 0 & 0 & 0
\end{bmatrix}
\begin{bmatrix} \Delta r_x \\ \Delta r_y \\ \Delta r_z \\ p_{\mathrm{d}} \\ \dot{p}_{\mathrm{d}} \\ l_{\mathrm{d}} \\ \ddot{l}_{\mathrm{d}} \end{bmatrix} + \boldsymbol{w} \qquad (8-35)
$$

式中　w——系统噪声。

没有将速度误差引入滤波状态的原因是为了降低系统阶数。

而星尘号探测器的滤波状态取为

$$X = \begin{bmatrix} \Delta r_x & \Delta r_y & \Delta r_z & \Delta \lambda & \Delta \delta & \Delta \varphi \end{bmatrix}$$

系统状态方程更为复杂，需要包含惯性姿态递推的误差方程，有兴趣的读者可以参阅相关文献。

8.2.2.4　轨道参数的滤波估计

在测量方程和状态方程确定以后，就可以构造卡尔曼滤波器对深空探测器位置误差和速度误差进行估计，从而修正深空探测器轨道。

特殊的，如果短时间内像素漂移可以忽略，那么系统状态只包括深空探测器位置误差，这样由式（8-34）可知，位置误差的转移矩阵为单位矩阵，卡尔曼滤波的状态预测和误差协方差阵的预测公式可分别简化为如下形式

$$\hat{X}_{k \mid k-1} = \hat{X}_{k-1} \tag{8-36}$$

$$P_{k \mid k-1} = P_{k-1} \tag{8-37}$$

卡尔曼增益矩阵变为

$$K_k = P_{\mid k-1} H_k^{\mathrm{T}} (H_k P_{k-1} H_k^{\mathrm{T}} + R)^{-1} \tag{8-38}$$

式中　R——对角加权阵

$$R = \begin{bmatrix} \sigma_p^2 & 0 \\ 0 & \sigma_l^2 \end{bmatrix} \tag{8-39}$$

式中　σ_p 和 σ_l——分别是观测量像元像线的加权，其计算公式如下

$$\sigma_{(p,l)}^2 = A_n^2 + (kS_c)^2 \tag{8-40}$$

式中　A_n——姿态噪声引起的像素跳变；

　　　S_c——目标天体在图像中的像素尺寸大小；

　　　k——图像处理误差系数。

A_n 和 k 的取值可以在蒙特卡罗仿真中依据滤波性能确定。

状态估计的公式如下

$$\hat{X}_k = \hat{X}_{k-1} + K_k \begin{bmatrix} p_o - p_c \\ l_o - l_c \end{bmatrix} \tag{8-41}$$

式中　p_o，l_o——经过图像处理得到的观测量；

　　　p_c，l_c——按照模型计算得到的观测量的预测值。

误差协方差阵的估计如下

$$\boldsymbol{P}_k = (\boldsymbol{I} - \boldsymbol{K}_k \boldsymbol{H}_k) \boldsymbol{P}_{k-1} \qquad (8-42)$$

以深空 1 号探测器交会布莱叶小行星为例。初始位置误差取为每个方向 50 km（1σ）；初始姿态偏差 0.1°。

假设陀螺仪误差为

1）随机姿态噪声：1.9×10^{-4}（°）；

2）陀螺仪漂移率：0.003 3（°）/h。

不对像素漂移进行估计时的自主导航仿真结果见图 8-7。由图 8-7 可知，由于像素漂移给观测信息带来较大误差，导致滤波算法对位置的估计误差较大。

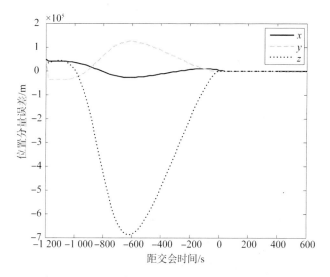

图 8-7　不对像素漂移进行估计时的位置分量误差

对像素漂移进行估计时的自主导航仿真结果见图 8-8。从中可知，通过估计像素漂移，修正测量信息偏差，可有效提高滤波算法的位置估计精度。

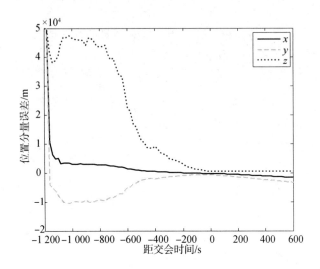

图 8 - 8　对像素漂移进行估计时的位置分量误差

8.3　接近轨道段自主轨道控制技术

8.3.1　基于 B 平面的制导方法

基于 B 平面参数的制导方法原理在第 2 章中已有详细的描述，其参数定义如图 8 - 9 所示。

对于火星等大天体来说，深空探测器在接近轨道段的轨道是双曲线轨道，B 平面参数的选取，以及制导律的计算与转移轨道段中途修正没有太大差异，区别只是修正时刻状态与终端状态之间的转移矩阵并不相同，本章不再详述。

对于小天体来说，目标天体的引力场虽然较弱，但是深空探测器仍然运行在一个双曲线轨道上。特殊情况下，如果目标天体引力非常微弱，可以忽略，则双曲线轨道接近一条直线。因此定义 B 平面参数时，S 矢量方向可选为深空探测器相对目标天体的速度方向。取 N_s 为深空探测器轨道平面的法线，则 B 平面的方向可以由 S 与

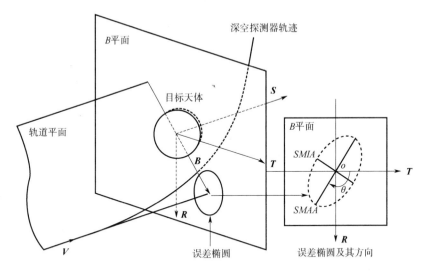

图 8 - 9　B 平面定义

N_s 的叉积计算而来，它的大小近似为深空探测器到目标天体中心的最小距离，即近心距 r_p。由此可以得到 B 平面参数为

$$(BR)_{\text{NOM}} = r_p \qquad (8-43)$$

$$(BT)_{\text{NOM}} = 0 \qquad (8-44)$$

式中　下标 NOM——相应于标准轨道的值。

设深空探测器的状态为位置和速度，即 $\boldsymbol{X} = \begin{bmatrix} \boldsymbol{r} & \boldsymbol{v} \end{bmatrix}^{\text{T}}$，那么根据深空探测器轨道近似直线运动的特点，终端轨道状态（用下标 f 表示）相对初始状态（用下标 i 表示）的状态转移矩阵 $\boldsymbol{\Phi}_f$ 为

$$\boldsymbol{\Phi}_f = \frac{\partial \boldsymbol{X}_f}{\partial \boldsymbol{X}_i^{\text{T}}} = \begin{bmatrix} \boldsymbol{I}_{3\times3} & (t_f - t_i)\ \boldsymbol{I}_{3\times3} \\ \boldsymbol{0} & \boldsymbol{I}_{3\times3} \end{bmatrix} \qquad (8-45)$$

而

$$\frac{\partial \boldsymbol{B}}{\partial \boldsymbol{X}_f^{\text{T}}} = \begin{bmatrix} \dfrac{\partial BR}{\partial \boldsymbol{r}_f^{\text{T}}} & \dfrac{\partial BR}{\partial \boldsymbol{v}_f^{\text{T}}} \\ \dfrac{\partial BT}{\partial \boldsymbol{r}_f^{\text{T}}} & \dfrac{\partial BT}{\partial \boldsymbol{v}_f^{\text{T}}} \end{bmatrix} = \begin{bmatrix} \boldsymbol{R}^{\text{T}} & \boldsymbol{0}_{1\times3} \\ \boldsymbol{T}^{\text{T}} & \boldsymbol{0}_{1\times3} \end{bmatrix} \qquad (8-46)$$

$$\frac{\partial \boldsymbol{X}_{\mathrm{i}}}{\partial \boldsymbol{v}_{\mathrm{i}}^{\mathrm{T}}} = \begin{bmatrix} \dfrac{\partial \boldsymbol{r}_{\mathrm{i}}}{\partial \boldsymbol{v}_{\mathrm{i}}^{\mathrm{T}}} \\ \dfrac{\partial \boldsymbol{v}_{\mathrm{i}}}{\partial \boldsymbol{v}_{\mathrm{i}}^{\mathrm{T}}} \end{bmatrix} = \begin{bmatrix} \boldsymbol{0}_{3\times3} \\ \boldsymbol{I}_{3\times3} \end{bmatrix} \tag{8-47}$$

则

$$\boldsymbol{K} = \frac{\partial \boldsymbol{B}}{\partial \boldsymbol{X}_{\mathrm{f}}^{\mathrm{T}}} \boldsymbol{\Phi}_{\mathrm{f}} \frac{\partial \boldsymbol{X}_{\mathrm{i}}}{\partial \boldsymbol{v}_{\mathrm{i}}^{\mathrm{T}}} \tag{8-48}$$

修正时刻需要施加的速度增量脉冲计算公式如下

$$\Delta v = - \boldsymbol{K}^{\mathrm{T}} (\boldsymbol{K}\boldsymbol{K}^{\mathrm{T}})^{-1} \Delta \boldsymbol{B} \tag{8-49}$$

在进行基于 B 平面的制导时，星载计算机根据自主导航给出的深空探测器当前位置和速度，依靠轨道动力学预报实施轨道修正时刻 t_{i} 的位置和速度（记为 $[\boldsymbol{r}_{\mathrm{i}} \ \boldsymbol{v}_{\mathrm{i}}]$）和终端时刻 t_{f}（距离小天体最近）的位置和速度（记为 $[\boldsymbol{r}_{\mathrm{f}} \ \boldsymbol{v}_{\mathrm{f}}]$）。将 $\boldsymbol{r}_{\mathrm{f}}$ 变换为 B 平面参数 $[BR \ BT]$，并与目标参数 $[(BR)_{\mathrm{NOM}} \ (BT)_{\mathrm{NOM}}]$ 相比较，获得脱靶量，即

$$\Delta \boldsymbol{B} = \begin{bmatrix} \Delta BR \\ \Delta BT \end{bmatrix} = \begin{bmatrix} BR - (BR)_{\mathrm{NOM}} \\ BT - (BT)_{\mathrm{NOM}} \end{bmatrix} \tag{8-50}$$

然后就可以根据式（8-50）计算变轨速度增量。由于在制导过程中状态转移方程（8-45）按照匀速直线运动近似，因此制导的结果会存在误差。这可以通过在一定的精度约束下多次实施变轨操作来修正。

下面通过一个例子进行说明。假设初始时刻某一颗小天体和深空探测器在日心惯性坐标系下的轨道根数如表 8-2 所示。

表 8-2　小天体和深空探测器轨道根数

	a/km	e	$i/(°)$	$\Omega/(°)$	$\omega/(°)$	$M/(°)$
小天体	413 738 891.942	0.078 054	27.15	23.39	133.222	226.173
深空探测器	601 151 446.497	0.521 512	27.15	23.39	263.466	33.007

进行制导计算时，首先可以根据需要由测控系统提供小天体和深空探测器初始时刻的位置和速度，在此基础上获得深空探测器相对小天体的速度，其方向定义为 $\boldsymbol{S}$；然后可以计算出深空探测器轨道平面法线的方向，即 $\boldsymbol{N}_{\mathrm{s}}$。选择 $\boldsymbol{R}$ 为 $\boldsymbol{S}$ 与 $\boldsymbol{N}_{\mathrm{s}}$ 的叉乘方向，则可以求

出 $\boldsymbol{R}=$ $\begin{bmatrix}0.295\ 62 & -0.839\ 75 & -0.455\ 44\end{bmatrix}^{\mathrm{T}}$，$\boldsymbol{B}$ 矢量的方向与 $\boldsymbol{R}$ 相同。$\boldsymbol{R}$ 与 $\boldsymbol{S}$ 的矢量积即为 $\boldsymbol{T}$，可以算出 $\boldsymbol{T}=$ $\begin{bmatrix}0.181\ 15 & -0.418\ 82 \\ 0.889\ 81\end{bmatrix}^{\mathrm{T}}$。根据轨道参数，可以算出 2 个小时后深空探测器距离小天体最近，为200 km，那么 $t_{\mathrm{f}}=7\ 200$ s，$BR=2\times10^{5}$ m，$BT=0$ m。如果任务需要探测器从距离小天体100 km 处掠过，变轨时间就是初始时刻，也就是说 $t_{\mathrm{i}}=0$ s，$(BR)_{\mathrm{NOM}}=1\times10^{5}$ m，$(BT)_{\mathrm{NOM}}=0$ m，则可以按照上述方法计算出变轨速度增量为 $\Delta v=$ $\begin{bmatrix}-4.106 \\ 11.663 & 6.326\end{bmatrix}$ m/s。

变轨实施的结果如图 8 - 10 所示，其中虚线为原始轨道，实线为制导执行后的轨道。

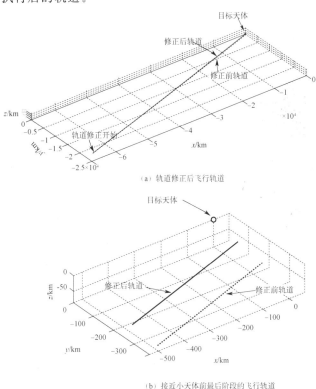

（a）轨道修正后飞行轨道

（b）接近小天体前最后阶段的飞行轨道

图 8 - 10　小天体接近轨道段制导效果

8.3.2　自主轨道规划

深空探测自主轨道规划的任务是在深空探测器接近目标天体的过程中，根据预先设定的目标环绕轨道，深空探测器自主进行轨道规划，确定合适的转移轨道，计算从当前轨道调整到目标轨道的控制参数。

深空探测自主轨道规划的特点如下所示。

1) 自主轨道规划的前提是自主导航能够给出深空探测器的当前轨道参数；

2) 轨道转移是由双曲线轨道（接近轨道段）变化到椭圆轨道（环绕轨道段），前后两条轨道可能并不相交也不共面；

3) 自主轨道规划的计算量要小，而最优性可以适当降低。

由于实用性和安全性的原因，自主轨道规划目前还只是一种设想，已知的深空探测器中没有任何一个使用该技术。本书第 2 章中介绍了一种可行的方法，其基本思想来自于固定时间交会的兰伯特方法。对于固定时间的轨道交会问题，可以用兰伯特方法求解出两次变轨脉冲的时间、大小和方向。深空轨道转移变轨时间是自由的，因此可以调整两次变轨时间，对每一对固定的脉冲时间用兰勃特方法计算出对应的变轨速度增量大小；用两层搜索算法分别对两次变轨的时间进行寻优，通过比较各种不同组合下的速度增量大小来获得最佳的两次变轨时间。为了平衡搜索的快速性和最优性，可以使用变尺度搜索方法。在完成一次双脉冲变轨之后，再根据变轨的效果自主判断是否还需要进行下一次轨道调整。

以火星为目标天体，深空探测器当前轨道为双曲线轨道（近火点高度为 1 000 km，轨道倾角 80°），目标轨道为圆轨道（高度500 km，轨道倾角 90°），具体的轨道根数如表 8 - 3 所示。

表 8 - 3　当前轨道和目标轨道根数

	a/km	e	i /(°)	Ω /(°)	ω /(°)	t_p/s
当前 (c)	$-1.099\,25\times10^4$	1.4	80	0	0	0

续表

	a/km	e	i /(°)	Ω /(°)	ω /(°)	t_p/s
目标（t）	3 897	0	90	0	0	0

取第一次变轨脉冲时间 t_s 的搜索范围为 $[-1\ 800\ s\quad 1\ 000\ s]$，第二次变轨脉冲时间 t_f 的搜索范围为 $[t_s+200\ s\quad t_s+3\ 200\ s]$，则搜索结果如表 8 - 4 所示。

表 8 - 4　变轨脉冲搜索结果

t_s	t_f	Δv_1	Δv_2	Δv	搜索次数
$-1\ 296$	356	514.696	1 503.916	2 018.612	14 884

变轨时间搜索的范围需要根据任务特点由地面预先装订在深空探测器软件中。

经过规划后的深空探测器轨道运动如图 8 - 11 所示。其中实线表示当前轨道，点划线为转移轨道，虚线为目标轨道。

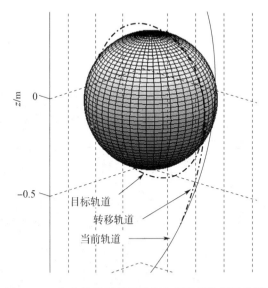

图 8 - 11　自主轨道规划后的深空探测器轨道运动图

8.4　应用实例

8.4.1　接近大天体过程的自主导航与轨道控制

大天体接近过程以美国火星勘测号轨道器接近火星过程为例。火星勘测轨道器是一颗环绕火星的探测器，接近轨道段的目标是最终进入近火点高度 300 km、轨道周期 35 小时的捕获轨道[7]。

在接近火星的过程中，假定深空探测器上安装有光学成像敏感器，光学成像敏感器的性能指标为：视场为 30°×30°，像素数为 1 024×1 024。

在距离火星从 400 000 km 到 40 000 km 的过程中，使用光学成像自主导航技术提供深空探测器的轨道信息。利用标称的轨道数据，深空探测器上计算机计算火星相对深空探测器的方位，并通过调整深空探测器惯性姿态，使得光学导航敏感器光轴始终指向火星。随着深空探测器逐渐接近火星，火星成像慢慢增大。图 8 - 12 给出了不同距离得到的火星仿真图像。

（a）400 000 km仿真图像　　　　（b）200 000 km仿真图像

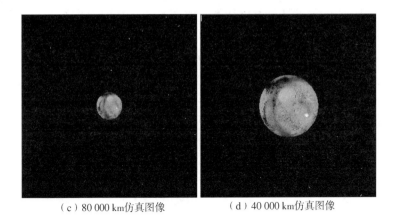

（c）80 000 km仿真图像   （d）40 000 km仿真图像

图 8-12 不同距离得到的火星仿真图像

采用边缘提取技术对导航图像进行处理，获得中心点坐标和视半径测量。然后采用扩展卡尔曼滤波算法得到的位置和速度估计误差曲线，如图 8-13 所示，40 000 km 距离上最终的位置误差为 2 km，速度误差为 0.2 m/s。

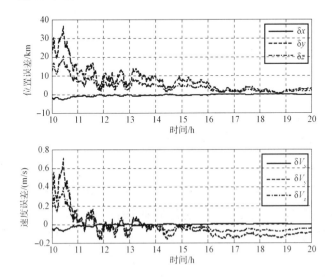

图 8-13 扩展卡尔曼滤波算法得到的位置和速度误差曲线

利用自主导航结果可以计算深空探测器最终的 B 平面误差，从而计算出修正深空探测器轨道误差所需要的速度增量。在实际执行过程中，由于姿态控制和变轨控制存在误差，因此实际获得的位置散布是以标称轨道与 B 平面交点为中心且沿一定方向散布的椭圆。

考虑变轨姿态控制误差 $0.1°$，变轨速度增量执行误差 1%，最终的 B 平面位置控制精度为 15 km（3σ），如图 $8-14$ 所示。

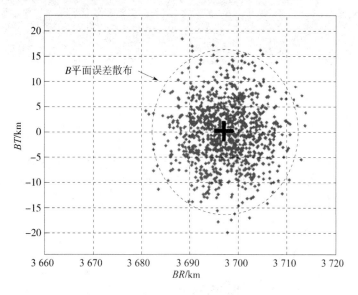

图 $8-14$　B 平面散布的蒙特卡洛仿真结果

8.4.2　接近小天体过程的自主导航与轨道控制

小天体接近过程以隼鸟号[8]探测器接近小行星过程为例，隼鸟号探测器的飞行轨道如图 $8-15$ 所示。在到达小行星附近后，深空探测器将减速完成对目标小行星的伴随和环绕飞行。

在接近小行星的过程中，深空探测器利用自身安装的光学成像导航敏感器对目标天体进行观测。假定光学导航敏感器的性能指标为：视场为 $0.8°×0.8°$，像素数为 $1\,024×1\,024$。

在距离小行星从 $40\,000$ km 到 $10\,000$ km 的过程中，使用光学成

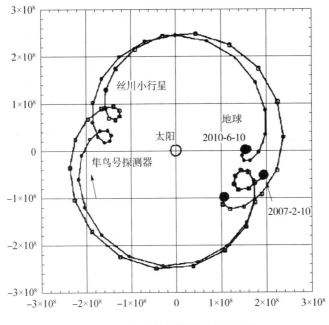

图 8 - 15 隼鸟号探测器的飞行轨道

像自主导航技术提供深空探测器的轨道信息。深空探测器需要调整
姿态指向，使得光学敏感器能够捕捉目标天体。深空探测器在接近
小行星过程所拍摄的序列图像如图 8 - 16 所示。可以看到由于小行
星并不规则，小行星的成像轮廓和亮度中心位置会逐渐发生变化。

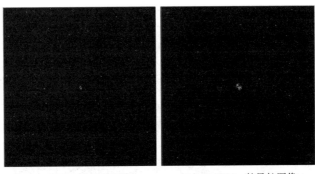

（a）40 000 km 的导航图像　　　（b）20 000 km 的导航图像

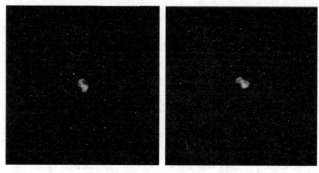

（c）150 000 km的导航图像　　（d）10 000 km的导航图像

图 8-16　深空探测器在接近小行星过程所拍摄的序列图像

采用图像处理技术获得小行星形状中心坐标，然后使用扩展卡尔曼滤波算法得到的位置、速度估计误差曲线如图 8-17 所示。在 10 000 km 距离上得到的位置误差为 500 m，速度误差为 0.2 m/s。

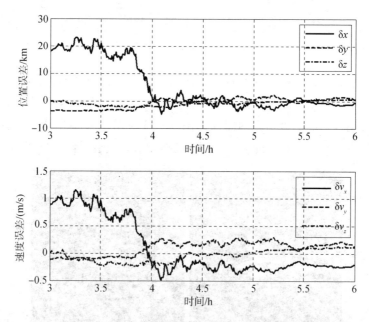

图 8-17　扩展卡尔曼滤波算法得到的位置、速度误差

利用自主导航结果可以计算 B 平面误差，从而计算出修正深空探测器的轨道误差所需要的速度增量。在实际执行过程中，由于姿态控制和变轨控制均存在误差，因此实际获得的近心点也是呈一定散布的椭圆。

同样考虑姿态控制误差 $0.1°$，变轨速度增量误差 1%，则最终的近心点位置控制精度为 $8\ \text{km}$（3σ），如图 $8-18$ 所示。

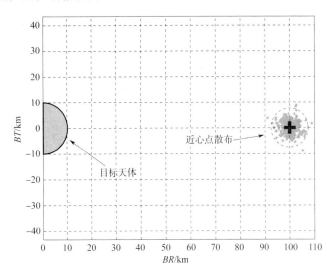

图 $8-18$　近心点散布的蒙特卡洛仿真结果

8.5　小结

本章介绍了接近轨道段自主导航与轨道控制方案，并结合具体应用实例，详细推导了自主导航、制导与控制的计算公式和算法编排。为了便于读者理解其中的核心思想，对一些问题做了适当简化，算法公式也比较理想。而在实际应用中，设计人员还会面临各种各样的工程问题，包括轨道特性、敏感器和执行机构性能、计算机的运算能力、算法的精度和稳定性等，这些都需要针对具体的深空探测任务开展专门设计。

参 考 文 献

[1] KUBITSCHEK D G, MASTRODEMOS N, WERNER R, et al. Deep Impact Autonomous Navigation: The Trials of Trageting the Unknown. 29th Annual AAS Guidance and Control Conference, February4 — 8, 2006, Breckenridge, Colorado.

[2] BHASKARAN S, DESAI S D, DUMONT P J, et al. Orbit Determination Performance Evaluation of the Deep Space 1 Autonomous Navigation System, AAS Paper 98 — 193, AAS/AIAA Spaceflight Mechanics Meeting, Monterrey, CA, February 1998.

[3] JOHNSTON M D, GRAF J E, ZUREK R W, et al. The Mars Reconnaissance Orbiter Mission, 2004 IEEE Aerospace Conference, Big Sky, WY, 6 - 13 March 2004.

[4] BHAT R S, WILLIAMS K E, HELFRICH C E, et al. Wild2 Approach Maneuver Strategy Used for Stardust Spacecraft. AIAA/AAS Astrodynamics Specialist Conference and Exhibit, Providence, Rhode Island, 16 — 19 August 2004.

[5] BHASKARAN S, RIEDEL J E, SYNNOTT S P. Autonomous Nucleus Tracking for Comet/Asteroid Encounters: The STARDUST Example. 1998 IEEE Aerospace Conference, Vol. 2, 353 - 365, 21 - 28 March 1998.

[6] BHASKARAN S, RIEDEL J E, SYNNOTT S P, et al, The Deep Space 1 Autonomous Navigation system: A post—flight analysis. AIAA - 2000 - 3935.

[7] YOU T H, HALSCELL A, HIGHSMITH D, et al. Mars Reconnaissance Orbiter Navigation, AIAA Astrodynamics Specialist Conference and Exhibit, 16—19 August 2004, Providence, Rhode Island.

[8] KUNINAKA H, KAWAGUCHI J, Deep Space Flight of Hayabusa Asteroid Explorer, Proc. of SPIE Vol. 6960, 696002, 2008.

第9章 环绕轨道段的自主导航与轨道控制

环绕轨道段是指深空探测器经过制动后进入环绕目标天体飞行的轨道段，是对目标天体探测的关键任务段。环绕轨道段的飞行时间长，深空探测器距离地球远，还会出现长时间日凌（当太阳、地球和深空探测器运行到接近一条直线时出现的干扰现象）。日凌期间，地面站天线对准深空探测器的同时也对准了太阳，太阳产生的强大电磁波会直接投射在地面站天线的波束范围内，从而严重干扰地面与深空探测器的通信链路。因此，实现环绕轨道段的自主导航与轨道控制具有重要意义。

本章根据深空探测环绕轨道段的任务特点，具体分析了导航与轨道控制的方案、敏感器的选择和要求以及执行机构的配置；在第2章的基础上，详细介绍了环绕轨道段光学图像信息的提取、导航滤波方程的构建、自主轨道控制方法的选择和控制参数的选取等问题；最后，以国外已实现的火星和小行星探测任务为例，具体说明了环绕轨道段自主导航与轨道控制技术的应用。

9.1 环绕轨道段自主导航与轨道控制方案

9.1.1 系统组成与功能

根据深空环绕探测任务的需求，环绕轨道段自主导航与轨道控制系统的主要任务为：

1）确定深空探测器相对目标天体的轨道和定向姿态；

2）环绕轨道的维持和机动。

根据任务要求，环绕轨道段自主GNC系统的主要功能应包括：

1）利用光学成像导航敏感器获取目标天体图像，通过图像处理提取目标天体的中心、边缘或特征信息，结合深空探测器姿态信息确定深空探测器的轨道。

2）根据导航算法确定的轨道和惯性姿态信息，确定深空探测器本体相对轨道坐标系的姿态，并进行姿态控制，保证光学成像导航敏感器和相关载荷指向目标天体。

3）根据导航算法确定的轨道和预先设定的目标轨道，自主判断是否需要进行轨道修正，如需要，就进行轨道修正计算，确定修正策略，并实施轨道控制。

4）如果接到地面注入的目标轨道，则进行轨道机动计算，确定机动策略，并实施轨道控制。

环绕轨道段 GNC 系统主要包括敏感器，执行机构，GNC 计算机和接口单元，如图 9-1 所示。敏感器包括光学成像导航敏感器、星敏感器和惯性测量单元（由一组陀螺仪和一组加速度计组成），用来获取深空探测器的姿态和导航观测数据。执行机构包括动量轮、推力器和轨控发动机，用来实施深空探测器的姿态和轨道控制。GNC 计算机主要通过收集和处理各种敏感器的测量数据来完成制导、导航与控制的相关计算工作。

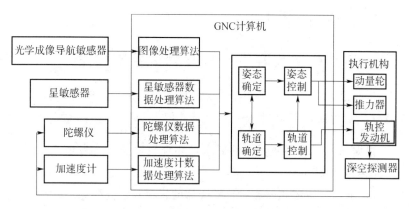

图 9-1　环绕轨道段 GNC 系统组成

由于导航敏感器获取的原始测量数据不能直接引入自主导航算法（姿态确定和轨道确定），必须根据自主导航的需求处理导航敏感器的测量数据，提取出有用的导航信息。图像处理算法负责处理光学成像导航敏感器输出的图像数据；星敏感器数据处理算法负责处理星敏感器输出的图像数据；陀螺仪数据处理算法负责处理陀螺仪输出的角度增量数据；加速度计数据处理算法负责处理加速度计输出的加速度数据。

自主导航算法负责综合导航测量信息和导航参考数据确定深空探测器的轨道和姿态，轨道控制算法根据需要进行轨道维持和机动计算，确定轨道控制策略，并利用姿态控制算法形成推力器和发动机控制指令，通过执行机构完成轨道控制任务。

9.1.2　导航敏感器

9.1.2.1　光学成像导航敏感器

光学成像导航敏感器是自主导航的关键敏感器，用来获得目标天体的图像数据。

对于环绕大天体探测任务，由于深空探测器与目标天体距离近，观测张角较大，因此，导航测量需要大视场光学成像导航敏感器。具体视场大小需要根据环绕探测轨道高度和目标天体大小来确定，其视场一般为 $100° \sim 150°$；指标根据导航精度需要进行确定，对于一般的环绕大天体自主导航 10 km 精度要求来说，光学成像导航敏感器精度指标为：随机误差 $0.1°(3\sigma)$，系统误差 $0.01°$；数据更新率 $1 \sim 4$ Hz，像素数为 $1\,024 \times 1\,024$。

对于环绕小天体探测任务，尽管深空探测器与目标天体距离很近，但是被观测天体的体积较小，因此，导航测量可以选择中视场的光学成像导航敏感器。具体视场大小需要根据环绕探测轨道高度和目标天体大小来确定，其视场一般为 $30° \sim 60°$；指标根据导航精度需要进行确定，对于一般的环绕小天体自主导航 100 m 精度要求来说，考虑到深空探测器距离目标天体较近（$20 \sim 50$ km），光学成像导航敏感器精度指标为：随机误差 $0.1°(3\sigma)$，系统误差 $0.01°$；数据更新率 $1\sim4$ Hz，像素数为 $1\,024\times1\,024$。

9.1.2.2　星敏感器

星敏感器主要用来确定深空探测器的惯性姿态。考虑到惯性姿态是影响自主导航精度的关键因素，要求星敏感器测量精度高于光学成像导航敏感器的测量精度。另外，为了实现对星敏感器和光学成像导航敏感器相对安装误差的标定，星敏感器测量精度也必须高于安装精度，一般为 $3''\sim10''(3\sigma)$，视场为 $20°\times20°$，数据更新率 $4\sim10$ Hz，像素数为 $1\,024\times1\,024$。

9.1.2.3　陀螺仪

陀螺仪用于测量三轴姿态角速度，一般用于组合星敏感器确定深空探测器的惯性姿态，还可用于姿态机动期间的姿态预估。对于环绕轨道段，由于陀螺仪单独工作的时间不长，对其精度要求不高，陀螺仪漂移 $0.2(°)/h(3\sigma)$，常值漂移 $5(°)/h$。考虑到深空环绕轨道段探测任务没有快速姿态机动的需求，陀螺仪的测量范围可以取 $-1\sim+1(°)/s$。陀螺仪组合件一般包括 $4\sim6$ 个单自由度陀螺仪，任何 3 个陀螺仪都可以构成一个工作模式，独立完成姿态角速度测量任务。

9.1.2.4　加速度计

加速度计主要用来测量发动机推力和大气阻力等产生的非引力加速度，用于轨道控制和气动减速控制期间。

9.1.3　执行机构

执行机构包括轨控发动机、推力器和动量轮，它们的作用如下所示。

1）轨控发动机：轨控发动机主要用来提供轨道控制的推力，其推力大小根据深空探测器的质量和需要的速度增量确定。

2）推力器：推力器主要用来提供轨控期间姿态控制所需的控制

力矩和小速度增量轨道控制所需的推力，其推力大小根据深空探测器的惯量以及轨控发动机工作时产生的最大干扰力矩确定。

3）动量轮：为了减少推力器喷气对轨道的影响，非轨道控制和姿态机动期间的姿态控制一般采用动量轮控制方式。

9.2 环绕轨道段自主导航技术

对于环绕轨道段，由于深空探测器与目标天体的距离较近，对目标天体进行直接观测是自主导航的主要信息来源。可以选择光学成像导航敏感器获取目标天体的图像，利用图像处理和匹配算法获得导航信息。对于环绕大天体（主要指大行星等规则天体）的自主导航，可以采用基于目标天体图像获取目标天体中心方向与视半径的自主导航技术。对于环绕小天体的自主导航，可以采用基于目标天体图像边缘特征的自主导航技术。

9.2.1 环绕大天体自主导航

根据第 2 章给出的光学成像自主导航原理，环绕大天体自主导航包括如下几个方面：导航图像处理、导航观测方程和状态方程、导航可观性分析以及导航参数的滤波算法。

9.2.1.1 自主导航图像处理

对于环绕大天体任务，深空探测器距离目标天体较近，目标天体图像是较大的规则面目标图像，因此，可采用面目标图像处理方法对规则导航图像进行处理。首先提取目标天体边缘点，根据边缘点通过拟合算法来确定几何中心，然后根据几何中心和边缘点计算天体中心方向和天体视半径，流程如图 9 - 2 所示。其中，边缘点提取可采用边界跟踪方法，边缘点拟合算法可采用几何法，具体可参考第 4 章。目标天体图像经过处理后获取的有效导航信息包括天体中心点像素和天体视半径。

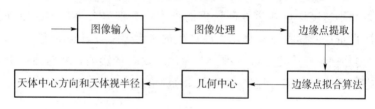

图 9-2　规则天体导航图像处理流程图

9.2.1.2　自主导航观测方程

根据自主导航图像处理结果，可用的导航信息包括天体中心点像素、天体中心视线方向和天体视半径，对应的观测方程如下。

（1）天体中心点像素

天体中心点像素（p，l）可以表达为

$$\begin{bmatrix} p \\ l \end{bmatrix} = \frac{f}{\boldsymbol{V}_{c3}} \begin{bmatrix} \boldsymbol{V}_{c1} \\ \boldsymbol{V}_{c2} \end{bmatrix} \tag{9-1}$$

其中　　　　　$\boldsymbol{V}_{c} = \begin{bmatrix} \boldsymbol{V}_{c1} & \boldsymbol{V}_{c2} & \boldsymbol{V}_{c3} \end{bmatrix}^{T} = \boldsymbol{C}_{cb}\boldsymbol{C}_{bi}\boldsymbol{V}_{i0}$

$$\boldsymbol{V}_{i0} = \boldsymbol{V}_{i} / \|\boldsymbol{V}_{i}\|$$

式中　f——光学成像导航敏感器焦距；

　　　$\boldsymbol{V}_{i}$——天体中心相对深空探测器的位置（表达在惯性系）；

　　　$\boldsymbol{C}_{bi}$——深空探测器本体相对惯性坐标系的姿态矩阵，由星敏感器和陀螺仪的测量数据确定；

　　　$\boldsymbol{C}_{cb}$——光学成像导航敏感器的安装矩阵。

（2）天体中心视线方向

天体中心视线方向可以表达为

$$\boldsymbol{V}_{c} = \boldsymbol{C}_{cb}\boldsymbol{C}_{bi}\boldsymbol{V}_{i0} \tag{9-2}$$

（3）天体视半径

天体视半径可以表达为

$$\rho = \arcsin \frac{R_r}{r} \tag{9-3}$$

式中　R_r——天体的平均半径；

　　　r——深空探测器到天体中心的距离。

9.2.1.3　自主导航状态方程

第 2 章中对深空环绕轨道段轨道动力学模型进行了描述，以它为基础构建光学成像自主导航状态方程，从而可以利用滤波算法对深空探测器的轨道进行估计。然而对于不熟悉的目标天体，一般很难获得精确的轨道动力学模型；另外受限于深空探测器上承载计算机的能力，自主导航也不能采用非常精确的动力学模型。因此，需要根据目标天体引力场和各种摄动源特性确定轨道动力学模型的主导因素，再结合自主导航的精度要求选择合适的导航状态方程。

对于环绕火星（如轨道高度大约 300 km）探测器来说，根据文献［1］对火星各种摄动加速度对应摄动量级的分析结果，可以选取中心引力和 5 阶非球形摄动引力加速度模型作为导航状态方程。

在惯性坐标系下，取环绕火星探测器相对火星中心的位置 r_i 和速度 v_i 为需要估计的状态 $\boldsymbol{X} = \begin{bmatrix} r_i^{\mathrm{T}} & v_i^{\mathrm{T}} \end{bmatrix}^{\mathrm{T}}$，则状态方程为

$$\dot{\boldsymbol{X}} = \begin{bmatrix} \boldsymbol{v}_i \\ \boldsymbol{g}_m \end{bmatrix} \qquad (9-4)$$

式中　$\boldsymbol{g}_m$——选取的中心引力和 5 阶形状摄动引力加速度。

考虑到深空探测器承载的计算机计算能力和精度需要，环绕天体轨道段采用数值积分方法进行轨道外推计算，积分器可选 RK4（5）。

9.2.1.4　自主导航系统可观性分析

为了判断基于所获取的导航观测信息能否确定深空探测器的轨道，需要进行自主导航系统的可观性分析。

对于深空探测器相对天体中心的视线方向，其形成的约束是一个锥顶为天体中心、锥角为视线方向测量误差的锥体，深空探测器必然在锥体内。显然，一次视线方向观测无法确定深空探测器相对天体中心的位置。根据第 5 章的结论，多次视线方向观测信息可以用来确定深空探测器的轨道，但其可观度低，导航滤波收敛时间长，不宜单独采用视线方向作为观测量进行导航滤波。由于天体中心像

素可以转化为天体中心视线方向，因此，天体中心像素与天体视线方向具有相同的可观性。

视半径观测信息能提供深空探测器相对天体中心的距离信息，其形成的约束为一个球面，深空探测器必然在以天体中心为球心，以视半径对应距离为半径的球面上。显然，仅有距离信息无法确定深空探测器的轨道。

如果组合视线方向和视半径两种观测量，那么视半径形成的球面与视线方向形成的锥体必然相交，这个相交区域就是深空探测器的可能位置集，即可以确定深空探测器的位置。

根据以上分析，利用第 5 章的结论，导航滤波算法可以采用天体中心像素或天体中心视线方向组合视半径作为导航观测量来确定深空探测器的轨道。

9.2.1.5 自主导航参数的滤波算法

为了提高扩展卡尔曼滤波的稳定性和精度，避免深空探测器承载计算机舍入误差的影响，导航滤波算法采用引入 UD 分解的扩展卡尔曼滤波算法。

根据状态方程可以获得状态估计误差的传播方程为

$$\Delta \dot{\boldsymbol{X}} = \boldsymbol{A}(\boldsymbol{X})\Delta \boldsymbol{X} \tag{9-5}$$

其中

$$\boldsymbol{A}(\boldsymbol{X}) = \begin{bmatrix} 0 & 0 & 0 & 1 & 0 & 0 \\ 0 & 0 & 0 & 0 & 1 & 0 \\ 0 & 0 & 0 & 0 & 0 & 1 \\ \dfrac{\partial g_{m1}}{\partial r_{ix}} & \dfrac{\partial g_{m1}}{\partial r_{iy}} & \dfrac{\partial g_{m1}}{\partial r_{iz}} & 0 & 0 & 0 \\ \dfrac{\partial g_{m2}}{\partial r_{ix}} & \dfrac{\partial g_{m2}}{\partial r_{iy}} & \dfrac{\partial g_{m2}}{\partial r_{iz}} & 0 & 0 & 0 \\ \dfrac{\partial g_{m3}}{\partial r_{ix}} & \dfrac{\partial g_{m3}}{\partial r_{iy}} & \dfrac{\partial g_{m3}}{\partial r_{iz}} & 0 & 0 & 0 \end{bmatrix} \tag{9-6}$$

下面以采用天体中心像素和视半径作为导航观测量为例，即观

测量 $Z = \begin{bmatrix} p & l & \rho \end{bmatrix}^{\mathrm{T}}$，则根据观测方程，可以求出观测偏差与状态变量的关系为

$$\Delta Z = H(X) \cdot \Delta X \tag{9-7}$$

$$H(X) = \begin{bmatrix} \dfrac{\partial p}{\partial r_{ix}} & \dfrac{\partial p}{\partial r_{iy}} & \dfrac{\partial p}{\partial r_{iz}} & 0 & 0 & 0 \\[2mm] \dfrac{\partial l}{\partial r_{ix}} & \dfrac{\partial l}{\partial r_{iy}} & \dfrac{\partial l}{\partial r_{iz}} & 0 & 0 & 0 \\[2mm] \dfrac{\partial \rho}{\partial r_{ix}} & \dfrac{\partial \rho}{\partial r_{iy}} & \dfrac{\partial \rho}{\partial r_{iz}} & 0 & 0 & 0 \end{bmatrix} \tag{9-8}$$

系统误差主要来自于未建模加速度，因此系统误差方差阵为

$$Q = \begin{bmatrix} 0 & 0 & 0 & 0 & 0 & 0 \\ 0 & 0 & 0 & 0 & 0 & 0 \\ 0 & 0 & 0 & 0 & 0 & 0 \\ 0 & 0 & 0 & \sigma_{ax}^2 & 0 & 0 \\ 0 & 0 & 0 & 0 & \sigma_{ay}^2 & 0 \\ 0 & 0 & 0 & 0 & 0 & \sigma_{az}^2 \end{bmatrix} \tag{9-9}$$

式中　σ_{ax}，σ_{ay}，σ_{az}——分别为系统 3 个方向的未建模加速度均方差。

测量噪声为图像处理结果的误差，因此测量噪声方差阵为

$$R = \begin{bmatrix} \sigma_p^2 & 0 & 0 \\ 0 & \sigma_l^2 & 0 \\ 0 & 0 & \sigma_\rho^2 \end{bmatrix} \tag{9-10}$$

式中　σ_p，σ_l——分别为图像中心像素误差均方差；

σ_ρ——目标天体视半径误差均方差。

这样，就可以利用基于 UD 分解的扩展卡尔曼滤波算法确定深空探测器的轨道。

9.2.2　环绕小天体自主导航

由于形状不规则、质量分布不均匀及太阳辐射压力等引起的摄动，环绕小天体探测器的飞行环境变化很快。为了保持轨道，环绕小天体探测器需要经常进行轨道机动。利用地面导航完成轨道确定

和机动分析代价巨大。因此研究环绕小天体探测器的自主导航技术尤显重要。巴斯兰卡（Bhaskaran）[2]等人提出了利用观测到的小天体图像和预处理的小天体模型图像进行匹配得到小天体边缘点相对小天体中心位置的算法。本节在此算法的基础上，给出了基于边缘特征点的环绕小天体自主导航算法。该算法利用阻尼最小二乘法处理小天体边缘特征点图像和位置信息来得到环绕小天体的深空探测器位置。由于轨道动力学模型存在较大的不确定性，为了保证自主导航系统的精度和鲁棒性，采用一阶高斯—马尔卡夫过程近似无模型加速度，利用基于 UD 协方差分解的卡尔曼滤波算法估计环绕小天体的深空探测器轨道和相关参数。

在需要环绕或着陆的小天体探测任务中，必须规划一个非常缓慢接近小天体或距离小天体较远的（伴飞）轨道任务段。在这个任务段，深空探测器上相机可以得到清晰的小天体图像，拍照活动可能需要持续几周甚至几个月，利用得到的大量图像数据可以确定小天体的尺寸、形状和较为精确的惯性指向及自旋角速度[3-11]，这个确定过程是在轨自主完成还是传回地面来完成需要根据探测任务具体确定。利用上述测量信息和轨道数据还可以建立一定精度的小天体动力学模型。关于如何建立小天体形状模型和动力学模型已有详细研究[3-11]，这些是本节导航算法的基础。

9.2.2.1　导航图像处理

在环绕任务轨道段，深空探测器距离目标小天体很近，目标小天体图像中的表面和形状信息比较清晰，能够用来进行形状和轮廓匹配提取边缘特征点，再利用事先建立的形状模型就可以确定提取出的边缘特征点的位置信息。图像处理方案为：通过相应的滤波算法平滑图像，滤除图像中的噪声，然后采用分割算法对图像进行边缘提取，计算得到天体成像的轮廓边缘。由于这个轮廓边缘可能不完整，只能利用事先建立的精确天体形状模型与提取的轮廓边缘进行匹配，来确定该段边缘位于完整形状模型的哪一部份，从而确定出天体中心点的像素位置。

9.2.2.2　天体边缘特征点像素的计算

为了计算天体边缘特征点所对应的像元和像线，需要把惯性坐标系转换为导航敏感器的像元和像线坐标。这个过程需要三步：第一步，旋转惯性坐标系中的视线矢量到导航敏感器坐标系；第二步，投影导航敏感器坐标系上的矢量到导航敏感器焦平面；最后，把导航敏感器焦平面的投影转化为像元和像线。

把惯性坐标系的视线矢量 V_i 转换到导航敏感器坐标系上的矢量 V_c

$$V_c = \begin{bmatrix} V_{c1} \\ V_{c2} \\ V_{c3} \end{bmatrix} = C_{ci} V_i \qquad (9-11)$$

其中　　　　　　　　　　　$C_{ci} = C_{cb} C_{bi}$

式中　C_{bi}——深空探测器本体相对惯性系的姿态转换阵；

　　　C_{cb}——导航敏感器在本体坐标系的安装矩阵。

再把 V_c 转换到导航敏感器焦平面上

$$\begin{bmatrix} x \\ y \end{bmatrix} = \frac{f}{V_{c3}} \begin{bmatrix} V_{c1} \\ V_{c2} \end{bmatrix} \qquad (9-12)$$

式中　f——焦距；

　　　V_{c1}，V_{c2}，V_{c3}——视线矢量在导航敏感器坐标系的分量；

　　　x，y——视线矢量在导航敏感器焦平面上的投影。

如果不考虑光畸变，则从直角坐标系转化为像元和像线

$$\begin{bmatrix} p \\ l \end{bmatrix} = K \begin{bmatrix} x \\ y \end{bmatrix} = \begin{bmatrix} K_x & K_{xy} \\ K_{yx} & K_y \end{bmatrix} \begin{bmatrix} x \\ y \end{bmatrix} + \begin{bmatrix} p_0 \\ l_0 \end{bmatrix} \qquad (9-13)$$

式中　K——直角坐标系到像元和像线的转换矩阵；

　　　p_0，l_0——导航敏感器中心的像元和像线。

9.2.2.3　深空探测器位置的确定

用宽视场敏感器对小天体拍照得到的图像与深空探测器上存储

的小天体模型数据进行匹配，可确定小天体边缘特征点的位置，即可得到特征点在小天体固连坐标系的位置矢量 L_{fm}，（$m=1，2，\cdots$，N），根据小天体自转轴的惯性指向和自转角速度可以确定当前从固连坐标系到惯性系的转换矩阵 C_{if} 和 L_{im}。设 r_i 为深空探测器在惯性坐标系的位置，在导航敏感器中观测到的特征点对应的视线矢量为 V，则 $V_{im}=L_{im}-r_i$，如图 9-3 所示。

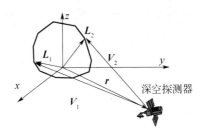

图 9-3　深空探测器相对小天体的视线几何关系

为了利用阻尼最小二乘算法，需计算观测量对深空探测器位置的偏微分。由式（9-12）可得

$$\begin{bmatrix} \dfrac{\partial x}{\partial V_i} \\[3mm] \dfrac{\partial y}{\partial V_i} \end{bmatrix} = \frac{\dfrac{\partial f}{\partial V_i}V_{c3} - f\dfrac{\partial V_{c3}}{\partial V_i}}{V_{c3}^2}\begin{bmatrix} V_{c1} \\[2mm] V_{c2} \end{bmatrix} + \frac{f}{V_{c3}}\begin{bmatrix} \dfrac{\partial V_{c1}}{\partial V_i} \\[3mm] \dfrac{\partial V_{c2}}{\partial V_i} \end{bmatrix} \qquad (9-14)$$

这里焦距 f 是常数，则有 $\dfrac{\partial f}{\partial V_i}=0$，$\dfrac{\partial V_c}{\partial V_i}=C_{ci}$。考虑到式（9-13），则有

$$\begin{bmatrix} \dfrac{\partial p}{\partial V_i} \\[3mm] \dfrac{\partial l}{\partial V_i} \end{bmatrix} = \begin{bmatrix} \dfrac{\partial p}{\partial x} \\[3mm] \dfrac{\partial l}{\partial y} \end{bmatrix}\begin{bmatrix} \dfrac{\partial x}{\partial V_i} \\[3mm] \dfrac{\partial y}{\partial V_i} \end{bmatrix} = K\begin{bmatrix} \dfrac{\partial x}{\partial V_i} \\[3mm] \dfrac{\partial y}{\partial V_i} \end{bmatrix} \qquad (9-15)$$

由于 $V_i=L_{im}-r_i$，则

$$\begin{bmatrix} \dfrac{\partial p}{\partial r_i} \\[3mm] \dfrac{\partial l}{\partial r_i} \end{bmatrix} = \begin{bmatrix} \dfrac{\partial p}{\partial V_i} \\[3mm] \dfrac{\partial l}{\partial V_i} \end{bmatrix}\frac{\partial V_i}{\partial r_i} = -\begin{bmatrix} \dfrac{\partial p}{\partial V_i} \\[3mm] \dfrac{\partial l}{\partial V_i} \end{bmatrix} = -K\begin{bmatrix} \dfrac{\partial x}{\partial V_i} \\[3mm] \dfrac{\partial y}{\partial V_i} \end{bmatrix} \qquad (9-16)$$

令 $\boldsymbol{H}_m = \begin{bmatrix} \dfrac{\partial p_m}{\partial \boldsymbol{r}_i} & \dfrac{\partial l_m}{\partial \boldsymbol{r}_i} \end{bmatrix}^T$，$\boldsymbol{Y}_m = \begin{bmatrix} \Delta p_m & \Delta l_m \end{bmatrix}^T$，$(m = 1, \cdots, N)$。

式中　Δp_m，Δl_m——分别为像元差和像线差，即观测数据与计算数据之差；

　　　N——观测到的特征点数。

为了利用阻尼最小二乘算法，定义如下量

$$C(\boldsymbol{r}_i) = \sum_{m=1}^{N} \| \boldsymbol{Y}_m \|^2 \qquad (9-17)$$

$$A = \sum_{m=1}^{N} \boldsymbol{H}_m^T \boldsymbol{H}_m \qquad (9-18)$$

$$b = \sum_{m=1}^{N} \boldsymbol{H}_m^T \boldsymbol{Y}_m \qquad (9-19)$$

于是，阻尼最小二乘算法流程[12]如下所示。

1）给定初值 $\boldsymbol{r}_i$，计算 $C(\boldsymbol{r}_i)$；

2）令 $\lambda = 0.001$；

3）计算 A，b，由方程 $(A + \lambda I)\delta \boldsymbol{r}_i = -b$ 解出 $\delta \boldsymbol{X}$；

4）计算 $C(\boldsymbol{r}_i + \delta \boldsymbol{r}_i)$，如果 $|C(\boldsymbol{r}_i + \delta \boldsymbol{r}_i) - C(\boldsymbol{r}_i)| \leqslant 0.001$，则输出 $\boldsymbol{r}_i$，跳出；

5）如果 $C(\boldsymbol{r}_i + \delta \boldsymbol{r}_i) \geqslant C(\boldsymbol{r}_i)$，则令 $\lambda = 10\lambda$，转到 3）；否则令 $\lambda = 0.1\lambda$，$\boldsymbol{r}_i = \boldsymbol{r}_i + \delta \boldsymbol{r}_i$，转到 3）。

这样就可以利用阻尼最小二乘算法确定深空探测器在小天体惯性坐标系的位置矢量，其中 $\boldsymbol{r}_i$ 的初值由设计的环绕轨道提供。

9.2.2.4　自主导航观测方程

选取深空探测器位置信息作为观测量，观测方程为

$$\boldsymbol{Z} = \boldsymbol{r}_i + \boldsymbol{n}$$
$$h(\boldsymbol{X}) = \boldsymbol{r}_i \qquad (9-20)$$

式中　$\boldsymbol{n}$——位置确定误差。

9.2.2.5　自主导航状态方程

第 2 章中已经对深空环绕轨道段的轨道动力学模型进行了描述，

以它为基础构建导航状态方程，就可以利用滤波算法对深空探测器的轨道进行估计。由于很难精确获得小天体的轨道动力学模型，因此，导航状态方程只选取中心引力场模型，其他未知的轨道动力学模型都表达为无模型加速度参数 a_{um}。

考虑到环绕小天体探测器轨道摄动的特性，无模型加速度一般可以分为两部分：与时间相关的部分和纯粹随机的部分。无模型加速度 $\boldsymbol{a}_{um}$ 可用一阶高斯-马尔可夫过程来代替。一阶高斯-马尔可夫过程可用如下微分方程表达

$$\dot{\boldsymbol{\varepsilon}}(t) = \widetilde{\boldsymbol{F}}\boldsymbol{\varepsilon}(t) + \widetilde{\boldsymbol{G}}\boldsymbol{u}(t) \qquad (9-21)$$

式中　$\boldsymbol{\varepsilon}(t)$——三维矢量；

　　　$\boldsymbol{u}(t)$——三维高斯噪声矢量，其满足如下关系

$$\boldsymbol{E}[\boldsymbol{u}(t)] = 0$$
$$\boldsymbol{E}[\boldsymbol{u}(t)\boldsymbol{u}^{\mathrm{T}}(t)] = \boldsymbol{I}\delta(t-\tau) \qquad (9-22)$$

式中　$\boldsymbol{I}$——三维单位矩阵；

　　　系数矩阵 $\widetilde{\boldsymbol{F}}$ 和 $\widetilde{\boldsymbol{G}}$——分别由 $\widetilde{\boldsymbol{F}}_{mn} = \beta_m\delta_{mn}$ 和 $\widetilde{\boldsymbol{G}}_{mn} = q_m\delta_{mn}$ 来定义，m，$n=1$，2，3；β_m 是未知的参数；q_m 是常数；δ_{mn} 是克罗内克符号。

选取深空探测器相对小天体中心的位置 $\boldsymbol{r}_i$、速度 $\boldsymbol{v}_i$ 和无模型加速度参数 $\boldsymbol{\varepsilon}$ 和 $\boldsymbol{\beta}$ 为需要估计的状态 $\boldsymbol{X} = [\boldsymbol{r}_i^{\mathrm{T}} \quad \boldsymbol{v}_i^{\mathrm{T}} \quad \boldsymbol{\varepsilon}^{\mathrm{T}} \quad \boldsymbol{\beta}^{\mathrm{T}}]^{\mathrm{T}}$，则导航状态方程为

$$\dot{\boldsymbol{X}} = \begin{bmatrix} \boldsymbol{v}_i \\ \boldsymbol{a}_m + \boldsymbol{\varepsilon} \\ \widetilde{\boldsymbol{F}}\boldsymbol{\varepsilon} + \widetilde{\boldsymbol{G}}\boldsymbol{u} \\ 0 \end{bmatrix} \qquad (9-23)$$

式中　$\boldsymbol{a}_m$——小天体中心引力加速度。

轨道外推计算可采用数值积分方法，选用的积分器为 RK4（5）。

9.2.2.6　自主导航系统可观性分析

为了判断利用位置观测信息能否确定深空探测器的轨道和无模型加速度参数，需要进行自主导航系统的可观性分析。

这里，利用第 5 章的非线性系统可观性秩条件分析自主导航系统的可观性。计算观测矩阵包含的李导数

$$L_f^0 h = r_i, \qquad dL_f^0 h = \begin{bmatrix} I_{3\times3} & 0_{3\times9} \end{bmatrix}$$

$$L_f^1 h = v_i, \qquad dL_f^1 h = \begin{bmatrix} 0_{3\times3} & I_{3\times3} & 0_{3\times6} \end{bmatrix}$$

$$L_f^2 h = a_m + \varepsilon, \qquad dL_f^2 h = \begin{bmatrix} \dfrac{\partial a_m}{\partial r_i} & \dfrac{\partial a_m}{\partial v_i} & I_{3\times3} & 0_{3\times3} \end{bmatrix}$$

$$L_f^3 h = \frac{\partial a_m}{\partial r_i} v_i + \frac{\partial a_m}{\partial v_i} a_m + \left(\frac{\partial a_m}{\partial v_i} + F \right) \varepsilon + Gu$$

$$dL_f^3 h = \begin{bmatrix} \dfrac{\partial M}{\partial r_i} & \dfrac{\partial M}{\partial v_i} & \dfrac{\partial a_m}{\partial v_i} + F & I_{3\times3}\varepsilon \end{bmatrix}, \quad M = \frac{\partial a_m}{\partial r_i} v_i + \frac{\partial a_m}{\partial v_i} a_m$$

$$(9-24)$$

定义 $Q_{0123} = \begin{bmatrix} dL_f^0 h \\ dL_f^1 h \\ dL_f^2 h \\ dL_f^3 h \end{bmatrix}$

则 $\mathrm{rank}(Q_{0123}) = \mathrm{rank} \begin{bmatrix} I_{3\times3} & 0_{3\times3} & 0_{3\times3} & 0_{3\times3} \\ 0_{3\times3} & I_{3\times3} & 0_{3\times3} & 0_{3\times3} \\ \dfrac{\partial a_m}{\partial r_i} & \dfrac{\partial a_m}{\partial v_i} & I_{3\times3} & 0_{3\times3} \\ \dfrac{\partial M}{\partial r_i} & \dfrac{\partial M}{\partial v_i} & \dfrac{\partial a_m}{\partial v_i} + F & I_{3\times3}\varepsilon \end{bmatrix}$

由于 3 个方向的无模型加速度一定同时存在，即 ε 中的每个元素都非零，所以 $\mathrm{rank}(Q_{0123}) = 12$，则 $\mathrm{rank}(Q) = 12$，即对应的自主导航系统是局部弱可观的，所提出的自主导航方法可以确定环绕天体深空探测器的轨道。

9.2.2.7　导航系统的滤波算法

根据无模型加速度近似推导出的扩展状态方程，利用基于 UD 协方差分解的卡尔曼滤波算法估计深空探测器的轨道和无模型加速度参数。

观测矩阵

$$H(X) = \begin{bmatrix} I_3 & 0_{3 \times 9} \\ 0_{9 \times 3} & 0_{9 \times 9} \end{bmatrix} \tag{9-25}$$

测量噪声方差阵

$$R = \begin{bmatrix} \sigma_{rx}^2 & 0 & 0 \\ 0 & \sigma_{ry}^2 & 0 \\ 0 & 0 & \sigma_{rz}^2 \end{bmatrix} \tag{9-26}$$

对于 $t > t_0$，t_0 为某一参考时刻，积分式（9-23）可得

$$r(t) = r_0 + v_0 \Delta t + \int_{t_0}^{t} a(r, v, \varepsilon, \tau)(t - \tau) d\tau$$

$$v(t) = v_0 + \int_{t_0}^{t} a(r, v, \varepsilon, \tau) d\tau$$

$$\varepsilon(t) = E\varepsilon_0 + I_0$$

$$\beta(t) = \beta_0 \tag{9-27}$$

式中　$\Delta t = t - t_0$；

$a(r, v, \varepsilon, t) = a_m(r, v, t) + \varepsilon(t)$；

$$E = \begin{bmatrix} \alpha_1 & 0 & 0 \\ 0 & \alpha_2 & 0 \\ 0 & 0 & \alpha_3 \end{bmatrix};$$

$$I_0 = \begin{bmatrix} \sigma_1 \sqrt{1 - \alpha_1^2} u_1 \\ \sigma_2 \sqrt{1 - \alpha_2^2} u_2 \\ \sigma_3 \sqrt{1 - \alpha_3^2} u_3 \end{bmatrix};$$

$\alpha_m = \exp\left[-\beta_{0m}(t - t_0)\right]$；

$\sigma_m = q_m / 2\beta_{0m}$。

由式（9-23）利用动力学模型积分得到轨道参数误差为

$$n_r = \int_{t_0}^{t} l_0(t - \tau) d\tau$$

$$n_v = \int_{t_0}^{t} l_0 d\tau \tag{9-28}$$

$$n_\varepsilon = l_0$$

$$n_\beta = 0$$

定义 $\boldsymbol{n}^{\mathrm{T}} = \begin{bmatrix} \boldsymbol{n}_r^{\mathrm{T}} & \boldsymbol{n}_v^{\mathrm{T}} & \boldsymbol{n}_\varepsilon^{\mathrm{T}} & \boldsymbol{n}_\beta^{\mathrm{T}} \end{bmatrix}$，则有

$$\boldsymbol{Q} = \begin{bmatrix} \boldsymbol{Q}_{rr} & \boldsymbol{Q}_{rv} & \boldsymbol{Q}_{r\varepsilon} & \boldsymbol{0} \\ \boldsymbol{Q}_{vr} & \boldsymbol{Q}_{vv} & \boldsymbol{Q}_{v\varepsilon} & \boldsymbol{0} \\ \boldsymbol{Q}_{\varepsilon r} & \boldsymbol{Q}_{\varepsilon v} & \boldsymbol{Q}_{\varepsilon\varepsilon} & \boldsymbol{0} \\ \boldsymbol{0} & \boldsymbol{0} & \boldsymbol{0} & \boldsymbol{0} \end{bmatrix}$$

式中 $\boldsymbol{Q}_{rr} = \boldsymbol{S}_i \Delta t^4 / 4$；

$\boldsymbol{Q}_{rv} = \boldsymbol{Q}_{vr} = \boldsymbol{S}_{\mathrm{m}} \Delta t^3 / 2$；

$\boldsymbol{Q}_{r\varepsilon} = \boldsymbol{Q}_{\varepsilon r} = \boldsymbol{S}_{\mathrm{m}} \Delta t^2 / 2$；

$\boldsymbol{Q}_{vv} = \boldsymbol{S}_{\mathrm{m}} \Delta t^2$；

$\boldsymbol{Q}_{v\varepsilon} = \boldsymbol{Q}_{\varepsilon v} = \boldsymbol{S}_{\mathrm{m}} \Delta t$；

$\boldsymbol{Q}_{\varepsilon\varepsilon} = \boldsymbol{S}_{\mathrm{m}}$；

$\boldsymbol{S}_{\mathrm{m}}$——$3 \times 3$ 对角矩阵，对角线元素分别为 $S_{11} = \sigma_1^2 (1 - \alpha_1^2)$，$S_{22} = \sigma_2^2 (1 - \alpha_2^2)$，$S_{33} = \sigma_3^2 (1 - \alpha_3^2)$，具体可参见参考文献 [13]。

这样，利用基于 UD 分解的卡尔曼滤波算法就可以确定深空探测器的轨道和无模型加速度参数。

9.3 环绕轨道段自主轨道控制技术

在环绕轨道段，自主轨道控制的主要任务是进行轨道维持或机动，通过轨道控制实现深空探测器从当前轨道到达目标轨道，目标轨道参数主要包括半长轴和偏心率、倾角以及椭圆轨道的近天体点高度等。

9.3.1 环绕轨道段轨道控制数学模型

利用高斯动力学方程建立深空探测器环绕轨道摄动模型[14-15]

$$\frac{\mathrm{d}a}{\mathrm{d}t} = \frac{2}{n\sqrt{1-e^2}} [\boldsymbol{F}_r e \sin f + (1 + e \cos f) \boldsymbol{F}_t]$$

$$\frac{\mathrm{d}e}{\mathrm{d}t} = \frac{\sqrt{1-e^2}}{na} [\boldsymbol{F}_r \sin f + (\cos E + \cos f) \boldsymbol{F}_t]$$

$$\frac{\mathrm{d}i}{\mathrm{d}t} = \frac{1}{na} \frac{1}{\sqrt{1-e^2}} \frac{r}{a} \boldsymbol{F}_n \cos u$$

$$\frac{\mathrm{d}\Omega}{\mathrm{d}t} = \frac{1}{na} \frac{1}{\sqrt{1-e^2}} \frac{r}{a} \frac{\sin u}{\sin i} \boldsymbol{F}_n$$

$$\frac{\mathrm{d}\omega}{\mathrm{d}t} = \frac{\sqrt{1-e^2}}{nae} \left[-\boldsymbol{F}_r \cos f + \left(1 + \frac{1}{1+e\cos f}\right) \boldsymbol{F}_t \sin f - \frac{\mathrm{d}\Omega}{\mathrm{d}t} \cos i \right]$$

$$\frac{\mathrm{d}M}{\mathrm{d}t} = n + \frac{1-e^2}{nae} \left[\left(\frac{-2e}{1+e\cos f} + \cos f\right) \boldsymbol{F}_r - \left(1 + \frac{1}{1+e\cos f}\right) \boldsymbol{F}_t \sin f \right]$$

$$(9-29)$$

式中　a，e，i，Ω，ω，f——分别为轨道半长轴、偏心率、轨道倾
　　　　　　　　　　　　角、升交点赤经、近心点角距和真
　　　　　　　　　　　　近角；

　　　　u——纬度辐角，$u = \omega + f$；

　　　　$\boldsymbol{F}_r$，$\boldsymbol{F}_t$，$\boldsymbol{F}_n$——分别是作用于深空探测器轨道径向、切向和
　　　　　　　　　　　　法向的加速度；

　　　　E——轨道偏近角；

　　　　n——轨道角速度。

当偏心率较小时，通常可以用 $e_x = e\cos\omega$，$e_y = e\sin\omega$，$\lambda = M + \omega$ 替换 e，M，ω，经过变换后，关于 e，M，ω 的三个微分方程可以替换为

$$\frac{\mathrm{d}e_x}{\mathrm{d}t} = \frac{\sqrt{1-e^2}}{na} \left\{ \boldsymbol{F}_r \sin u + \boldsymbol{F}_t \left[\left(1 + \frac{r}{p}\right) \cos u + \frac{r}{p} e_x \right] \right\} + \frac{\mathrm{d}\Omega}{\mathrm{d}t} e_y \cos i$$

$$\frac{\mathrm{d}e_y}{\mathrm{d}t} = \frac{\sqrt{1-e^2}}{na} \left\{ \boldsymbol{F}_t \left[\left(1 + \frac{r}{p}\right) \sin u + \frac{r}{p} e_y \right] - \boldsymbol{F}_r \cos u \right\} - \frac{\mathrm{d}\Omega}{\mathrm{d}t} e_x \cos i$$

$$\frac{\mathrm{d}\lambda}{\mathrm{d}t} = n - \frac{1}{na} \left[\boldsymbol{F}_r \left(\frac{2r}{a} + \frac{\sqrt{1-e^2}}{1+\sqrt{1-e^2}} e\cos f \right) - \right.$$

$$\boldsymbol{F}_t \left(1 + \frac{r}{p}\right) \frac{\sqrt{1-e^2}}{1+\sqrt{1-e^2}} e\cos f \right] - \frac{\boldsymbol{F}_n r \cos i \sin u}{na^2 \sin i \sqrt{1-e^2}} \qquad (9-30)$$

9.3.2　半长轴和偏心率联合控制

由高斯动力学方程可以看出，半长轴和偏心率的控制是严重耦

合的，必须同时控制切向和径向推力使半长轴和偏心率均满足要求。由微分方程

$$\frac{\mathrm{d}a}{\mathrm{d}t} = \frac{2}{n\sqrt{1-e^2}}\big[e\boldsymbol{F}_\mathrm{r}\sin f + (1+e\cos f)\boldsymbol{F}_\mathrm{t}\big]$$

$$\frac{\mathrm{d}e}{\mathrm{d}t} = \frac{\sqrt{1-e^2}}{na}\big[\boldsymbol{F}_\mathrm{r}\sin f + (\cos E + \cos f)\boldsymbol{F}_\mathrm{t}\big] \qquad (9-31)$$

在冲量控制的情况下，可以推导出

$$\begin{bmatrix} \Delta a \\ \Delta e \end{bmatrix} = \begin{bmatrix} \dfrac{2}{n\sqrt{1-e^2}}e\sin f & \dfrac{2}{n\sqrt{1-e^2}}(1+e\cos f) \\[3mm] \dfrac{\sqrt{1-e^2}}{na}\sin f & \dfrac{\sqrt{1-e^2}}{na}(\cos E+\cos f) \end{bmatrix} \begin{bmatrix} \Delta V_\mathrm{r} \\ \Delta V_\mathrm{t} \end{bmatrix}$$

$$(9-32)$$

则给定半长轴和偏心率的修正量，对应的速度增量为

$$\begin{bmatrix} \Delta V_\mathrm{r} \\ \Delta V_\mathrm{t} \end{bmatrix} = \begin{bmatrix} \dfrac{2}{n\sqrt{1-e^2}}e\sin f & \dfrac{2}{n\sqrt{1-e^2}}(1+e\cos f) \\[3mm] \dfrac{\sqrt{1-e^2}}{na}\sin f & \dfrac{\sqrt{1-e^2}}{na}(\cos E+\cos f) \end{bmatrix}^{-1} \begin{bmatrix} \Delta a \\ \Delta e \end{bmatrix}$$

$$= \begin{bmatrix} \dfrac{(\cos E+\cos f)n\sqrt{1-e^2}}{2\sin f(e\cos E+e\cos f-1-e\sin f)} & \dfrac{na(1+e\sin f)}{\sin f(1-e\cos E-e\cos f+e\sin f)} \\[4mm] \dfrac{n\sqrt{1-e^2}}{2(1+e\sin f-e\cos f-e\cos E)} & \dfrac{nea}{\sqrt{1-e^2}(e\cos E+e\cos f-1-e\sin f)} \end{bmatrix} \begin{bmatrix} \Delta a \\ \Delta e \end{bmatrix}$$

$$(9-33)$$

　　给定半长轴和偏心率的修正量，变动真近角，可以求出使得燃料指标最小的脉冲位置以及脉冲大小和方向。

　　轨控发动机产生的推力仍属于有限推力的范围，当利用有限推力进行轨道维持时，点火点位置仍需要优化，以便提高维持的精度。利用上面的算法可以计算保持半长轴和偏心率所需的速度脉冲，在实际应用中，还需要将该速度脉冲转化为有限推力的推力弧加载到深空探测器本体上。推力作用时间为

$$\Delta t_\mathrm{F} = \frac{I_\mathrm{sp}}{F}\left(m_0 - \frac{m_0}{e^{\|\Delta V/I_\mathrm{sp}\|}}\right) \qquad (9-34)$$

式中 I_{sp}——轨控发动机比冲；

$\qquad m_0$——轨控前深空探测器质量；

$\qquad F$——轨控发动机推力；

$\qquad \Delta V$——轨控速度脉冲大小。

利用速度脉冲可得推力方向，进而得出完整的有限推力作用方向与时间。以所需速度脉冲的时刻为中点，向前推移一半的作用时间作为推力弧的起始时刻；以所需速度脉冲的时刻为中点，向后推移一半的作用时间作为推力弧的关机时刻。此方法与脉冲作用的效果相差不大，可以在实际中应用。

9.3.3 轨道倾角控制

轨道倾角微分方程为

$$\frac{\mathrm{d}i}{\mathrm{d}t} = \frac{1}{na}\frac{1}{\sqrt{1-e^2}}\frac{r}{a}\boldsymbol{F}_n\cos u \qquad (9-35)$$

可导出在脉冲变轨的情况下

$$\Delta i = \frac{1}{na}\frac{1}{\sqrt{1-e^2}}\frac{r}{a}\cos u \Delta V_n \qquad (9-36)$$

纬度辐角 $u=\omega+f$，则

$$\Delta V_n = \frac{na^2\sqrt{1-e^2}}{r\cos u}\Delta i \qquad (9-37)$$

显然，当纬度辐角为 0°或者 180°时，可以最有效地调整倾角。

当利用有限推力进行轨道维持时，点火点位置仍需要优化，以便提高保持的精度。具体实现过程与上节相似。

9.3.4 近天体点高度控制

对于椭圆轨道，近天体点高度满足关系 $\boldsymbol{r}_p = a(1-e)$，则根据式 (9-31) 可推导出近天体点高度的微分方程

$$\dot{\boldsymbol{r}}_{\mathrm{p}} = \left[\frac{2}{n} \frac{\sqrt{1-e}}{\sqrt{1+e}} e \sin f - \frac{\sqrt{1-e^2}}{n} \sin f \right] \boldsymbol{F}_{\mathrm{r}} + \left[\frac{2}{n} \frac{\sqrt{1-e}}{\sqrt{1+e}} (1 + e \sin f) - \right.$$

$$\left. \frac{\sqrt{1-e^2}}{n} (\cos E + \cos f) \right] \boldsymbol{F}_{\mathrm{t}}$$

$$(9-38)$$

冲量控制模式下的方程为

$$\Delta \boldsymbol{r}_{\mathrm{p}} = \left[\frac{2}{n} \frac{\sqrt{1-e}}{\sqrt{1+e}} e \sin f - \frac{\sqrt{1-e^2}}{n} \sin f \right] \Delta V_{\mathrm{r}} + \left[\frac{2}{n} \frac{\sqrt{1-e}}{\sqrt{1+e}} \times \right.$$

$$\left. (1 + e \sin f) - \frac{\sqrt{1-e^2}}{n} (\cos E + \cos f) \right] \Delta V_{\mathrm{t}} \qquad (9-39)$$

近天体点高度保持时，对于给定的近点高度修正量 Δr_{p}，求真近点角、径向速度脉冲和切向速度脉冲 f，ΔV_{r}，ΔV_{t}，使得

$$J = \Delta V_{\mathrm{t}}^2 + \Delta V_{\mathrm{r}}^2 \qquad (9-40)$$

达到最小。具体求解策略为：对给定的真近点角，利用上述约束方程，解出其中一个脉冲分量，如 ΔV_{r}，代入指标函数，从而成为单变量的优化问题。

9.4　应用实例

9.4.1　环绕火星探测任务的应用

环绕火星探测器真实轨道利用 STK 软件递推给出，参考坐标系选取火星惯性坐标系，轨道半长轴 6 050 km，偏心率 0.388，轨道倾角 84.6°。根据环绕火星轨道高度对成像敏感器视场的要求，光学成像导航敏感器视场取 140°，像素数为 1 024×1 024。惯性姿态确定精度 0.05°。导航初始位置误差 100 km，速度误差 10 m/s，导航周期 60 s。

环绕火星探测器保持对火星定向姿态，使用光学成像导航敏感器对火星成像，近火点火星图像和远火点火星图像数值模拟结果如图 9 - 4、图 9 - 5 所示。

图 9-4　数值模拟近火点火星图像

图 9-5　数值模拟远火点火星图像

采用边缘和中心提取技术对导航图像进行处理，利用近火点图像获得的火星中心点坐标为（512.12，521.13），视半径为 66.78°；利用远火点图像获得的火星中心点坐标为（512.06，521.08），视半径为 23.86°。标称火星中心坐标为（512，512），近火点视半径为 66.768°，远火点视半径为 23.876°。

采用 UD 分解扩展卡尔曼滤波算法得到的环绕火星探测器位置估计误差和速度估计误差曲线如图 9-6 所示。

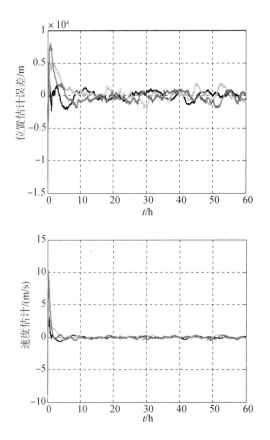

图 9-6　环绕火星探测器导航位置和速度估计误差

根据环绕火星探测器的标称目标轨道，利用自主导航结果计算轨道误差（估计轨道与标称轨道的误差），根据轨道修正阀值（半长轴偏差 20 km、偏心率偏差 0.002）判断是否进行轨道控制。如果需要，则计算出修正环绕火星探测器轨道误差所需要的速度增量，并考虑执行机构误差，进行轨道修正，根据轨道修正结果，确定修正精度。半长轴和轨道偏心率的控制误差如图 9-7、图 9-8 所示。

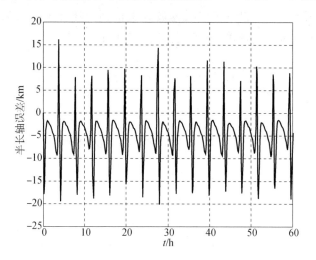

图 9-7 半长轴的控制误差

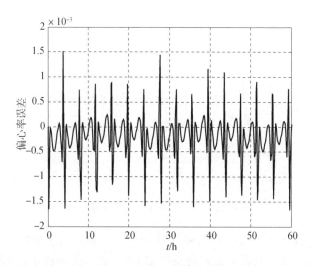

图 9-8 轨道偏心率的控制误差

9.4.2　环绕爱神小行星探测任务的应用

对环绕爱神（Eros）小行星探测器进行自主导航仿真时，作如下假定：参考坐标系为小行星中心惯性坐标系，初始轨道为 $x_0 = 35$ km，$y_0 = 0$，$z_0 = 0$，$\dot{x}_0 = 0$，$\dot{y} = -9.655$ m/s，$\dot{z} = 0$；小行星自旋角速度为常数，且自旋周期为 10.54 h；引力常数 $\mu_a = 4.794 \times 10^{-3}$ km³/s²，$a = 17.5$ km，$C_{20} = -0.113$，$C_{22} = 0.039\ 6$，$C_{40} = 0.068$，$C_{42} = -0.003\ 2$，$C_{44} = 0.000\ 279$；导航初始位置误差为 10 km，速度误差为 10 m/s，导航周期为 60 s；光学成像导航敏感器的像素误差为 0.1。另外，假设观测到的小天体图像和预处理的小天体模型匹配得到的小天体边缘特征点在惯性坐标系的位置误差为 100 m，特征点数 $N = 4$。

环绕爱神小行星探测器保持对小行星定向姿态，使用光学成像导航敏感器对小行星成像，数值模拟的小行星图像如图 9-9 所示。

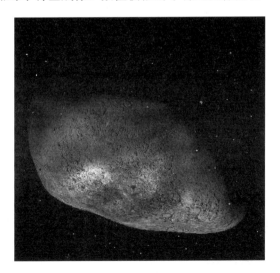

图 9-9　数值模拟的小行星图像

采用边缘点提取和匹配技术对导航图像进行处理，获得的边缘点坐标为（212.1，221.1）等，位置坐标为（12，12，0）km 等。
自主导航算法给出的环绕爱神小行星探测器位置和速度估计误差如
图9-10、图9-11 所示。

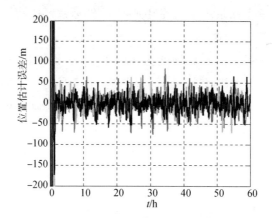

图 9-10　环绕爱神小行星探测器位置估计误差

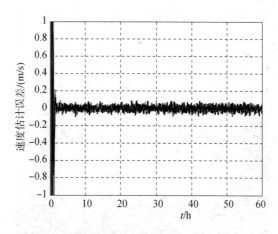

图 9-11　环绕爱神小行星探测器速度估计误差

　　环绕爱神小行星探测器的目标轨道高度为 50 km，利用自主导
航结果计算轨道误差（估计轨道与标称轨道的误差），根据轨道修正
阀值（高度偏差 2 km）判断是否进行轨道控制。如果需要，计算所

需要的速度增量，进行轨道修正，确定修正误差。轨道高度控制误差如图 9 - 12 所示。

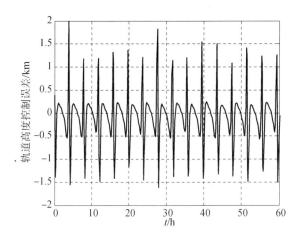

图 9 - 12　环绕爱神小行星轨道高度控制误差

9.5　小结

本章针对深空环绕轨道段探测任务的特点，研究了环绕轨道段自主导航与轨道控制方案。针对大天体和小天体的不同情况，研究了不同的光学成像自主导航方法。针对环绕轨道段轨道控制的主要任务，研究了环绕轨道段自主轨道控制技术。最后给出了环绕火星和小行星的具体应用实例。

参 考 文 献

[1]   刘林，汤靖师. 火星轨道器运动的轨道变化特征. 宇航学报，2008，29
      (2)：461-466.

[2]   BHASKARAN S, RIEDEL J E, SYNNOTT S P . Demonstration of Au-
      tonomous Orbit Determination around Small Bodies. Advances in the As-
      tronautical Sciences Series，1996，90 (2)：1297-1308.

[3]   BORDI J J , ANTREASIAN P G, MILLER J K , et al. Altimeter Range
      Processing Analysis for Spacecraft Navigation about Small Bodies. AAS/
      AIAA Space Flight Mechanics Meeting，Clearwater，Florida，January 23-
      26, 2000, AAS 00-165.

[4]   MILLER J K , KONOPLIY A S, ANTREASIAN P G , et al. Determina-
      tion of Shape，Gravity，and Rotational State of Asteroid 433 Eros. Icarus.
      2002，155：3-17.

[5]   VEVERKA J, THOMAS P C, BELL J F , et al. Imaging of Asteroid
      433 Eros during NEAR'S flyby reconnaissance. Science. 1999，285：562-
      564.

[6]   KAWAGUCHI J , HASHIMOTO T , KUBOTA T, SAWAI S. Auton-
      omous Optical Guidance and Navigation Strategy around a Small Body.
      Journal of Guidance，Control and Dynamics. 1997，20 (5)：1010-1220.

[7]   MILLER J K, KONOPLIY A S, ANTREASIAN P G , et al. Determina-
      tion of Shape，Gravity，and Rotational State of Asteroid 433 Eros. Icarus.
      2002，155：3-17.

[8]   MILLER J K , ANTREASIAN P G, GASKELL R W , et al. Determina-
      tion of Eros Physical Parameters for Near Earth Asteroid Rendezvous orbit
      phase navigation. AAS/AIAA Astrodynamics Specilist Conference，Gird-
      wood，Alaska，1999，AAS 99-463.

[9]   HUDSON R S, OSTRO S J, ROSEMA K D, et al. Radar Observations

and Physical Model of Asteroid 6489 Golevka. Icarus. 2000, 148: 37 - 51.

[10] SCHEERES D J, WILLIAMS B G, MILLER J K. Evaluation of the Dynamic Environment of an Asteroid: Applications to 433 Eros. Journal of Guidance, Control, and Dynamics. 2000, 23 (3): 466 - 475.

[11] NAKAMURA S, KUBOTA T, HASHIMOTO T, NINOMIYA K. Estimation of Unknown Motion of a Celestial Body based on Optical Information. Proceedings of 6th Workshop on Astrodynamics and Flight Mechanics. The Institute of Space and Astronautical Science, Japan, 1996: 54 - 59.

[12] JOHNSON E A, MATTHIES H L. Precise Image - Based Motion Estimation for Autonomous Small Body Exploration. Proceedings of the Fifth International Symposium on Artificial Intelligence, Robotics and Automation in Space, Noordwijk, Netherlands, June 1 - 3, 1999: 627 - 634.

[13] TAPLEY B D, INGRAMD S. Orbit Determination in the Presence of Unmodeled Accelerations. IEEE Transactions on Automatic Control. 1973, 18 (4): 369 - 373.

[14] 杨嘉墀. 航天器轨道动力学与控制. 北京: 宇航出版社, 2001.

[15] 章仁为. 卫星轨道姿态动力学与控制. 北京: 北京航空航天大学出版社, 1998.

第 10 章　撞击轨道段的自主导航与制导

撞击轨道段与接近轨道段类似，都是结束转移飞行后，逐渐接近目标天体的飞行轨道。但是撞击轨道段轨道又与接近轨道段不同，其近心点低于目标天体半径，深空探测器飞行方向是直接击中目标天体。由于撞击轨道段相对目标天体飞行速度快、时间短，因此必须采用完全自主的导航和控制技术。

本章根据撞击轨道段的任务特点，首先分析研究导航制导方案、敏感器选择以及执行机构配置等问题。然后在第 2 章基础上，详细介绍撞击轨道段光学图像信息的提取、导航滤波方程的构建、制导方法的选择和制导参数的选取等内容。由于撞击任务的目的是获得目标天体的物理构成和化学成分，往往还存在另一颗伴随探测器对撞击过程进行观测，因此，本章还将对伴随探测器自主观测的控制问题进行描述。最后，以国外深度撞击探测器任务为背景，介绍自主导航和控制技术的具体应用。

10.1　撞击轨道段自主导航与制导方案

10.1.1　系统组成与功能

实施撞击任务的深空探测器简称撞击器，其导航与制导系统的主要功能如下。

1）图像处理，即从导航敏感器获得的图像中提取出导航解算所需要的信息。

2）轨道确定，即利用导航图像信息和姿态控制系统提供的姿态信息，使用滤波算法估计撞击器轨道。

　　3）轨道机动计算，即根据解算出的轨道信息和图像处理获得的撞击目标，计算轨道机动所需要的速度增量。

　　对于撞击任务来说，一般还存在另一个运行在飞越轨道的探测器进行伴随观测，简称飞越器，其自主导航和制导系统的功能与撞击器类似。为了满足观测撞击过程的任务需要，飞越器还必须具有一个特殊的能力——观测序列规划，即具备预测撞击时间、计算拍照的终止时间以及优化拍照的时间序列等功能。图 10 - 1 描绘了满足撞击任务需要的深空探测器（撞击器和飞越器）GNC 系统组成框图。其中"点状阴影"方框属于导航与制导，"条纹阴影"方框属于姿态控制，"网格阴影"方框属于飞越器的特殊模块。

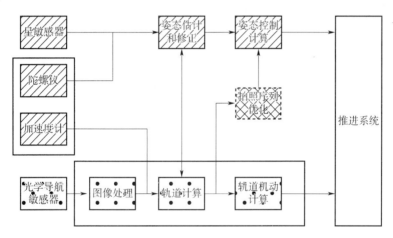

图 10 - 1　撞击轨道段 GNC 系统组成框图

　　由光学成像导航敏感器获得目标天体的图像，通过图像处理技术从中提取出目标天体亮度中心的像元和像线，并选择撞击点。星敏感器和惯性测量单元组合获得深空探测器自身的姿态估计，利用该信息与目标天体视线矢量测量信息一起，通过滤波技术可获得对深空探测器自身位置、速度的估计，同时也能对深空探测器姿态测量误差或陀螺仪漂移等进行估计和修正。

　　利用当前轨道数据预测撞击时刻撞击点与预定点的位置偏差，

通过一定的制导律计算出修正该偏差所需要的速度增量，然后由推进系统完成撞击所需要的轨道机动。

对于飞越器，还需要利用自主导航轨道数据预测撞击时间，由此进行拍照序列的规划。

10.1.2　导航敏感器

撞击轨道段的导航敏感器与接近轨道段的导航敏感器类似，主要是光学成像导航敏感器，在性能参数上也与接近轨道段的导航敏感器类似。

例如，深度撞击探测器中的撞击器上安装有一台光学成像导航敏感器[1]，称为撞击器瞄准敏感器（Impactor Targeting Sensor，ITS）。该敏感器拥有一个 12 cm 孔径的光学镜头，焦距 1.2 m，视场 10 mrad。CCD 像素数为 1 024×1 024，能够提供 14 bit 数字信号。撞击器瞄准敏感器有两个功能：1）提供撞击过程的导航图像；2）提供撞击前高解析度科学图像。

实际上该敏感器在性能上完全等同于深度撞击任务中另一个探测器——飞越器上所安装的中解析度相机（Medium Resolution Imager，MRI）。飞越器运行于目标天体的接近轨道和飞越轨道，中解析度相机的作用就是提供自主导航的光学图像以及对撞击过程进行高速拍摄。

撞击段自主导航也需要用到惯性测量单元。其中的陀螺仪组件用于测量撞击器的姿态角速度，用于姿态测量和控制；而加速度计组件则用来测量撞击器的非引力加速度，用于轨道动力学外推。深度撞击任务中，撞击器和飞越器上均安装有一台诺斯罗普·格鲁门公司生产的空间惯性参考单元（Space Inertial Reference Unit，SSIRU）。

10.1.3　执行机构

撞击器的执行机构为传统的化学燃料推进系统。例如深度撞击的撞击器上安装有 4 台转向推力器，使用肼为燃料，能够提供 25～30 m/s 的速度增量。同时这 4 台推力器也是姿态控制系统的一部分。

10.2　撞击轨道段自主导航技术

10.2.1　自主导航图像处理

10.2.1.1　亮度中心提取

自主导航系统首先需要从拍摄的目标天体图像中提取亮度中心。由于小天体的外形并不规则，自身也会存在姿态运动，因此不同时刻光学成像导航敏感器拍摄的目标天体图像会发生变化，有的时候还会分离出几个不同的亮度区域，这些对图像亮度中心的提取带来一定困难。另外撞击过程中，深空探测器相对目标天体速度较快，相对方位会出现较大的变化，因此图像处理在速度和精度上都有很高的要求。在深度撞击探测器中，关于亮度中心的提取采用了 Centroid Box 算法和 Blobber 算法等[2]。

Centroid Box 算法通过在一个预先确定的图像子区域内提取超过亮度阈值的所有像素，来确定该区域的亮度中心。预先确定的区域是根据撞击器相对目标天体飞行轨道的最优估计以及成像时导航敏感器的姿态进行计算的。这种算法的优势是图像搜索范围小，速度快。

Blobber 算法不需要预测目标天体中心在导航图像序列中的位置。这种算法首先扫描整幅导航图像，搜索并提取出一个或多个高于亮度阈值的区域，即光斑；然后计算每一个光斑的中心，并将最大光斑的中心作为提取天体亮度中心。这种方法的好处是能够有效地消除宇宙射线或者镜头污点的影响。

显然，由于搜索了整个图像区域，Blobber 算法在鲁棒性能上优于 Centroid Box 算法，但是它也有应用上的缺陷。例如由于彗核或者小天体形状的不规则，在特定方向的光照环境下，其成像可能被分割为两个尺寸大小接近的光斑。这样当两个光斑相对大小发生微小变化时，就可能导致亮度中心从一个光斑向另一个光斑的突变，从而造成较大的跟踪误差。

10.2.1.2 场景分析算法

场景分析算法的目的是从导航图像中选取撞击点，该算法以 Centroid Box 或 Blobber 算法提取的目标天体亮度中心为基础进行。

首先，场景分析算法从导航图像的边缘向中心进行扫描，通过将每个像素的亮度与检测门限作比较，提取出目标天体的轮廓。而每一个位于目标天体上的像素又会进一步依据检测门限分为亮点或暗点。

然后，以目标天体上的每一个像素为圆心，以轨道控制误差的 3σ 值为半径画圆（轨道控制误差的大小由蒙特卡洛仿真确认）。计算圆内位于目标天体上的亮点数量、位于目标天体外的像素数量以及圆心离飞越器与目标天体最近位置的距离。可以作为备选撞击点的基本条件就是控制误差圆内必须包含一定比例的位于目标天体上的像素，例如 95%。

之后，按照如下 3 个优先顺序准则，对所有备选点进行比较，从中选择出最佳撞击点。优先顺序准则是如果存在 2 个或 2 个以上的点同时满足第 1 条准则，则继续比较第 2 条；如果第 2 条也同时满足，则比较第 3 条。

第 1 条：在控制误差圆内，位于目标天体上的亮点数量最多；

第 2 条：在控制误差圆内，位于目标天体外的像素最少；

第 3 条：圆心离飞越器与目标天体最近处的距离最短。

最后，将选出的最佳撞击点和目标天体亮度中心之间的像素偏差转换为惯性空间的位置偏差矢量。该矢量将被自主导航系统用于计算目标撞击点的位置，并用于后续的轨道机动控制以及飞越器上的相机指向控制。需要指出的是，如果没有获得合适的撞击位置，则该矢量为零，这样就把亮度中心作为目标撞击点。

10.2.2　自主轨道确定

从一定时间段内的导航图像中提取出观测信息，就可以进行自主轨道确定。这些导航信息包括：成像时间、敏感器的惯性指向、观测到的亮度中心在图像中的像素/像线位置、观测量的权重以及观测数据的有效性。

自主轨道确定的原理是利用星上已有的轨道信息，结合深空探测器动力学预估成像时刻目标天体在导航图像中的像素/像线位置，通过对比实际测量的天体亮度中心像素/像线与对应的预估值获得测量信息，然后使用滤波技术获得对已有轨道参数的修正量，从而更新星上轨道信息。

滤波器的状态方程、测量方程编排与接近轨道段相似，滤波算法可以采用卡尔曼滤波算法或者批处理最小二乘算法。具体可以参见第 6 章和第 8 章。

10.3　轨道机动

无论是撞击器还是飞越器，其实际飞行轨道都会和预先设计的轨道存在偏差。而且，对于撞击任务来说，撞击点是在实际飞行过程中实时产生的，不可能与地面设计的完全一样。因此必须进行适当的轨道机动来修正各种各样的偏差，而制导技术就是解决这一问题的关键。

10.3.1　比例导引

比例导引的目标是要求撞击器在飞行过程中，保持速度矢量的转动角速度与目标视线的转动角速度成给定的比例关系[3]。比例导引法的导引方程为

$$\dot{\theta} = k\dot{\varphi} \qquad (10-1)$$

式中　k——导引系数；

θ——撞击器速度矢量与基准线的夹角；

φ——目标天体视线方向与基准线的夹角。

在实际使用时，撞击器和目标天体的运动状态可以用三维位置和三维速度来描述。

设撞击器在惯性空间的位置和速度矢量分别为 $r_{impactor}$ 和 $v_{impactor}$；目标天体在惯性空间的位置和速度矢量分别为 r_{target} 和 v_{target}。令

$$r = r_{target} - r_{impactor}$$

$$v = v_{target} - v_{impactor} \tag{10-2}$$

它们表示撞击器相对的位置和速度。由于比例导引的控制力与相对视线（即 r 的方向）的变化率成比例，因此视线方向变化率就是制导的误差信号。于是，撞击器达到理想状态应满足如下两个条件

$$r \times v = 0$$

$$r \cdot v \leqslant 0 \tag{10-3}$$

第一个式子实际表示 $r = kv$，k 为任意正数；第二个式子表示撞击器是逐渐接近该天体。

从上面两个式子可以看出，比例导引只需要测量撞击器与目标天体之间的相对速度以及视线的方向，而无需知道两个运动体的动力学方程。

10.3.2 预测制导

预测制导是一种脉冲制导方法，其核心思想是利用撞击器自身动力学方程，由实施轨道修正时刻的撞击器位置、速度预测到指定撞击时刻，获得预计的撞击点位置，然后根据预测的撞击点与期望目标点之间的偏差计算修正该偏差所需的机动速度增量，在保证燃料约束和精度要求下实施轨道机动，达到准确撞击的目的。

取撞击器状态 $x = \begin{bmatrix} r_{impactor} & v_{impactor} \end{bmatrix}^{\mathrm{T}}$，则撞击器的动力学方程可以描述为

$$\dot{x} = f(x) \tag{10-4}$$

设撞击器的当前轨道参数为 x^*，则围绕当前轨道可以对撞击器轨道

动力学方程进行线性化，得到

$$\Delta \dot{x} = \frac{\partial}{\partial x} f(x) \Big|_{x=x^*} \Delta x \qquad (10-5)$$

其中 $\Delta x = x - x^*$。由该方程可以得到误差状态的传播方程为

$$\Delta x_f = \boldsymbol{\Phi}(t_f, t_0) \Delta x_0 \qquad (10-6)$$

式中　t_0——轨道修正时刻；

　　　t_f——预定撞击时刻；

　　　$\boldsymbol{\Phi}(t_f, t_0)$——由 t_0 到 t_f 时刻的状态转移矩阵。

　　　令

$$A = \frac{\partial}{\partial x} f(x) \Big|_{x=x^*} \qquad (10-7)$$

则，转移矩阵满足如下微分方程

$$\frac{\mathrm{d}\boldsymbol{\Phi}(t, t_0)}{\mathrm{d}t} = A(t) \boldsymbol{\Phi}(t, t_0) \qquad (10-8)$$

式中　$\boldsymbol{\Phi}(t_0, t_0) = \boldsymbol{I}_{6 \times 6}$。

　　Δx 包含位置误差和速度误差，即 $\Delta x = [\Delta r \ \Delta v]^{\mathrm{T}}$，由于只对撞击位置进行修正，而且修正量假设为速度增量脉冲，因此 $\Delta r_0 = 0$，则根据式（10-6）可得

$$\Delta r_f = \boldsymbol{\Phi}(t_f, t_0)_{(1:3, 4:6)} \Delta v_0 \qquad (10-9)$$

式中　下标 (1:3, 4:6)——该矩阵的第 1～3 行以及第 4～6 列；

　　　Δr_f——目标撞击点与当前轨道撞击点的位置偏差，可以根据动力学方程，由当前状态 x_0^* 计算而来。

　　假设由当前状态 x_0^* 按照精确轨道动力学模型外推撞击时刻的状态为 x_f^*，由此可得到撞击位置的偏差

$$\Delta r_f = r_{\mathrm{target}} - r_f^* \qquad (10-10)$$

式中　r_{target}——目标撞击点位置。

　　根据上式就可以求出轨道修正所需要的速度增量

$$\Delta v_0 = \boldsymbol{\Phi}(t_f, t_0)_{(1:3, 4:6)}^{-1} \Delta r_f \qquad (10-11)$$

　　对于深度撞击任务，深空探测器相对目标天体的位置偏差可以用 B 平面来描述，因此上述预测制导律也可以用 B 平面参数来

实现。

需要指出的是，对于撞击任务来说，由于撞击器离目标天体较近，因此目标天体的引力场会对撞击轨道产生影响。若采用形同式（8-45）的线性状态转移矩阵 $\boldsymbol{\Phi}(t_f, t_0)$ 来计算撞击段的修正速度增量，会存在一定计算误差，从而影响撞击精度。为此可以采用迭代的方式进行修正，即：

1）根据导航系统给出的状态 $\boldsymbol{x}_0$，按上述方法求出修正所需要的速度增量 $\Delta \boldsymbol{v}_0$；

2）给定新的初始状态 $\boldsymbol{x}_0 = \boldsymbol{x}_0 + [0 \ \Delta \boldsymbol{v}_0]^\mathrm{T}$，然后以新的初始状态为初值重新计算修正所需的速度增量；

3）如果修正精度满足要求，则最终得到的速度增量是之前每一步获得的速度增量的累加。

由上可见，预测制导不同于比例导引，它需要利用撞击器和目标天体的轨道动力学模型。该方法不容易受观测中随机误差的影响，深度撞击探测器采用的就是预测制导律。

需要注意的是，在前面制导律的推导中，撞击时间和轨道修正时间都是预先给定的。修正和撞击时间序列的确定需要考虑多方面的因素。例如，在撞击器与目标天体交会的过程中，导航精度会随着撞击器与目标天体之间距离的减小而提高，轨道修正时刻越晚，最终的撞击精度越高，但随着机动时刻的延迟，所消耗的燃料将会增加，因此，在确定机动时刻时需要考虑燃料消耗和撞击精度的共同要求。这一工作一般是在地面通过大量的蒙特卡罗仿真，对燃料消耗和撞击精度折中考虑确定的。也有参考文献［4］提出了自主确定机动时间的方法，该方法利用误差椭圆来描述导航精度，并基于撞击器与目标矢量计算出零控脱靶量，以此作为确定机动时机的指标来驱动预测制导律的执行和误差的校正。

下面通过一个例子进行说明。假设在某初始时刻某一颗小天体和深空探测器在日心惯性坐标系下的轨道根数如表 10-1 所示。

表 10 - 1　小天体和深空探测器轨道根数

	a/km	e	i /(°)	Ω/ (°)	ω /(°)	M /(°)
小天体	413 738 891.942	0.078 054	27.15	23.39	133.222	226.173
撞击器	601 151 446.497	0.521 512	27.15	23.39	263.466	33.007

那么按照当前轨道，撞击器将在 2 h 后于小天体近心点 200 km 处擦肩而过。假如在当前时刻，通过导航图像处理后选择的撞击点为小天体的成像中心，即撞击器—小天体连线与小天体表面的交点。若图像处理换算出的小天体半径约 10 km，则可以确定目标撞击点相对小天体质心的位置为 $[-9.371\,5 \quad -3.478\,8 \quad 0.270\,5]$ km，由此可以预测出撞击时刻撞击点在日心惯性坐标系下的位置矢量为 $\boldsymbol{r}_{\text{target}} = [4.165\,0 \quad 1.312\,7 \quad -0.230\,1] \times 10^8$ km，那么由当前轨道外推到撞击时刻深空探测器离目标撞击点的位置偏差为 $\Delta \boldsymbol{r}_{\text{f}} = [-631.28 \quad -42.86 \quad 108.35]$ km。采用预测制导律，其中状态转移矩阵按照式 (8-45) 选取，经三次迭代后计算出的变轨速度增量为 $\Delta \boldsymbol{v}_0 = [-86.953\,1 \quad -5.903\,4 \quad 14.923\,8]$ m/s。在不考虑控制误差的情况下，实际的撞击点相对小天体质心的位置为 $[-9.371\,8 \quad -3.478\,8 \quad 0.270\,5]$ km，误差 0.3 m。仿真曲线如图 10-2 所示，其中虚线为原始轨道，实线为制导执行后的轨道。

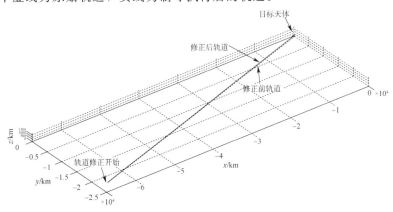

（a）轨道修正到撞击全过程

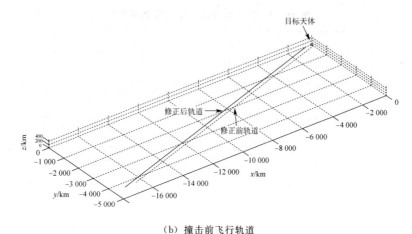

（b）撞击前飞行轨道

图 10 - 2　撞击段制导执行效果

10.4　观测序列规划

深空撞击的科学目标是通过撞击获得目标天体的组成成分和结构。由于目标天体距离地球遥远，因此对深空撞击过程的拍摄和撞击喷发物质的收集必须依靠一个在撞击器附近、运行于飞越轨道的飞越器完成。对于飞越器来说进行观测序列规划、保证观测的安全有效也是自主导航与控制系统的任务之一。虽然深空撞击过程的拍摄任务和撞击喷发物质的收集任务是在飞越器上完成的，但这也是与撞击密切相关的内容，因此本章也将该部分内容纳入其中。

10.4.1　撞击时间的计算

撞击时间的计算是在飞越器上独立完成的，并不与撞击器交互[5]。在撞击前的若干小时，飞越器利用深空探测器机载光学成像自主导航系统确定其相对目标天体的位置 $r_{Flyby-Target}$。根据深空探测器中存储的天体星历，可确定目标天体在惯性坐标系（日心惯性坐标系）的先验位置，记为 $r_{Target,aprior}$。由深空探测器与目标天体的相对位置及天体惯性位置即可确定深空探测器的惯性位置 $r_{Flyby,AutoNav}$，表示如下

$$r_{Flyby,AutoNav} = r_{Flyby-Target} + r_{Target,aprior} \qquad (10-12)$$

由于天体星历带有较大的星历误差，因此由光学成像导航敏感器所得深空探测器惯性位置也包含该星历误差。

为确定撞击时间（Time-of-Impact，TOI），飞越器上应带有撞击器和飞越器的先验惯性位置，分别记为 $r_{Impactor,GroundNav}$ 和 $r_{Flyby,GroundNav}$。撞击器的先验位置根据释放前基于地面的无线电导航和光学成像自主导航组合观测值并考虑分离后由于翻滚等造成的速度变化等因素计算得到。飞越器先验惯性位置由分离并经过航向改变后采用地面无线电和光学成像自主导航组合计算得到。星上自主导航系统则对深空探测器惯性位置进行实时更新。在给定时刻对深空探测器地面导航位置和自主光学成像导航位置进行比较，可得目标天体先验星历的修正值（实际可认为是天体星历误差），表示如下

$$\Delta r_{Flyby} = r_{Flyby,GroundNav} - r_{Flyby,AutoNav} \qquad (10-13)$$

把该值与天体先验星历确定的位置相加，所得的结果就是天体惯性位置的修正值

$$\begin{aligned}
r_{Target} &= r_{Target,aprior} + \Delta r_{Flyby} \\
&= r_{Target,aprior} + r_{Flyby,GroundNav} - r_{Flyby,AutoNav} \qquad (10-14) \\
&= r_{Flyby,GroundNav} - r_{Flyby-Target}
\end{aligned}$$

根据天体位置修正值和撞击器位置估计值，得到撞击器与目标天体的相对距离

$$\begin{aligned}
r_{Impactor-Target} &= r_{Impactor,GroundNav} - r_{Target} \\
&= r_{Flyby-Target} + (r_{Impactor,GroundNav} - r_{Flyby,GroundNav})
\end{aligned}$$

$$(10-15)$$

上式所表示的撞击器相对目标的位置实际等于飞越器相对目标天体的位置和撞击器相对飞越器的位置之和，具体见图 10-3。将撞击器飞行过程近似看作匀速直线运动，则可以计算出撞击时间为

$$TOI = \|\boldsymbol{r}_{\text{Impactor-Target}}\| / V_\infty \qquad (10-16)$$

式中 V_∞——撞击器与目标天体相对速度大小。

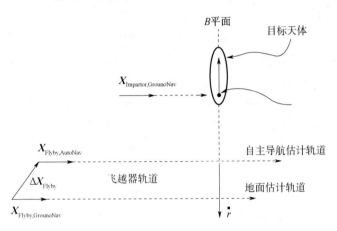

图 10-3 飞越器、撞击器、目标天体的位置关系

10.4.2 拍照终止时间计算

撞击器与天体相撞后会产生大量的喷发物,包括许多高速向外喷发的微粒,这些有可能穿透飞越器对飞越器内仪器造成损害。故飞越器与目标天体接近到一定程度后应转入姿态保护模式,即调整姿态遮挡喷发物,此刻也是拍照的终止时间。当飞越器与目标天体的相对距离达到 S_{Shield} 时,根据目标天体的星历以及飞越器的轨道,在轨自主计算从给定历元(t_{Epoch})到飞越器与目标天体最近时(TCA)所需的飞行时间(Time Of Flight,TOF)。设飞越器自主导航系统给出的历元时刻相对目标天体的状态量为

$$\boldsymbol{X} = \begin{bmatrix} BT & BR & TOF & ST & SR & V_\infty \end{bmatrix} \qquad (10-17)$$

式中 BT,BR——飞越器在交会时刻的 B 平面坐标系分量;

ST,SR——飞越器当前位置投影到 B 平面并在其上的分量;

TOF——飞越器在给定时刻至交会时的飞行时间;

V_∞——飞越器与目标天体的相对飞行速度,该速度方向垂直

于 B 平面。

其中

$$TOF = \frac{S}{V_\infty} \qquad (10-18)$$

S——飞越器当前位置距 B 平面的距离。

B 矢量大小可计算如下

$$B = |\boldsymbol{B}| = \sqrt{BT^2 + BR^2} \qquad (10-19)$$

设定姿态保护时刻飞越器与目标天体的距离为 S_{Shield}，因此飞越器相对目标天体最近处的纵向距离为

$$S' = \sqrt{S_{\text{Shield}}^2 - B^2} \qquad (10-20)$$

如果目标天体的质量很小，飞越器的轨道接近匀速直线运动，则实施姿态保护的时刻为

$$
\begin{aligned}
t_{\text{Shield}} &= TCA - \frac{S'}{V_\infty} \\
&= t_{\text{Epoch}} + TOF - \frac{S'}{V_\infty} \qquad (10-21) \\
&= t_{\text{Epoch}} + \frac{S - S'}{V_\infty}
\end{aligned}
$$

整个拍照终止时间计算原理如图 10-4 所示。

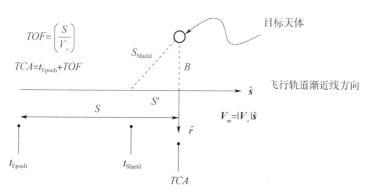

图 10-4　拍照终止时间计算原理

10.4.3 序列规划

　　飞越器与撞击器分离前开始进行关键序列的初始化。在计算出撞击时间和拍照终止时间后，自主导航系统需要根据轨道确定的结果，向飞行指令管理软件提出拍照时间序列的调整。序列规划是一项复杂的工作，一般由地面事先以撞击时间为原点制定相关任务的时间顺序，深空探测器上飞行管理软件根据自主导航系统计算出的撞击时间和拍照终止时间等参数，将相对时间的任务序列转化为绝对时间，并对任务长短做适当调整。这部分内容已超出本书涵盖的领域，故不再详细叙述。表 10 - 2 列出了深度撞击探测任务中的飞越器在交会轨道段规划的观测序列，图 10 - 5 给出了交会轨道段规划观测序列的时间安排，供读者参考。

表 10 - 2　深度撞击探测器交会轨道段规划的观测序列

事件	介绍
HRI AutoNav Imaging	高分辨率仪器自主导航拍照
MRI AutoNav Imaging	中分辨率仪器自主导航拍照
AutoNav OD Commanding	自主导航轨道确定命令
Science Imaging	科学研究拍照
Shield Mode	保护模式
Lookback Imaging	向后拍照
Attitude Maneuvers	姿态机动
Cruise/playback	巡航和重放

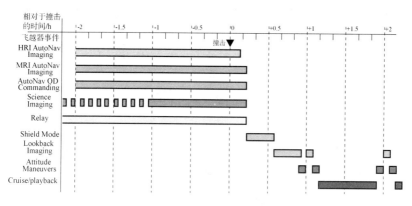

图 10 - 5　交会轨道段规划的观测序列时间安排

10.5　应用实例

目前实际实施的深空撞击计划只有美国深度撞击探测器。本章以该任务为背景，说明撞击过程中自主导航、自主轨道控制以及拍摄序列规划方法。

撞击器自主导航和制导过程主要由以下几步组成。

1）从预计撞击前 2 小时开始，每 15 秒使用 ITS 相机对彗核进行成像；

2）对 ITS 导航图像进行处理，获得彗核亮度中心的像元/像线位置；

3）利用观测得到的彗核亮度中心的像元/像线位置计算深度撞击探测器相对彗星轨迹估计的测量残差；

4）从预计撞击时间 1 小时 50 分开始，每 1 分钟进行一次轨道确定更新（第一次轨道确定弧段包含 40 次观测）；

5）在最终制导段，于撞击前 90 分钟、35 分钟和 12.5 分钟分别进行一次撞击器瞄准机动，前两次的瞄准点为目标天体的亮度中心；

6）在第三次轨道机动 ITM - 3（Impactor Targeting Maneuver，ITM）之前，获取 3 幅 ITS 图像用于场景分析，选择撞击点并计算它相对亮度中心（Center of Brightness，CB）的偏移量，然后用该偏移量计算第三次轨道机动；

7）在撞击前 12.5 分钟进行第三次轨道机动，即最后一次轨道机动；

8）在预计撞击时间前 5 分钟，将 ITS 的光轴对准由自主导航系统 AutoNav 估计的撞击器相对彗星的速度矢量方向以捕获并传输彗核表面的高解析度图像（<3 m 分辨率）。

本节将以第三次轨道机动为参考，对其自主导航和轨道机动过程进行仿真分析。

第三次轨道机动是最后一次撞击目标机动，也是最重要的一次，以选定的撞击点为轨道机动的最终目标。第三次轨道机动的轨道确定是基于对彗核亮度中心的观测，再通过场景分析得到的对亮度中心的目标修正矢量。如图 10-6 所示，第三次轨道机动时，彗核的光学信号接近 100 个像素，"+"号代表场景分析选择的撞击点。

图 10-6   第三次轨道机动时 ITS 的导航图像

在第三次轨道机动之前，使用导航滤波算法估计撞击器的运行轨道，计算估计出的位置速度与实际值的误差如图 10-7 所示。其中位置误差小于 300 m，速度误差小于 0.5 m/s。

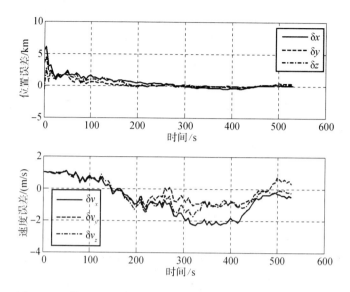

图 10 - 7　第三次轨道机动之前使用导航滤波算法计算误差结果

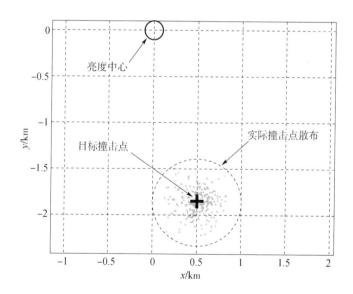

图 10 - 8　实际撞击点散布

自主导航图像处理软件选择的撞击点偏离目标天体亮度中心 1.85 km，可以根据自主导航结果使用预测制导律计算变轨速度增量。由于姿态控制和发动机存在偏差，最终的撞击点仍会偏离预定撞击点。假设姿态控制系统的精度为 $0.1°$，速度增量执行误差为 1%，则实际的撞击点散布如图 10-8 所示。可以看到，最终的撞击点散布小于 500 m(3σ)。

10.6 小结

深空撞击是深空探测中比较少见的一类任务，它的目标是通过撞击获得被撞天体内部的物质成分。由于撞击发生在距离地球非常遥远的太空，而撞击和物质喷发的持续时间又很短，因此无论是实施撞击的撞击器还是进行监视和数据采集的飞越器，都必须做到准时和准确，这显然是地面测控无法做到的。因此撞击轨道段对自主导航和制导提出了前所未有的需求。撞击轨道段的自主导航与制导和接近轨道段相似而又不同。对导航来说，同样基于光学成像导航方式，但撞击轨道段除了提取目标亮度中心外，还必须进行场景分析自动选择撞击点；对于制导来说，撞击轨道段更关心的是终端即撞击点的位置，因此深空探测器终端的速度不再约束，但位置精度要求更高。除此以外，由于还存在对撞击过程进行观测的需求，因此撞击时间预报、拍照终止时间计算以及观测序列规划等也成为自主导航系统所需要解决的新问题。本章以深度撞击探测器为背景，对撞击轨道段自主导航和制导技术的各个典型环节进行了介绍，希望能够帮助读者建立一个较为全面的认识。

参 考 文 献

［1］ MUIRHEAD B K. Deep Impact，The Mission，2002 IEEE Aerospace Conference Proceedings，Vol 1，1 - 147~1 - 155，9 - 16 March 2002.

［2］ MASTRODEMOS N，KUBITSCHEK D G，SYNNOTT S P. Autonomous Navigation for the Deep Impace Mission Encounter with Comet Tempel 1，Space Science Reviews（2005）117：95 - 21.

［3］ 彭冠一．防空导弹武器制导控制系统设计（上）．北京：宇航出版社，1996.

［4］ 周卫文，崔平远，崔祜涛．基于改进预测制导的深空撞击探测末制导律.传感器与微系统，2009（2）：116 - 120.

［5］ KUBITSCHEK D G，MASTRODEMOS4 N，WERNER R，et al. Deep Impact Autonomous Navigation：The Trials of Targeting the Unknown. 29th Annual AAS Guidance and Control Conference. February 4 - 8，2006，Breckenridge，Colorado.

第11章 基于光学成像测量的自主导航地面试验

深空探测自主导航技术是实现自主控制的前提和关键，也是航天控制技术领域研究的热点和难点。由于自主导航系统研制难度大、飞行试验周期长，自主导航技术在正式用于型号任务之前，要进行充分的仿真分析和地面试验验证。

通过地面仿真和试验，能够对自主导航系统的功能、性能、导航精度和关键技术进行验证，检验方案设计和数学模型的正确性，促进理论方法研究成果向型号工程的转化，为飞行试验和工程应用提供设计基础和技术准备。

本章首先介绍深空探测自主导航数学仿真技术，包括仿真软件框架的构建、目标天体特性的分析、点目标/点迹目标和面目标的生成原理以及图像仿真方法等。然后介绍深空探测转移轨道段和近天体环绕轨道段利用光学成像敏感器和天体模拟器进行地面半物理仿真的试验方案、系统组成和部分试验结果。

11.1 基于光学成像测量的数学仿真验证技术

深空探测自主导航数学仿真的原理就是通过预设飞行轨道，得到深空探测器真实位置和姿态信息，利用星表换算得到星体在影像平面的成像，该图像添加噪声后作为图像处理的直接输入源，处理后得到的指向信息作为测量值输入给导航算法。导航算法的精度由真实轨道评定，将图像处理结果和真实指向进行比较来评定测量误差。

整个深空探测自主导航数学仿真的原理如图 11-1 所示。

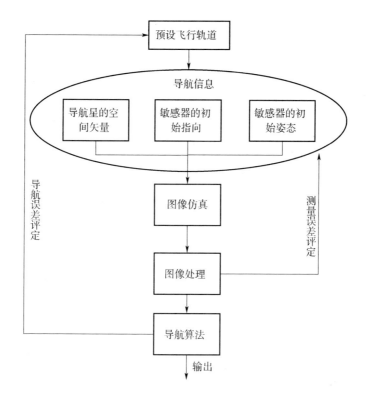

图 11-1 深空探测自主导航数学仿真原理图

根据共轭成像原理，物体的成像等价于其先投影到物空间与影像平面（CCD）共轭的标准平面，然后把标准平面上的成像投影在影像平面上。图像仿真就是把已知物体点目标的空间位置，换算到相机坐标系下，然后投影得到影像平面上的像素坐标，再根据光能量换算为成像灰度，进行成像显示的过程。图像仿真主要通过OpenGL 实现，根据深空探测不同的飞行轨道，成像仿真又分为静态星点成像仿真、动态星迹成像仿真和面目标成像仿真三种情况，以下分别进行介绍。

11.1.1　静态星点成像仿真

11.1.1.1　恒星位置计算模型

每一颗恒星都按照自己的运行规律相对太阳系运动，并且不同的恒星自行的大小并不相同，因此要对恒星历元平位置进行自行改正，得到任意时刻 t 恒星平位置 (α_t, δ_t)[1]。

$$\begin{cases} \alpha_t = \alpha_0 + \mu_\alpha \ (t - t_0) \\ \delta_t = \delta_0 + \mu_\delta \ (t - t_0) \end{cases} \tag{11-1}$$

式中　μ_α，μ_δ——分别是恒星在赤纬方向自行和赤经方向自行，可以直接从星表中读取。

有了恒星的赤经方向、赤纬方向，还需要将其转换到直角坐标中，计算公式为

$$\begin{cases} x = r\cos\alpha_t \cos\delta_t \\ y = r\cos\delta_t \sin\alpha_t \\ z = r\sin\delta_t \end{cases} \tag{11-2}$$

式中　r——恒星到地球的光年距离，坐标单位为光年，(α_t, δ_t) 的单位为弧度。

目前国际上通行的依巴谷星表数据（The Hipparcos Catalogue）包括了恒星的精确位置、自行、秒差距等数据。利用秒差距可以换算得到恒星到地球的光年距离。依据星表提供的数据可以计算出任一时刻恒星的位置。

11.1.1.2　恒星亮度模型

不同星等的亮度及亮度差异是无法定量表现的，因为 5 个星等的差异，对应光度相差 100 倍，这对只有 256 个灰度级别的显示设备而言，是难以具体体现的[2]。但是可以通过线性插值来定性地表示出不同星等的灰度差别

$$B = B_0 - k \cdot G \tag{11-3}$$

式中　G——星等；

B——插值后的亮度，在 OpenGL 中，亮度只能用 $0.0 \sim 1.0$ 间的浮点数表示，因此需要通过式（11-3）将星等亮度值归化到 $0.1 \sim 1.0$ 间；

B_0，k——常数，具体数值可以根据硬件性能和实验要求来确定。

11.1.1.3　恒星大小模型

由于恒星的真实视张角都非常小，如天狼星的张角为 $0.006\ 8''$，即使张角最大的心宿二，其张角也只有 $0.04''$[3]。这么小的张角，如果在目标模拟器的典型观测距离（50 cm）上表现出来，星点的直径最大也只有 $0.1\ \mu m$，其尺寸远远小于显示设备像元的大小。因而，恒星的大小无法定量地表示出来，在成像平面上普遍采用离焦的方法获得一定大小的弥散星像，成像模拟时可通过线性插值来定性地表示出不同星等的大小差别

$$R = R_0 - l \cdot G \qquad (11-4)$$

式中　G——星等；

R——插值后的大小；

R_0，l——常数，具体数值同样可以根据硬件性能和试验要求来确定。例如将 R_0 设置为 3，l 设置为 6.5，这样如果所用星表的最大星等为 13，那么整个星表中的恒星大小就可以规划至 $1 \sim 3$ 个像素间。

11.1.2　动态星迹成像仿真

星迹图像的数学模拟流程如图 11-2 所示。

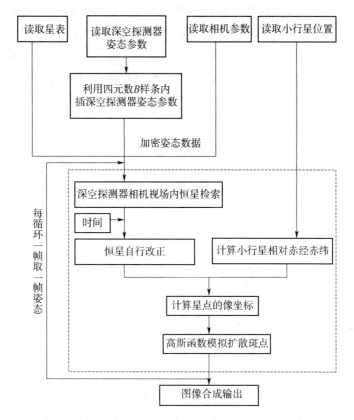

图 11 - 2　星迹图像的数学模拟流程

11.1.2.1　读取恒星星表

首先,读取恒星星表,得到历元时刻 t_0 (J2000)恒星的平位置 (α_0, δ_0)。然后,根据输入时间对恒星历元平位置进行自行改正,得到任意时刻 t 恒星平位置 (α_t, δ_t)

$$\begin{cases} \alpha_t = \alpha_0 + \mu_\alpha(t - t_0) \\ \delta_t = \delta_0 + \mu_\delta(t - t_0) \end{cases} \tag{11-5}$$

式中　μ_α, μ_δ——分别是赤纬方向自行和赤经方向自行,从依巴谷星表中可直接读取。然后根据式(11-2)计算恒星直角坐标。

11.1.2.2　内插深空探测器姿态数据

假定给定一组深空探测器姿态数据，如果直接根据这些数据检索视场内恒星进行连线，生成的图形可能不够光滑、棱角分明、不利于识别。为此采用四元数 B 样条内插方法来获取足够细密的姿态数据以便进行叠加显示。

B 样条内插的原理如下。

给定节点序列$\{t_i\}$，则相应的 k 次非均匀 B 样条基函数可用下面的递推公式来表示

$$B_i^0(t) = \begin{cases} 1, & t_i \leqslant x \leqslant t_{i+1} \\ 0, & \text{其他} \end{cases}$$

$$B_i^j(t) = \begin{cases} \dfrac{t-t_i}{t_{i+j}-t_i} B_i^{j-1}(t) + \dfrac{t-t_{i+1}}{t_{i+j+1}-t_{i+1}} B_{i+1}^{j-1}(t)\,, & t_{i+j}-t_i \neq 0 \\ \qquad \text{且 } t_{i+j+1}-t_{i+1} \neq 0\,, \ j=1,\ 2,\ \cdots,\ k \\ 0, & \text{其他} \end{cases}$$

$$(11-6)$$

递推公式是根据差商的定义推导而来的，既适用于均匀分划的情形（均匀 B 样条函数），也适用于非均匀分划的情形（非均匀 B 样条基函数）。由于任意次 B 样条基函数均由两个非负的量相加而成，因而舍入误差小，计算稳定准确。递推算法运算量小，计算速度快，易于编程，适宜计算机实现。

由于深空探测器的姿态通常用四元数表示，可以认为深空探测器的姿态数据是一个四元数矩阵。为此利用四元数 B 样条来内插深空探测器姿态。

有了深空探测器姿态，就可以计算每一个姿态对应所形成的星图。通过高斯函数模拟扩散斑点，将最后所有计算出的图像进行合成叠加，就能模拟出在深空探测器随机姿态扰动影响下，长时曝光成像的导航星图。

11.1.2.3　光学成像模拟

大多数光学成像系统在一定的条件下可以近似看成是线性系统。

设有一个线性成像系统 H，当输入函数是 $f(\alpha, \beta)$ 时，其输出函数 $g(x, y)$ 可以表示为

$$g(x, y) = H\left[f(\alpha, \beta)\right] \qquad (11-7)$$

根据 δ 函数的性质，$f(\alpha, \beta)$ 可以表示为

$$f(\alpha, \beta) = \iint_{-\infty}^{\infty} f(u, v)\delta(\alpha - u, \beta - v)\mathrm{d}u\mathrm{d}v \qquad (11-8)$$

故有

$$g(x, y) = H\left[\iint_{-\infty}^{\infty} f(u, v)\delta(\alpha - u, \beta - v)\mathrm{d}u\mathrm{d}v\right] \qquad (11-9)$$

根据线性系统的叠加性和齐次性，有

$$g(x, y) = \iint_{-\infty}^{\infty} f(u, v)H\left[\delta(\alpha - u, \beta - v)\right]\mathrm{d}u\mathrm{d}v \qquad (11-10)$$

式中　$H\left[\delta(\alpha - u, \beta - v)\right]$——在输入面 (α, β) 上的点源 (u, v) 通过成像系统所形成的像。通常称它为成像系统的点扩散函数，或者脉冲响应函数。

一般来说，点扩散函数，既与点源在物面上的位置 (u, v) 有关，又与该点源成像后在像面上的位置 (x, y) 有关，故它是一个四元函数，一般可表示为

$$h(x, y; u, v) = H\left[\delta(\alpha - u, \beta - v)\right] \qquad (11-11)$$

于是有

$$g(x, y) = \iint_{-\infty}^{\infty} f(u, v)h(x, y; u, v)\mathrm{d}u\mathrm{d}v \qquad (11-12)$$

由式（11-12）可见，光学成像系统输入和输出之间的关系是由系统的点扩散函数 $h(x, y; u, v)$ 决定的。对于给定的输入函数，其图像质量与系统的点扩散函数直接相关。因此，点扩散函数既可用来评定成像系统的性能，又可用来评定系统所获得图像的质量。

如果光学成像系统 H 有这样的性质：当点源在输入面上由 $(\alpha,$

β）平移到（$\alpha - u$，$\beta - v$）时，对应的像在输出平面上也由（x，y）平移到（$x-u$，$y-v$），而且形状保持不变，即如果 $H\left[\delta\left(\alpha,\ \beta\right)\right]$ $= h\left(x,\ y\right)$，则有

$$H\left[\delta\left(\alpha - u,\ \beta - v\right)\right] = h\left(x - u,\ y - v\right) \qquad (11-13)$$

式中　u，v——任意给定的常数。

光学成像系统 H 是空间平移不变的系统。对于平移不变的系统，点源无论在输入面的什么位置，它在输出面上所成像的形状是一样，只是位置不同而已。

因此，线性平移不变的成像系统，其图像退化模型可表示为

$$g(x,y) = \iint\limits_{-\infty}^{\infty} f(u,v)h(x-u,y-v)\mathrm{d}u\mathrm{d}v = f(x,y) * h(x,y)$$

$$(11-14)$$

式中　$h\left(x-u,\ y-v\right)$——平移不变的点扩散函数。

与此相对应，对一般的 $h\left(x,\ y;\ u,\ v\right)$ 称为平移可变的点扩散函数。

由式（11-14）可知，对于线性平移不变的光学成像系统，系统的输出函数 $g\left(x,\ y\right)$ 是系统的输入函数 $f\left(x,\ y\right)$ 与点扩散函数 $h\left(x,\ y\right)$ 的卷积。

光学成像系统的作用和影响主要考虑两方面因素：衍射和相差的点扩散函数。衍射考虑的是光线通过孔径时的扩散效应，它描述了光学成像系统的基本分辨率。对于直径为 D 的圆孔径非相干成像系统，其点扩散函数为

$$h_{\mathrm{diff}} = \left(\frac{D}{\lambda}\right)^2 \mathrm{somb}^2\left(\frac{Dr}{\lambda}\right) \qquad (11-15)$$

式中　λ——谱段的平均波长；

　　　$r = \sqrt{(x^2 + y^2)}$。

盖斯基尔（Gaskill）给出了 Somb 函数的数学表达式

$$\mathrm{Somb}(r) = \frac{2\mathrm{J}_1(\pi r)}{\pi r} \qquad (11-16)$$

式中　$J_1(x)$——第一类 1 阶贝赛尔函数。

　　光学成像差的点扩散函数有时也称为几何模糊,有很多方法可以对其进行建模。现在已有很多商用软件(如 Code V,Zemax,Oslo 等)能计算图像不同位置的几何模糊。不过,最方便的方法是把总的几何模糊用高斯函数来表示

$$h_{gm} = \frac{1}{b^2} \text{Gauss}\left(\frac{r}{b}\right) \tag{11-17}$$

式中　b——几何模糊(毫弧)。

　　高斯函数的数学表达式为

$$\text{Gauss}(r) = e^{-\pi(r)^2} \tag{11-18}$$

　　注意:Somb 函数和高斯函数前面加上系数是为了保持函数(曲线下面)的面积为 1,这样对输入场景可以不施加增益。

　　高斯分布函数可用像素表示为

$$\text{Guass}(u, v) = \frac{1}{2\pi\sigma^2} e^{-\frac{u^2+v^2}{2\pi\sigma^2}} \tag{11-19}$$

式中　u,v——像素坐标;

　　　　σ——方差。

　　根据星等系数和高斯函数将其转化为灰度级,就可得到每一个星点的图像,密集的星点就组成了连续的轨迹线。

11.1.3　面目标成像仿真

11.1.3.1　面目标天体几何建模

　　(1)规则星体三维椭球面 LOD(Level of Detail)模型

　　在空间可视化建模过程中,自然天体的几何建模有时不用考虑星表的起伏,因此,天体椭球面表示法具有较为广阔的应用空间。为了保证精度,往往需要用更密的网格来拟合自然天体表面,但这样做会带来多边形网格的急剧增加,降低系统效率;如果用较少的网格来拟合星球表面,精度上又不能达到要求。因此,本节引入视相关椭球面 LOD 建模方法来解决这个矛盾,基本原理如下。

①自然天体模型的经纬网分割

由于自然天体椭球面模型可以在球面模型基础上沿自转轴方向压缩得到（利用三维图形库中的缩放函数很容易做到），所以先将椭球面模型简化为球面模型。球面可以看作由分布均匀的经纬网组成，经纬网越密，模型的精度就越高。要实现视点相关球面LOD，最简单有效的方法就是根据视点到球面的距离来动态调整经纬网的密度，这样就能在保证视觉效果的前提下实现球面模型的简化，图 11 - 3 显示了在不同视点距离下，球面模型的简化程度。

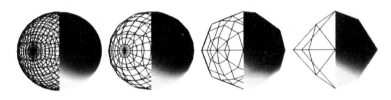

图 11 - 3　不同视点距离下球面模型的简化程度

②利用凹凸贴图（Bump Map）表现星球表面起伏情况

基于三维球面自然天体绘制方法不能用几何形状来表达星球表面的起伏，但可以采用凹凸贴图的方法，在一定程度上弥补这个缺陷。在凹凸贴图的实现过程中，为每一个顶点计算光线矢量是一个非常费时的工作，为了加快凹凸贴图的速度，可以采用基于像素着色的硬件加速方法来实现。

为了验证这些方法的可行性与实际效果，在计算机上以地球为例实现了这些算法。软件平台为 WindowsNT/2000、Visual C++6.0和三维图形标准 OpenGL，结果如图 11 - 4～图 11 - 5 所示。图 11 - 4 为视点到地球不同距离时模拟的地球模型网格，可以看出，当地球远离视点的时候，网格较稀疏，表示精度变低；当视点靠近地球的时候，网格变密，表示精度提高。图 11 - 5 是以火星为例的模拟结果。

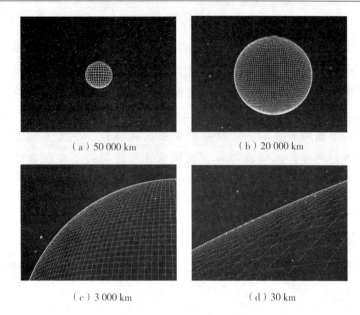

（a）50 000 km　　　　　　　　（b）20 000 km

（c）3 000 km　　　　　　　　（d）30 km

图 11 - 4　视点到地球不同距离时地球模型网格绘制结果

图 11 - 5　火星建模结果

（2）不规则星体几何建模

对于像小行星这样的不规则星体，其表面三维建模可以利用自然天体表面的三维建模与可视化方法。但是小行星有其自身的特殊性，不一定类似于球体，很可能是不规则的几何体，采用自然天体表面的三维建模与可视化方法工作量非常巨大，而绘制效率和可视化效果还不一定能满足要求，因此这里采用一种三角面拟合几何体方法构建小行星表面的三维重建技术。

为了进一步理解使用三角面拟合几何体方法的概念，这里使用称为顶点数组的数据结构，用此数据结构去描述被拟合的几何体。

顶点数组的数据结构描述如下

```
typedef struct {
    GLfloat u，v;                  // Texture Coordinates
    GLfloat nx，ny，nz;            // Normal Vector
    GLfloat x，y，z;               // XYZ coordinates for vertex
}
```

顶点数组中每一个元素代表一个顶点，其结构中包含有该顶点的纹理坐标（u，v）、法矢量值（nx，ny，nz）以及顶点坐标（x，y，z）。

每一个三角面由三个顶点构成，对三角面定义如下数据结构

```
typedef struct {
    GLuint p0，p1，p2;            // Indices into vertex array
}
```

从结构中可以看出，在三角面结构中并没有存放构成三角面的三个顶点的坐标，而是存放了三个顶点的索引值 $p0$，$p1$，$p2$。

对于任意一个几何体，可用有限个三角面进行拟合，并配以相应的纹理信息数据。因此对几何体的数据结构描述如下

```
typedef struct {
    int NumTriangles;              // number of triangles of this material
    TRIANGLE * Crunched TriangleIndexList;
                                   // Indices into triangle array
    char texturename [50];         // name of texture
    GLuint textureID;              // texture ID
}
```

几何体（Geometry）由三角面数组构成，并且包含该几何体的纹理名（texturename）以及纹理物体号（textureID）。

可用如图 11-6 的几何体索引表进一步表达几何体的构成关系。图 11-7 是利用三角面拟合几何体方法绘制的小行星三维网格模型。图 11-8～图 11-9 是利用纹理映射技术得到的小行星表面纹理模拟结果以及加上纹理后小行星三维模型重建结果。

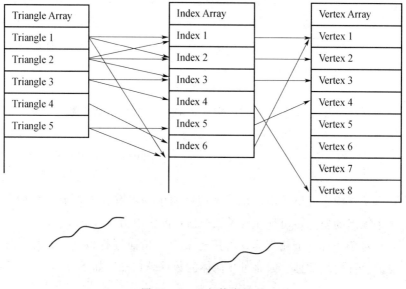

图 11-6　几何体索引表

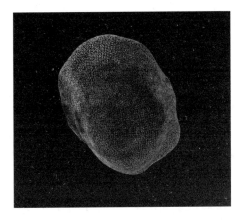

图 11 - 7　利用三角面拟合几何体方法绘制的小行星三维网络模型

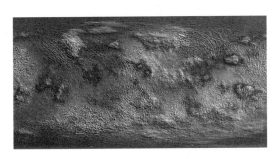

图 11 - 8　利用纹理映射技术得到的小行星表面纹理模拟图

图 11 - 9　加上纹理效果后小行星三维模型重建结果

11.1.3.2 目标天体光照度计算模型

太空中导航天体所发射或者反射的光信号是导航敏感器信号收集的主要内容。因此，能够准确计算这些天体到达深空探测器导航敏感器处的光照度决定了地面模拟设备的真实性和可靠性。为了将导航天体的光学信号信息转换为模拟器屏幕上的亮度信息，必须建立导航天体的光照度模型。对于恒星的光照度计算较为简单，可以直接建立恒星视星等与光照度之间的换算关系。而对于本身不发光的天体光照度的计算，本书根据辐射和辐射传输理论，建立了天体相对于导航敏感器的视星等模型，再以恒星作为参照，利用星等与光照度之间的换算关系，最终建立天体导航信标的光照度模型。

（1）视星等与光照度的换算关系

视星等通常用来表示恒星的亮度，也可用来表示观测到的大行星和小行星等天体以恒星为参照的亮度。视星等与光照度之间的关系可以表达为[4,5]

$$E = E_0 \times 2.512^{-m} = 2.65 \times 10^{-6} \times 2.512^{-m} \text{ lx} \quad (11-20)$$

式中 lx（勒克司）——光照度单位。

利用式（11-20）就可以根据依巴谷星表数据中获得的导航恒星视星等参数，计算每一颗导航恒星的光照度。

（2）天体视星等计算

如果天体本身不发光，其入射到光学导航敏感器的光信号来自于对太阳直接辐射能量的反射。太阳所发出的总辐射量在空间方向上的分布是均匀的，在 $\lambda_1 \sim \lambda_2$ 波长范围内太阳在行星表面产生的光照度 E_0 可表示为

$$E_0 = 10^{12} R_s^2 c_1 D^{-2} \int_{\lambda_1}^{\lambda_2} \lambda^{-5} [\exp(c_2/\lambda T_0) - 1]^{-1} \mathrm{d}\lambda \quad (11-21)$$

式中 R_s——太阳半径，数值为 $6.959\ 9 \times 10^8$ m；

λ——波长（μm）；

c_1——第一辐射常数，数值为 $5.670\ 32 \times 10^{-4}$ W·μm^2；

c_2——第二辐射常数，数值为 $14\ 388$ μm·K；

$T_0 = 5\,900\ \text{K}$（通常太阳辐射可以认为是温度为 $5\,900\ \text{K}$ 的黑
体辐射）；

D——太阳与天体的距离；

E_0——光照度（W/m^2）。

到达天体表面的太阳辐射能量，由于其本身的漫反射作用，将
在 2π 空间范围发散，深空探测器上的敏感器将在轨道上以一定的
角度对其进行探测。如果将天体看作一个等效反射球体（朗伯辐
射体），那么可以计算到达敏感器光学系统入瞳处的点目标辐射强
度为

$$I_e = \frac{E_0 \cdot \cos\theta \cdot \rho \cdot A_{obj}}{2\pi} \tag{11-22}$$

式中　θ——观测相角，即太阳与天体连线和天体与敏感器连线所形
　　　　　成的夹角；

　　　ρ——天体的平均反射率，可通过查阅相关资料得到；

　　　A_{obj}——天体相对于敏感器的等效截面积，可根据天体的半径
　　　　　估计得出。

根据到达敏感器入瞳处的点目标辐射强度和光学系统入瞳所对
应的立体角，可以确定可见光敏感器光学系统采集到的天体反射太
阳光的信号能量，将其转化为光子数，可以推导得到最终进入光学
系统的信号光子流量密度

$$\Phi_s = \frac{I_e \times \bar{\lambda}}{R_{oc}^2 \times hc} \tag{11-23}$$

式中　I_e——天体反射后的辐射强度；

　　　R_{oc}——天体到深空探测器的距离；

　　　h——普朗克常量；

　　　c——光速；

　　　$\bar{\lambda}$——平均波长。

一般习惯将空间点目标的信号亮度等效为天文学上的视星等来
进行衡量，视星等为 m_0 的点光源每秒钟发射到敏感器入瞳处的光子
数，可用下式表示[6]

$$\Phi_s = 5 \times 10^{10} \times 10^{-\frac{2}{5}m_0} \tag{11-24}$$

式中　m_0——视星等。

联合以上各式，则可得到计算表征天体反射信号亮度的等效视星等的表达式

$$m_0 = -2.5\lg\left(\frac{E_0 \times \cos\theta \times \rho \times A_{obj} \times \bar{\lambda}}{2\pi \times 5 \times 10^{10} \times R_{oc}^2 \times hc}\right) \tag{11-25}$$

由式（11-25），即可计算出天体相对于深空探测器的视星等，然后再利用式（11-20）中视星等与光照度之间的换算关系，就可以采用与恒星相同的方法计算其光照度。

11.1.3.3　目标天体的模拟过程

在获得恒星的准确位置、以及通过计算得到各类信号源的光照度值后，为建立准确的时空关系，利用 OpenGL 三维图形库对深空环境下的各类天体进行三维重建，恢复其在空间中的位置。根据模拟器输入的时间和敏感器的指向数据，生成相应方向的模拟场景，把它投影到高性能显示器上，就可完成光学信号在空间和辐射亮度上的数/模转换，最终形成模拟的光学信号。

目标天体模拟的具体流程如图 11-10 所示。

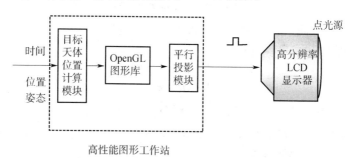

图 11-10　目标天体模拟的具体流程图

基于光学成像测量的深空探测自主导航系统数学仿真软件框架如图 11-11 所示，导航解算所需的测量数据由"图像处理算法模块"对仿真图像进行处理得到。

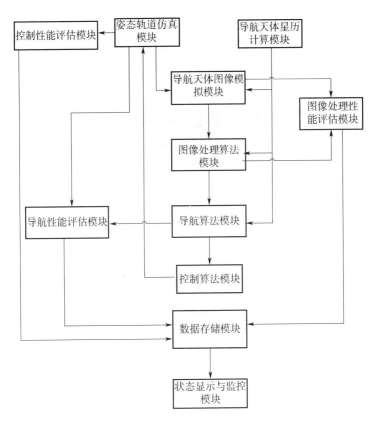

图 11-11　基于光学成像测量的自主导航系统数学仿真软件框架图

基于以上软件框架，开发了基于光学成像测量的深空探测自主导航仿真软件，并对转移轨道段、目标天体接近轨道段、环绕轨道段和撞击轨道段的自主导航、制导与控制技术进行了数学仿真验证。

11.1.4　仿真实例

为了对所研究的深空探测自主控制方法进行更充分地仿真验证，开发了包括图像生成、敏感器图像处理、导航滤波算法、制导与控制全过程的数学仿真验证系统。以火星探测为例，对接近轨道段到环绕轨道段的导航天体成像过程和自主导航方法进行了仿真，生成的图像及处理结果如图 11 - 12 所示。

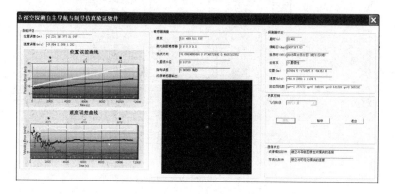

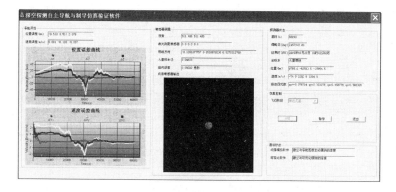

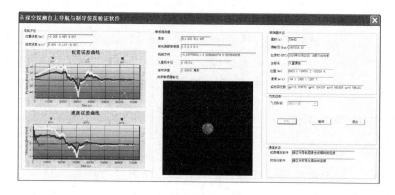

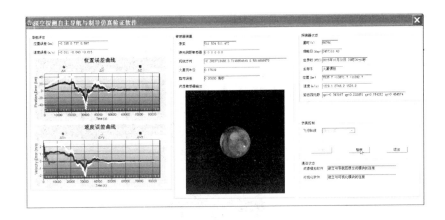

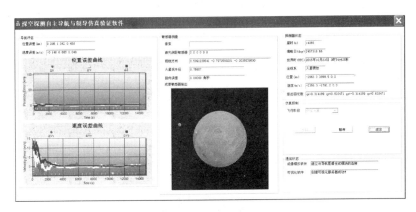

图 11 - 12 火星探测接近轨道段到环绕轨道段成像和导航仿真结果

仿真软件显示界面左侧为自主导航算法评估结果，给出了位置误差和速度误差曲线。中间为当前时刻仿真得到的成像敏感器对导航天体目标拍摄的图像，以及根据图像计算得到的测量结果，包括近天体明亮部分几何中心的像素坐标、视线方向和视半径等。右侧为深空探测器当前的运行状态。

图 11 - 13 是不规则小行星探测接近过程的成像仿真及处理结果。

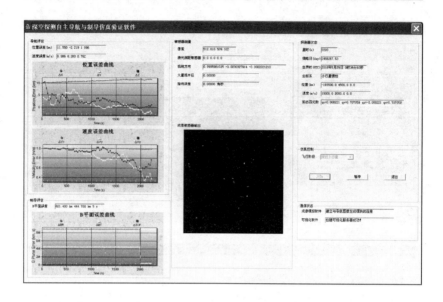

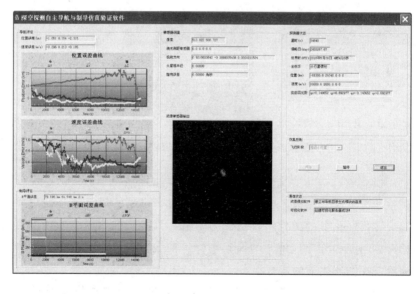

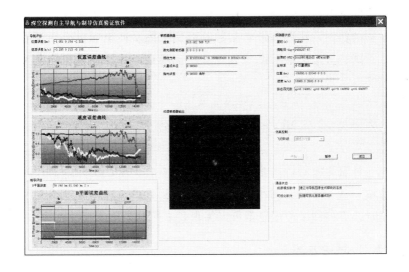

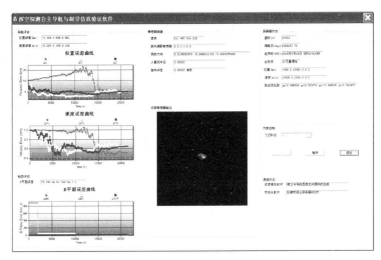

图 11-13　不规则小行星探测接近过程的成像和导航仿真结果

　　由上述两个仿真实例可以看出，利用所开发的基于光学成像测量的深空自主控制数学仿真系统，可以方便地对图像处理算法、自主导航算法、自主制导和控制策略进行仿真验证，分析各种误差源对自主导航和控制效果的影响。从仿真结果也可以看出，作为对光学成像敏感器原始测量的仿真（即所生成的目标天体图像）必须达到足够的精度，轨道和形状参数映射的二维平面坐标也必须足够准确，否则会直接影响对图像处理算法的验证，并导致自主导航大大偏离实际结果。

11.2　转移轨道段自主导航半物理仿真试验

转移轨道段的特点是深空探测器基本处于惯性定向姿态，光学成像敏感器非常适合对小行星和恒星背景成像，利用处理得到的小行星视线方向和星历信息就可以实现自主导航。

11.2.1　试验方案

可用来进行导航的小行星一般距离深空探测器非常远，是星等很高的弱目标，光学成像敏感器需要较长的曝光时间进行成像。为充分验证光学成像敏感器性能、图像处理算法和自主导航方案，设计并建立了转移轨道段自主导航半物理仿真试验系统，其方案如图 11-14 所示。

在试验系统中，仿真控制与评估计算机利用姿态轨道动力学生成基准轨道和姿态数据，发送给动态天体模拟器控制计算机和转台控制计算机。动态天体模拟器根据深空探测器姿态及敏感器视场模拟产生导航小行星和恒星背景图像，导航敏感器对所生成的星图进行成像，经图像处理后将小行星视线方向作为测量值发送给导航计算机。导航计算机对敏感器测量数据进行处理，结合轨道动力学及小行星星历数据，给出导航结果，并发送给仿真控制与评估计算机，后者以基准轨道为真值对自主导航性能进行评估。

为模拟深空探测器姿态波动对长时间曝光图像的影响，将导航敏感器安装在三轴机械转台上，台体可根据姿态指令产生 1°以内的小幅快速姿态波动。为模拟导航敏感器相对星空的相对姿态变换，避免实验室杂光对高灵敏度成像的影响，设计了高暗室软连接遮光罩。

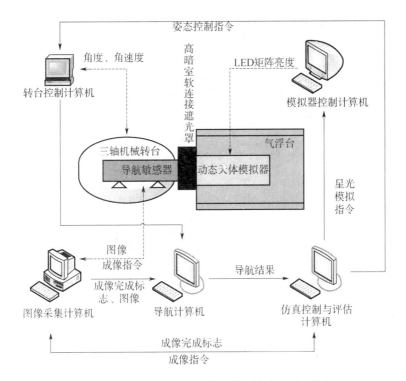

图 11-14 转移轨道段自主导航半物理仿真试验系统方案

11.2.2 试验系统组成

深空转移轨道段自主导航试验系统[7]由高精度导航敏感器、动态天体模拟器、高精度三轴机械转台、导航计算机、仿真控制与评估计算机、图像采集与显示计算机、动态天体模拟器控制计算机等 7 个主要部分组成，如图 11-15 所示。

11.2.2.1 仿真控制与评估计算机

仿真控制与评估计算机包括姿态轨道仿真模块和仿真控制模块，姿态轨道仿真模块用来计算当前深空探测器的星时、基准姿态和轨道参数；仿真控制模块用来计算仿真过程中给动态天体模拟器的控制指令。

图 11-15 深空轨移轨道段自主导航试验系统组成

11.2.2.2 高精度导航敏感器

高精度导航敏感器的主要用途是根据图像采集指令按照指定曝光时刻时长对动态天体模拟器成像，并将图像发送至图像采集与显示计算机。高精度导航敏感器采用两反射镜加孔径校正器的光学镜头结构型式，采用两个内部遮光罩和一个外部遮光罩设计，可以较好地消除杂光影响。高精度深空导航敏感器样机如图 11-16 所示。

高精度深空导航敏感器样机的主要技术指标参数如下：

1) 焦距为 953 mm；

2) 视场为 $0.8° \times 0.8°$；

3) 敏感星等为 12 Mv；

4) 随机测量误差为 0.5″（1σ）。

图 11 - 16　高精度深空导航敏感器样机

11.2.2.3　动态天体模拟器

　　动态天体模拟器的主要用途是根据天球坐标系中导航敏感器视场生成成像无限远的模拟星图，主要由可变目标标准源和光学投射系统组成。由于焦距较长，为减少占地空间，设计了反射式光学投影系统结构，利用衰减片可实现对不同可视星等点目标的模拟。为保证星图投射精度，将动态小天体模拟器和可变目标标准源都安装在高精度气浮平台上，为保证精度和装调的方便，测试设备采用分段安装固定与软连接的结构方案。动态天体模拟器如图 11 - 17 所示。

图 11 - 17　动态天体模拟器

动态天体模拟器主要技术指标如下所示。

1) 焦距：5 m；

2) 全视场：1.2°×1.2°；

3) 入瞳口径：Φ200 mm；

4) 波像差：1.2°×1.2°全视场内为 λ/10（1σ）；

5) 最大相对畸变：0.000 422%；

6) 弥散斑均匀性：≤0.89 μm；

7) 星点投射精度：0.2″。

11.2.2.4　高精度三轴机械转台

高精度三轴机械转台主要用于模拟在长时间曝光过程中深空探测器姿态扰动对光学成像敏感器成像的影响，相对姿态变换在 1.0° 以内，如图 11-18 所示。

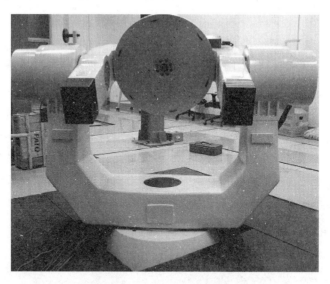

图 11-18　高精度三轴机械转台

高精度三轴机械转台主要技术指标如下所示。

1) 转角范围：360°全回转；

2) 角位置控制精度优于 1″；

3）重复精度优于 0.5″；

4）转速范围：±0.000 01 (°)/s 到±30 (°)/s；

5）速度精度：$\omega > 1$ (°)/s 时 0.01 (°)/s，$\omega \leqslant 1$ (°)/s 时 0.000 1 (°)/s。

11.2.3　试验系统数据接口与信息流程

试验系统数据接口与信息流程如图 11-19 所示。

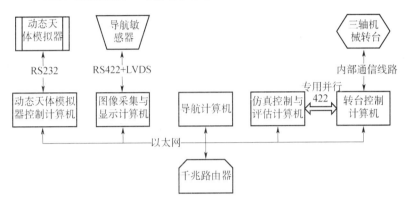

图 11-19　试验系统数据接口与信息流程图

仿真控制与评估计算机与转台控制计算机通过 2 块专用并行 422 串口卡通信，发送时间、指令姿态、指令姿态角速度和成像开始完成标志等数据。通信周期为 8 ms，与图像采集计算机利用局域网连接，通过 TCP/IP 协议通信，向图像采集与显示计算机发送时间和成像指令，并接收图像采集与显示计算机传回的成像完成标志。

·　仿真控制与评估计算机和动态天体模拟器控制计算机间采用局域网连接，通过 TCP/IP 协议通信，向动态天体模拟器控制计算机实时传送动态天体模拟器控制参数。导航计算机与评估计算机采用局域网连接，通过 TCP/IP 协议通信，向仿真控制与评估计算机发送自主导航结果（包括时间、位置、速度等）。

导航计算机和图像采集与显示计算机采用局域网连接，通过 TCP/IP 协议通信，接收图像采集与显示计算机传送的时间和图像数据。导航计算机与转台控制计算机采用局域网连接，通过 UDP 协议通信，接收转台控制计算机传送的时间、实测姿态和实测姿态角速度信息。

转移轨道段自主导航数据处理流程如图 11 - 20 所示。其中 N 为自主导航计算过程中，深空探测器对导航小行星的成像次数。深空探测器姿态数据用来辅助图像处理，实际过程中可由星敏感器提供。

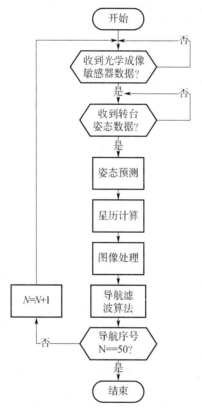

图 11 - 20　转移轨道段自主导航数据处理流程

11.2.4　试验实例

试验仿真条件为：标称轨道为中途进行金星借力的地球到火星的转移轨道，J2000 日心黄道坐标系中的初始位置为（$-0.589\,2\times10^{8}$，$-1.396\,9\times10^{8}$，$0.000\,1\times10^{8}$）km，初始速度为（24.953 5，$-10.015\,1$，2.099 2）km/s，对应的历元为 JD 2457171.5，飞行时间为 50 天，导航周期为 1 天，每次观测 1 颗小行星。

姿态轨道仿真模块根据输入的历元和轨道姿态参数以及积分步长，采用 RK4(5) 数值积分方法产生基准数据。

导航小行星是根据深空转移轨道段基准轨道和观测约束条件事先筛选的，其观测顺序如表 11-1 所示。

表 11-1　导航小行星观测顺序

导航序号	1	2	3	4	5	6	7	8	9	10
小行星编号	11	18	19	11	129	18	129	18	129	135
导航序号	11	12	13	14	15	16	17	18	19	20
小行星编号	79	129	79	129	135	129	68	100	68	100
导航序号	21	22	23	24	25	26	27	28	29	30
小行星编号	68	100	68	1	51	1	32	1	32	21
导航序号	31	32	33	34	35	36	37	38	39	40
小行星编号	32	21	32	21	32	21	32	21	32	21
导航序号	41	42	43	44	45	46	47	48	49	50
小行星编号	68	32	68	21	68	21	60	21	68	1

试验中在三轴机械转台进行姿态正弦波动的情况下，导航敏感器对点目标成像结果如图 11-21 所示。

将图像处理结果输入到导航滤波器中进行导航解算，并将导航结果与基准数据进行比对来评估自主导航的精度，试验结果如图

11 - 22所示。

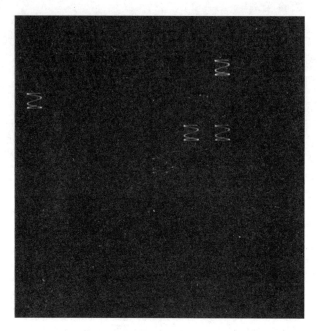

图 11 - 21　导航敏感器对点目标成像结果

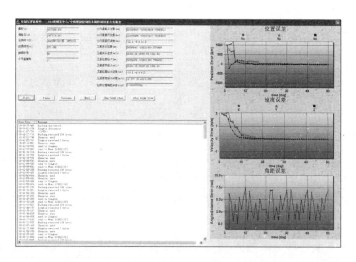

图 11 - 22　转移轨道段自主导航试验软件界面

利用蒙特卡洛方法进行 10 次飞行仿真并统计相关数据，所得结果如图 11-23～图 11-25 所示。由试验数据统计结果可知，导航敏感器图像角距测量误差为 8.50 μrad；经过 49 天飞行拍摄 50 颗小行星后，深空转移段自主导航位置精度为 29.35 km，速度精度为 0.093 9 m/s。

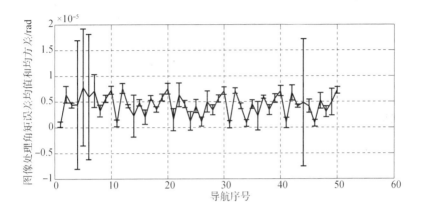

图 11-23　10 次仿真后图像处理得到的角距误差均值和均方差

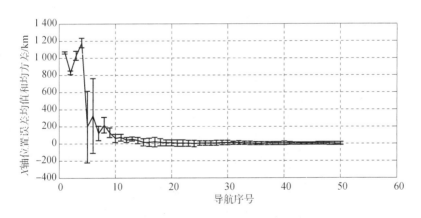

图 11-24　10 次仿真后 X 轴位置误差均值和均方差

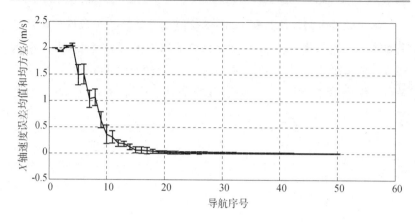

图 11 - 25　10 次仿真后 X 轴速度误差均值和均方差

11.2.5　外场观星试验

为了对深空导航敏感器的技术指标进行实际验证，在室外观测站进行了外场观星试验。将导航敏感器安装在观星转台上，操纵转台，使其对准北极天区，调整积分时间为 36 s，导航敏感器采集的图像如图 11 - 26 所示。

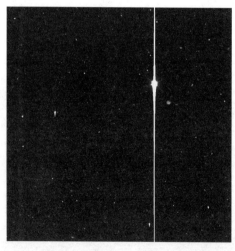

图 11 - 26　外场观星试验中导航敏感器采集的星图

经过星图识别，得到的识别星点数据如表 11 - 2 所示。由观星结果可得，深空光学成像导航敏感器可以敏感 12 等以上的弱暗星。

表 11 - 2　外场观星试验中可识别的星点数据

星点编号	M_v	能量	面积	最大灰度
TYC4628 - 237 - 1（北极星）	2.04	1 548 800	6 173	255
TYC4627 - 259 - 1	6.5	22 963	95	255
TYC4627 - 49 - 1	8.2	13 296	56	255
TYC4627 - 75 - 1	10.5	3 903	20	255
TYC4628 - 239 - 1	12.0	1 940	11	251
TYC4627 - 105 - 1	11.8	591	5	144
TYC4628 - 39 - 1	12.2	408	4	117

11.3　环绕轨道段自主导航半物理仿真试验

环绕轨道段的主要任务一般是对被探测天体进行成像观测，深空探测器运行轨道与地球卫星类似，通常运行在有效载荷指向天体的三轴稳定状态下。近天体目标特性比较稳定，采用光学成像导航方案是比较好的选择，由于轨道低导航敏感器的视场一般较大，所成图像为一定尺寸的近似圆盘。

11.3.1　试验方案

在方法研究的基础上，针对光学成像敏感器对近天体目标成像的特点，研制了基于光学成像敏感器的环绕轨道段自主导航半物理仿真试验系统，该系统能够对基于天体中心矢量测量的自主导航系统进行试验验证。

环绕轨道段自主导航半物理仿真试验系统方案如图 11 - 27 所示。

光学成像导航敏感器放在试验回路内，其视场由一个环形视场和一个中心视场组成，环形视场 $110° \sim 150°$，用于对近天体成像，

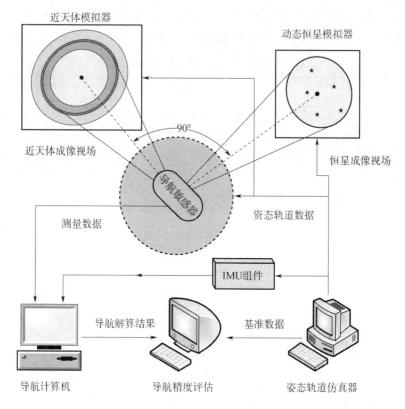

图 11 - 27 环绕轨道段自主导航半物理仿真试验系统

测量近天体中心方向和视半径；中心视场 30°，用于对恒星目标成像，测量深空探测器惯性姿态。

在试验系统中，姿态轨道仿真器用于生成基准轨道和姿态，驱动动态恒星模拟器产生给定视场内的星图。光学成像导航敏感器同时对近天体模拟器和动态恒星模拟器的星图进行成像，经图像处理后，给出天体中心方向、近天体视半径和深空探测器惯性姿态。导航计算机对光学成像敏感器测量数据进行处理，完成导航解算，并将结果发送给评估显示系统。评估显示系统根据导航结果和基准数据计算自主导航误差，评价导航性能并进行直观显示。

11.3.2　试验系统组成

天体环绕轨道段自主导航试验系统包含以下几个部分：光学成像导航敏感器、近天体模拟器、动态恒星模拟器、姿态轨道仿真器和导航计算机等。

11.3.2.1　光学成像导航敏感器

光学成像导航敏感器采用组合视场结构，主要由光学系统、机械结构、硬件电路和软件四大部分组成。其中，光学系统实现对近天体和星空的成像。机械结构设计成一体的探头和电路盒结构，用来支撑、固定光学敏感器头、探头电路板及 DSP 板，同时通过材料加厚提高导航敏感器抗辐射能力。光学成像系统配合相应的硬件电路实现对近天体和恒星图像的采集，固化于 DSP 板的应用软件实现图像处理（两轴姿态角测量和近天体视半径测量）、星图处理与姿态四元数计算等功能。环绕轨道段光学成像导航敏感器样机如图 11 - 28 所示。

图 11 - 28　环绕轨道段光学成像导航敏感器样机

环绕轨道段光学成像导航敏感器主要技术指标如下所示。

1) 视场：环形视场 110°～150°，中心视场 φ30°；

2) 工作谱段：环形视场 350～360 nm，中心视场 500～800 nm；

3) 天体中心方向测量精度：0.03°；

4) 功耗：13.2 W；

5) 数据刷新率：1 Hz。

11.3.2.2　近天体模拟器

近天体模拟器是光学成像导航敏感器专用的地面测试设备，用于模拟环绕轨道段所观测到的近天体圆盘，包括视圆盘的几何特性、辐射特性以及因光照条件变化引起的可见区域变化等情况。近天体模拟器主要由结构主体、特定谱段光源和电器系统三部分组成。近天体模拟器如图 11-29 所示。

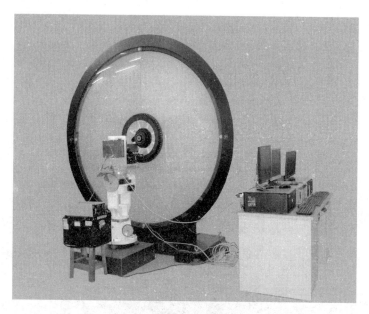

图 11-29　环绕轨道段自主导航试验用近天体模拟器

环绕轨道段自主导航试验用近天体模拟器主要技术指标如下

所示。

1）发光盘面直径：$\Phi \geqslant 2\,200$ mm；

2）光谱范围：355 nm±50 nm；

3）辐亮度：$3 \sim 6$ W$/(\text{sr} \cdot \text{m}^2)$，可调；

4）发光面不均匀度：$\leqslant \pm 30\%$；

5）圆心位置对准误差：$\leqslant 20\ \mu\text{m}$。

11.3.2.3　动态恒星模拟器

动态恒星模拟器根据主控计算机提供的敏感器中心视场坐标轴在惯性坐标系中的指向和视场的大小，按照星表数据生成当前时刻星敏感器所能观测到的星图，通过接口及驱动电路在液晶光阀上产生模拟星图。由模拟星点发出的光线经准直光学系统汇聚后形成平行光，可在室内有限距离上模拟对真实恒星的观测效果。图 11 - 30 给出了试验中用的动态恒星模拟器和星敏感器。

图 11 - 30　动态恒星模拟器和星敏感器

动态恒星模拟器主要技术指标如下所示。

1）有效视场：$20° \times 20°$；

2）有效孔径：$\geqslant \Phi 32$ mm；

3）出瞳距：$\geqslant 40$ mm；

4）单星位置误差：$\leqslant 100''$。

11.3.3　试验实例

基于光学成像测量的环绕轨道段自主导航试验系统如图 11 - 31 所示。基于光学成像敏感器的自主导航软件运行在导航计算机上，接收导航敏感器的测量信息，进行导航滤波解算，并将导航解算结果与姿态轨道仿真器的基准数据进行对比来评估导航精度。

图 11 - 31　基于光学成像测量的环绕轨道段自主导航试验系统

导航计算机应用软件实时采集导航敏感器测量信号，首先对数据的相容性进行检验，剔除野值；然后对近天体中心方向、视半径和惯性姿态进行处理，计算出惯性系中的天体方向和距离；最后导航滤波器对计算出的测量值进行处理，给出深空探测器位置、速度的估计值，即导航结果。基于光学成像测量的环绕轨道段自主导航试验数据流程如图 11 - 32 所示。

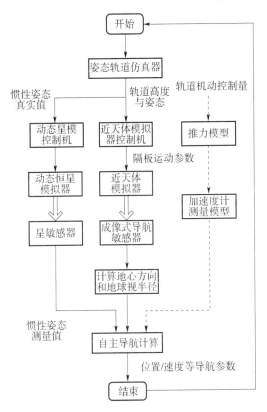

图 11 - 32　基于光学成像测量的环绕轨道段自主导航试验数据流程

　　如图 11 - 33 所示，试验采用 TSC695F 星载计算机进行数据处理，采集敏感器测量数据，进行自主导航和轨道控制策略计算，把计算结果如控制点火时间、点火长度和推力方向等控制量下传到动力学计算机中进行喷气控制，从而实现导航敏感器样机在回路内的自主控制闭路仿真试验。导航计算机与导航敏感器之间采用标准全双工 422 接口进行串行通信，波特率为 115.2 kbit/s，导航敏感器线路收到"取数"指令后返回 34 个字节数据。

图 11 - 33　星载计算机（TSC695F）

自主导航软件采用 VC＋＋6.0 开发，可运行在 Windows2000/ XP 下，需安装 TCP/IP 协议和 DirectX 9.0 以上版本，支持 MFC/ ATL 类库。

组合视场导航敏感器实测图像如图 11 - 34 所示，中间区域是对中心视场星图所成的图像，多边形为环形视场对近天体边缘所成图像。

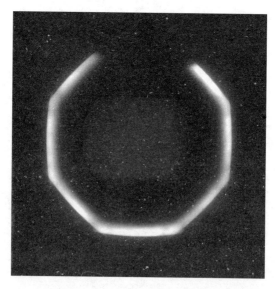

图 11 - 34　组合视场导航敏感器实测图像

利用所研制的姿态轨道仿真器、组合视场导航敏感器、近天体模拟器、动态恒星模拟器和自主导航试验软件，针对火星环绕探测任务，以 500 km 圆轨道为例，进行了敏感器在回路内的自主导航半物理仿真试验，试验结果如图 11 - 35 所示。

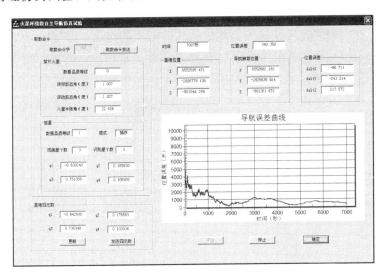

图 11 - 35　环绕轨道段自主导航半物理仿真试验结果误差曲线

统计导航结束前 2 000 秒位置误差的均方根值（RMS），导航精度为 825 m，能够满足火星环绕探测任务对自主导航位置精度的要求。

11.4　小结

本章对基于光学成像测量深空探测自主导航的数学仿真方法、敏感器在回路内的半物理仿真方案和试验结果进行了研究和分析，介绍了各阶段的图像仿真方法，转移轨道段和近天体环绕轨道段的半物理仿真试验等。数学仿真可快速、方便地对转移轨道段、目标接近轨道段和环绕轨道段的自主导航方法进行仿真分析，但可信度依赖于敏感器、目标特性等各类模型的精度，仿真结果与工程实际可能还存在一定差别。而利用光学成像敏感器样机、天体模拟器和星载计算机等设备，进行敏感器在回路内的地面半物理仿真试验，可以更准确地模拟测量特性，可以更有效地验证导航敏感器的性能和导航方案的合理性，以缩短研究开发周期。

　　深空探测自主导航半物理仿真试验系统的建立，对基于光学成像敏感器的自主导航方法研究具有重要意义，它还可拓展为融合多种测量信息的自主导航地面试验系统，能为自主导航技术飞行试验并最终实现工程应用奠定坚实的技术基础。

参 考 文 献

[1] 蓝朝桢，李建胜，周杨，徐青. 深空探测自主导航光学信号模拟器设计
     与实现. 系统仿真学报，2009，21（2）：389－392.
[2] 王兆魁，张育林. 面向空间目标监视的星图模拟器设计与实现. 系统仿
     真学报，2006，18（5）：1195－1211.
[3] 屠善澄. 卫星姿态动力学与控制（3）. 北京：宇航出版社，2003.
[4] 袁家虎. 导航星敏感器技术研究. 四川大学博士学位论文，1999：
     12－15.
[5] LEVINE S，DENNIS R，BACHMAN K L. Strap down astro－inertial
     navigation utilizing the optical wide－angle lens star tracker，Navigation，
     Journal of the institute of navigation，1990－91，37（4）：347－362.
[6] 张科科，傅丹鹰，周峰，等. 空间目标可见光相机探测能力理论计算方
     法研究. 航天返回与遥感，2006，27（4）：22－26.
[7] 郝云彩，王大轶. 深空自主导航光学敏感器及其验证. 空间控制技术与
     应用，2012，38（3）：5－10.

第 12 章　深空探测自主控制发展展望

深空探测作为一个国家综合国力和科学技术发展水平的重要标志之一，已引起世界各国的极大关注。美国、欧洲空间局、俄罗斯、日本以及印度都提出了未来的深空探测计划。我国在深入开展月球探测的同时，将逐步实施以火星探测为主，兼顾小行星、金星和木星等的一系列深空探测任务。

深空探测器距离地球远、运行时间长，如果仅依赖地面测控进行导航，难以满足探测任务对高精度、实时导航的迫切需求。因此，不与地面进行信息传输和交换的自主导航和控制技术受到了国内外的广泛关注，已成为深空探测领域研究的热点和关键技术之一。

随着光学、微电子、计算机以及图像处理等相关技术的发展，深空自主导航与控制技术也取得了长足进步，不仅成为地面测控的有效补充，在某些特殊的飞行轨道阶段（如目标天体接近、绕飞、着陆、附着、撞击等轨道阶段），还表现出超越地面测控的技术优势。随着深空探测任务的不断实施，自主导航与控制技术将会得到进一步发展，获得更广泛的应用。

从深空探测的发展历程来看，深空探测制导、导航与控制技术经历了从非自主到半自主再逐步到全自主的发展过程，今后将继续向高精度、高可靠和强自主方向发展。目前，绝大多数小天体探测器和一些行星探测器已具有部分自主导航与控制功能，也经过了多次飞行验证，但迄今为止，还没有一项深空探测任务实现了完全不依赖地面测控的全自主导航和自主控制，这也从另一方面说明深空探测自主导航与控制有很大的技术难度，还有许多关键技术需要深入研究和突破。

下面简要介绍一下深空自主控制的主要发展趋势。

（1）图像处理是光学成像式自主导航的热点问题

在已发射且具有一定自主导航能力的深空探测器中，绝大多数使用了光学成像导航敏感器，基于光学成像测量的自主导航仍然是当前深空探测任务实现自主运行的主要手段。提高导航精度一方面要能够获取目标天体的高质量图像，另一方面还要提高图像处理的精度、快速性和鲁棒性[1-2]。

随着计算技术的快速发展，数字图像处理向着无边界化、智能化以及图像识别理解等方向发展。光学成像式自主导航所涉及的图像处理技术主要包括图像预处理、天体中心提取、特征提取与匹配和星图识别等。

图像预处理是进行目标中心提取和特征识别的前提，主要解决图像畸变校正、噪声去除、特征强化与图像增强等问题。目标天体中心高精度提取是保证导航性能的关键，根据不同任务轨道段的成像特点，需重点解决"拖尾"点目标的视线方向计算、不规则天体形状中心的高精度提取以及"盈亏"面目标中心拟合等问题。图像的特征提取与匹配是利用序列图像进行导航的先决条件，已成为深空环绕轨道段陆标导航、着陆轨道段视觉导航的热点问题，主要内容包括特征描述、鲁棒特征提取以及高正确率匹配等。星图识别是确定导航天体在惯性空间方位的重要环节，研究热点包括快速全天球捕获、高动态星图跟踪和高精度星点位置提取等。

（2）深空自主导航向多元信息融合方向发展

随着深空探测任务向多样性和复杂性发展，对自主导航系统性能的要求越来越高，无论是光学导航、惯性导航，还是基于雷达等主动测量设备的导航技术，都无法独自满足所有任务轨道段高精度、高可靠的导航需求。将多种导航方式组合在一起，实现多种导航体制和多源信息间的融合，是深空探测自主导航的重要发展方向。如将陆标信息和天文测量信息相融合，可显著提高环绕轨道段和着陆轨道段的自主导航精度。

与单一的导航方式相比，基于多元信息融合的自主导航能显著提高系统的精度和可靠性，在敏感器故障检测、诊断与隔离以及系统误差修正方面具有巨大优势。从信息融合的角度，需要重点解决的问题包括分布式滤波结构与融合算法、异步时延数据融合方法和故障后的滤波重构技术等。此外，设计具有统一框架的自主导航方案，采用模块化的导航软件能极大地提高导航系统的通用性，这也是满足深空探测不同任务要求的重要手段。

当前深空探测自主导航主要采用光学成像敏感器作为测量手段，观测的对象大多是恒星、近天体和小行星等。随着新测量原理的发展和新型敏感器的出现，测量手段也将日益丰富，新体制自主导航有望在不远的将来在应用上取得突破，如基于 X 射线脉冲星导航等[3]。利用 X 射线脉冲星进行自主导航，理论上能够获得优于天体成像导航的性能指标，尤其在距离导航天体较远的日心转移轨道段其优势更为明显。此外，天文干涉测量等新型测量手段的出现，也将进一步拓展导航测量信息的获取途径。

（3）导航敏感器向微小型可复用方向发展

深空探测的目标天体距离地球很遥远，对深空探测器的质量限制更为苛刻。解决这一问题的有效途径就是对深空探测器的功能进行高度集成，使深空探测器向小型化、低功耗和轻质量的方向发展。

随着现代微电子技术、光电子技术以及微机电系统技术的不断发展，深空探测自主导航敏感器也正朝着微小型化、模块化、集成化和一体化的方向快速发展[4-5]。美国和欧洲空间局都在积极研制各种微型太阳敏感器、恒星罗盘、视频敏感器和陀螺仪等。微小型化技术不但可以减小星上功能部件自身的质量，也会带来相关分系统的整体小型化和低功耗，从而大大减小整星的质量、体积和功耗。可以预见，随着对微纳米技术研究的深入，微机电系统技术和微纳米技术一定会在未来的空间技术发展中发挥愈来愈重要的作用。

除了要向小型化、集成化、低功耗和轻质量的方向发展外，提高敏感器的复用程度也是发展方向之一。国外的深空探测器，导航敏感器和光学载荷往往是共用的，可在不同阶段实现不同的功能。

例如星尘号探测器在飞越怀尔德 2 号彗星的过程中，就利用导航敏感器对彗核进行了三维测绘；隼鸟号小行星探测器的着陆导航敏感器同时也承担了对小行星表面的成像观测任务[6]；此外，美国的深空探测器还经常用有效载荷相机作为导航敏感器来完成光学导航任务，如旅行者 1 号探测器和深空 1 号探测器等。

在深空探测任务中，需要光学成像敏感器具有对不同距离天体进行成像观测的能力，如美国重返月球计划的牵牛星（Altair）探测器就配备了能够观测恒星、太阳系行星和月面陆标的一体化导航敏感器[7]。为了同时满足接近、环绕/飞越等多个任务轨道段成像导航的需求，还可采用变焦距和视场可调技术，这也是实现对恒星、暗弱小行星、近天体等不同目标进行成像测量的一种可行手段。

（4）基于新型推进技术的自主控制发展迅速

推进技术一直是人类进入空间能力的决定性因素之一。一般而言，深空探测任务对发射能量的需求很大，单独依靠提高运载能力很难满足所有深空探测任务的要求。目前，化学推进技术已经非常成熟，但比冲有限，一定程度上进入了发展的瓶颈阶段。因此，研究利用各种新型推进技术提升深空探测能力，成为一个重要研究方向。

电推进是继冷气推进、化学推进之后航天推进领域的又一技术飞跃，电推进可以利用电热、静电加速或电磁加速等方式将电能转化为工质的动能，可极大地提高推力器的比冲。目前，电推进中应用较多的是离子推进和稳态等离子体推进，它们先后在深空 1 号、隼鸟号、智慧 1 号探测器上得到了在轨应用。由于电推进系统所能提供的推力通常都比较小，研究热点一般集中在持续小推力下的轨道设计与优化等方面。可以预见，随着电推进技术性能和成熟度的提升，利用电推进的自主控制技术一定会在未来的深空探测任务中发挥愈来愈重要的作用。

在电推进、离子推进等高效推进技术逐渐进入实用阶段的同时，人们也在不断探索新型无燃料消耗的推进技术，其中利用太阳光压获取推力的太阳帆推进技术已成为研究的热点之一，并在近年来取得了重要进展。由于太阳光压很弱，全反射时在 1 AU 处约为 9 $\mu N/m^2$，要获得足够的加速能力，不仅要求太阳帆有足够大的反射面，还要求太阳帆探测器的质量必须非常轻[8]。欧、美、日、俄等国都对太阳帆推进技术进行了长期的理论方法研究和试验验证，但直到 2010 年日本的伊卡洛斯（Ikaros）太阳帆飞船，才首次成功验证了基于太阳帆的深空飞行[9]。以太阳帆为执行机构的深空自主控制还有很多关键问题有待解决，如太阳帆展开控制、太阳帆探测器柔体动力学建模、姿态轨道耦合控制和帆体结构优化设计等。

随着深空探测任务的不断开展和实施，深空探测领域各项技术迎来了新的机遇和挑战，尤其是对自主导航和自主控制技术提出了更高的要求，光学成像自主导航、脉冲星导航等一系列有特色的深空探测自主导航技术和基于新型推进的制导与控制技术，未来必将蓬勃发展、实现更大的突破。

参 考 文 献

［1］ 王大轶，黄翔宇. 深空探测自主导航与控制技术综述. 空间控制技术与
应用，2009，35（3）：6 - 12.

［2］ NENNEHY C J. Present Challenges，Critical Needs，and Future Techno-
logical Directions for NASA's GN&C Engineering Discipline. AIAA
Guidance，Navigation，and Control Conference，Aug. 2 - 5，Toronto，On-
tario Canada，AIAA 2010 - 8434.

［3］ SHEIKH S I，PINES D J. Spacecraft Navigation Using X - Ray Pulsars.
Journal of Guidance，Control，and Dynamics，2006，29（1）：55 - 56.

［4］ RIEDE J E，BHASKARAN S，ELDRED D B，et al. AutoNav Mark3：
Engineering the Next Generation of Autonomous Onboard Navigation and
Guidance. AIAA Guidance，Navigation，and Control Conference and Ex-
hibit，21 - 24 Aug. 2006，Keystone，Colorado. AIAA 2006 - 6708.

［5］ 吴伟仁，王大轶，宁晓琳. 深空探测器自主导航原理与技术. 北京：中国
宇航出版社，2011.

［6］ TETSUO Y，JUN I K，Tatsuaki H. Hayabusa - Final Autonomous De-
scent and Landing Based on Target Marker Tracking. Acta Astronautica，
2009，65：657 - 665.

［7］ RIEDEL J E，VAUGHAN A T，WERNER R A，et al. Optical Navigation
Plan and Strategy for the Lunar Lander Altair. AIAA Guidance，Navigation，
and Control Conference，2 - 5 Aug. 2010，Toronto，Canada. AIAA
2010 - 7719.

［8］ WIE B. Space Vehicle Dynamics and Control. AIAA Education Series，
2008，pp. 741 - 934.

［9］ SAWADA H，MORI O，OKUIZUMI N，et al. Mission Report on the So-
lar Power Sail Deployment of IKAROS，52nd AIAA Structures，Structural
Dynamics and Materials Confernce，4 - 7 Apr. 2011，Denver，Colorado，
AIAA 2011 - 1887.

全书缩略语和专有名词对照表

Ant Colony Optimization	ACO	蚁群优化算法
Ant Colony System	ACS	蚁群系统
Advanced Land Observing Satellite	ALOS	先进陆地观测卫星
Altair		牵牛星
Asteroid Moon Imaging Experiment	AMIE	小行星－月球成像实验装置
Ant－cycle		蚁周（模型）
Ant System	AS	蚂蚁系统
blob		光斑
Blobber		光斑中心提取
Bowell		鲍威尔
Braille		布莱叶（小行星）
Center of Brightness	CB	亮度几何中心
Charge Coupled Device	CCD	电荷耦合装置
Centroid Box		区域亮度中心提取
Ceres		谷神星（小行星）
Clementine		克莱门汀
Centre National d'Etudes Spatiales	CNES	法国国家空间研究中心
Control		控制
Deimos		火卫二
Deep Impact	DI	深度撞击
DonQuijote		唐吉柯德
Dilution of Precision	DOP	精度衰减因子

Deep Space－1	DS－1	深空 1 号
Deep Space Network	DSN	深空网
Digital Signal Processing	DSP	数字信号处理
Extended Kalman Filter	EKF	扩展卡尔曼滤波
Elitist AS		精英蚂蚁系统
Genetic Algorithm	GA	遗传算法
Geometric Dilution of Precision	GDOP	几何精度因子
Geometry		几何体
Guidance Navigation and Control	GNC	制导、导航与控制
Global Navigation System	GPS	全球定位系统
Guidance		制导
Hayabusa		隼鸟号
Hubble Space Telescope	HST	哈勃太空望远镜
Interferometric Fiber－Optic Gyroscope	IFOG	干涉型光纤陀螺仪
Ikaros		伊卡洛斯（太阳帆飞船）
Interacting Multiple Model	IMM	多互式多模型
Interacting Multiple Model Unscented Kalman Filter	IMM－UKF	交互式多模型无迹滤波
Inertial Measurement Unit	IMU	惯性测量单元
Impactor Targeting Sensor		撞击器瞄准敏感器
Inertial Navigation System	INS	惯性导航系统
Impactor Targeting Maneuver	ITM	撞击器瞄准机动
Julian Date	JD	儒略日
Kalman		卡尔曼
Kalman Filter	KF	卡尔曼滤波
Lambert		兰伯特

Light Detection and Ranging	LIDAR	激光雷达
Level of Detail	LOD	细节层次
Laser – Range – Finder	LRF	激光测距仪
Mars Reconnaissance Orbiter	MRO	火星勘测号轨道器
Mars Ascent Vehicle	MAV	火星上升飞行器
MAX – MIN AS		最大-最小蚂蚁系统
Multiple Cross Correlation	MCC	多互相关算法
Miniature Integrated Camera and Spectrometer	MICAS	微型集成相机与光谱仪
Microcosm		微宇宙（公司）
Modified Julian Date	MJD	约化的儒略日
Multiple Model Adaptive Estimation	MMAE	多模型自适应估计
Multiple Model Particle Filtering	MMPF	多模型粒子滤波
Mars Sample Return	MSR	火星取样返回计划
Mars Telecom Orbiter	MTO	火星电信轨道器
National Aeronautics and Space Administration	NASA	美国国家航空航天局
Navigation		导航
Normalized Cross Correlation	NCC	归一化互相关
Near Earth Asteroid Rendezvous	NEAR	近地小行星交会
Open Graphics Library	OpenGL	开放图形处理库
Ordered Crossover		顺序交叉
Orbiting Sample Capsule	OSC	样本轨道舱
Path Representation		路径表示
Position Dilution of Precision	PDOP	定位精度因子
Particle Filter	PF	粒子滤波
Phase Integral		相积分

Phobos		火卫一
Pogson		普森
Pontryagin		庞特里亚金
rank – based AS		按序蚂蚁系统
Radial Basis Function	RBF	径向基函数
Regularized Robust Filter		规范化鲁邦滤波
REndezvous LAser VISion	RELAVIS	交会激光视觉系统
Riccati Equation		里卡提方程
Ring Laser Gyro	RLG	环形激光陀螺仪
Root Mean Square	RMS	均方根
Runge – Kutta – Fehlberg	RKF	龙格-库塔-芬尔格
SMART – 1		智慧 1 号
Solar System Barycenter	SSB	太阳系质心
Space Inertial Reference Unit	SSIRU	空间惯性参考单元
Stardust		星尘号
Star Tracker Camera	STC	星跟踪器
Time Dilution of Precision	TDOP	时间精度因子
Time of Arrival	TOA	到达时间
The Hipparcos Catalogue		依巴谷星表
textureID		纹理物体号
texturename		纹理名
U – unit upper triangular matrix，D – Diagonal matrix	UD	单位上三角阵和对角阵
Unscented Kalman Filter	UKF	无迹卡尔曼滤波
Wild		怀尔德（彗星）
X – ray NAVigation	XNAV	X 射线导航